AF863926

ЗООЛОГИЧЕСКИЙ МУЗЕЙ МГУ

И. Я. Павлинов

# ВВЕДЕНИЕ В СОВРЕМЕННУЮ ФИЛОГЕНЕТИКУ

## (кладогенетический аспект)

Товарищество научных изданий КМК
Москва ❖ 2005

**И.Я. Павлинов.** Введение в современную филогенетику (кладогенетический аспект). — М.: изд-во КМК, 2005. — 391 с. 51 илл. Библ. 132.

Первый в отечественной литературе обзор теоретических оснований, принципов, понятий, методов и приложений современной филогенетики (главным образом её кладогенетического аспекта). Даны представления об элементах научной эпистемологии, составляющих основу познавательной деятельности в филогенетике: взаимосвязь онтологии и эпистемологии, познавательные ситуации, основные схемы аргументации, базовые принципы (познаваемости, рациональности, экономии, общей причины и некоторые др.). Кратко изложена история формирования филогенетики, охарактеризованы её основные современные школы. Рассмотрены онтологические и эпистемологические предпосылки самой филогенетики: охарактеризованы лежащие в её основе эволюционные модели, описана структура филогенеза и филогенетического паттерна, дано представление о ключевых метафорах филогенетики (филогенетическое дерево, филогенетический сигнал и др.). Изложены её базовые методологические принципы: соответствия, неопределённости, филогенетического единства и некоторые др. Подробно обсуждаются основные концепции и понятия филогенетики: сходство, родство, гомология, признак, взвешивание и др. Охарактеризованы структура и содержание филогенетической гипотезы. Рассмотрены методологические проблемы, связанные с фактологическими основаниями филогенетики; связь между методологиями и частными методами кладистических реконструкций. Представлена общая схема кладогенетического исследования, от формулирования начальных условий до тестирования итоговой кладистической гипотезы. Кратко рассмотрены основные алгоритмы и методы нумерической филетики: даны представления о количественные мерах филогенетической близости, современных методах построения филогенетических деревьев (совместимости, экономии, наибольшего правдоподобия и др.). Обсуждаются основные принципы перехода от кладистической к более содержательной филогенетической гипотезе. Рассмотрен вклад «новой» филогенетики в современную систематику. Показано значение кладогенетических реконструкций в исследованиях по исторической биогеографии, коэволюции, экологии. Дан словарь понятий и терминов, используемых в современной филогенетике (ок. 360 названий).

Книга рассчитана на биологов и учёных других специальностей, интересующихся общими проблемами современной эволюционистики и филогенетики, студентов старших курсов и преподавателей биологических вузов, специализирующихся в области эволюционной биологии и систематики.

Отв. редактор *Г.Ю. Любарский*

ISBN 5-87317-225-0

© И.Я. Павлинов, текст, 2005
© Т-во научных изданий КМК, издание, 2005

ZOOLOGICAL MUSEUM MSU

Igor Ya. Pavlinov

# INTRODUCTION TO CONTEMPORARY PHYLOGENETICS

## (a cladogenetic aspect)

KMK Scientific Press Ltd.
Moscow ❖ 2005

**Igor Ya. Pavlinov**. Introduction to the contemporary phylogenetics (a cladogenetic aspect). — M.: KMK Sci. Press Ltd., 2005. — 391 p. 51 ill. Bibl. 132.

The book contains a review of theoretical fundamentals, principles, notions, methods, and applications of the contemporary phylogenetics (with emphasis on its cladogenetic aspect). Certain elementary ideas of scientific epistemology are overviewed which constitute the basis of cognitive activity in phylogenetics: the interdependence of ontology and epistemology, cognitive situations, principal argumentation schemes, general principles (cognizability, rationality, parsimony, common cause, etc.). A short sketch of history of the phylogenetic science is provided, and its modern schools are characterized. The ontological and epistemological prerequisites of the phylogenetics proper are considered: the background evolutionary models are outlined, the structure of both phylogenesis and phylogenetic pattern is described, and the essential phylogenetic metaphors (phylogenetic tree, phylogenetic signal, etc.) are characterized. Its basic principles are expounded: correspondence, uncertainty, phylogenetic unity, etc. The key concepts and notions of phylogenetics are discussed in more detail, such as similarity, kinship, homology, character, weighting, etc. The structure and contents of phylogenetic hypothesis are analyzed. Certain methodological problems of the factological foundations of phylogenetics are also under consideration. A general scheme of cladogenetic investigation is presented, starting from the formulation of the initial condition to testing of the resulting cladistic hypothesis. Principal algorithms and methods of numerical phyletics are briefly outlined, including numerical estimates of phylogenetic relationship and recent methods of constructing phylogenetic trees (compatibility, parsimony, maximum likelihood, etc.). Basic rules of turning cladistic hypothesis into more content wise phylogenetic one are discussed. Impact of the "new" phylogenetics is shown onto recent studies in taxonomy, historical biogeography, ecology, and co-evolution. The vocabulary of notions and terms used in the contemporary phylogenetics (ca. 360 items) is provided.
The book is intended for the biologists and other researchers interested in the general problems of contemporary evolutionary biology and phylogenetics, as well as for the students and lecturers in the evolutionary biology and taxonomy.

Editor-in-chief *G. Yu. Lyubarsky*

ISBN 5-87317-225-0

© I.Ya. Pavlinov, 2005
© KMK Scientific Press Ltd., 2005

# ОГЛАВЛЕНИЕ

# CONTENTS

# ПРЕДИСЛОВИЕ

> [Если] какая-то теория начинает
> казаться вам единственно возможной,...
> вы не разобрались ни в теории,
> ни в проблеме, которую она призвана
> разрешить.
>
> *К. Поппер*

Ключевой идеей естествознания в настоящее время становится глобальный эволюционизм. Эволюционная идея формирует мировоззрение большинства биологов, обязывая вводить исторический фактор в число причин многоликости биоты. Это обстоятельство делает исторические реконструкции одним из приоритетных направлений биологических исследований, а филогенетику, которая занимается этими реконструкциями, — одной из ключевых биологических дисциплин.

Эволюционная биология в последние десятилетия столкнулась с тем же весьма специфическим феноменом, что и в конце XIX в. Название ему — «филогенетиче ский бум». В научных изданиях соответствующей специализации множится число статей, в названии или аннотации которых стоит слово «филогенез». Термины «филогенетика», «кладистика», «молекулярная филогенетика» относятся к числу наиболее упоминаемых.

Предпосылкой к этому послужило удачное, но едва ли случайное стечение целого ряда обстоятельств в развитии эволюционной биологии.

В первую очередь следует подчеркнуть возрождение интереса к макроэволюционным исследованиям. Причина в том, что объяснительные возможности так называемой *синтетической теории эволюции*, пытающейся всю историю свести к локальным популяционным процессам, оказались весьма ограниченными. Стало очевидным, что существующее разнообразие живых организмов невозможно понять без обращения к их историческому прошлому. Это само по себе обусловило рост внимания к филогенезу и филогенетическим реконструкциям.

Общая потребность в исторических объяснениях была подкреплена методологией кладизма, сделавшей филогенетические реконструкции легко алгоритмизируемыми. Это позволило включить в арсенал филогенетики количественные методы: одни из них были заимствованы из статистики, другие разрабатывались самими кладистами. Вскоре появились и достаточно мощные персональные компьютеры, существенно облегчившие применение этих методов и сделавшие значительную часть работы по реконструкции филогенезов вполне рутинной.

Наконец, освоение новой молекулярно-генетической фактологии позволило сравнивать столь различно устроенные организмы, как прокариоты и высшие эвкариоты, не только по общему уровню организации, но и по отдельным морфоструктурам — биополимерам. Тем самым были созданы предпосылки для реализации идеала филогенетики — построения всеобщего «Дерева жизни».

Соответственно этой смене акцентов, в настоящее время чуть ли не ежегодно издаются руководства по принципам и методам исследования филогенеза. Подавляющее большинство из них на английском языке, немногие выходят на других западноевропейских языках. Русскоязычных изданий такого рода, к сожалению, в настоящее время практически нет.

Предлагаемая вниманию читателя книга «Введение в современную филогенетику» призвана восполнить этот значительный пробел. Она отчасти связана с содержанием спецкурса, который автор читает на кафедре теории эволюции МГУ им. М.В. Ломоносова. Книга рассчитана главным образом на «продвинутых» студентов и начинающих специалистов в области филогенетики (и вообще эволюционных и исторических реконструкций в биологии). Вероятно, она будет интересна и уже сложившимся учёным, которые желают углубить свои представления о современной филогенетике.

Учитывая нынешние тенденции развития филогенетики, в настоящем «Введении...» рассматривается главным образом кладогенетический аспект филогенеза. Прочие его аспекты затрагиваются в той мере, в какой они необходимы для понимания смысла кладогенетических исследований.

Сразу же следует подчеркнуть, что это не учебник и не справочник по филогенетике, хотя элементы и того, и другого в книге можно найти. Она представляет собой *введение в теоретические основания филогенетики* — отчасти философские, но в большей мере методологические. Одно из её назначений — содействовать развитию интереса к проблемам и вопросам, выходящим за рамки повседневной научной деятельности и, тем самым, расширению теоретического багажа биологов, занимающихся филогенетическими исследованиями.

По-видимому, некоторые главы книги, без известной подготовки достаточно трудные для восприятия, не всем покажутся заслуживающими внимания. Но ссылки на «философские» разделы, которые заинтересованный читатель встретит при ознакомлении с более частными вопросами, хотелось бы надеяться, побудят его обратиться и к общим проблемам методологии филогенетических реконструкций.

Это необходимо для осознания смысла филогенетики как особой научной дисциплины — *раздела эволюционной биологии, занимающегося реконструкцией истории формирования биоты*. Залог её успеха, как и вообще в науке, не столько во всё большем накоплении новых фактов (хотя это и очень важно), сколько в решении основной познавательной проблемы: *как* — и *почему так*, а не иначе, — эти факты надлежит исследовать и интерпретировать, чтобы в разнообразии организмов увидеть искомые следы истории биоты.

Значительное внимание в книге уделено историческим корням формирования тех концепций и принципов, которые составляют ядро современной филогенетики. Причина в том, что развитие всякой научной дисциплины характеризуется определённой исторической преемственностью: в нынешних представлениях всегда присутствуют отголоски прошлых. Игнорировать их — значит, не иметь возможности корректно оценить место «новейших» подходов в общей проблематике филогенетических реконструкций.

Структура книги подчинена этой сверхзадаче: ввести читателя в теоретические и методологические основания современной филогенетики, рассматриваемые в общенаучном и историческим контекстах. Соответственно, книга начинается с краткого изложения общих принципов познавательной деятельности в современной науке. Они дают представление, в первую очередь, о взаимосвязи онтологических и эпистемологических предпосылок филогенетических исследований. На это «наложены» основания самой филогенетики, которые во многом являются экспликацией общенаучных принципов, показаны исторические предпосылки их формирования. Вслед за чем рассмотрены частные проблемы проведения филогенетических реконструкций, в том числе касающиеся её фактологического базиса. И, наконец, показано, каковы основные приложения результатов филогенетических исследований в других разделах биологии.

С точки зрения теории такое построение книги вполне оправдано. Коль скоро наука занята поиском законов, основная задача филогенетики состоит в разработке теоретических моделей, описывающих общий ход эволюции. А конкретные филогенетические реконструкции служат средством верификации такого рода моделей. Поэтому первостепенное значение имеет понимание именно фундамента, на котором зиждется здание филогенетики, и осознание практических методов и конкретных реконструкций, в которых реализованы эти модели, как своего рода «надстройки» над фундаментом.

Соответственно «генеральному плану», основное содержание книги поделено на три части. В первой (гл. 2–5) изложены основания филогенетики как научной дисциплины. Во второй части (гл. 6–9) разбираются вопросы, имеющие отношение к процедуре филогенетических исследований; она начинается рассмотрением их фактологического базиса. Наконец, в гл. 10–14, составляющих третью часть, рассмотрены те разделы биологии, в которых используются результаты и/или методы филогенетических (главным образом кладогенетических) реконструкций.

Рубрикация книги достаточно подробна, названия её глав и разделов вполне «говорящие». Текст снабжён перекрёстными ссылками: это позволяет легче ориентироваться в книге, открыв её в любом месте.

Книга снабжена словарём основных терминов, составляющих костяк понятийного аппарата современной филогенетики.

Принимая во внимание характер книги, литературные ссылки сведены к минимуму. При выборе источников одним из критериев была их доступность для потенциальных читателей книги. Указаны по преимуществу работы общего характера: список литературы охватывает почти все основные современные сводки. Из частных публикаций приведены те, которые более подробно, чем в данной книге, обсуждают концепции и понятия, относящиеся к числу не самых тривиальных.

Разные разделы книги (в том числе в форме рукописных вариантов предваряющих её статей) взяли на себя труд прочитать и прокомментировать мои многоуважаемые коллеги: Г.Ю. Любарский, А.П. Расницын, В.С. Лебедев, А.И. Шаталкин, О.П. Лихнова, А.В. Борисенко, Е.Г. Потапова, А.А. Лисовский. Всем им — моя глубокая признательность.

Работа выполнена в Научно-исследовательском зоологическом музее МГУ им. М.В. Ломоносова.

# ГЛАВА 1. ПРЕДМЕТ, ЗАДАЧИ И СТРУКТУРА ФИЛОГЕНЕТИКИ

Филогенетика — биологическая дисциплина, связываемая (по тавтонимии) с изучением филогенеза. Последний понимается весьма поразному, соответственно чему по-разному понимаются сам предмет филогенетики, её место в кругу биологических дисциплин — филогенетику считают разделом то эволюционной биологии, то систематики. Это определяет различное понимание её задач и структуры.

Термин «*филогенез*» (= филогения) был введён в научный оборот в середине XIX в. Э. Геккелем через несколько лет после выхода в свет эпохальной книги Ч. Дарвина «Происхождение видов путём естественного отбора» (последнее русскоязычное издание: Дарвин, 1991). Этим понятием Геккель обозначил как процесс исторического развития организмов, так и структуру родственных (филогенетических) отношений между ними.

Приблизительно в эти же годы Г. Спенсер ввёл в научный оборот термин «*эволюция*» в его современном историческом понимании (до этого им обозначали индивидуальное развитие). В этом новом качестве термин быстро завоевал популярность, причём понятия филогенеза и эволюции стали восприниматься как синонимичные или очень близкие по смыслу: эта трактовка бытует и по сей день (например, Северцов, 1987).

В таком расширенном толковании филогенетика понимается как наука «о путях, закономерностях и причинах исторического развития организмов» (Татаринов, 1984). Этому более всего соответствует понятие *каузальной филогенетики* (Парамонов, 1967).

В противоположном случае филогенез сводится к кладистической истории: так его по преимуществу понимают в *«новой» филогенетике*.

Понимание филогенеза как исторического развития *организмов* делает всю классическую филогенетику *организмоцентрической*. Эта идея чётко обозначена И.И. Шмальгаузеном (1969), который определил филогенез как цепочку сменяющих друг друга онтогенезов (см. также 4.2.3). В основе такого рода представлений лежит понимание того, что основное «достижение» биологической эволюции — организм как наиболее целостная из биологических систем. Такое понимание филогенеза представляется редукционным.

Иное понимание сущности филогенеза основано на *биотоцентрической* эволюционной концепции. Её идеологическое ядро составляют разрабатываемые синергетикой представления о биоте как об *открытой неравновесной системе* (Баранцев, 2003). С этой точки зрения **биологическую эволюцию** можно трактовать как *саморазвитие биоты* протяжённостью в несколько миллиардов лет. Аспектом (частью) этой эволюции и является *филогенез как одно из проявлений саморазвития биоты*.

Согласно идеям синергетики, один из важнейших результатов развития всякой неравновесной системы — её *структурированность*, а само развитие представимо как *процесс структуризации* системы (подробнее см. 4.1.1). Соответственно, с этой точки зрения биологическую эволюцию можно рассматривать *как процесс структуризации биоты*.

Структурированность биоты явлена нам в так называсмом **биологическом разнообразии**. В простейшем случае оно понимается как совокупность различий между организмами: это, очевидно, соответствует редукционистской организмоцентрической трактовке эволюции. С биотоцентрической точки зрения биологическое разнообразие представляет собой *многоуровневую иерархию надорганизменных систем разной степени сложности и интегрированности*.

Соответственно этим общим представлениям, основным элементом разнообразия является не организм как таковой, а определённая *группа организмов* — такая, чьё возникновение связано с процессом структуризации биоты. Принципиально важно подчеркнуть, что, будучи порождением биологической эволюции, и сами эти группы, и их иерархия — *объективное свойство биоты*.

В структуре биологического разнообразия обычно выделяют две основные компоненты — *биоценотическое* (экологическое) и *таксономическое* разнообразие. По причинам, которые рассмотрены в разделе 4.1.3, второй из аспектов в современной литературе обычно обозначается как *филогенетическое разнообразие*, или **филогенетической паттерн**. Под этим понимается *иерархия филогенетических групп организмов со специфическими для них свойствами* (Eldredge, Cracraft, 1980). Иногда к двум названным компонентам добавляют третью — *морфобиологическое* разнообразие, её элементами являются биоморфы.

Каждая из базовых компонент биологического разнообразия возникает в результате определённых процессов, которые и задают их специфику. Эти процессы, в свою очередь, являются компонентами (аспектами) глобальной биологической эволюции.

Биоценотическое разнообразие есть продукт **филоценогенеза** — исторического развития *экосистем*. Эти процессы изучаются *филоценогенетикой* — биологической дисциплиной, которая только начала складываться в последние годы (Жерихин, 2003).

Соответственно, **филогенез** можно понимать как *процесс, порождающий филогенетический паттерн*. Данное общее определение (о более частных см. 4.1.2) не включает указание механизмов процесса филогенетического развития. В нём принимаются во внимание только те причинно-следственные отношения, которые *сводимы непосредственно к отношению по происхождению* и которые задают иерархию названных групп.

Очевидно, разные понимания филогенеза, если они не содержат взаимно противоречивые утверждения, не являются взаимоисключающими. Поэтому и шмальгаузеновская трактовка, и только что приведённая взаимодополнительны: они просто акцентируют внимание на разных аспектах филогенетического развития.

Филогенез и филогенетический паттерн составляют *предметную область* современной филогенетики. На этом основании **филогенетику** можно определить как *раздел эволюционной биологии, исследующий процесс филогенеза и порождённый этим процессом филогенетический паттерн*. Соответственно, можно определить две основные задачи этой дисциплины — *изучение процесса филогенеза* и *структуры филогенетического паттерна*.

Обе эти задачи допустимо свести к единому понятию **филогенетической реконструкции**. Последняя обозначает как сам *процесс филогенетического исследования*, так и его результат — конкретную *гипотезу о частном филогенезе* и/или *филогенетическом паттерне*.

По характеру решаемых задач в рамках филогенетики можно выделить следующие основные разделы.

**Общая филогенетика** разрабатывает теорию, методологию и принципы филогенетических реконструкций, понятийный аппарат филогенетики, определяет критерии состоятельности и применимости её методов.

**Частная филогенетика** занимается конкретными филогенетическими исследованиями для отдельных групп организмов.

**Сравнительная филогенетика** решает двоякого рода задачи. С одной стороны, она исследует и сравнивает проявления филогенеза в разных группах организмов. С другой стороны, в новейшей литературе под сравнительной филогенетикой понимается изучение так называемого «филогенетического сигнала» (см. 11.2). В таком расширенном понимании сравнительная филогенетика слишком разнородна:

очевидно, второй из её разделов заслуживает в дальнейшем выделения в самостоятельную дисциплину.

Иногда выделяют **экспериментальную филогенетику**. Сюда относят исследования, основанные либо на экспериментах по оценке генетической совместимости организмов, либо на разработке компьютерных (симуляционных) моделей филогенеза.

В филогенетике также выделяют отдельные направления, связанные со спецификой фактологической базы. Так, *молекулярная филогенетика* реконструирует филогенез на основании анализа строения некоторых биополимеров: ранее это были преимущественно белки, *генофилетика* связана с анализом нуклеиновых кислот. В *морфобиологической филогенетике* ключевая роль отводится комплексному эко-морфологическому анализу структур.

Подходы, основанные на применении количественных методов, составляют *нумерическую филетику*; в её рамках иногда выделяют *статистическую филогенетику*.

Беря за основу ключевые этапы (ступени) исторического развития самой филогенетики, в ней можно выделить классические и современные подходы к пониманию содержания и принципов филогенетических реконструкций.

**Классическая филогенетика** является прямой наследницей типологической систематики первой половины XIX в., её отличает нестрогость методологического обоснования своих процедур и используемой терминологии.

В отличие от этого, **современная филогенетика** значительное внимание уделяет согласованию методологии филогенетических реконструкций с современными представлениями о критериях научности знания, а также более строгой трактовке базовых концепций (прежде всего родства).

В рамках современной филогенетики особое, ныне преобладающее место занимает так называемая **«новая» филогенетика**, представляющая собой синтез кладистической методологии, молекулярно-генетической фактологии и количественных методов (см. 3.5).

Филогенез сам по себе сложно структурирован, в нём достаточно естественно выделяются три основных компонента, или аспекта. В начале XX в. О. Абель обозначил их следующим образом: а) ряды предков — «истинные филогенезы»; б) ряды приспособлений, касающиеся одного органа; в) ряды ступеней совершенствования организации. В современной терминологии эти компоненты обозначаются, соответственно, как *кладогенез*, *семогенез* и *анагенез* (подробнее см. 4.1.2.2).

Названным компонентам филогенеза можно поставить в соответствие три раздела филогенетики. Каждая из этих компонент составляет для соответствующего раздела специфическую предметную область исследований.

Кладогенетическую составляющую филогенеза исследует **кладогенетика**: её частной версией является сформировавшаяся во второй половине XX в. *кладистика*.

Реконструкцией семогенезов занимается **семогенетика**: сюда относится вышеупомянутая морфобиологическая филогенетика; в генофилетике исследуются «исторические судьбы» отдельных генов.

Для обозначения раздела филогенетики, исследующего анагенетическую составляющую филогенеза, можно использовать термин **анагенетика**; иногда его обозначают как *номогенетика* или *аристогенетика*.

Эти разделы в той или мной мере взаимосвязаны. Так, об анагенетической составляющей филогенеза невозможно говорить, не имея в виду конкретные семогенезы (см. 4.1.2.2). Кладогенетика в своих заключениях опирается на анализ всё тех же семогенезов (см. 5.7).

Однако в современной филогенетике первостепенное внимание уделяется не семо-, а кладогенетической составляющей процесса филогенетического развития. Его вычленение как основного объекта изучения имеет свою рациональную основу.

Прежде всего, исследовать филогенез в его «тотальности» невозможно в силу причин методологического характера: гипотезы такой степени сложности («размерности») оказываются нетестируемыми. Следовательно, каждая из компонент должна рассматриваться более или менее «изолированно» от прочих.

Вычленение кладогенеза означает «редукцию» исторического развития до некоторого минимального биологически осмысленного уровня. Это позволяет начинать филогенетические реконструкции с анализа кладогенеза и затем дополнять его анализом семогенезов, следуя методологическому принципу *«от простого к сложному»*.

В отношении кладогенеза достаточно обосновано ключевое допущение о его единственности, тогда как приписывание этого свойства семогенезу не представляется возможным (см. 4.1.2.2). Это делает суждения о кладогенезе в потенции более определёнными.

Последнее важно в связи с тем, что в биологии есть разделы, где обращение именно к кладогенетической составляющей филогенеза позволяет выявлять интересующие исторические закономерности. Таковы, например, *кладистическая биогеография*, исследования по выявлению *филогенетического сигнала* (см. 11.2, 13).

# ЧАСТЬ I. ФИЛОГЕНЕТИКА КАК НАУКА

## ГЛАВА 2. ЭЛЕМЕНТЫ НАУЧНОЙ ЭПИСТЕМОЛОГИИ

Согласно идеалу классического естествознания, всякое исследование направлено на познание *объективной реальности* — того, что «*есть на самом деле*». Последнее, очевидно, равносильно нацеленности на поиск «абсолютной истины». Однако всякое природное явление (в том числе филогенез) *познавательно неисчерпаемо*. Поэтому всякая конкретная естественнонаучная дисциплина (в том числе филогенетика) исследует лишь некие *аспекты* объективной реальности: они составляют специфичный для неё *объект рассмотрения* — ту *эмпирическую реальность*, которая *доступна анализу на уровне фактологии имеющимися инструментальными средствами*.

В частности, это значит, что в филогенетике исследуется не филогенез в его «таковости», а лишь тот или иной частный *аспект филогенеза*. Очевидно, какой именно аспект составляет эмпирическую реальность филогенетики, зависит от того, что считается а) существенным и б) доступным для анализа в этой научной дисциплине.

Такой способ формирования эмпирической реальности означает, что она определяется при активном участии субъекта познания: исследуемый аспект филогенеза зависит от того, каким образом его «видит» сам филогенетик. Последний вычленяет объект филогенетического исследования, исходя из определённого *аспекта рассмотрения*. Так, можно исследовать кладогенез или семогенез как разные аспекты единого филогенеза. В рамках кладогенетики можно по-разному определять монофилию, при этом каждое определение будет соответствовать *специфическому аспекту рассмотрения иерархии филогенетического паттерна*.

Кроме аспектов рассмотрения, позволяющих вычленять отдельные компоненты (аспекты) филогенеза, необходимо также принимать во внимание *масштаб рассмотрения*. Он задаётся той детальностью, с которой выявляются отдельные компоненты филогенеза (см. 4.1.2). Очевидно, что *разные уровни общности, на которых исследуется структура биоты, задают разные масштабы рассмотрения филоге-*

*неза*. Они также принимают участие в формировании той или иной эмпирической реальности.

Разделение объективной и эмпирической (исследуемой) реальностей означает существование особого рода «разрыва» между ними — *онтологического*. А разделённость объекта и субъекта познания (подробнее см. 2.1.1) означает существование ещё одного разрыва, на этот раз *эпистемологического*. Наличие такого рода разрывов обязывает науку к выработке *общих категорий познания*, основная задача которых — их «заполнение».

Одну из этих категорий составляют принципы, посредством которых определяется сама познаваемая реальность: в филогенетике с их помощью определяют, *что такое филогенез* (точнее, его исследуемый аспект). Этими принципами формируют *онтологический* базис данной естественнонаучной дисциплины.

В другую входят принципы, с помощью которых обосновывают методы исследования реальности: в филогенетике они определяют то, *как реконструировать филогенез*. Они составляют *эпистемологический* базис филогенетики.

Эти два базиса *взаимосвязаны*: выше было подчёркнуто, что объект исследования определяется исходя в том числе из того, каким образом субъект-исследователь формулирует допустимые условия и методы его исследования (см. также 2.2.2).

По мере развития науки общие категории познания неизбежно эволюируют в связи с изменением представлений как о самой объективной реальности, так и об общих принципах её изучения. Кроме того, они в той или иной степени специфичны для разных областей естествознания в зависимости от природы исследуемых явлений.

Из этого видно, что научная эпистемология сама по себе достаточно разнородна. В ней самой, как и в естественнонаучных дисциплинах, на которые она «работает», существуют разные школы и подходы (Ильин, 2003). Они различаются главным образом пониманием критериев научности знания и уровня их универсальности.

Так, в классической науке идеалом считается «абсолютно объективное» знание, вырабатываемое на основе неких «объективных» универсальных методов. В начале XX в. это представление было оформлено как *физикалистская парадигма*, требующая организовывать научное знание так, как оно построено в физике. В неклассической науке, доминирующей в настоящее время, эта идея считается принципиально нереализуемой и потому уже не рассматривается в качестве идеала. В противовес этому утверждается, что знание всегда в той или иной мере субъективно и, кроме того, в разных дисциплинах критерии научности знания могут быть разными (*научный плюрализм*, см. 2.1.4).

В настоящей главе в самом сжатом виде представлены некоторые базовые идеи современной научной эпистемологии. Они позволяют составить общее представление о том, каким образом организовано и разрабатывается знание в филогенетике как естественнонаучной дисциплине.

## 2.1. НОМОТЕТИКА И ИДИОГРАФИКА

Наука занимается поиском закономерностей: выявляет общее во множестве частностей и соотносит частности с этим общим. Суждения об общем имеют форму законов или гипотез, схем или моделей, закономерностей или описаний. Они характеризуются, с одной стороны, степенью соответствия объективной (или эмпирической) реальности. С другой стороны, их важной характеристикой является *научный статус* — соответствие критериям научности.

Согласно этим критериям естественнонаучные дисциплины начиная с первой половины XIX в. принято делить на *номотетические* и *идиографические*.

Первые, абстрагируясь от конкретных частностей, изучают всеобщие законы, имеющие (в идеале) универсальное значение. В наиболее полной форме такое видение науки выражено в вышеупомянутой физикалистской парадигме. Частью этого требования оказывается стремление свести всё и вся, в том числе биологическую эволюцию, к немногим фундаментальным законам физики, которые «написаны на языке математики». При этом сложившиеся к настоящему времени законы номотетики принимают во внимание почти только *действующие* причины и в значительной мере игнорируют *исторические* (о них см. 2.2.5). Таков идеал, который отстаивали позитивизм и ранний постпозитивизм в естествознании до середины XX в.

В отличие от этого, идиографика требует уделять пристальное внимание именно отдельным фактам и событиям. Её эпистемология была выработана главным образом исторической наукой, изучающей становление человеческого общества. С точки зрения физикализма такой подход нельзя считать научным: вырабатываемое на его основе знание — не гипотеза и тем более не теория, а просто повествование, «*нарратив*». Известный философ-физикалист К. Поппер оценивал состояние знания в дисциплинах, связанных с реконструкцией прошлого, как «нищету историцизма».

Очевидно, идиографика в значительной мере актуальна для филогенетики, коль скоро её задачей является реконструкция путей *исторического развития* в живой природе. Вместе с тем, эта реконструкция — не только самоцель, но и средство выявления *исторических причин* формирования биологического разнообразия. Это наделяет филогенетику чертами номотетической дисциплины.

Особую роль в нынешней смене эпистемологических парадигм играет картина мира, которая разрабатывает упомянутая в вводной главе *синергетика* — наука, изучающая *законы функционирования и развития сложных неравновесных систем* (см. 1). Одной из таких систем является биота, а одним из проявлений её развития является филогенез, закономерности которого оказываются, таким образом, следствием действия неких общих законов природы.

Согласно этой новой картине мира, среди причин, обуславливающих разнообразие состояний неравновесных систем, заметное место принадлежит историческим причинам. Это значит, что всякая естественнонаучная дисциплина несёт в себе черты и номотетики, и идиографики, различаясь их соотношением. Фундаментальные принципы организации естественнонаучного знания несводимы к тем, которые были выработаны физикализмом: вопреки утверждениям позитивистов (см. 2.2.3), они сложнее. При этом, как было подчёркнуто выше, каждая дисциплина на «законных основаниях» вносит свою специфику в трактовку этих общих принципов соответственно природе исследуемого ею объекта или явления.

Наиболее важные из этих принципов и способы их «прочтения» филогенетикой рассмотрены в следующих разделах.

### 2.1.1. Познавательные ситуации

Всякое научное исследование осуществляется в рамках некоторой *познавательной ситуации*, определённым образом построенной и структурированной. В неё входят, с одной стороны, *объект* исследования, с другой — *субъект*, понимаемый в самом широком смысле (в том числе как научное сообщество). В рационально организованной аналитической науке признаётся их разделённость, но не абсолютная: они взаимодействуют, между ними существуют *субъект-объектные отношения*.

Эти отношения складываются в результате взаимозависимости базовых (*background*) допущений онтологического и эпистемологического толка. Как отмечено в вводном разделе настоящей главы, посредством первых определяется, *что* изучает данная дисциплина, посредством вторых — *как* она это делает. Такого рода допущения в совокупности задают систему взаимосвязанных предписаний и запретов, очерчивающих а) «разрешённую» для исследования область объективной реальности и б) «разрешённые» методы исследования этой области.

Так, материалистическое мировоззрение запрещает обращаться к нематериальным силам (вроде аристотелевой «энтелехии» или «жизненной силы» натурфилософов XIX в.) в поисках причин биологической эволюции. А утверждения типа «наука начинается там, где начинается математика» заставляют считать, что научные методы филогенетики — лишь те, которые разрабатывает *нумерическая филетика* (о ней см. 3.5.3).

При определении объективной составляющей познавательной ситуации в филогенетике основную эпистемологическую проблему составляет то, что для человека как субъекта познания *филогенез непосредственно ненаблюдаем и в эксперименте сам по себе невоспроизводим*. Для этой дисциплины эмпирическую реальность составляют две основные категории материальных носителей информации об истории развития биоты. Одну из них составляет *наблюдаемое разнообразие организмов*, вторую — *разнообразие геологических пород*, в которых вымершие организмы захоронены. С ними проводятся те или иные манипуляции: они описываются (в том числе при необходимости измеряются), сравниваются, с ними производятся определённые эксперименты. На этом основании делаются заключения о родстве организмов и затем об их филогенезе, в том числе его «привязка» к геохронологической шкале.

Невозможность манипулирования самим объектом, исследуемым филогенетикой, означает, что на деле элементом познавательной ситуации является не филогенез и филогенетический паттерн как таковые, в их «всеобщности», а некие их образы — **модели**. В данном случае под моделью объекта понимается некая *совокупность утверждений о его существенных свойствах* (Вартофский, 1988). Подробнее вопрос о моделях, используемых в филогенетике, рассмотрен далее в соответствующих разделах (см. 2.2.4, 4.1.1); здесь отметим основные типы этих моделей:

- *каузальные* или *описательные* модели. Первые включают указания на механизмы процесса (например, трактовка филогенеза как адаптациогенеза), вторые — только на его проявления (например, трактовка филогенеза как кладогенеза). В принятом здесь понимании филогенеза (см. 1) ему более всего соответствуют описательные модели. Особый класс составляют *математические модели*, которые активно используются в некоторых разделах нумерической филетики, а также при компьютерной симуляции филогенетических процессов (см. 9.4.7);

• *динамические* (процессуальные, диахронные) или *статические* (синхронные). Первые относятся к процессу эволюции, вторые описывают структуру биологического разнообразия;

• *общие* (базовые) или *частные* (производные). К числу первых, например, относится представление об эволюции как о дивергентном процессе. Частные модели касаются особенностей эволюции отдельных групп организмов или морфоструктур, их нередко называют *эволюционными сценариями*.

Сказанное о моделях относится не только к филогенезу, но практически к любым объектам, которые так или иначе вовлечены в филогенетическую реконструкцию. Так, описание организма набором признаков можно считать его моделью, причём её «содержание» (набор и трактовка признаков), очевидно, зависит в том числе и от того, как трактуется эволюция, т.е. от базовой эволюционной модели (о ней см. 5.1). Своего рода моделью исследуемой эмпирической реальности можно считать ту выборку, с которой имеет дело исследователь: именно по ней он судит о структуре этой реальности (см. 8.1).

Совокупность моделей, входящих в познавательную ситуацию филогенетики, формирует её «объективную составляющую» — **интервальную ситуацию** (Кураев, Лазарев, 1988). Она соответствует той области эмпирической реальности, которая задана конечным множеством объектов, их свойств, отношений между ними и порождающих их процессов. В филогенетике интервальная ситуация задаётся *конечным множеством связанных родством групп организмов, их свойств и способов их преобразований* (эволюционных путей) (Павлинов, 1990).

Как видно, в соответствии с очерченной во введении (см. 1) предметной областью филогенетики в данную интервальную ситуацию не попадают множества неродственных организмов (такие как биоценозы) и их исторические преобразования (филоценогенезы). При таком понимании за границы предметной области филогенетики следует вынести разнообразие лишайников, коль скоро каждая из их группировок представляет собой элементарную экосистему, а не объединение родственных организмов.

Ключевым для формирования интервальной ситуации (а тем самым и онтологических оснований филогенетики) является относящееся к области эпистемологии *условие конструктивности* (см. также

2.2.2), которое, грубо говоря, запрещает «апелляцию к бесконечности». Так, неконструктивно (и потому бессмысленно) требование, согласно которому в *полной* филогенетической реконструкции должны быть отражены *все* события филогенеза: постановка задачи в такой форме делает её нерешаемой в принципе. Это же верно в отношении требования, чтобы в рамках проводимого исследования монофилетическая группа включала всех её представителей (см. 5.2.3).

Названное условие имеет важное значение для разработки алгоритмов филогенетических реконструкций в свете так называемой **проблемы *NP*-полноты** (*N*on-deterministic ***P***olynomial time completeness, см. Felsenstein, 1982). Она справедлива в отношении задач, для которых *не существует прямого алгоритма нахождения единственного оптимального решения*: для этого необходим перебор всех возможных решений. С ростом сложности задачи, по экспоненте а) растёт время на её полное решение и б) уменьшается вероятность «наткнуться» на *единственное* искомое решение или выявить *все* возможные решения, отвечающие критерию оптимальности. Следовательно, для некоторого ограниченного периода времени, фиксированного согласно условию конструктивности, эффективны не *точные*, а *эвристические* алгоритмы (см. 9.4.), а получаемые с их помощью решения должны считаться *приближёнными*.

Принципиальное значение конструктивно разрабатываемой интервальной ситуации состоит в том, что она запрещает обоснование утверждений филогенетической гипотезы аргументами, находящимися вне её (ситуации) области определения. Последнее означает, что выход за её рамки не позволяет различать истинные и ложные высказывания о филогенезе.

Например, если модель филогенеза ограничена «снизу» популяционно-видовым уровнем организации биоты, не соответствующими условию конструктивности оказываются события, происходящие внутри популяций. С этой точки зрения так называемая концепция «*ноевой*» *монофилии* (см. 5.2.3) неконструктивна: к ней нельзя апеллировать при обосновании монофилетического статуса той или иной группы организмов.

В разных школах филогенетики условие конструктивности и, соответственно, объём интервальной ситуации могут пониматься по-разному. Очевидно, понимание филогенеза как процесса адаптациогенеза или как кладистической истории означает существенно разные по объёму интервальные ситуации. В целом, чем более жёстко задано названное условие, тем более «узкой» оказывается исследуемая интервальная ситуация. Разные способы её определения имеют отношение как к выдвижению, так и к тестированию филогенетических гипотез (см. 5.7, 8.5)

### 2.1.2. Исследовательские программы и стили мышления

Содержание конкретной модели — т.е. что именно подлежит исследованию в рамках данной познавательной ситуации, задаётся *исследовательской программой* (И. Лакатос) или *научной парадигмой* (Т. Кун). В обоих случаях имеется в виду, что основной «ячейкой» структуры научного знания является система взаимосвязанных допущений и принципов онтологического и эпистемологического характера вместе с методологией и методами исследования, вытекающими из этих допущений и принципов.

В филогенетике, понимаемой в самом широком смысле, идеологическое ядро исследовательской программы составляет **принцип историзма**. Он утверждает, что *для понимания сущего необходимо знать его прошлое*, что возможно лишь через конкретные филогенетические реконструкции. Этим обосновывается включение *исторической причины*, как частной версии *начальных причин* (см. о них 2.2.5), в эпистемологию филогенетики.

В современной филогенетике исследовательские программы, реализующие эту общую идею, разрабатываются главным образом филистикой и ныне преобладающей кладистикой, а также семогенетикой (как они определены в разделе 1; см. также 3.3, 3.4, 3.5). В каждой из них отстаивается свой особый взгляд на филогенез и принципы его изучения. Так, в кладогенетике из филогенеза «вычленяется» кладистическая история, в семогенетике — эволюционные преобразования меронов.

Каждая исследовательская программа в конкретной познавательной ситуации реализована в виде *темы исследования*. В ней можно выделить две составляющие — условно говоря, *историческую* и *современную*.

К первой относятся, прежде всего, те наработки, которые были выполнены на предшествующих этапах: никакое исследование не начинается «с нуля». Они обеспечивают преемственность знания, служа своего рода «стартовой позицией» для всякого вновь проводимого исследования. Это имеет важное значение, например, для применения критериев гомологий структур и полярности признаков: их филогенетическая интерпретация во многом опирается на предшествующие типологические реконструкции (см. 5.3.2, 5.4.2).

С другой стороны, при смене парадигм эта преемственность, особенно если она очень сильна, может служить тормозом, обязывая «новое вино вливать в старые мехи». Поэтому, согласно парадигмальной концепции развития науки, переход от одной парадигмы к другой имеет характер *научной революции*. Пример этого — переход от классической филогенетики к кладистике.

К современной составляющей (кроме новой фактологии) относится «идеологическое ядро» вновь формируемой парадигмы, заставляющее по-новому оценивать прежние результаты. Так, исторические реконструкции классической филогенетики по сути представляли собой интерпретацию типологических классификаций с позиций трансформизма (см. 3.2). В настоящее время эти реконструкции пересматриваются на основании кладистической методологии.

Важной частью исследовательских программ являются *стили мышления*, которые влияют на характер восприятия объективной реальности и, соответственно, на принципы и методы разработки и исследования базовых моделей этой реальности.

Для формирования той картины мира, которая лежит в основании современного эволюционизма, фундаментальное значение имеет *естественнонаучный* стиль мышления, противопоставленный мифологическому (в том числе религиозному), а в его рамках — *эволюционный* стиль как частный случай *исторического* мышления. Последний означает восприятие всего разнообразия живых организмов как результата длительного постепенного процесса исторического развития, или эволюции.

*Системное* мышление имеет отношение к разработке некоторых эволюционных моделей, актуальных для филогенетики (см. 4.1.1): его формализацией служит *принцип системности* (см. 2.2.6). Сюда же относится и так называемое «*нелинейное*» мышление, которое вводит в познавательную ситуацию представление о том, что малые причины могут порождать значительные последствия. Таково, например, поведение *неравновесных систем*, теорию которых, весьма актуальную для современной эволюционной биологии, разрабатывает уже упоминавшаяся синергетика.

Общезначимым является *вероятностное* мышление, противопоставленное *детерминистическому*. Оно является продуктом осознания вероятностной природы как многих природных процессов (в том числе биологической эволюции), так и знания о них. Последнее, в частности, означает, что, вопреки ортодоксальной трактовке гипотетико-дедуктивной схемы аргументации (см. 2.1.3), естественнонаучные теории могут быть не только детерминистическими, но и «статистическими».

Для самой филогенетики и вообще эволюционной биологии центральным можно считать **филогенетическое мышление** — частный случай эволюционного, акцентирующий внимание на процессе порождения иерархии филогенетических групп. Оно особенно значимо для понимания исторических процессов и причинно-следственных связей на макроуровне структуры филогенетического паттерна.

Стиль мышления классической филогенетики несёт в себе значительный элемент **типологического мышления**, унаследованного из классической типологической систематики, которая, в свою очередь, восприняла его из философского эссенциализма (см. 3.1). Он соответствует «статическому» восприятию структуры таксономического аспекта биологического разнообразия как иерархии архетипов или планов строения. В филогенетике (главным образом классического толка) он означает «видение» исторического развития как упорядоченного процесса, идущего параллельными линиями по определённым траекториям (см. 3.3).

Как филогенетическому, так и типологическому стилям мышления противопоставлено **популяционное мышление**, которое соответствует микроэволюционной концепции исторического развития биоты. Оно сформировалось на основе философского позитивизма и потому характеризуется значительным редукционизмом, прежде всего сведением всех эволюционных процессов к популяционным.

Популяционный стиль мышления, доминировавший на протяжении значительной части XX в., сыграл в истории филогенетики двоякую роль. С одной стороны, он отодвинул на задний план классический стиль филогенетических исследований. С другой стороны, многие идеи микроэволюционизма, разрабатываемые на основе популяционного стиля, оказались востребованными «новой» филогенетикой конца XX — начала XXI вв.

Так, сведение эволюционных изменений к изменениям генных частот в популяциях и сопутствующая этому модель *нейтральной эволюции* составили основу молекулярной филогенетики и ряда методов нумерической филетики (см. 3.5). Их обобщением служит центральная идея метода наибольшего правдоподобия, одного из наиболее популярных в генофилетике, — эволюция как «*статистический процесс*» (см. 4.1.1).

Эти же два направления «новой» филогенетики активно осваивают **фенетическое мышление**, которое дополняет популяционное на уровне эпистемологии. Оно подразумевает редукцию организма до совокупности равноценных «элементарных» признаков, а для выяснения филогенетических отношений использует формулу «*общее сходство = родство*». Последняя означает, что оценкой родства служит суммарное (общее) сходство по как можно большему числу признаков.

В настоящее время филогенетическое мышление осваивается не только эволюционной биологией, что вполне естественно. Оно проникает также в экологию, этологию и некоторые другие биологические дисциплины: для них выявление исторических причин формирования разнообразия организмов становится столь же актуальным, как и ныне действующих (см. 11.2).

Особого упоминания заслуживает **«морфологическое» мышление**, означающее определённый характер рассмотрения и интерпретации фактологии, исследуемой систематикой и филогенетикой (см. 6.1.1). Его ядро составляет восприятие объекта исследования и всякой его части (свойства, аспекта) как *морфоструктуры* (подробнее см. 5).

В рамках морфологического мышления отчётливо обозначены два общих подхода к пониманию морфоструктур — *структуралистский* и *функционалистский*. Различия между этими стилями мышления определяются тем, что считается первичной — структура по отношению к функции или функция по отношению к структуре.

### 2.1.3. Основные схемы аргументации

Несколько упрощая ситуацию, в науке можно выделить два основных способа познания — *рациональный* и *интуитивный*. Первый опирается на фиксированную систему правил перехода от незнания к знанию (точнее, от большего к меньшему незнанию), что делает полученное таким способом знание более или менее *формализуемым* и *воспроизводимым*. Второй способ не предполагает каких-либо формализованных процедур: это озарение, догадка, порождающие так называемое *личностное* знание (М. Полани).

Согласно принятым ныне критериям научности, рациональный способ составляет ядро *научного метода познания*. Этот метод не отрицает интуитивизма, но считает его как минимум недостаточным. С данной точки зрения, если познание ограничено только интуитивным способом, такой метод и, соответственно, полученное на его основе знание не считаются (полностью) научными.

В рамках рационального способа познания разрабатываются три основные *схемы аргументации* — дедуктивная, индуктивная и гипотетико-дедуктивная. Они устанавливают разное соотношение между компонентами познавательной ситуации — эмпирической реальностью и исследователем, эмпирической и теоретической формами знания.

В **дедуктивной схеме** источником эмпирического знания является знание теоретическое. Последнее задано в виде некой модели исследуемой области объективной реальности, априори принимаемой за истинную. Из неё с помощью определённых правил (силлогизмов) выводятся суждения об эмпирической реальности, которые считаются истинными в той мере, в какой они а) не противоречат утверждениям исходной модели, б) получены без нарушений правил силлогистики и в) совместимы с самой этой реальностью.

Эта схема аргументации в «чистом виде» реализована лишь в математике; в естественнонаучных дисциплинах она не столь эффективна. В сферах естествознания, имеющих касательство к филогенетике, с некоторой натяжкой дедуктивными можно считать построения систематиков-натурфилософов XVIII–XIX вв., исходивших из уподобления мира «сверхорганизму» (Л. Окен). Они послужили одним из источников для ранних эволюционных воззрений (см. 3.2), так что последние можно считать в той или иной мере дедуктивными.

**Индуктивная схема** аргументации сформировалась в период становления эмпирической в своей основе европейской науки Нового времени (Ф. Бэкон). Согласно этой эпистемологической позиции, единственным источником знания является эмпирическая реальность: наблюдения или манипулирования над нею порождают эмпирическое знание, которое затем перерастает в теоретическое. Данная схема, разрабатываемая позитивистской философией, отвергает саму возможность влияния теоретического (метафизического) «предзнания» на познавательный процесс. Соответственно, частью этой философии является представление о «нейтральном» методе как средстве получения объективного знания, поскольку оно минимизирует влияние «субъективного фактора».

Индуктивная схема «в чистом виде» в филогенетике использована фактически не была. Заложенное в эту схему отрицание метафизической (внеопытной) составляющей теоретического знания привело к отрицанию научной состоятельности классической филогенетики и сформировало эпистемологическую основу микроэволюционной доктрины (см. 3.2). С некоторыми оговорками индуктивной можно считать схему филогенетических реконструкций, основанную на абсолютизации принципа экономии, когда все соображения об эволюции сводятся к приписываемой Ч. Дарвину формуле *«возникновение путём изменения*» (descent with modification): такова позиция «экономной» кладистики (см. 3.5.4).

**Гипотетико-дедуктивная схема** научной аргументации подразумевает довольно сложное взаимоотношение между вышеуказанными составляющими познавательной ситуации, отчасти совмещая две предыдущие схемы. В её основе лежит признание того, что *«голых фактов» в науке не существует*: эмпирическое знание изначально в той или иной мере интерпретировано в рамках некоего теоретического конструкта. Таковым является уже упоминавшаяся базовая модель исследуемого объекта, в которой определены его общие свойства, существенные с точки зрения данной исследовательской программы. Коль скоро модель выбирается исследователем, «субъективный фактор» неустранимо присутствует в знании, делая его объективность не абсолютной, а относительной.

Процедура исследования, подчинённая данной схеме, может быть в некотором приближении описана в терминах метода «*проб и ошибок*». Он означает выдвижение гипотез и формулирование теорий (причём не обязательно рациональным способом — это может быть и догадка), которые затем проходят испытание на *правдоподобие* — более или менее полное соответствие фактическим данным. Последнее обеспечивает *объективацию* знания, вырабатываемого на основе гипотетико-дедуктивной схемы.

Эта схема оформилась как часть современной научной эпистемологии в начале XX в. (К. Поппер) и оказала сильное влияние на существующие представления об организации и способах получения научного знания. Так, в современной филогенетике одной из ключевых идей является признание того, что в основе филогенетических реконструкций всегда лежит та или иная эволюционная модель, в которой определены общие свойства исторического развития: дивергентность, направленность, адаптивность и т.п. Эта общая позиция отражена в *принципе моделирования* (см. 2.2.4), реализована в ряде количественных подходов нумерической филетики (см. 9.4).

Естественнонаучное знание, разрабатываемое на основании индуктивной и гипотетико-дедуктивной схем аргументации, имеет гипотетическую природу. Это значит, что всякое эмпирическое обобщение представляет собой *гипотезу*, которая *проверяется* (тестируется) *на предмет истинности или ложности соответственно установленным процедурам и критериям*. Потенциальная тестируемость гипотезы научными фактами составляет один из ключевых критериев её научности.

В индуктивной схеме основной процедурой тестирования является *верификация*, в гипотетико-дедуктивной — *фальсификация*. В первом случае утверждения гипотезы должны быть подтверждены, во втором — опровергнуты новыми фактами. При этом согласно гипотетико-дедуктивной схеме истинность гипотезы в «окончательной» форме принципиально недоказуема, тогда как опровергнуть её возможно (*принцип фаллибилизма*, от англ. *fallible* — подверженный ошибке). Поэтому в филогенетике большая часть утверждений имеет характер *презумпций*: они считаются истинными, пока не доказано обратное (Расницын, 2002). Однако возможность окончательного опровержения также следует ставить под сомнение: сам фальсифицирующий факт может быть ошибочным.

В формализованных подходах эта общая идея усиливается проблемой *NP*-полноты (см. 2.2.1). В данном, более широком контексте она позволяет подчеркнуть важную мысль: *истинность филогенетических гипотез не может быть окончательно ни опровергнута, ни доказана* в силу сложности задач, решаемых этой научной дисциплиной.

*Принцип фальсификации*, разрабатываемый в гипотетико-дедуктивной схеме аргументации, подразумевает, что опровержению подлежат *следствия из гипотезы* — вытекающие из неё предсказания о «поведении» исследуемого объекта. В данном случае тестируемость гипотезы означает её *фальсифицируемость* — возможность быть опровергнутой новыми фактами.

Филогенетика как историческая дисциплина изучает прошлое, поэтому её суждения и предсказания имеют отношения не к тому, что *может случиться* в будущем, а к тому, что наверняка *уже случилось*. Иными словами, они направлены не в будущее (*предикции*), а в прошлое (*ретродикции*). На этом основании ортодоксальные сторонники принципа фальсификации не считают филогенетические реконструкции научными обобщениями. Однако если предикции и ретродикции рассматривать как разные ипостаси *экстраполяций*, данное возражение во многом утрачивает свою актуальность.

По исходному определению, чем больше следствий может быть выведено из гипотезы, тем выше её *предсказательная мощность* и *потенциальная фальсифицируемость*, а тем самым и научная значимость. Таким свойством обладают так называемые «*экономные*» гипотезы — такие, при разработке которых использовано минимальное число допущений о свойствах исследуемого объекта. Так, если в основу филогенетической реконструкции положены априорные допущения о характере (например, о направленности) эволюции морфоструктур, то они автоматически исключаются из числа возможных апостериорных проверяемых следствий. Такого рода доводы используются для обоснования методологии исторических реконструкций в «новой» филогенетике (см. 3.5).

Следует подчеркнуть, что в настоящее время строгое разграничение и абсолютизация представленных схем аргументации представляются излишне «жёсткими». Задачи, с которыми имеет дело эволюционная биология, слишком сложны, чтобы пытаться их решать только в рамках какой-либо одной из них и игнорировать другую. Более того, обе эти схемы уделяют недостаточное внимание вероятностной природе научного знания, что показывает их методологическую ограниченность.

Действительно, в классической науке всякая схема аргументации основывается на двузначной логике: обобщение может быть либо истинным, либо ложным. Подобным образом построены индуктивная и (в ранних версиях) гипотетико-дедуктивная методологии. В неклассической науке в схемы аргументации встроено представление о вероятностной природе научного знания: оно может быть *более или менее правдоподобным*. Это значит, что кроме истинных и ложных есть ещё *неопределённые* суждения, которым можно приписывать (иногда существенно) отличную от 1 и 0 вероятность быть истинными или ложными. Очевидно, таких суждений подавляющее большинство, что означает несостоятельность двузначной логики в качестве основания научной схемы аргументации.

Названная вероятность зависит от того, насколько (при прочих равных) данная гипотеза надёжно обоснована фактическими данными; принимается во внимание также её соответствие базовой модели, её эвристические возможности (потенциальная тестируемость) и т.п. С этой точки зрения каждое тестирование не подтверждает или опровергает гипотезу, а лишь *повышает или понижает её правдоподобие* (И. Лакатос).

### 2.1.4. Научный плюрализм

В основании всякой научной деятельности лежат некие ценностные установки (аксиологические критерии), на основании которых может быть дана общая оценка состоятельности научного знания. К их числу относятся, прежде всего, критерии *объективности* и *истинности* знания. Сюда же следует отнести и представление о существовании, хотя бы в потенции, *абсолютной истины* — «тотального» знания, полностью описывающего универсальный закон, которому подчиняется всё сущее и к познанию которого стремится классическая наука.

В филогенетике этому соответствует представление о *единственно истинном, объективном, исчерпывающем знании о ходе филогенеза и о структуре филогенетического паттерна*. Эта истина, очевидно, недостижима; однако стремление к ней служит ключевым стимулом всей деятельности сообщества биологов-филогенетиков.

По мере развития науки её базовые установки (критерии) меняются — если не полностью, то хотя бы в части признания их незыблемости и всеобщности. Так, критерию *объективности* знания, составляющему классический идеал науки, в современной науке придаётся не столь «абсолютное» значение. Вместо этого утверждается *неправомочность постановки вопроса* не только о достижимости абсолютной истины, но и *о самой абсолютной* (единственной и всеобщей) *истине как таковой*.

Эту идею, выросшую из гипотетико-дедуктивной схемы аргументации (см. 2.1.3) с её *принципом фаллибилизма*, разрабатывает одно из новейших ответвлений эпистемологии, известное как *постнеклассическая* (или постмодернистская) наука. Она отстаивает *научный плюрализм*, означающий правомочность разных познавательных позиций — мировоззрений, стилей мышления, исследовательских программ (см. 2.1.2): тем самым, как уже было подчёркнуто в предыдущем разделе, признаётся неустранимость субъективной компоненты во всяком научном знании.

На уровне онтологии такая позиция обосновывается, прежде всего, признанием многоаспектности всякого природного явления. Так, структура биологического разнообразия достаточно естественно «раскладывается» на несколько несводимых одна к другой компонент — биоценотической, филогенетической, биоморфной (см. 4.1.3). Каждая из них исследуется в рамках отдельной дисциплины, для каждой разрабатываются собственные классификации.

Это верно в отношении и самого филогенеза: как объект познания, он «разложим» на несколько аспектов — *кладогенез*, *семогенез*, *анагенез* (см. 4.1.2). Каждый из них, в свою очередь, может быть охарактеризован различным способом: например, кладогенез и семогенез — на основании разных моделей эволюции (детерминистическая или стохастическая), анагенез — на основании разных критериев прогресса. Разные картины филогенеза могут быть получены при использовании «абсолютного» (геологическое) или «собственного» времени развивающихся систем (см. 4.1.2.1): первое характерно для классических подходов, второе — для «новой» филогенетики.

Очевидно, что для каждого из так или иначе обозначенных аспектов филогенеза разрабатываются свои собственные гипотезы. Они состоятельны в той мере, в какой позволяют судить именно о данном аспекте, не претендуя на излишне широкие экстраполяции. Ни одна из таких гипотез не может служить основанием для суждения о филогенезе в целом: на это может претендовать лишь их совокупность. Таким образом, реконструкции, разрабатываемые для разных аспектов филогенеза, связаны *отношением дополнительности*: они не исключают, а дополняют друг друга «до целого».

На уровне эпистемологии принципиально важным является признаваемая постнеклассической концепцией науки *правомочность разных эпистемологических систем для разных областей естествознания*. Это позволяет в каждой научной дисциплине разрабатывать свои аксиологические критерии научности знания, соответствующие природе данного исследуемого явления (*нормативный натурализм*, У. Куайн). Так, для филогенетики историзм составляет столь же неотъемлемую часть её «корпуса знания», как для физики — экспериментализм. Это, в частности, позволяет считать, что принципы филогенетических реконструкций не исчерпываются сравнительным подходом, который разрабатывает типология: природе её объекта более соответствует сравнительно-исторический метод (см. 7.3).

Естественным следствием разнообразия точек зрения на природу исследуемого объекта и на способы его исследования является *разнообразие научных школ*. Каждая из них есть ни что иное как определённая исследовательская программа, которая разрабатывает принципы и методы исследования этого объекта соответственно фиксированному *аспекту рассмотрения*.

Одна из современных версий *эволюционной эпистемологии* уподобляет развитие науки биологической эволюции (Хахлееr, Хукер, 1996). С этой точки зрения новые школы и направления, подобно биологическим видам, чаще всего возникают в результате дивергенции. Причиной их расхождения обычно оказываются разные определения ключевых для данной дисциплины понятий, что и иллюстрирует история филогенетики. Так, в результате разных трактовок концепции монофилии во второй половине XX в. обособились две школы филогенетики — филистика и кладистика (см. 3.4, 3.5.1). Интересно отметить, что «новая» филогенетика сформировалась, продолжая эту аналогию, в результате ретикулярной эволюции, объединив три подхода — кладистику, нумерическую филетику и генофилетику (см. 3.5).

Опасность плюрализма состоит в том, что при злоупотреблении им он может обращаться в «научный анархизм», когда «всё дозволено». В филогенетике возможным средством спасения от него служит принимаемая в качестве аксиомы единственность кладистической истории (см. 4.1.2). С этой точки зрения разные кладогенетические реконструкции — это *гипотезы об одном и том же*, что делает оправданным поиски «точек согласия» между ними.

Однако «полного единомыслия» здесь быть не может: неопределённость знания о кладогенезе неустранима в принципе (см. 4.3.2). Коль скоро частные реконструкции базируются на анализе разных семогенезов, которые зачастую предполагают разные эволюционные модели, всё равно получается некоторая неустранимая множественность кладистических гипотез (см. также 2.1.1. о *NP*-полноте).

### 2.1.5. Между фактом и теорией

Всякая естественнонаучная дисциплина эмпирична в той мере, в какой она исследует и объясняет конкретные факты. Их совокупность составляет *фактологический базис* научного знания (см. 6). «Надстройки» над ним — всякого рода обобщения: эмпирические закономерности, гипотезы, теории.

Согласно гипотетико-дедуктивной схеме аргументации, никакое обобщение не может быть непосредственно выведено из суммы фактов: между ними существует уже упоминавшийся (см. 2) *эпистемологический разрыв*. Для его «заполнения» необходимы разного рода допущения и принципы, позволяющие устанавливать соответствие между исходной фактологией и обобщающими её гипотезами или теориями (см. 2.1.6).

В филогенетике названный разрыв усугубляется тем, что историческое развитие организмов, как было подчёркнуто выше, непосредственно ненаблюдаемо и в эксперименте не воспроизводимо. Для неё фактологический базис составляет *разнообразие носителей информации* а) о самом филогенезе и б) об условиях его протекания. В первом случае имеется в виду *разнообразие живых существ*, которое может быть как внутри-, так и межорганизменным: например, различия между стадиями онтогенеза или между особями разных групп. Во втором случае это *последовательность геологических пород* с включёнными в них остатками этих организмов (см. 2.1.1, 6). Структуры, несущие исходную информацию, на основании анализа которой судят о филогенезе, предложено называть *темпофиксаторами* (Мейен, 1984). Всё прочее — вышеуказанная «надстройка» над этой фактологией, её объяснение.

Из ненаблюдаемости и невоспроизводимости филогенеза следует, что для его реконструкции доступны только *косвенные свидетельства*. Но на каком основании мы можем утверждать, что в разнообразии организмов отображена история их предшественников и что поэтому, изучая это разнообразие, можно рассчитывать на реконструкцию филогенеза?

Этот вопрос — далеко не самый простой с точки зрения эпистемологии. Один из возможных общих ответов на него даёт гипотетико-дедуктивная схема аргументации (см. 2.1.3). Она подразумевает, что *использование структур-темпофиксаторов в качестве косвенных свидетельств о филогенезе осмысленно в контексте определённой теории происхождения их разнообразия*. Именно эта теория позволяет рассматривать те или иные особенности организмов и следы их пребывания в те или иные эпохи как свидетельства истории. В рамках естественнонаучной парадигмы на эту роль, надо полагать, более всего подходит теория биологической эволюции. В качестве альтернативы может выступать, например, учение о множественных актах божественного творения (см. 6.1.2).

Уместной аналогией может быть исследование свойств микрочастиц по их следам в пузырьковой камере. Длина и форма этих следов рассматриваются как отражения массы и заряда частиц. Но очевидно, что для такой интерпретации необходимо располагать физической теорией, связывающей оставляемые частицами следы с их характеристиками.

Из предыдущего видно, что *научный факт* в филогенетике (и вообще во всякой естественнонаучной дисциплине) — вещь не самая тривиальная. Это не просто некий конкретный результат наблюдения или эксперимента, а *интерпретированный результат*. Последнее означает, что факт включает в себя и сам результат, и условия (контекст), в которых он получен и осмыслен. В число этих условий входит *тема исследования* (понимаемая в общем эпистемологическом смысле, см. 2.1.1), которая формируется в рамках базовой научной теории. Поэтому само понимание того, *что такое факт*, зависит, среди прочего, от содержания темы, определяющей, *что и как именно* на эмпирическом уровне должно быть исследовано и интерпретировано.

Разнообразие организмов описывается в терминах концепции сходства. Сходственные отношения сами по себе достаточно разнообразны и могут иметь разную причину. Для филогенетики значимой является их интерпретация в терминах родства, позволяющая выявлять в структуре названных отношений *филогенетический сигнал* (см. 4.2.3). Следовательно, в рассматриваемой дисциплине отдельный факт — это *филогенетически осмысленное суждение о наличии или отсутствии общих свойств у организмов*. Т.е. о таком сходстве или различии, *на основании анализа которого можно сформулировать гипотезу о филогенезе* группы этих организмов.

Последовательность геологических пород для филогенетики также интересна не сама по себе, а в той мере, в какой она несёт информацию о времени исторического развития организмов. Соответственно, «геологическим» фактом можно считать *суждение о времени захоронения исследуемых организмов* в осадочных породах.

Первый шаг к воздвижению «надстройки» над фактами — выявление на их множестве какой-либо эмпирической закономерности, позволяющей эти факты определённым образом *упорядочить*. При оценке филогенетически интерпретированного сходства эти закономерности ищут в структуре биологического разнообразия. Они проявляются двояко: а) в неслучайном характере распределения значений признаков на множестве сравниваемых организмов и б) в иерархической организации сходственных отношений между ними.

На основании выявленных закономерностей формулируется гипотеза об их наиболее вероятной причине. В филогенетике в качестве такой причины рассматривается филогенез — процесс исторического развития, порождающего наблюдаемое разнообразие организмов. Соответственно, на следующем уровне «надстройки» формулируется филогенетическая гипотеза (о её содержании см. 5.7).

Согласно гипотетико-дедуктивной схеме аргументации, между гипотезой и теорией нет принципиальной разницы: обе они — своего рода модели исследуемого явления, их разделяет только степень обоснованности (подробнее о моделях см. в 4.1.1). При этом в разных эпистемологических системах разные критерии обоснованности могут давать разную оценку состоятельности обобщения. То, что воспринимается как теория в одной системе, может считаться гипотезой или даже не считаться научной формой знания в другой.

Так, уже упоминавшаяся физикалистская парадигма организации научного знания не считает историческое объяснение научным — это просто «нарратив», повествование, имеющее отношение к уникальным событиям или их последовательностям, а не универсальным природным явлениям. Однако упомянутый в предыдущем разделе *нормативный натурализм* считает всякое обобщение научным, если оно для некоторого пусть и весьма локального (в пределе — единичного) явления предлагает естественнонаучное объяснение, проверяемое согласно определённым правилам.

С этой точки зрения *гипотеза о филогенезе научна и теоретикоподобна*, коль скоро она: а) предлагает определённое материалистическое объяснение причин одного из аспектов биологического разнообразия и б) степень правдоподобия этой гипотезы в принципе может быть проверена фактами, имеющими отношение к этому аспекту разнообразия. При этом, очевидно, проверка гипотезы также осуществляется в рамках определённой биологической теории (см. 8.5).

Филогенетика в принятом здесь понимании (см. 1) формулирует гипотезы как *описательные модели* конкретных филогенезов. Теории более высокого уровня общности — *каузальные модели* — разрабатываются не в самой филогенетике, а в разделах эволюционной биологии, исследующих механизмы эволюционных процессов. Таких моделей, по-разному трактующих причины и механизмы эволюционного процесса, может быть достаточно много — от стохастических до номотетических (см. 4.1.1).

Множественность эволюционных моделей означает невозможность представить одну и ту же эмпирическую реальность в форме «суммы фактов» каким-либо единственным способом. Каждая такая модель означает разное понимание её приверженцами того, что может быть филогенетически осмысленной фактологией: для кого-то организм — гармонически коадаптированное целое, для кого-то — сумма отдельных признаков.

Желающих поглубже познакомиться с этой проблемой следует адресовать к концепции *герменевтического круга*. Она разрабатывается одной из версий современной гносеологии, согласно которой всякое истолкование эмпирической реальности возможно лишь на основе «предзнания» неких существенных свойств того, что истолковывается (Г. Гадамер).

## 2.2. ПРИНЦИПЫ ОБЩЕГО ЗНАЧЕНИЯ

Научная деятельность осуществляется согласно некоторой совокупности принципов и правил, выработанных и признанным научным сообществом. Эти *принципы общего значения* формируют базис всякой научной дисциплины, благодаря чему европейская наука представляет собой некое единое целое. По своему назначению они являются нормативными: на их основании разрабатываются предписания касательно того, что может быть предметом научного познания и как оно должно быть организовано.

Такого рода принципы можно с некоторой условностью разделить на две категории.

Одни из них относятся к *онтологии* — это мировоззренческие принципы. Таковы, прежде всего, принципы *материальности*, *причин-*

*ности*. Они лежат в основании всего естественнонаучного знания, разрабатываемого наукой, в том числе эволюционной биологии и филогенетики как её части. Другие принципы принадлежат *эпистемологии*. Сюда относятся, прежде всего, принципы *познаваемости*, *рациональности*, *экономии*.

В настоящем разделе рассмотрены некоторые из принципов, составляющих «общенаучный каркас» филогенетики как естественнонаучной дисциплины. Выбор обусловлен двумя обстоятельствами. В первую очередь принято во внимание то, насколько тесно эти принципы связаны с собственными основаниями и методологией филогенетических реконструкций. С другой стороны, наиболее актуален анализ тех из них, которым в разных школах филогенетики даётся разное толкование.

Из принципов, не вошедших в этот список, отдельного упоминания заслуживает метафорический **принцип качелей**: он позволяет разбираться в сложных познавательных ситуациях, упрощая их и *сводя многообразие трактовок к двум противоположным позициям*. Например, с помощью этого принципа можно выяснять соотношение между холистическим и редукционистским мировоззрениями, между содержательным и формальным подходами к обоснованию методов филогенетических реконструкций и т.п. Поэтому в следующих разделах рассмотрение основополагающих принципов дополнено краткой характеристикой их «антиподов».

### 2.2.1. Принцип познаваемости

Коль скоро конечная цель естественных наук — познание природных явлений, **принцип познаваемости** для них имеет фундаментальнейшее значение. Он в общем случае означает, что *объект научного исследования может быть познан*. При этом, очевидно, само наличие объекта не обсуждается: оно признаётся как бесспорное в качестве своего рода *аксиомы существования*.

Здесь возникает ряд вопросов, имеющих критическое значение для разработки теории научного познания (эпистемологии). Один из них — что означает, что объект познан? С ним связан вопрос: откуда мы знаем, что объект познан? Наконец, принципиально важен ещё один вопрос: с какой полнотой может быть познан объект?

Очевидно, все эти вопросы более чем актуальны для филогенетики, коль скоро её объект — филогенез — непосредственно ненаблюдаем. В общем виде их можно суммировать так: а) *на каких основаниях мы считаем филогенез познаваемым* и б) *с какой мерой точно-*

*сти (полноты) он познаваем*? Соответственно, для каждой частной филогенетической реконструкции эти вопросы принимают вид: а) *на каких основаниях мы считаем данный аспект или фрагмент филогенеза познанным* и б) *какова мера точности (полноты), позволяющая считать его познанным*?

Ответы на них даются с помощью системы эпистемологических и методологических принципов. В частности, для этого служат схемы аргументации, позволяющие от анализа фактических данных перейти к итоговой филогенетической реконструкции. Из этого видно, что принцип познаваемости не имеет «абсолютного» значения: он *относителен* в том смысле, что его трактовка в той или иной мере специфична для каждой эпистемологической парадигмы. Соответственно, частные ответы на эти общие вопросы будут разными.

Например, со ссылкой на *принцип рациональности* можно утверждать, что филогенез познаваем, если исследование выполняется в соответствии с определённой явно сформулированной схемой аргументации (каковых несколько, см. 2.1.3, 2.2.2). Со ссылкой на *принцип моделирования* можно утверждать, что филогенез познаваем в той мере, в какой ему адекватна «конструируемая» исследователем эволюционная модель (см. 2.2.4).

Большое значение имеет связь принципа познаваемости с общим *принципом причинности* (точнее, с его частной версией — *принципом общей причины*, см. 2.2.5). Очевидно, филогенез (аспект филогенеза) может быть познан в той или иной мере лишь при условии, что разные его события связаны между собой причинно-следственными отношениями. Это означает, что чем слабее выражены такого рода отношения, тем меньше каждое последующее состояние развивающейся системы зависит от предшествующих состояний. Следовательно, тем меньше оснований по настоящему судить о прошлом и полагать филогенез познаваемым. В пределе, если процесс исторического развития трактуется в целом как стохастический (т.е. случайный), с точки зрения системной концепции эволюции его познаваемость минимальна (Раутиан, 1988).

Стохастические модели лежат в основе целого ряда количественных методов нумерической филетики — прежде всего тех, которые разрабатываются для молекулярно-генетических данных (Nei, Kumar, 2000). С системной точки зрения это как будто позволяет усомниться в том, что получаемые их посредством «деревья генов» имеют какое-либо отношение к реальному филогенезу. Но тот факт, что в результате генофилетических реконструкций зачастую получаются вполне упорядоченные деревья, может приниматься как косвенное свидетельство неслучайного (вполне упорядоченного) характера эволюции молекулярных структур.

Дилемма случайной или упорядоченной природы филогенеза, принимаемой в качестве базовой модели при решении проблемы его познаваемости, имеет два решения — онтологическое и эпистемологическое.

В первом случае можно сослаться на не раз упоминавшуюся синергетику, согласно которой на разных уровнях организации сложных систем работают разные механизмы диверсификации. На низших уровнях преобладают стохастические процессы, на более высоких — детерминистические. Отсюда известный афоризм И. Пригожина «*порядок из хаоса*», который в случае биологической эволюции означает закономерное закрепление в филетических линиях случайно возникших мутаций.

Во втором случае это сомнение разрешается ссылкой на *принцип общей причины* (Sober, 1988). Он позволяет утверждать, что при случайном характере изменений отдельных макромолекул, по которым устанавливается сходство, вероятность их случайного совпадения, не имеющего кладогенетической подоплёки в качестве общей причины, ничтожно мала. Считая конвергенцию в молекулярной эволюции маловероятной (что не соответствует действительности, см. 6.1.4), такое совпадение можно принять как указание на наличие *филогенетического сигнала* в структуре сходственных отношений.

Две только что обозначенные крайние позиции в трактовке условий познаваемости филогенеза имеют непосредственное отношение к определению критериев *взвешивания признаков* (см. 5.6.2). Первая обязывает придавать большее значение морфоструктурам, эволюция которых характеризуется высокой преемственностью, вторая — тем, изменения которых случайны.

Проблема познаваемости при её «обратном прочтении» обращается в проблему *неполной познаваемости* филогенеза. Она, очевидно, связана с выяснением причин, определяющих принципиальную неполноту филогенетических реконструкций.

Одна из них, самого общего порядка, неоднократно упоминавшаяся выше, — невозможность исчерпывающего познания всякого природного явления. Это обстоятельство подчёркивается так называемой *теоремой о неполноте* (К. Гёдель): рассматриваемая в общем эпистемологическом смысле (Антипенко, 1986), она утверждает, что *никакая понятийная система не может быть исчерпывающе определена сред-*

*ствами самой этой системы*. Для этого необходим некий *метаязык*, в терминах которого интерпретирован язык данной системы понятий (тезаурус).

Последнее означает, что концепции и понятия филогенетики могут быть корректно заданы лишь в том случае, если они интерпретированы в терминах некоторой общей теории, в которой филогенез рассматривается как одно из частных проявлений процессов исторического развития биоты. Эта формализация имеет непосредственное отношение к *принципу моделирования* и к разработке на его основе эволюционных моделей как содержательного базиса для филогенетических реконструкций, а также к оценке состоятельности некоторых общих принципов тестирования филогенетических гипотез (см. 4.1.1, 8.5).

Другая причина кроется в системной природе филогенеза. Она не позволяет посредством анализа частей (отдельных семогенезов) исчерпывающе судить о целом в силу того, что целому присущи некие эмерджентные свойства, не сводимые к свойствам частей (см. 2.2.6).

Ещё одна общая причина — неустранимая неопределённость всякого знания в силу его вероятностной природы. Эта причина отражена в нескольких *принципах неопределённости*, рассматриваемых в разделе 4.3.2. В филогенетике неопределённость филогенетической реконструкции связана в первую очередь с неполнотой филогенетического сигнала, который несёт структура биологического разнообразия в целом и каждая морфоструктура в отдельности. Названная неполнота имеет как минимум два источника.

Во-первых, это нестрогое взаимоподобие между кладо- и семогенезом (см. 4.1.2.2), обуславливающее отсутствие однозначного соответствия между сходством и родством. Во-вторых, это падение плотности филогенетического сигнала со временем: согласно *метафоре эволюционного конуса* (см. 4.2.4), по мере углубления в прошлое определённость суждений о каждом данном этапе филогенеза снижается. Поэтому, чем большим отрезком времени разделены реконструируемые события филогенеза, тем с меньшей надёжностью (определённостью) они могут быть «связаны» в единую цепочку.

Второй из указанных источников «материализован» в природе палеонтологических данных (см. 6.1.2). По мере углубления в прошлое они становятся всё более фрагментарными и специфичными, не позволяя адекватно судить о родственных отношениях организмов.

Введение в основания филогенетики концепции *интервальной ситуации* (см. 2.1.1) позволяет указать на то, что для решения проблемы неполной познаваемости филогенеза большое значение имеет *условие конструктивности* (о нём см. 2.1.1, 2.2.2). Оно обязывает рассматривать данную проблему не «вообще», а в контексте и границах некоторой интервальной ситуации.

Это значит, прежде всего, что вопрос о познаваемости более осмыслен для каждого из выделяемых аспектов филогенеза, чем для всего процесса исторического развития в целом. Данное заключение имеет отношение к разработке проблематики филогенетической гипотезы: снижение её «*размерности*» (термин К. Поппера) делает её утверждения более проверяемыми (см. 5.7).

Наконец, полноту реконструкции для выделенного аспекта филогенеза — т.е. его «познанность» — имеет смысл рассматривать лишь в отношении данной выборки и с учётом разрешающих возможностей применённого метода. Поскольку выборка никогда не бывает «абсолютно полной», а метод — «абсолютно универсальным», это также накладывает неустранимые границы на познаваемость филогенеза.

### 2.2.2. Принцип рациональности

Одним из ключевых критериев, отличающих научное знание от ненаучного, является *рационализм*. Собственно говоря, именно с его утверждения началось развитие европейской науки Нового времени, частью которой является современная биология с её эволюционным учением, включающим филогенетику.

Общее понимание **принципа рациональности** (точнее, здесь целая совокупность принципов) достаточно очевидно: чтобы знание было научным, оно должно опираться на доводы разума, рассудка, а не веры или эзотерических выкладок. Конкретные же толкования весьма различны в зависимости от того, в рамках какой эпистемологической доктрины они разрабатываются.

Этот принцип начинается с того, что вводит в познавательную ситуацию так называемое *субъект-объектное отношение*. Последнее означает выделение двух относительно самостоятельных сущностей — познающего субъекта и познаваемого объекта (что уже было отмечено в вводном разделе настоящей главы). По исходному допущению это служит одним из условий достижения *объективности* научного знания: якобы исключается его «субъективная составляющая». На самом деле это, очевидно, не так: разным субъектам соответствуют разные аспекты рассмотрения объекта, так что последний как бы «размазывается» между аспектами, утрачивая свою качественную определённость (см. также 2.2.4).

Очевидным требованием принципа рациональности является *чёткая фиксация понятий и терминов*, с помощью которых определяется объект исследования (в рассматриваемом случае — филогенез, филогенетический паттерн) и даётся его описание (сходство, родство, гомология, признак и т.п.). Учёные сначала «договариваются о словах», чтобы их общение не превращалось в беседы глухих со слепыми. Кроме того, без этого невозможно проверить понятийный аппарат на предмет полноты и непротиворечивости.

Отвергая веру как основу знания, рассматриваемый принцип в качестве одного из ключевых условий научности утверждает *проверяемость* знания: нередко это возводится в самостоятельный нормативный принцип общего значения. Частью проверяемости знания является его *воспроизводимость* (ещё один эпистемологический принцип), т.е. принципиальная возможность неоднократного получения одного и того же результата согласно определённым стандартным процедурам.

Поэтому важным условием реализации принципа рациональности служит чёткая фиксация (формализация) алгоритмов выдвижения и тестирования гипотез. Этим обеспечивается, с одной стороны, возможность проверки непротиворечивости алгоритмов (как и в случае с исходными понятиями); с другой — воспроизводимость гипотез как элементов научного знания.

Предельным выражением принципа рациональности можно считать *операционализм*, который требует, чтобы каждое научное понятие было определено через *сумму операций*, используемых при исследовании соответствующих параметров объекта. Например, сходство и родство должны быть определены как некие количественные переменные, измеряемые по определённым правилам (см. 9.2). В связи с этим одной из «вершин» современной филогенетики нередко считается разработка количественных методов, удовлетворяющих условиям рационализации этой дисциплины.

Важной частью нормативных правил, разрабатываемых на основе принципа рациональности, является *условие конструктивности*, которое запрещает «апелляцию к бесконечности». Оно реализуется вышеупомянутой концепцией *интервальной ситуации* (см. 2.1.1).

Например, используемая в фенетике концепция *всеобщего* сходства неконструктивна: она предполагает сходство по *всем свойствам* организмов, число которых, вообще говоря, бесконечно. В кладистике при обосновании монофилетического статуса группы «запрещено» апеллировать к её некоему отдалённому предку: монофилия определяется отсылкой только к ближайшему предку (см. 5.2.2).

Принцип рациональности в его наиболее «законченной» трактовке (логический позитивизм) достаточно остро критикуется современными эпистемологическими доктринами, формирующими неклассическую науку. В них отрицается категорическое противопоставление субъекта и объекта познания, возможность полной формализации исходных понятий и алгоритмов. В частности признаётся, что чем более формализовано знание, тем менее оно содержательно, поэтому полная (формальная) аксиоматизация естественнонаучных дисциплин — это не то что «недостижимый идеал», а просто «не идеал». Впрочем, как будет показано далее в соответствующих разделах, критика «предельных» версий принципа рациональности не отрицает его здравой основы.

Противоположная рационализму позиция — *интуитивизм*. Его отличает в первую очередь отрицание противопоставленности субъекта и объекта познания (Н. Лосский). Они составляют единое целое, и познание окружающего мира есть в определённой степени *самопознание*. Поэтому интуитивное знание во многом иррационально и в связи с этим неформализуемо: оно является *личностным*.

В некоторых теориях (таких как логический позитивизм) интуитивизм по этой причине отвергают. В других он считается «законным» элементом научного знания: догадка, озарение могут быть «родителями» гипотезы, однако последующая судьба таким образом «рождённого» знания связывается с его рационализацией. Интуитивистская познавательная позиция с необходимостью отражена в принципах системности и моделирования (см. соответствующие разделы).

Вообще говоря, интуиция исследователя — непременный источник знания о филогенезе как биологическом явлении, если полагать его системным, наделённым некими *эмерджентными* свойствами, которые не сводимы к «сумме» не связанных между собой элементарных кладо- и семогенетических событий (см. 2.2.6. о принципе системности). Именно интуиция даёт целостное видение процесса исторического развития, вносит в филогенетическую реконструкцию существенный элемент биологической осмысленности. И именно интуиция позволяет «видеть» в древовидных схемах, получаемых в результате применения формальных методов к формально описанным организмам, некое представление процесса филогенеза.

Всё это, вопреки требованиям принципа рациональности, делает всякое обобщение в филогенетике в той или иной мере нестрогим, неформализуемым. Филогенетические гипотезы базируются на нестрогих исходных допущениях, часто и на нестрогих правилах вывода.

4 — 1285

А если последние строги и формализованы, как в нумерической филетике, то обычно нестрогим оказывается их выбор, критерии которого чаще задаются исходя из неких соображений содержательного (т.е. неформального) характера (см. 7.1).

Рационализм и интуитивизм, если только они не абсолютизируются, достаточно активно взаимодействуют. В каких-то разделах эпистемологии они даже «перекрываются»: например, в обоих случаях одним из критериев достоверности знания считается *очевидность*. Так, к этому критерию, который обосновывают рационалисты-картезианцы, обращаются систематики-интуитивисты, возражая против излишне радикальных нововведений кладистики как противоречащих «очевидному порядку вещей» — например, против включения птиц в качестве всего лишь отряда в подкласс архозавровых рептилий.

Нередко интуитивизм прибегает к принципу рациональности для того, чтобы облечь личностное знание в «благопристойные» формы, признаваемые довлеющей рационалистической парадигмой, и тем самым сделать это знание «межличностным». В частности, вышеупомянутая рационализация изначально интуитивного знания предусматривает необходимость проверки его истинности с помощью критериев, разрабатываемых на основании принципа рациональности.

### 2.2.3. Принцип экономии

Всякое исследование выполняется в рамках тех или иных допущений о свойствах исследуемого объекта и «разрешённых» методах исследования его свойств. На эти допущения накладываются ограничения определённого рода, соответствующие условию конструктивности. Они формулируются **принципом экономии** (*парсимонии* — от англ. parsimony; также *простоты*), имеющим общенаучное значение.

Принцип экономии не имеет сколько-нибудь чёткой формулировки, объединяющей все его возможные интерпретации. Одна из причин в том, что в истории науки у него два источника, придающие ему два существенно разных смысла — эпистемологический и онтологический.

Первый восходит к идеям средневекового теолога У. Оккама, который провозгласил лозунг «*отсекать всё сверх необходимого*» при объяснении познаваемых сущностей. Отсюда аллегорическое название принципа — «*бритва Оккама*». Уже в наше время это было названо «*экономией мышления*», означающей минимизацию допущений о причинах, порождающих исследуемое явление — например, биологическое разнообразие. Иными словами, *чем проще объяснение, тем больше ему доверия* (plausibility). С этой точки зрения, например, из двух моделей, одинаково эффективно описывающих объект, более состоятельна та, которая включает меньше параметров: она более «экономна».

Вторым источником служит тезис одного из ранних философов-позитивистов Д. Юма о «простоте Природы». Позже это вылилось в формулу развитого позитивизма: «*мир прост и потому допускает простые описания*» (Р. Карнап). В настоящее время есть серьёзные основания сомневаться в разумности этого утверждения: на самом деле, по-видимому, мир не настолько прост, чтобы его можно было описать простыми формулами (см. 2.1).

Действительно, при рассмотрении биологического разнообразия самым простым было бы допущение, что вовсе не было ни постепенной эволюции, ни вообще длительной, протяженностью в миллиарды лет, истории. Собственно, с этого и начиналась биология — но пришла-то она всё-таки к эволюционной идее. Причём, как уже подчёркивалось в самом начале книги, «экономная» по содержанию микроэволюционная концепция оказалась как минимум недостаточной и в настоящее время сменяется макроэволюционной.

В филогенетике два общих понимания принципа экономии (парсимонии) реализованы в двух концепциях. Он либо вводится в явном виде как часть онтологического базиса: определённый «экономный» характер приписывается самому эволюционному процессу. Это — **эволюционная парсимония**. Либо он неявно присутствует в алгоритмах, ориентированных на минимизацию исходных допущений об эволюции: это — **методологическая парсимония** (Kluge, 1984; позже он неудачно назвал эту парсимонию *филогенетической*).

Следствием эволюционной парсимонии является модель *минимальной эволюции*: она предполагает *наименьшее число событий филогенеза*, приведших к наблюдаемому разнообразию организмов (см. также 4.1.1). Такими событиями являются, в первую очередь, отдельные изменения в свойствах организмов (см. 4.1.2.2); соответственно, чем реже повторяются эти события в эволюции, т.е. чем меньше в ней параллелизмов, приводящих к гомопластическому сходству (см. 5.5.2), тем более она «экономна». Исходя из этого разрабатывается основной для «новой» филогенетики критерий выбора итоговой филогенетической гипотезы: при прочих равных, *предпочтительнее та, в контексте которой минимизировано количество параллелизмов* для реконструированного филогенеза. Такая гипотеза называется *экономной* (см. также 5.7).

При методологической трактовке принципа экономии сам характер эволюционного процесса, строго говоря, не затрагивается: историческому развитию не приписывается непременно «экономный» характер.

В данном случае «экономна» совокупность суждений об эволюции: ключевым становится требование *минимизация объёма априорных утверждений о свойствах этого процесса*. Исходя из этого принимается, что из филогенетических гипотез, при прочих равных, *предпочтительнее та, которая получена при наименьшем количестве априорных допущений о характере эволюции*. Согласно данному критерию, с помощью «бритвы Оккама» в первую очередь отсекаются (как мало обоснованные) свойственные классической филогенетике рассуждения об адаптивном и направленном характере эволюции, о вероятности параллелизмов и реверсий.

Последнее приводит к более узкому пониманию рассматриваемой трактовки принципа экономии (Д. Фэррис): подразумевается целесообразность минимизации априорных допущений о параллельной эволюции как причине разнообразия организмов. Основанием для введения этого условия служит утверждение, что каждый выявленный параллелизм требует отдельного *ad hoc* объяснения своего возникновения, *не сводимого к простой ссылке на унаследованность от ближайшего общего предка*. Это, очевидно, снижает «экономность» филогенетической гипотезы в методологическом смысле. Данная идея разрабатывается главным образом в «экономной» кладистике (см. 3.5.1), поэтому такую трактовку рассматриваемого принципа иногда называют **кладистической парсимонией** (Sober, 1988).

Методологически экономная гипотеза предпочтительна согласно гипотетико-дедуктивной схеме аргументации. Поскольку в неё «заложено» меньше исходных допущений (по К. Попперу, у неё меньше «размерность»), это делает её более проверяемой. Иными словами, она потенциально более фальсифицируема и потому (в рамках попперовой модели науки) более соответствует одному из важных критериев научности.

Проблема здесь в том, что при последовательной реализации таким образом трактуемого принципа экономии итоговая филогенетическая гипотеза оказывается экономной не только по «форме», но и по содержанию. Действительно, *требование минимизации допущений о параллелизмах неизбежно ведёт к минимизации самих параллелизмов в реконструированном филогенезе*. Поэтому шанс обнаружить «неэкономный» характер эволюции на основе строго методологически трактуемого принципа экономии весьма невелик.

Таким образом, общие критерии состоятельности филогенетической гипотезы, выдвигаемые в рамках онтологической и эпистемологической трактовок принципа экономии, в данном случае фактически совпадают. На этом основании можно заключить, что второе понимание неявным образом предполагает первое: в филогенетике *методологическая трактовка принципа экономии состоятельна в той мере, в какой эволюция «экономна»*. Это вполне соответствует подчёркнутой в начале главы взаимозависимости базовых онтологических и эпистемологических допущений.

В современной филогенетике данный принцип играет ключевую роль, во многом определяя характер аргументации при реконструкции кладогенезов. Для молекулярных структур он чаще принимается в онтологической трактовке (вышеназванная модель минимальной эволюции). Для макроморфологических структур более актуальна его методологическая трактовка, поскольку приписывание «экономного» характера самой их эволюции чаще всего мало правдоподобно. В нумерической филетике принцип экономии служит основанием для разработки одноимённых методов, которые считаются одинаково применимыми для любых категорий данных (см. 9.4.3).

Наиболее актуален этот принцип для логического обоснования *непрямой схемы* кладистического анализа (см. 8.4). Действительно, согласно ключевому для кладистики *принципу синапоморфии* (см. 4.3.3.2), реконструкция иерархии кладогенетического паттерна возможна лишь на основании знания об истинных синапоморфиях. Суждения о них предполагают априорное определение полярности признаков на основе тех или иных допущений («презумпций») о направленности эволюции, которые, как было отмечено выше, считаются мало надёжными. Чем больше их включено в начальные условия реконструкции, тем менее экономна итоговая гипотеза о кладогенезе. Исходя из этого принимается единое для всех случаев и потому единственное исходное «экономное» допущение: *чем больше общее сходство двух групп относительно внешней для них* (при условии её корректного определения, см. 8.4), *тем большую долю истинных синапоморфий можно ожидать в этом сходстве*.

Вообще говоря, принцип экономии может пониматься достаточно широко. Действительно, в формализованных процедурах он предполагает использование так называемых *минимаксных критериев*, требующих минимизации одних и максимизации других параметров, по которым оптимизируется гипотеза о филогенезе. На этом основании его частными прочтениями можно считать многие другие принципы, актуальные для филогенетики, — например, принцип общей причины, принцип совместимости, принцип дихотомии и т.п. Со ссылкой на него формулируется *принцип суммирования признаков*, требующий, чтобы итоговая гипотеза была согласована с максимально большим числом фактических данных (см. 5.6.1). Он же лежит в основе критерия *конгруэнтности*, используемого при гомологизации структур (см. 5.3.2).

С точки зрения системной концепции эволюции, принцип экономии в тех формах, в которых он применяется в «новой» филогенетике, в своих основных чертах существенно ущербен: при онтологической интерпретации — по сути, при эпистемологической — по форме. В первом случае мало реалистичной считается сама разрабатываемая «экономная» модель эволюции, реализованная в методах нумерической филетики. Во втором случае основная претензия состоит в том, что нацеленность метода на поиск наиболее экономной гипотезы, как уже было отмечено, делает маловероятным обнаружение «неэкономного» хода эволюции.

### 2.2.4. Принцип моделирования

Разработанный средневековыми схоластами принцип «*ferum — factum*» утверждает полную познаваемость лишь того, что сотворено самим субъектом познания. В нём черпают вдохновение учёные-христиане, ссылающиеся на Книгу бытия: мир сотворён творцом и потому познаваем человеком в той мере, в какой он (человек) подобен творцу. На него широко опираются исследователи-историки: они полагают, что история человеческого общества познаваема в полном объёме, раз она творится самими людьми.

В современной науке этот принцип разрабатывается конструктивистской эпистемологией, в которой одним из центральных является понятие *модели* исследуемой части эмпирической реальности (см. 2.1.1). При этом подразумевается, что исследователь имеет дело не с самой реальностью, а с её отображением в этой модели, разработанной исследователем. Данную позицию можно облечь в **принцип моделирования**, согласно которому *объект исследования познаваем в той мере, в какой адекватна этому объекту модель, разработанная и изучаемая субъектом-исследователем*. Из этого видно, что принцип моделирования тесно связан с *принципом познаваемости* (см. 2.2.1).

Очевидно, конструирование модели есть ни что иное как *редукция* познавательно неисчерпаемого объекта исследования до некоторой конечной совокупности утверждений о его существенных свойствах. Поэтому модель природного явления, особенно более или менее формализованная (эта оговорка нужна в связи с тем, что *мысль* тоже можно считать моделью), всегда проще самого явления. Из этого видно, что принятое здесь понятие модели тесно связано с *принципом раци-*

*ональности* (см. 2.2.2): сначала исследуемая реальность редуцируется до некоторой *интервальной ситуации*, обеспечивающей выполнение требований условия конструктивности, а затем уже для этой ситуации разрабатывается *конструктивная модель*.

Способов редукции познавательно бесконечного объекта до той или иной частной конечной модели бесконечно много, что означает: самих таких моделей также может быть *бесконечно много*. Выбор какой-то одной из них как отправной точки исследования должен быть осмысленным в рамках некоторой исследовательской программы. На её основе вырабатываются содержательные критерии, позволяющие опознавать те или иные свойства как существенные. Из этого ясно, что содержательно разные программы, давая разное понимание существенных свойств, приводят к разработке разных моделей одного и того же природного явления как объекта исследования, лишая его некоторой «целостности» (см. также 2.2.2).

Принцип моделирования является важным составным звеном применения в филогенетике гипотетико-дедуктивной схемы аргументации (см. о ней 2.1.3). Действительно, для того, чтобы проводить филогенетическое исследование, необходимо знать, что такое «филогенез вообще», т.е. располагать некой общей *моделью филогенеза*. Её можно определить как *совокупность утверждений о существенных* (повторим — в рамках некоторого аспекта рассмотрения) *свойствах процесса филогенетического развития*. Названная модель, разрабатываемая в общем случае, служит тем теоретическим базисом, на основе которого формулируются частные филогенетические гипотезы с учётом конкретных эмпирических данных.

Имея в виду редукционный характер принципа моделирования, одной из ключевых проблем его применения следует считать *адекватность* модели исследуемому объекту: в нашем случае — филогенезу. Поскольку он, как неоднократно подчёркивалось выше, ненаблюдаем и не воспроизводим в эксперименте, *меру адекватности* модели реконструируемому филогенезу нельзя строго определить. Следовательно, эту адекватность невозможно и оценить (измерить). По-видимому, единственный способ решения этой проблемы состоит в *корректном выборе существенных свойств филогенеза, отображаемых моделью*.

Очевидно, согласно рассматриваемому принципу, *филогенез должен обладать параметрами, которые заданы разрабатываемой для него моделью*. Несколько утрируя ситуацию и делая её «симметричной», можно утверждать, что *филогенез познаваем в той мере, в какой он адекватен принимаемой исследователем модели*. Т.е. в какой мере он «следует» алгоритму, предусмотренному моделью: например, является стохастическим или квази-детерминистическим.

Это делает всякое филогенетическое исследования отчасти *тавтологичным*. При этом, чем более жёстко заданы параметры модели, тем больше тавтологии в проводимой реконструкции. Так, если в основу кладётся модель минимальной эволюции, вероятность получения филогенетической гипотезы, которая более соответствовала бы иным эволюционным закономерностям — например, номогенезу, весьма низка (см. также 2.2.3 о принципе экономии). Данное обстоятельство необходимо принимать во внимание, оценивая результаты компьютерной «симуляции» филогенеза: очевидно, они во многом зависят от того, какая модель изначально «вложена» в соответствующую компьютерную программу.

Коль скоро рассматриваемый принцип означает редукцию исследуемого объекта до его модели, с его применением связана ещё одна серьёзная проблема — определение *уровня сложности* модели. От этого, очевидно, во многом зависит степень её адекватности. Решение данной проблемы связано с условиями, которые вводят принципы рациональности и экономии: её можно уподобить задаче, решаемой с помощью двусторонних критериев.

Сверхусложнение модели делает её перегруженной исходными допущениями содержательного толка, из-за чего разрабатываемые на её основе филогенетические гипотезы оказываются мало тестируемыми. Таковы многие реконструкции, выполняемые в рамках адаптационистской эволюционной парадигмы. При использовании количественных методов в такой ситуации возникает проблема *NP*-полноты (см. 2.1.1).

Сверхупрощение же приводит к конструктам, лишённым биологического содержания: полученные на их основе гипотезы лишь с большой натяжкой могут считаться филогенетическими. Этот упрёк следует адресовать некоторым современным методам нумерической филетики, в которых математическая обоснованность превалирует над биологической состоятельностью (см. 7.1).

В филогенетике актуальна разработка двоякого рода моделей — *динамических* и *статических* (или *диахронных* и *синхронных*, по Ф. Соссюру). Первые относятся к филогенезу собственно; в общем случае их принято называть *эволюционными*. Вторые описывают ключевые свойства филогенетического паттерна, исходя из которых определяются корректные методы сравнительного анализа организмов. Соотношение между этим категориями моделей устанавливается *принципом филогенетического соответствия* (см. 4.3.1).

Примерами разных по содержанию эволюционных моделей могут служить допущения о свойствах исторического развития, разрабатываемые в классической и «новой» филогенетике (см. о них 3.3, 3.5). В первом случае филогенез рассматривается по преимуществу как *развитие адаптаций* и характеризуется определённой упорядоченностью (прежде всего направленностью) исторического развития, существенную часть которого составляют параллелизмы. Во втором случае в основе лежит *модель минимальной эволюции* (см. 4.1.1), предполагающая её по преимуществу случайный (т.е. ненаправленный) дивергентный характер.

Разработка частных моделей (эволюционных сценариев) явным образом «встроена» в некоторые алгоритмы нумерической филетики (см. 9.4.4). Так, основу методов наибольшего правдоподобия составляют вероятностные модели эволюции признаков, относительно которых оценивается правдоподобие итоговой филогенетической гипотезы. В других методах эти модели присутствуют в «скрытом» виде: например, как подчёркнуто выше, кладистическая парсимония, «заложенная» в одноимённые методы, неявным образом подразумевает модель минимальной эволюции.

Очевидным следствием рассматриваемого принципа является признание того, что исследователь оказывается как бы «*включённым*» в объект своего исследования. Действительно, ядром модели служат стиль мышления исследователя — в первую очередь, его представления о том, что существенно или несущественно в реконструируемом процессе. Отчасти эти представления могут быть обоснованы рационально: например, ссылкой на какую-либо эволюционную теорию, которая исследователю представляется наиболее обоснованной. Отчасти же они являются элементом так называемого *личностного знания* — интуитивного, иррационального и потому не поддающегося формализации (см. также 2.1.3).

Таким образом, принцип моделирования означает несостоятельность позитивистской идеи об «абсолютно» объективном знании как идеале науки. Такое знание невозможно теоретически: разработчик модели не может считаться «внешним», нейтральным наблюдателем по отношению к модели, посредством которой познаётся объект. Поэтому знание о филогенезе всегда включает некий неустранимый элемент субъективности; его объективность обеспечивается соответствием исследуемой эмпирической реальности. Эта позиция — важная часть эпистемологии постнеклассической науки, о которой речь шла выше (см. 2.1.4).

В равной степени осознание неустранимого присутствия этого принципа в методологии филогенетических реконструкций — хорошее «лекарство» и от натурализма. Филогенетическая история в её «таковости» недоступна исследователю. Всё, что он может сделать в этой ситуации — подобрать такую модель, которая соответствовала бы его мировоззрению (и, разумеется, была бы убедительной для коллег).

Любителям решать «эпистемологические головоломки», имеющие отношение к общим принципам организации естественнонаучного знания, будет небезынтересным напомнить о так называемом **антропном принципе** (Б. Картер), декларирующем наличие взаимосвязи между физическими параметрами Вселенной и существованием в ней познающего разума. В одной из своих возможных эпистемологических трактовок он означает, что *познающий субъект порождён объектом познания, является его частью и именно поэтому способен познать его*. Таким образом, надо полагать, филогенез познаваем человеком по той причине, что биологический вид *Homo sapiens*, одной из существенных особенностей которого является сознание (как сложно устроенный желудок — особенность жвачного животного), есть продукт филогенетического развития мира живых организмов.

Как видно, этот в известной мере парадоксальный принцип предполагает прямо противоположное тому, что утверждается принципом моделирования. Однако это вовсе не означает состоятельность лишь какого-то одного из них: они взаимодополнительны. Каждый из названных принципов специфическим образом трактует субъект-объектные отношения, формирующие общую познавательную ситуацию.

### 2.2.5. Принцип общей причины

Этот принцип — один из ключевых в естественнонаучной эпистемологии. Его можно рассматривать как «область пересечения» двух общенаучных принципов — причинности и экономии. Подразумевается, что объяснить наличие сходного свойства у двух объектов некой общей причиной — более «экономное» решение, чем считать, что оно возникло по разным, не связанным между собой причинам. Соответственно, в биологии **принцип общей причины** утверждает, что *всякое сходство организмов* (в отсутствие доказательств обратного) *есть результат действия какой-либо общей причины*.

В современных работах по методологии эволюционных реконструкций в качестве общей причины обычно указывается лишь наличие общего предка (Sober, 1988). Однако на самом деле категорий причин, которые могут быть «общими» в только что указанном смысле, достаточно много. Из выделенных ещё Аристотелем общих категорий причин для филогенетики наиболее важными представляются следующие.

**Формальные причины** определяют *общие условия функционирования организмов*, обязывающие их быть так или иначе устроенными. Сюда, например, относятся законы механики, определяющие форму тела плавающих или наличие крыла у летающих животных; законы оптики, определяющие строение глаза; и т.п. Эту категорию причин необходимо принимать во внимание при различении аналогичных и гомологичных структур.

**Действующие причины** служат *механизмом реализации формальных причин*. В дарвиновской эволюционной модели, основанной на концепции селектогенеза, важнейшей действующей причиной является естественный отбор.

**Материальные причины** в филогенетике могут быть сведены к *устройству и функционированию организма*, так или иначе влияющих на его эволюционные преобразования. В частности, в эпигенетической теории эволюции такого рода причинами объясняется наличие сходных тенденций (параллелизмов) в филогенезе родственных групп организмов. Они принимаются во внимание при анализе признаков, в первую очередь при установлении их гомологии (критерий специального качества) и полярности. Эта категория причин применительно к молекулярным структурам даёт общее толкование стохастической природы их эволюции.

**Начальные причины** определяют *зависимость данного состояния организма от предшествующего*; сюда относятся *исторические причины*. В филогенетике основной вклад в эту категорию причин вносит *отношение по происхождению*, которое задаёт причинно-следственные связи между исходными и производными состояниями эволюирующей системы. С одной стороны, это могут быть предки и их потомки; с другой — последовательные состояния развивающейся морфоструктуры.

В трактовках родства начальным причинам может придаваться двоякий смысл. В одних случаях они сводятся к общности ближайшего предка (*ближайшие* причины), в других связываются с общностью организации, унаследованной от отдалённого предка (*отдалённые* причины). Первая трактовка лежит в основе понимания причин гомогенетического сходства, вторая объясняет гомопластическое сходство (об этих категориях сходства см. 5.5.2). Начальные причины, особенно во втором смысле, принимаются во внимание в системной концепции эволюции и игнорируется в стохастической её модели.

**Конечные причины** чаще всего связываются с *телеологическим характером* эволюционного развития, предполагающим наличие у него некоторой цели. В таком качестве данная категория причин присутствует в некоторых номогенетических концепциях эволюции. В кладогенетике эти причины чаще всего не рассматриваются, поскольку считаются нематериальными. Между тем конечную причинность можно связывать с *системной природой* и самих объектов исследования, и эволюционного процесса в целом (Чайковский, 1990). Впрочем, с равным успехом его можно приписать и действию материальных причин, относя к ним наличие системных свойств. Как бы там ни было, такого рода причинами объясняется, например, феномен *системного сходства* (см. 5.5.2), который в ряде случаев препятствует разграничению гомологии и аналогии.

Среди общих причин, имеющих отношение к реконструкции филогенезов, одной из фундаментальных следует считать *связность* филогенеза, означающая определённую причинную связь между событиями кладо- и семогенезов. Чем она сильнее, тем более структурирован филогенетический паттерн, тем более чётко проявлен в нём филогенетический сигнал (см. 4.1.2.2, 4.2.3). Это означает сильную причинно-следственную связь между родственными и сходственными отношениями, которая позволяет судить по сходству о родстве.

Данное рассуждение служит общим основанием для введения ключевого для филогенетики *принципа филогенетического единства* (см. 4.3.3). Он подчёркивает то обстоятельство, что *общей причиной обладания членами некоторой группы организмов определёнными общими свойствами является единство исторического развития её членов*. На этом основании для филогенетики можно считать актуальным следующее прочтение принципа общей причины: всякое сходство организмов (в отсутствие доказательств обратного) есть результат действия какой-либо общей *исторической* причины.

К числу общих причин следует отнести также *коэволюцию* Земли и разных проявлений жизни на ней. Ссылка на неё позволяет, в частности, при выдвижении и/или тестировании филогенетических гипотез прибегать к палеогеографическим реконструкциям или к реконструкциям истории других групп, полагая, что во всех таких случаях разнообразие порождено указанной общей причиной.

Разные эволюционные модели предполагают разную «стоимость» каждой из перечисленных категорий причин. Так, в анагенетике равно значимы начальные и конечные причины, обуславливающие однонаправленный характер эволюции в разных филетических линиях.

В отличие от этого, в сферу интересов кладогенетики входят почти исключительно начальные причины: они позволяют связывать генеалогическое родство с синапоморфным сходством, считая их следствием одной и той же причины — последовательности филогенетических событий (см. 4.1.2.2). Прочие категории причин необходимо принимать во внимание в той мере, в какой необходимо отличать синапоморфии от других категорий сходства.

Антиномией принципа общей причины является утверждение, что всё исследуемое многообразие организмов сложилось случайным образом: его можно обозначить как *принцип случайной причины*. В филогенетике он лежит в основе стохастических моделей исторического развития, «материальным» аналогом которого служит броуновское движение, а формальным представлением — так называемый *марковский процесс* (см. 4.1.1).

### 2.2.6. Принцип системности

Этот принцип — один из ключевых в научном познании. Он обязывает рассматривать и сам предмет естественнонаучного исследования, и знание о нём как системные объекты. Последнее означает, что: а) они *наделены некоторой целостностью* и б) эта *целостность не абсолютна* — всякая система состоит из частей (подсистем), которые не только взаимосвязаны, но и в той или иной мере автономны. Это делает осмысленным «расчленение» филогенеза на кладо- и семогенезы, организма — на отдельные признаки и т.п.

Существует несколько версий общей теории систем; одна из наиболее поздних разработана Ю.А. Урманцевым (1988). Здесь необходимо отметить два ключевых для филогенетики положения, вытекающих из общего принципа системности. Одно из них можно обозначить как **принцип целостности**, другое — как **принцип изоморфизма**.

В первом случае утверждается, что всякая *система целостна*: она наделена некоторыми так называемыми *эмерджентными свойствами*, отсутствующими у её подсистем. Это делает осмысленными поиски разного рода «сущностей» (в типологическом или эволюционном понимании), задающих *филогенетическое единство* групп организмов. Поиск этого единства — одна из центральных задач классической филогенетики (см. 4.3.3); в «новой» филогенетике оно чаще всего не рассматривается.

Принцип изоморфизма означает, что *между любыми двумя системами всегда существует неслучайное сходство хотя бы по одному свойству*. Его значение в качестве эпистемологического состоит в том, что он позволяет предполагать изоморфизм между объектом исследования и его субъективным образом — моделью.

Важным следствием принципа изоморфизма является нередко выделяемый в отдельный гносеологический принцип «*всё во всём*»: каждая подсистема содержит некоторую информацию о других подсистемах и о системе в целом. Это означает, что каждый признак как гипотеза о семогенезе (см. 5.4.2) содержит некоторую информацию о кладогенезе, что делает осмысленным филогенетическую реконструкцию через анализ отдельных признаков. Поэтому принципы системности и *общей причины* (см. 2.2.5) взаимосвязаны.

В филогенетике принцип изоморфизма имеет и частное значение. С одной стороны, он служит общим обоснованием неслучайного характера параллелизмов в биологической эволюции. С другой стороны, он означает законность экстраполяций (суждений по аналогии) в анализе признаков, что используется при их гомологизации, установлении полярностей и т.п.

Рассматриваемый принцип необходимо принимать во внимание, имея дело с так называемыми *системами общего рода*. Они могут быть как «естественными» (совокупность атомов одного химического элемента), так и «искусственными» (совокупность ярко окрашенных предметов). Данное обстоятельство обязывает при анализе сходства принимать во внимание его возможный «системный» характер, имеющий минимальное отношение к родству (см. 5.5.2).

У принципа системности есть и «оборотная сторона». Нередуцируемость системы полностью к «сумме» её подсистем означает, что дать ей исчерпывающую характеристику на основе анализа отдельных подсистем теоретически невозможно. Всегда будет присутствовать некий «остаток», соответствующий эмерджентным свойствам системы как целостного образования. Следовательно, в той мере, в какой филогенез обладает некоторыми свойствами системности, его ход *невозможно реконструировать полностью* (исчерпывающе) *посредством анализа отдельных семогенезов*.

Очевидно, принцип системности вступает в известное противоречие с принципом экономии. Действительно, он обязывает приписывать системе некие свойства, отсутствующие у любой из подсистем, что делает её модель не столь простой, как требует «бритва Оккама». Какой из принципов считать приоритетным и класть в основу теории филогенетических реконструкций — решение этого вопроса во многом зависит от мировоззренческой позиции исследователя.

В тех школах филогенетики, которые не абсолютизируют значение «бритвы Оккама», принцип системности является одним из ключевых. Со ссылкой на него обосновывается эпигенетическая теория эволюции (см. 4.1.1), взаимоподобие кладо- и семогенезов (см. 4.1.2.2), концепция признака, некоторые ключевые критерии взвешивания (см. 5.6.1).

# ГЛАВА 3. ПУТИ РАЗВИТИЯ ФИЛОГЕНЕТИКИ

Филогенетика, изучающая историческое развитие организмов, зародилась в 60-е гг. XIX в. очень вскоре после выхода в 1859 г. книги Ч. Дарвина «Происхождение видов...». Сам термин «филогенез» появился в фундаментальном труде Э. Геккеля «Generelle morphologie...», вышедшем в 1866 г. В этом же году в другой его работе «Monophyletische stammbaum...» впервые появились ключевые понятия моно- и полифилии. На русском языке с геккелевыми идеями «истории миротворения» (так он понимал филогенез) можно ознакомиться по изданию: Геккель (1908).

Идея исторического развития и филогенетическое мышление как её часть были внедрены в естественнонаучное мировоззрение как наиболее правдоподобное (с материалистической точки зрения) толкование Естественной системы организмов. Образно говоря, сама эта идея складывалась как своего рода «надстройка» над названной Системой, причём без существенного изменения не только её фактического содержания, но и принципов построения.

По этой причине филогенетика изначально и по сей день теснейшим образом связана с систематикой. Она во многом разрабатывалась именно как классификационная доктрина: задачей филогенетики была определена разработка исторически осмысленной Естественной системы, а принципы филогенетики зачастую рассматривались и рассматриваются как принципы филогенетической систематики. Разумеется, такое отождествление некорректно: филогенетика является разделом эволюционной биологии, тогда как систематика — самостоятельный раздел биологии (подробнее см. 12).

Развитие филогенетики как научной дисциплины, отличной от систематики, определялось многими факторами. Решающим, разумеется, было формирование эволюционного учения и разных теорий в его рамках, нашедших своё отражение в разных концепциях филогенеза. Большую роль играло и то, какая из школ научной эпистемологии преобладала в биологии на протяжении XIX–XX вв. Всё это влияло на понимание предмета, задач и методов филогенетических реконструкций.

В настоящей главе в сжатом виде очерчена история формирования филогенетики с середины XIX и до конца XX в. Также кратко охарактеризованы основные школы филогенетики. При этом больше внимания уделено тем современным подходам, которые по преимуществу исследуют кладогенетический аспект филогенеза.

## 3.1. ПРЕДЫСТОРИЯ: В ПОИСКАХ ЕСТЕСТВЕННОЙ СИСТЕМЫ

Философским базисом классической систематики, начало которой было положено в XVI–XVII вв., послужил эссенциализм, в котором одним из ключевых является учение о *сущностях*. На этой основе было выработано фундаментальное для систематики того времени представление о *Естественной системе* как о всеобщем законе, которому подчинена структура разнообразия всего сущего. Она была исходно определена как такая, в которой выделены *естественные группы*.

Очевидно, что всеобщность такого закона означает, что Естественная система живых организмов — *единственная*. Соответственно, всякая частная классификация, разрабатываемая по тем или иным признакам, — лишь некоторое приближение к этой Системе. При её построении основная задача состоит в том, чтобы научиться распознавать естественные группы, составляющие Естественную систему.

Начиная с XVIII в. в систематике оформились два подхода в понимании того, чем характеризуются и как распознаются эти группы. Позже они были воплощены в две общие концепции взвешивания признаков, унаследованные филогенетикой (см. 5.6.2).

В одном из них названные группы характеризуются и распознаются по их *главным сущностям*, воплощённым в одном–двух *существенных* признаках. Этот так называемый *эссенциалистский* подход в начале XIX в. оформился как **типологический**, связанный в первую очередь с именами Ж. Кювье и Й.В. Гёте. Для него ключевым стало понятие *типа* (архетипа, плана строения); в классической филогенетике этому соответствует *адаптивная сущность* групп организмов.

В противоположном случае считается, что естественные группы можно опознать по многим признакам, связанным с разными морфоструктурами. Эта идея в последующем воплотилась в эквивалентное взвешивание признаков, составившее основу фенетического мышления (о нём см. 2.1.2). Она активно используется «новой» филогенетикой.

Важнейшую роль в формировании онтологического базиса Естественной системы, а через неё и классической филогенетики, сыграла немецкая натурфилософия, занимавшая важное место в мировоззрении естествоиспытателей XVII–XIX вв. С ней связано, с одной стороны, восходящее к Аристотелю представление о «*Великой лестнице Природы*» (Г. Лейбниц), с другой — уподобление Природы сверхорганизму (Ф. Шеллинг, Л. Окен). Каждая из этих моделей мироздания по-своему отразилась на теории и практике классической систематики и филогенетики.

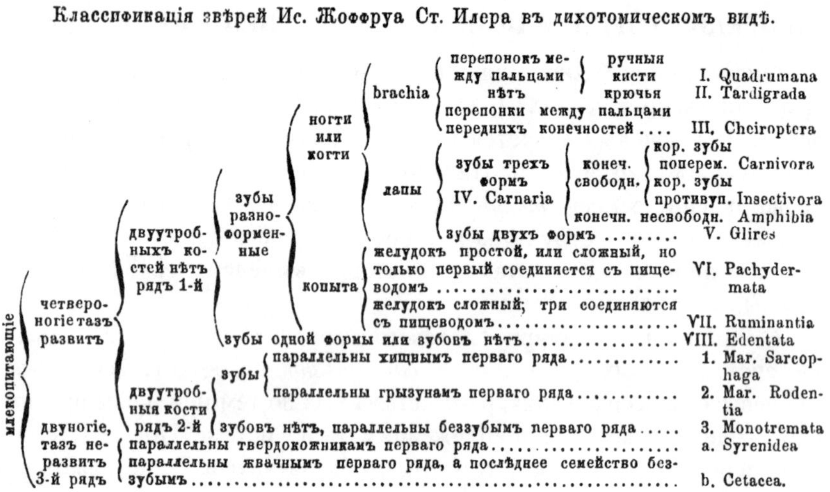


**Рис. 1.** Типологическая классификация млекопитающих по И. Жоффруа де Сент-Илеру (середина XIX века)

Прежде всего, разные натурфилософские доктрины дали разные представления о «форме» этой системы — т.е. о том, каков естественный порядок, царящий в мире живых организмов. Если отбросить частности, то для развития филогенетики наибольшее значение имели две модели Естественной системы — *линейная* и *иерархическая*.

Первую из них дала вышеназванная идея «лестницы природы», которую в биологии того времени более всего отстаивал французский естествоиспытатель Ш. Боннэ. Согласно этой концепции, организмы образуют непрерывный ряд («природа не делает скачков»), причём направленный от низших форм жизни к высшим: еще одно название лейбницевой «лестницы» — «*лестница совершенствования*». Среди ранних биологов-эволюционистов её сторонником был Ж.-Б. Ламарк.

Другая модель системы организмов — иерархическая. Исторически она связана с заимствованной всё из той же схоластики так называемой *родовидовой схемы* («род» и «вид» здесь понимаются в логическом смысле). Эта схема означает, что всё многообразие сущностей может быть описано такой иерархической классификацией, в которой всякий объект характеризуется через общие «родовые» признаки и «видовые» особенности. Эта логическая схема дала биологической систематике древовидную схему как основной способ представления системы, ставшую ключевой в филогенетике (см. 4.2.1).

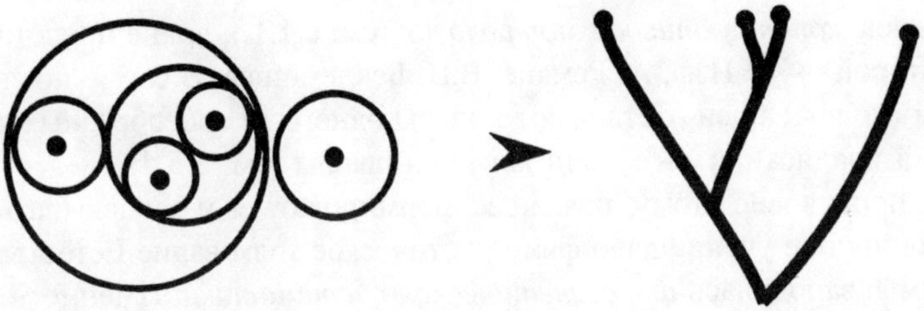

**Рис. 2.** Реконструкция филогенеза согласно воззрениям типологов: классификация на типологической основе (слева) предшествует схеме родственных отношений (справа), которая интерпретируется как филогенетическое дерево

Иерархический метод классифицирования вполне совместим с идеей и «лестницы природы», и «природы-сверхорганизма». Но в первом случае иерархия таксонов оказывается формальной, просто удобным и логически обоснованным способом описания разнообразия. Уподобление же природы сверхорганизму наполнило этот метод существенным смыслом: как организм объективно поделён на части (органы и т.п.), так и живая природа объективно поделена на аналогичные образования. Они-то и есть естественные группировки организмов в искомой Системе.

Эта вторая из натурфилософских идей дала систематике принцип *параллельных рядов*, в XIX в. ставший одним из руководящих в типологии. Он обязывает устраивать Естественную систему так, чтобы размещение таксонов в ней отражало параллельные градации одних и тех же существенных признаков в разных подразделениях системы. Например, в одной из классификаций млекопитающих середины XIX в. среди сумчатых и плацентарных по совершенно одинаковым основаниям выделены «параллельные» группы «грызунов» и «хищных» (рис. 1).

Начиная со второй половины XIX в. в понимании Естественной системы среди биологов произошёл серьёзный раскол. Он был вызван различным пониманием соотношения между системой и филогенезом.

Одни систематики продолжали толковать эту систему чисто *типологически*. Согласно их воззрениям, названная система должна отражать иерархию планов строения или архетипов. Такая система вовсе не обязана иметь изначальной филогенетической подоплёки: последняя может быть при желании «приложена» к уже готовой системе как одно из возможных объяснений названной иерархии (рис. 2). Этим подчёркивается как минимум историческая, а отчасти и логическая (см. 7.3) «вторичность» филогенетических реконструкций относительно типологических. Такое понимание Естественной системы уже в XX в. активно развивала *конструктивная морфология* (см. 6.1.1.), яркие представители которой — А. Нэф, А. Ремане, В.Н. Беклемишев. В самое последнее время сходные идеи отстаивают лидеры одного из своеобразных ответвлений кладистики — её *структурной* школы (см. 3.5.4).

В противовес этому, начавшее формироваться и завоёвывать умы эволюционное учение дало филогенетическое толкование Естественной системы: зародилась *филогенетическая систематика*. Именно Ч. Дарвин выдвинул лозунг, что эта система должна отражать родственные (генеалогические) отношения между организмами, складывающиеся в результате эволюции. Это придало Естественной системе историческое звучание и заставило переосмыслить понимание сущности естественных групп: для большей части филогенетики руководящим стал *принцип филогенетического единства* (см. 4.3.3), воплощёнием которого стала *концепция монофилетической группы* (см. 5.2.3). Соответственно, иную трактовку приобрела и значимость руководящих признаков: она стала определяться как *филогенетическая* (см. 5.6).

Первые крупные успехи палеонтологии сделали само собой разумеющимся обращение к поискам предковых форм. Однако чаще всего их среди ископаемых остатков обнаружить было невозможно. Недостаток фактических данных был компенсирован их умозрительным восстановлением в рамках чисто типологических приближений. Это дало новой классификационной доктрине (а с ней и филогенетике) *принцип реконструкции предковых форм* (Татаринов, 1976). Он означает, что исследуемые (чаще всего современные) организмы могут быть «связаны» в единую схему филогенетических отношений через реконструированные предковые формы.

Освоение эволюционной биологией первой половины XX в. элементов позитивистской философии существенно повлияло на понимание смысла Естественной системы как руководящей идеи систематики. Прежде всего, была осознана необходимость формулирования операциональных критериев естественности, которые позволили бы перевести эту идею из разряда «врождённых истин» (как их понимал И. Кант) в нечто, допускающую проверку согласно таким критериям. Развитие систематики в этом направлении дало довольно широкий спектр трактовок концепции Естественной системы, который можно уложить в две крайние позиции.

Одна из них предполагает смысловое разграничение понятий *естественной* и *генетической* систем (Розова, 1986). Естественная система трактуются типологически как *универсальный закон упорядочения разнообразия* биологических (в пределе — любых природных) объектов безотносительно исторических причин этой упорядоченности. Такого понимания Естественной системы придерживаются сторонники вышеупомянутой конструктивной морфологии. Генетическая же система в содержательном отношении является преимущественно филогенетической.

## 3.2. ТРАНСФОРМИЗМ, ЭВОЛЮЦИОНИЗМ, ФИЛОГЕНЕТИКА

Идея исторического развития материального мира — так называемый *трансформизм* — зародилась задолго до современного эволюционизма. По сути, она является выражением мировоззренческой позиции, афористически выраженной Гераклитом: «всё течёт, всё изменяется». В таком качестве трансформизм изначально противостоит *фиксизму*, утверждающему постоянство всего сущего. В Новое время эта идея развивалась в противовес библейскому *креационизму*, согласно которому мир пребывает неизменным после божественного творения.

В формировании современных представлении об эволюции, как они сложились в XIX в., особую роль сыграла упомянутая в предыдущем разделе немецкая натурфилософия. В разрабатываемой ею космологии неявно присутствует идея развития, создавшая все необходимые предпосылки для формирования эволюционной картины мира. Важнейшим элементом этой космологии является исторический детерминизм, согласно которому каждое событие в истории есть следствие предшествующего ему события и причина последующего.

Особое значение имело натурфилософское уподобление биоты сверхорганизму: ведь живой организм не мыслится без развития, направленного в сторону всё большего совершенства и дифференциации. Эта аналогия (или метафора) отнюдь не поверхностная, а наполнена глубоким содержанием. Вкупе с идеей «лестницы совершенствования» она сформировала ключевую идею классического эволюционизма, а с ним и классической филогенетики: *уподобление развития биоты развитию организма*.

С одной стороны, Э. Геккель ввёл понятие «*филогенез*» как историческое развитие некоего «абстрактного сверхорганизма», уподобленное индивидуальному развитию конкретного организма — *онтогенезу*: очевидно, созвучность терминов неслучайна. С другой стороны, почти одновременно с Геккелем философ Г. Спенсер закрепил за историческим развитием термин «*эволюция*», который исходно обозначал развитие индивидуальное (эволюция в современном её понимании прежде обозначалась как «*трансмутация*»): этот перенос термина с одного развития на другое также едва ли случаен.

Роль натурфилософии в становлении современного трансформизма (= эволюционизма), а с ним и филогенетики, следует особо подчеркнуть в связи с тем, что параллельно с ней в естествознании XIX в. существовала и весьма развитая *физикалистская парадигма*. Подпитываемая идеями позитивистской философии, она предполагает иную картину мира, костяк которой составляют универсальные законы, сводящие всё к элементарным обратимым процессам и механизмам, которые действуют по принципу «здесь и сейчас». Очевидно, эта картина мира отнюдь не побуждала склонных к позитивизму естествоиспытателей к размышлениям о глобальной «истории миротворения», согласно которой одной из важнейших причин наблюдаемого разнообразия организмов является длительное направленное историческое развитие биоты.

**Рис. 3.** Схема, показывающая происхождение разных групп животных по Ламарку

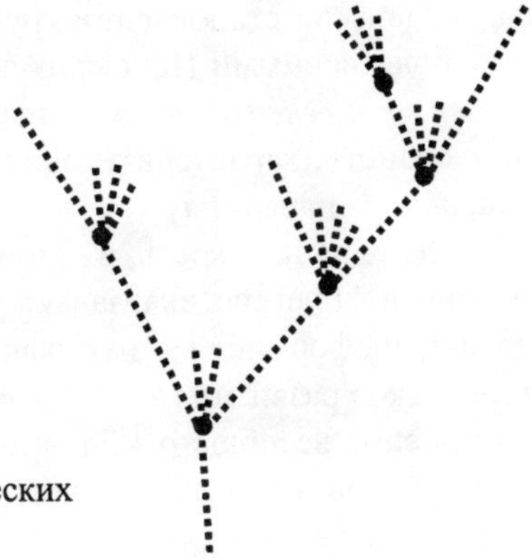

**Рис. 4.** Теоретическая схема генеалогических отношений между видами, по Дарвину

Впрочем, в XIX в. эволюционная идея формировалась всё же не без влияния позитивизма. Тому свидетельством служит дарвиновская концепция селектогенеза, сведшая механизмы эволюции к «атомарным» взаимодействиям между организмами (предложенная Спенсером метафора «борьбы за выживание»). Позднее, уже в XX в., это обстоятельство сыграло ключевую роль в отношении доминирующей эволюционной доктрины к филогенетике.

Начав формироваться как материалистическое (тогда обычно говорили — «механическое») объяснение Естественной системы, эволюционная идея в содержательном плане оказалась связанной с двумя основными формами представления классификаций — линейной и иерархической (см. 3.1).

Эволюционная интерпретация «лестницы природы» породила учение Ламарка, которое стало одной из первых трансформистских доктрин: его книга «Philosophie zoologique» вышла в 1809 г. (см. русскоязычное издание: Ламарк, 1955). Это учение примечательно тем, что в нём рассматривается почти исключительно анагенетическая составляющая эволюции. Поэтому Ламарк свою эволюционную схему по-прежнему называет «лестницей животных», хотя она и отчётливо ветвящаяся (рис. 3).

Иерархической системе в концепции трансформизма более всего соответствует *дивергентная* модель эволюции, связываемая с именем Дарвина. В этой модели филогенез фактически сведён к кладогенезу — многократно ветвящимся «цепочкам» превращения одних видов в другие (рис. 4).

Для формирования филогенетики большое значение имело понимание того, какова важнейшая составляющая эволюционного процесса. Акцент на становлении групп организмов, так или иначе связанных родственными (генеалогическими, филогенетическими) отношениями, дал *генеалогическую* парадигму. Акцент на развитии адаптивных свойств, характеризующих эти группы, сформировал *адаптационистскую* парадигму.

Ещё одна плоскость, в которой развивалось эволюционное учение, а с ним и филогенетика, задана уровнем рассмотрения эволюции. Биологи-трансформисты с натурфилософским складом ума полагали историческое развитие как макромасштабный процесс, их идеалом было построение всеобщего «Дерева жизни» (или хотя бы «Куста...»). Для сторонников набиравшего силу позитивизма (а с ним и дарвиновской трактовки эволюции) ключевыми были события, происходящие на видовом уровне, в реконструкции истории основной акцент делался на «локальные» генеалогические цепочки видов.

В популярной в своё время неоламаркистской школе Копа—Осборна разделение эволюции на «макро-» и «микро-» оказалось весьма жёстким. Была выдвинута идея, что на разных уровнях «работают» разные законы исторического развития: на видовом — *селектогенез*, на более высоких — *батмогенез*, *аристогенез*, ответственные за однонаправленный характер эволюционных преобразований в разных группах организмов. При этом (в силу всё того же натурфилософского мировоззрения) считалось, что основные процессы происходят именно на макроуровне.

В начале XX в. под влиянием набирающего силу позитивизма в эволюционной биологии существенно сместились акценты: натурфилософия была признана «ненаучной», поскольку утверждаемые ею тезисы не могут быть проверены опытным путём. В новое мировоззрение как нельзя лучше вписался дарвиновский селекционизм, дополненный мутационной теорией. Постепенно сложилась так называемая *синтетическая теория эволюции* (СТЭ), идеологическую основу которой составило *популяционное мышление* (см. 2.1.2). Она терминологически закрепила разделение исторического развития на *микроэволюцию* и *макроэволюцию* (Ю.А. Филипченко), абсолютизировав первую и фактически отвергнув вторую — т.е. филогенетику в классическом понимании.

Сведение механизмов эволюции к популяционным процессам позволило рассматривать филогенез как их «механическое» следствие, возникающее просто из-за того, что жизнь существует и развивается очень продолжительное время. *Филогенетическое мышление*, признающее объективность надвидовых групп как исторических единиц, оказалось избыточным для СТЭ. Пожалуй, только для палеонтологов, имеющих дело с макромасштабной временной шкалой, оно осталось непременным условием эффективной работы.

Такое развитие эволюционной идеи сделало филогенетику в известной степени «вещью второго сорта», лишило её прежнего приоритетного статуса. Но оно же сыграло значительную роль в формировании её «*новой*» доктрины во второй половине XX в. (см. 3.5).

Становление современной филогенетики связано с определённым сдвигом в содержании эволюционной идеи. Стала очевидной недостаточность микроэволюционизма для понимания природы биологической эволюции: популяционное мышление давало слишком «бедную» картину мира, в которой не оказалось места для закономерных макроисторических процессов. Это обусловило падение интереса к микроэволюционным исследованиям и возродило интерес к макроэволюции, а с ней и к филогенетике.

Возвращение музы истории Клио отчасти означает возвращение и натурфилософии. Действительно, разрабатываемая синергетикой концепция саморазвития биоты как неравновесной макросистемы подразумевает, что биологическая эволюция есть составная часть процесса развития Вселенной — в том смысле, что подчиняется хотя бы некоторым общим его законам (см. 2.1). Важной частью этой «старой новой» картины мира является признание того, что и иерархия филогенетического паттерна, и относящиеся к разным её уровням группы организмов объективны. Натурфилософский характер этой онтологии подчёркивается возрождённым уподоблением Природы живому организму (Б.М. Кедров) и возвращением в язык современной филогенетики почти геккелева понятия «генеалогического индивида» — биоты как исторически развивающегося целого.

## 3.3. КЛАССИЧЕСКАЯ ФИЛОГЕНЕТИКА

Содержание классической филогенетики — её предмет, задачи и методы — легко понять, если принять во внимание рассмотренные выше её натурфилософские и таксономические истоки.

Натурфилософскими являются представления о постепенном («природа не делает скачков») прогрессивном («лестница совершенствования») характере исторического развития. Его генеральной линией является биологический прогресс, связанный (как и в случае онтогенеза) с усложнением и дифференциацией развивающегося «генеалогического сверх-индивида». Натурфилософская идея целесообразности мироустройства в филогенетике обратилась в идею приспособительного (адаптивного) характера эволюции, а принцип параллельных рядов — в представление о том, что в разных группах историческое развитие идёт сходными путями (однонаправленно). Всё это с несомненностью означает, что классическая филогенетика базируется на системных представлениях об эволюции (о них см. 4.1.1).

Общее понимание филогенеза как закономерного исторического процесса не мешало по-разному трактовать смысл филогенетического единства, выделяющего естественные группы. Это породило несколько линий развития классической филогенетики, которые вполне соответствуют трём ключевым компонентам филогенеза — кладогенезу, семогенезу и анагенезу (см. 1, 4.1.2). Они, по отдельности или в сочетании, составляют основу специфических «интервальных ситуаций», каждая из которых соответствует особому осмыслению предмета и задач филогенетики.

Понимание филогенетического единства преимущественно как общности происхождения, т.е. как *монофилии* в самом широком смысле, стимулировало развитие филогенетики в *кладогенетическом* направлении. Именно для кладогенетики своего рода символом стала метафора *филогенетического дерева* с единственным корнем и последовательно расходящимися ветвями (см. 4.2.1).

В изначальной (геккелевой) трактовке эта метафора соединяет натурфилософское (саморазвитие биоты как целого) и дарвиновское (превращение одних видов в другие) понимание эволюции. Соответственно, сохраняется общий стиль рассмотрения эволюции на «макроуровне», но при этом считается, что родоначальником всякой монофилетической группы является вид. В качестве «наследия» натурфилософии в геккелевой филогенетике присутствует и идея эволюционного прогресса: она отчётливо видна из формы представления классического филогенетического дерева, в котором доминирует устремленный ввысь центральный ствол (рис. 5).

Семогенетическая составляющая филогенеза — это по сути «морфологические закономерности эволюции» в терминологии А.Н. Северцова. Зарождение подхода, занятого её изучением, связывается с именем палеонтолога В.О. Ковалевского; К.А. Юдин (1974) назвал это направление *морфобиологической филогенетикой*, определив её основной задачей разработку принципов филогенетических реконструкций на основе комплексного экоморфологического анализа адаптивных структур. В вводном разделе книги (см. 1) названное направление было обозначено как *семогенетика*. Очевидно, принцип монофилии в данном случае не имеет решающего значения: для семогенетики наи-

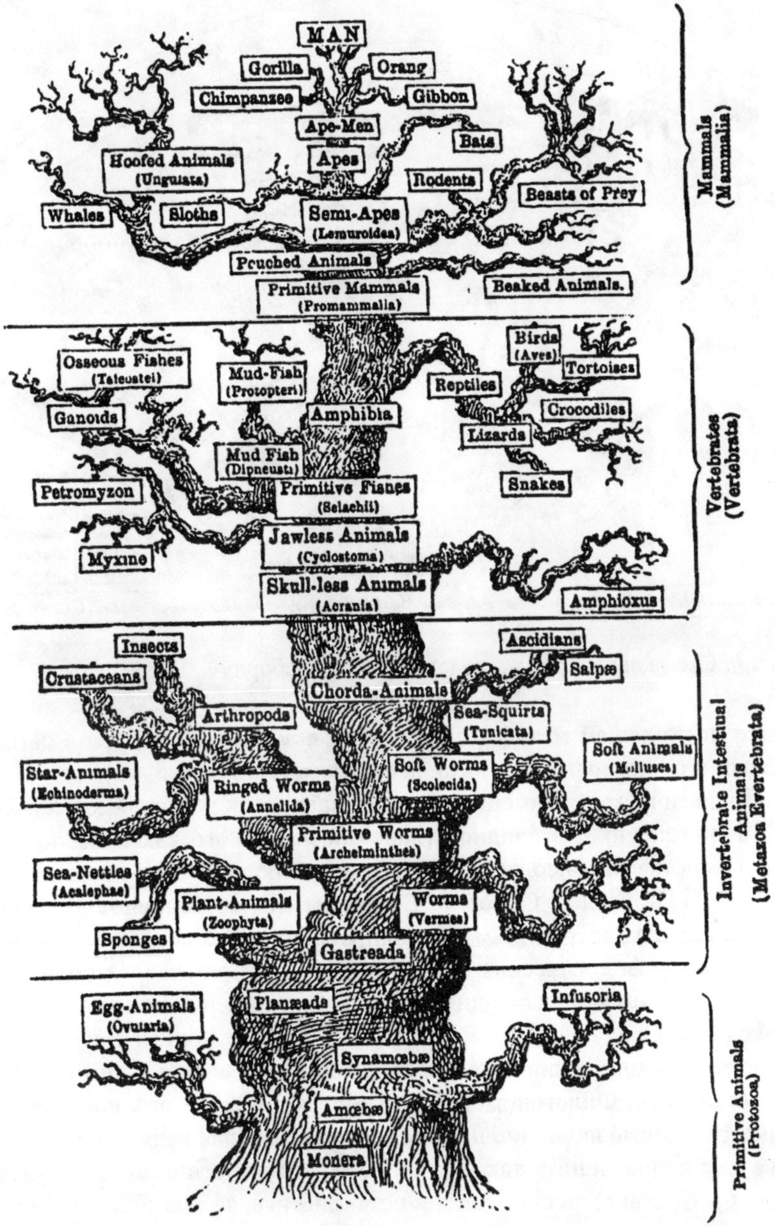


**Рис. 5.** Одна из ранних версий филогенетического дерева, иллюстрирующая родословную человека, по Геккелю

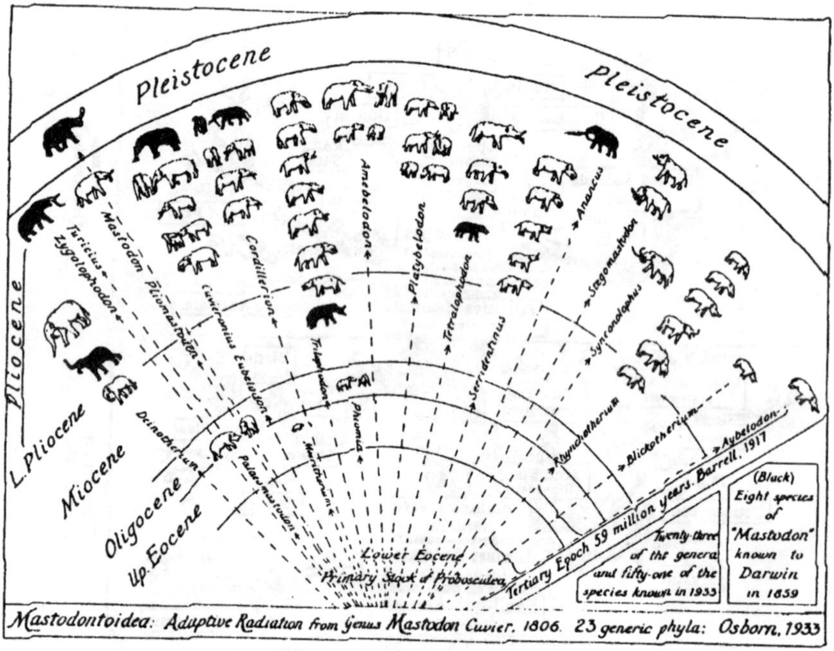


**Рис. 6.** Схема эволюции мастодонтов, по Г. Осборну

более подходящей метафорой является *признаковое дерево* в самых разных его трактовках, а также *псевдофилогенез* (см. 5.4.1).

Теоретическое ядро ещё одного направления развития классической филогенетики, в вводной главе обозначенного как *анагенетика* (см. 1), составляют неоламаркистские идеи упомянутых в предыдущем разделе Э. Копа и Г. Осборна. В данном случае основное значение придаётся реконструкциям однонаправленных параллельных рядов развития морфологических структур. Во всяком случае, Осборн центральной проблемой эволюции считал происхождение не видов, а признаков (см. Cracraft, 1979). Из этого видно, что в понимании сущности исторического развития анагенетика тяготеет скорее к семо-, чем к кладогенетике. Филогенетическое единство организмов определяется через общность эволюционных тенденций, которая выражена в единстве как направлений, так и этапности филогенетического развития (рис. 6). Соответственно, как и в семогенетике, задача выявления монофилетических групп оказывается второстепенной или несущественной. Очевидно, для таким образом понимаемого филогенеза наиболее подходит метафора *травяного поля* (см. 4.2.1). Впрочем, анагенетическая идея не мешала самому Копу рисовать стилизованные филогенетические деревья во вполне геккелевом духе (см. Cope, 1896)

Классическая филогенетика является «классической» не только в силу её укоренённости в классической же систематике, но и по методологии филогенетических реконструкций. Она заимствовала из натурфилософии не только мировоззрение, но и общий стиль аргументации, который принято называть *нарративом* — т.е. (буквально) «историческим повествованием».

Классическая методология исходно базируется на (во многом заимствованном из всё той же типологии) «*методе тройного параллелизма*». Суть его в максимальном согласовании данных сравнительной анатомии, эмбриологии и палеонтологии: это можно назвать *классической парсимонией*. К методологии классической филогенетики относятся также принципы *гомологизации* морфологических структур и определения *вероятных путей их эволюционного развития* на основе критериев, вырабатываемых в рамках *перфекционистской* (от простого к сложному, от менее к более структурированному) и *адаптационистской* (от менее к более приспособленным организмам) моделей эволюции (Геккель, Северцов). Большое значение имеет *реконструкция предковых форм* (см. 3.1): с их помощью разрозненные группы «связываются» в монофилетические образования.

Особое внимание в этой методологии уделяется *взвешиванию признаков*, которое в классической филогенетике всегда трактуется как *дифференциальное* (подробнее см. 5.6.1). В разных подходах эта общая концепция понимается по-разному, в зависимости от понимания сути филогенеза.

Генеалогическая его трактовка, лежащая в основании кладогенетического направления, предполагает деление признаков на «*филогенетические*», не связанные с частными адаптациями, и на «*адаптивные*». Подразумевается, что именно первые следует использовать для раскрытия родственных связей между видами: этот подход был впервые определён Дарвиным. Подчёркивается, что такие признаки преимущественно консервативны: они унаследованы от предков (ближайших или отдаленных) и потому свидетельствуют о филогенетической общности их потомков.

Адаптационистская трактовка, составляющая идеологическое ядро семогенетики и отчасти анагенетики, напротив, обязывает придавать наибольший вес тем признакам, которые отражают адаптивную специфику данной группы. Фактически эта идея — отголосок эссенциалистского понимания того, что такое «главная сущность» естественных таксонов: она связывает существенность морфологических структур с их «предназначением», т.е. с функциональной значимостью.

В связи с этим современные идеологи семогенетического направления (Юдин, 1974; Gutmann, 1976) особо подчёркивают значение комплексного экоморфологического анализа. Это, в частности, делает необходимым изучение особенностей образа жизни конкретных видов, тогда как разного рода типологическим реконструкциям (в том числе гипотетических предковых форм) придаётся второстепенное значение.

### 3.4. ФИЛИСТИКА

В середине — второй половине XX в. в филогенетике произошла смена акцентов и усилилась специализация школ. Возобладали подходы, относящиеся к кладогенетическому направлению и уделяющие основное внимание принципу монофилии, причём его трактовка стала более жёсткой. Семогенетика сконцентрировалась на морфологических закономерностях эволюции и отстаивании принципов комплексного экоморфологического анализа адаптивных структур. А некогда занимавшая заметное место анагенетика отошла на задний план; отчасти её «преемницей» стала *аристогенетика* в понимании А.С. Раутиана (1988), который дополнил анагенетику широко трактуемым принципом монофилии, что фактически ввело её в русло геккелевой традиции.

Одной из основных причин такого развития филогенетики стали заметные изменения в методологии филогенетических реконструкций под влиянием философии постпозитивизма. Гипотетико-дедуктивная схема аргументации, дополненная принципом экономии, потребовала более чёткого осознания статуса филогенетической реконструкции как гипотезы. Это, в свою очередь, обязало к более строгой формулировке принципов и методов как выдвижения, так и тестирования такого рода гипотез, обозначив демаркационную линию между классическими и современными подходами филогенетики на уровне методологии.

Важное значение имело развитие понятийного аппарата филогенетики, во многом связанное со стремлением исключить из филогенетических реконструкций «груз» типологических представлений. Это в первую очередь сказалось на трактовке филогенетического единства (см. 4.3.3). В классическом его понимании *не различается монофилетический и парафилетический статус филогенетических групп*. Их разграничение, введённое в середине XX в. В. Геннигом (см. 3.5.1), с одной стороны, провело на понятийном уровне границу между классической и современной филогенетикой. С другой стороны, оно обозначило две основные школы последней.

Эти школы — *филистика* и *кладистика*. Первая в определённой мере продолжила геккелеву традицию филогенетических исследований. Вторая стала идеологическим ядром *«новой» филогенетики*, сделав особый упор на принципе экономии и редуцировав историческое развитие до кладогенеза (см. следующий раздел).

Сохранение классического толкования филогенеза **филистикой** (Расницын, 2002) означает, прежде всего, что филогенетическое развитие по-прежнему рассматривается как упорядоченный адаптациогенез. Это предполагает такую эволюционную модель, в которой закономерные тенденции преобладают над случайными. Тем самым, при характеристике филогенетического единства групп большое значение придаётся не только *единству происхождения*, но и *единству эволюционных тенденций* их представителей (см. также 12). Формально это соответствует признанию монофилии в её широкой трактовке (см. 5.2.3).

Значение общности эволюционных тенденций для реконструкции филогенезов обосновывается ссылкой на эпигенетическую модель эволюции (см. 4.1.1), согласно которой причиной параллелизмов является устойчивость онтогенетических программ, порождающих сходные фенотипы в сходных условиях среды. Теоретической основой служит концепция **филокреода** — *устойчивой траектории филогенетического развития группы организмов* (Мейен, 1975).

Такая позиция обязывает филистику к пониманию адаптивного смысла филогенетических преобразований морфоструктур, оценке вероятности параллелизмов в эволюции групп. Всё это означает дифференциальное взвешивание признаков с использованием классических критериев (см. 5.6.2). В полном согласии с классическим подходом большое значение придаётся палеонтологическим данным.

Важной особенностью филистики является более детальное, нежели в классической филогенетике, «прописывание» правил разработки филогенетических гипотез. При этом активно используется уже упоминавшаяся (см. 2.1.3) концепция *презумпции* как основного элемента гипотетико-дедуктивной схемы аргументации. Выработанная система презумпций (Расницын, 2002) обобщает многие принципы и отчасти методы филогенетики, главным образом классического толка. Большинство из них имеет отношение к установлению полярности признаков (см. 5.4.2), другие обязывают определённым образом трактовать стратиграфическую последовательность ископаемых организмов при определении отношения «предок — потомок» (см. 6.1.2); одной из ключевых является презумпция унаследованности сходства (см. 4.3.3.2).

В некоторых позициях филистика тесно примыкает к «новой» филогенетике; особенно близка к ней идеологически *эволюционная кладистика* (см. 3.5.4). Это прежде всего выражается в признании филистикой разного значения двух категорий сходства — *синапоморфного* и *симплезиоморфного* (см. 5.5.3) — при выяснении монофилии группы, допустимости применения количественных методов при реконструкции кладистических отношений.

## 3.5. «НОВАЯ» ФИЛОГЕНЕТИКА

Доминирующая часть современных филогенетических реконструкций выполняется в рамках так называемой «новой» филогенетики. Этот термин предложен (Павлинов, 2004) по аналогии с «новой» систематикой первой половины — середины XX в. Данная аналогия отнюдь не поверхностна: общим для обеих является значительный *редукционизм на уровне онтологии и гносеологии*, отличающий их от школ классической филогенетики и систематики.

**«Новая» филогенетика** сформировалась в результате объединения трёх относительно независимо складывавшихся подходов — кладистики, нумерической филетики и генофилетики. На этом основании её можно определить как *раздел филогенетики, разрабатывающий «экономные» филогенетические гипотезы на основе кладистической методологии средствами нумерической филетики при использовании главным образом молекулярно-генетических данных*.

Названное направление является кладогенетическим в «чистом виде», без примеси прочих составляющих. Филогенез определён как *кладогенез* — процесс исторического развития, связанный с появлением или исчезновением новых групп организмов и характеризующих их свойств (см. 4.1.2). В этом процессе ведущее значение имеют те причинно-следственные отношения, которые сводимы к отношению по происхождению. Эти позиции развивает *кладистическая* компонента «новой» филогенетики (см. 3.5.1), создав условия для включения в неё двух других её составляющих.

Задачей «новой» филогенетики является почти исключительно реконструкция кладогенеза. Редукция филогенеза до кладогенетической составляющей позволяет исследовать его при минимальных априорных допущениях о свойствах эволюционного процесса. Общая модель эволюции как адаптациогенеза, обязывающая к детальному прописыванию частных эволюционных сценариев, взвешиванию признаков соответственно их адаптивной значимости и т.п., оказывается избыточной. Соответственно, механизмы и движущие силы эволюции в филогенетические реконструкции не включаются. Представления о них привлекаются в той мере, в какой они необходимы либо для разработки онтологических оснований кладогенетики (см. 4.1), либо для решения чисто методических задач (см. 9.4.4).

Одной из важных предпосылок развития «новой» филогенетики стало популяционное мышление как «идеологическая» основа эволюционизма первой половины XX в. Характерная для него редукция эволюции до изменения генных частот в популяциях, среди которых значительное место стало отводиться накоплению нейтральных мутаций (концепция *нейтральной эволюции*), стало основой для разработки базовых допущений «белковой» филогенетики, а вслед за ней и *генофилетики* (см. 3.5.2).

Популяционное мышление было дополнено *фенетическим*, подразумевающим редукцию организма до совокупности равноценных признаков (*эквивалентное взвешивание*), суммарное сходство по которым оказывается мерилом родства. Это создало предпосылки для разработки принципов *нумерической филетики* (см. 3.5.3).

Перечисленные составные части новой филогенетики закладывались в той или иной мере независимо друг от друга. Примечательно, что происходило это почти одновременно: во второй половине 60-х годов XX в. появились первые публикации и по кладистике (сам этот термин родился именно в это время), и по количественным алгоритмам построения филогенетических древес, и по использованию молекулярных данных как «субстрата» для «выращивания» этих древес. И хотя сложившееся к настоящему времени здание «новой» филогенетики, по сути, построено по блочному принципу, все её составные части достаточно прочно скреплены между собой: методология каждого из её «блоков» содержит некие условия корректности также и других.

Дискуссии сторонников классической и «новой» филогенетики чаще всего носят конфликтный характер. Их источником служит разнон содержание допущений, лежащих в основании каждого из этих подходов.

В «новой» филогенетике, идеологическое ядро которой составляет кладистика, считается, что классические модели содержат избыток априорных допущений о системных свойствах эволюции и поэтому классические филогенетические реконструкции нетестируемы как гипотезы. Сторонники классической филогенетики утверждают, что кладистика предполагает избыточно редукционные и потому нереалистичные эволюционные модели, не учитывающие системный, упорядоченный характер биологической эволюции.

Однако на самом деле между ними нет непреодолимой пропасти: существует некий континуум подходов. Так, эволюционная кладистика вполне «классична» в определении некоторых начальных условий филогенетических реконструкций (см. 3.5.4). С другой стороны, в филистике, тяготеющей к классической филогенетике, частично используются элементы кладистической методологии (см. 3.4).

### 3.5.1. Кладистика

Идеологическое ядро «новой» филогенетики составляет **кладистика**. В ней сформулированы основные принципы онтологии и в значительной степени методологии этой современной филогенетической доктрины.

Подобно классической филогенетике, кладистика исходно формировалась как таксономическая, а не сугубо историческая дисциплина. Её основатель — немецкий энтомолог В. Генниг; особенно активно она стала развиваться начиная с 1970-х гг. после публикации книги Геннига «Филогенетическая систематика» на английском языке (Hennig, 1966; оригинальное издание вышло в 1950 г.). Вскоре после этого стали выходить теоретические монографии по кладистике (Eldredge, Cracraft, 1980; Wiley, 1981; Павлинов, 1990).

Геннигова филогенетика (= кладистика) разрабатывается как такая версия геккелевой, которая призвана решить проблему неустойчивости результатов, получаемых на основании классических допущений как о существенных чертах филогенеза, так и о том, что из этих черт надлежит отразить в таксономической системе. Утверждается, что причина этой неустойчивости — та избыточная неопределённость, которую содержат суждения адаптационистского толка о степени обособленности, эволюционной специфике и уровнях продвинутости групп, составляющие ядро классической филогенетической систематики.

Решение предложено следующее (Wiley, 1981; Farris, 1983; Павлинов, 1990). Согласно методологически трактуемому *принципу экономии* (см. 2.2.3), исторические реконструкции, как только что было отмечено, должны проводиться при минимальных априорных допущениях о свойствах эволюционного процесса. Очевидно, такого рода допущения относятся к семогенетической составляющей филогенеза. В отличие от этого, кладогенетическая составляющая филогенеза допускает наименьшие разночтения. На этом основании филогенетическая система должна отражать только кладистические отношения; семогенетическая составляющая филогенеза исключается.

С точки зрения онтологии это означает, очевидно, что филогенез сводится к кладогенезу, каковой и оказывается основным предметом исследования в «новой» филогенетике. Важной частью этой онтологии является уточнение ключевой для кладогенетики концепции монофилетической группы. В отличие от классической, в кладистической трактовке она определена как *голофилетическая* группа — такая, которая включает *всех* потомков *одного* предка (см. 5.2.3). Существенно, что для надвидовой голофилетической группы любого ранга предком всегда считается *вид*. Из этого явствует, что в основу кладистического определения монофилии положена дарвиновская трактовка эволюции как совокупности событий, происходящих на видовом уровне.

Парадоксальным предложением кладистики стал отказ от рассмотрения отношения «предок — потомок» при обсуждении монофилии — вещь, немыслимая для классической филогенетики. Доводом в пользу этого послужило то обстоятельство, что для подавляющего большинства групп, особенно высокого ранга, конкретный предковый вид не может быть установлен. Следовательно, суждение о предковом виде не может быть частью кладистической гипотезы как непроверяемое, на этом основании названное отношение заменяется отношением между *сестринскими группами* (см. 5.2.1).

Это даёт возможность игнорировать геохронологическую составляющую эволюционного процесса и «уравнивает» палеонтологические данные с современными. Такая позиция подводит теоретическую базу под генофилетические реконструкции, в которых исследование (или хотя бы реконструкция) предковых форм изначально не предполагается. Впрочем, *стратокладистика* (см. 6.1.2) разрабатывается как подход, позволяющий включать в формализованную процедуру анализа кладистических отношений также и сведения из стратиграфии.

Все эти редукции на онтологическом уровне позволяют упростить филогенетическую реконструкцию до кладистической гипотезы. Соответственно этому филогенетическое дерево как формализованное представление названной реконструкции редуцируется до *кладограммы*: она иллюстрирует и последовательность кладистических событий, и иерархию голофилетических групп (см. 4.2.1). При этом своего рода идеалом является строго дихотомическая кладограмма, основанная на введённом В. Геннигом мало реалистичном допущении, что каждое кладистическое событие является разделением предкового вида на два вида-потомка.

На построение такой кладограммы направлена вся методология кладистического анализа, проработанная гораздо детальнее классической филогенетической процедуры. Среди «инструментов» этой методологии один из ключевых — *принцип синапоморфии*, во многом определяющий процедуру «новой» филогенетики (см. 4.3.3.2). Он предполагает дифференциальное взвешивание не признаков, а сходственных отношений (см. 5.6.3). Частью этого принципа является концепция *внешней группы*, с помощью которой без ссылки на предковые формы определяется искомая последовательность кладистических событий (см. 8.4). Этот же принцип служит методологическим обоснованием использования в филогенетике количественных методов нумерической филетики.

### 3.5.2. Генофилетика

**Генофилетика** (= *филогеномика*) — раздел «новой» филогенетики, в котором заключения о кладистической истории выводятся на основании анализа исключительно молекулярно-генетических данных. Это — современный этап развития *молекулярной филогенетики*: вместо белковых структур исследуются нуклеотидные последовательности.

Идеологическую основу генофилетики практически целиком составляет *популяционное мышление* и сопутствующий ему редукционизм. Онтологическим базисом чаще всего служит модель *минимальной эволюции*, которая сводится к замещениям в первичной структуре макромолекул, происходящих с той или иной вероятностью в последовательной цепочке популяций. При реконструкции родственных отношений особое значение (со ссылкой на Дарвина) придаётся «нейтральным» изменениям в первичной структуре макромолекул, не связанным с выработкой частных адаптаций (Кимура, 1985).

Из этого видно, что в генофилетике концепция адаптациогенеза избыточна для реконструкции филогенеза, что делает её единение с кладистикой в рамках «новой» филогенетики вполне естественным. Данное обстоятельство следует подчеркнуть особо: если бы в современной филогенетике доминировала адаптационистская доктрина, в ней скорее всего не нашлось бы места генофилетическим реконструкциям, коль скоро они не интерпретируемы с позиций адаптациогенеза.

Методологически генофилетика почти целиком ориентирована на *фенетическое мышление*. Организм редуцируется до первичной структуры биополимеров, исследуемые фрагменты которых обычно описываются на основании концепции *единичного* (элементарного) признака (см. 5.4.1, 6.1.4). Суждения о родстве базируются на суммарной оценке сходства по этим признакам (концепция *генетического род-*

*ства*, см. 5.2.1), при этом чем их больше, т.е. чем длиннее последовательность, тем более надёжными считаются эти суждения. Поскольку существующая технология позволяет выявлять и сравнивать достаточно длинные последовательности, иногда включающие несколько тысяч пар нуклеотидов, то единственным приемлемым методом оценки сходства является количественный.

Для того, чтобы от сходства по молекулярным структурам перейти к родству, в молекулярной филогенетике исходно разрабатывалась концепция «*молекулярных часов*». В её основу положена эволюционная модель, предполагающая стохастическую природу накопления нейтральных мутаций в филетических линиях (см. 4.1.1). Это в принципе позволяет датировать время разделения последних, если известна скорость накопления мутаций. Однако эмпирические данные показали, что эти допущения не соответствуют действительности: скорость молекулярной эволюции разная в разных группах организмов, для разных макромолекул, для разных их фрагментов.

Последнее проявляется в несовпадении результатов «молекулярных» реконструкций, полученных по разным участкам генома. Это означает невозможность их прямой экстраполяции на филогенез. Поэтому в современной литературе обычно проводят разграничение между «*деревьями видов*» (species trees) и «*деревьями генов*» (gene trees) (Nei, Kumar, 2000).

Таким образом, генофилетика, поначалу претендовавшая на роль арбитра в запутанных вопросах филогенетических реконструкций, постепенно приходит к необходимости решения тех же методологических проблем, с которыми имеет дело «морфологическая» филогенетика. Так, оказывается необходимым заимствовать из неё деление исторического развития на кладо- и семогенезы: этому соответствует только что упомянутое разделение «species trees» и «gene trees». Весьма актуальна проблема дифференциального взвешивания признаков, соответствующих разным фрагментам нуклеотидных последовательностей, коль скоро они несут разный филогенетический сигнал. Особый смысл приобретают ещё две «классические» проблемы: что такое гомология (прежде всего гомогения) и что такое признак на молекулярно-генетическом уровне (см. 6.1.4).

Вынужденное обращение генофилетики к «классическим» проблемам показывает, что это не столько особый раздел филогенетики как научной дисциплины, сколько поставщик исходных данных, пусть и достаточно специфических, для проведения филогенетических реконструкций.

### 3.5.3. Нумерическая филетика

**Нумерическая филетика** — раздел «новой» филогенетики, разрабатывающий количественные методы оценки сходства и/или конструирования филогенетических деревьев. Название подхода не случайно созвучно *нумерической фенетике*: оно позволяет подчеркнуть значительное совпадение ряда алгоритмов, используемых в фенетике и «новой» филогенетике (см. 9.4.1).

В связи с этим интересно отметить, что именно специалисты-фенетики впервые показали, как с помощью строго количественного метода, примененного к морфологическим данным, получается дерево, которое при определённых допущениях можно трактовать как филогенетическое (Camin, Sokal, 1965). Одновременно было впервые показано, как на основе количественных техник в форме древес могут быть представлены и результаты сравнительного анализа биополимеров (Cavalli-Sforza, Edwards, 1967). Лишь несколькими годами позже к разработке количественных методов филогенетики подключились кладисты, что, собственно, и положило начало тотальной «нумеризации» всей «новой» филогенетики.

Этому способствовало последовавшее вскоре быстрое развитие микрокомпьютеров. Оно сделало лёгкой и потому широко доступной обработку больших массивов данных с помощью стандартных компьютерных программ.

Для нумерической филетики, как и одноимённой фенетики, характерен редукционизм на уровне онтологии. Организм редуцируется до суммы признаков, корреляция между которыми, вообще говоря, не учитывается. В большинстве методов допущения о характере эволюционного процесса базируются на модели минимальной эволюции.

Освоение «новой» филогенетикой количественных методов неизбежно приводит к проникновению в неё определённых элементов *фенетического мышления*. Это в первую очередь проявляется во включении в схему аргументации уже упоминавшейся формулы «общее сходство = родство». Она более чем актуальна при работе с молекулярно-генетическими данными, которые допускают лишь подсчёт суммарного количества единичных сходств по элементарным признакам (даже при условии их дифференциального взвешивания). Одним из проявлений «фенетизации» этого раздела филогенетики является разработка строго количественных критериев оптимальности итогового филогенетического дерева (см. 9.3).

Количественные алгоритмы «новой» филогенетики весьма разнообразны, рассматриваются далее в специальном разделе (см. 9.4).

Одни из них вполне соответствуют базовым требованиям классической филогенетики о выборе признаков — например, *методы совместимости*. Другие основаны на методологически трактуемом принципе экономии, требующем минимизации исходных допущений о характере эволюционного процесса: таковы *методы парсимонии*. В *методах наибольшего правдоподобия* широко используются вероятностные оценки состоятельности филогенетических деревьев.

С помощью алгоритмов нумерической филетики, реализованных в компьютерных программах, оказывается возможным своего рода «манипулирование» эволюционными сценариями. Для этого признакам можно приписывать или не приписывать полярность: в первом случае симулируется направленная эволюция (параллелизмы вероятнее реверсий), во втором — случайная (реверсии и параллелизмы равновероятны). Кроме того, возможно компьютерное «симулирование» всего процесса кладогенеза, также предусматривающее варьирование основных характеристик этого процесса (Raup, 1977; Марков, 1996). Последующее тестирование полученных филогенетических гипотез позволяет оценить, какой из предложенных эволюционных сценариев более реалистичен.

Алгоритмы нумерической филетики, исходно разрабатываемые для реконструкции кладогенезов, могут быть использованы и при анализе семогенетической составляющей филогенеза (см. 11.1). С одной стороны, они пригодны для реконструкции семогенезов как таковых, т.е. для разработки гипотез об историческом развитии сложных морфологических (и иных) структур без их соотнесения с конкретными гипотезами о кладогенезе. С другой стороны, элементом семогенетической реконструкции является апостериорное определение полярности признаков в контексте конкретной кладистической гипотезы. Наконец, возможно достраивание кладограммы до филограммы, на которой указана не только кладо-, но и семо- (а вместе с ней и ана-) генетическая составляющая исторического развития.

Активная «нумеризация» современной филогенетики всё более переносит акцент с вопросов теории и методологии филогенетических реконструкций на вопросы их «технологии». Обсуждаются такие технические детали, как вычисление доверительных интервалов при применении вероятностных критериев, скорость работы компьютерных программ, их ограничения на манипулирование большими массивами данных (последнее особенно актуально для генофилетики) и т.п.

### 3.5.4. Школы «новой» филогенетики

«Новая» филогенетика фактически с самого начала оказалась разделённой на несколько направлений и школ, взаимоотношение между которыми нередко носит конфликтный характер. Это вполне соответствует отмеченной выше (см. 2.1.4) «дивергентной» модели развития всякой научной дисциплины, разные школы которой предлагают различные способы решения одной и той же проблемы.

В рамках кладистики школы обособлены в зависимости от того, как они применяют принцип экономии для минимизации исходных допущений о свойствах эволюции.

В исходной (генниговой) версии кладистика допускает некоторые суждения о характере эволюционных преобразований морфоструктур, на основе чего a priori определяется полярность признаков (см. 5.4.2). Это в последующем оформилось в школу **эволюционной кладистики**. Её принципы исповедуют в основном зоологи и ботаники, работающие с морфологическим (в том числе палеонтологическим) материалом. К ней принадлежат, кроме самого Геннига, Л. Брюндин, Д. Бразерс, П. Крэйн, а также автор этих строк. Как уже было отмечено выше, эта школа во многом близка к филистике (см. 3.4), отличаясь более формализованным характером применяемых процедур кладистического анализа.

Школа **экономной кладистики** минимизирует суждения об эволюции вплоть до запрета на априорное определение полярности признаков. Однако сохраняется ссылка на эволюцию как онтологический базис филогенетики: на этом основании эволюционную и экономную кладистику противопоставляют структурной кладистике под общим названием «*process cladistics*». В настоящее время экономная кладистика доминирует: в ее рамках выполняется большинство кладистических реконструкций. Один из ярких лидеров этой школы — Д. Фэррис.

Далее всех пошла **структурная** (*pattern*) **кладистика**, которая утверждает, что задача кладистической реконструкции сводится к выявлению иерархии монофилетических групп без ссылки на филогенез. Эта школа известна ещё как *трансформированный*, или «*нью-йоркский*» кладизм: последнее название связано с тем, что её лидеры (Г. Нельсон, Н. Плэтник) работали в Американском музее естественной истории в Нью-Йорке. Упоминание о монофилии — единственное косвенное указание на эволюцию, прочие считаются избыточными. Тем самым структурная кладистика оказывается за пределами собственно филогенетики: как указано выше (см. 3.1), это специфическая форма типологии.

Ещё одним источником расхождения школ новой филогенетики служит разнообразие количественных методов, в котором Д. Фельзенстайн (Felsenstein, 2003) выделяет два основных направления. Одно из них — *статистическая филогенетика*, в основе которой лежит метод наибольшего правдоподобия (см. 9.4.4). *Кладистическая парсимония* базируется на методах «экономного анализа» (см. 9.4.3); очевидно, это не совсем то, как кладистическую парсимонию определяет Собер (см. 2.2.3). К двум названным направлениям можно добавить подход, основанный на методе *совместимости признаков*: он весьма популярен среди ботаников (см. 9.4.2).

Направления «новой» филогенетики достаточно очевидно обособлены по «субстратному» принципу — макроморфологическому и молекулярно-генетическому. Различия между ними, однако, не столько в самом «субстрате», сколько в исходных онтологических и методологических допущениях, привлекаемых для обоснования морфологических и молекулярно-генетических реконструкций. В первую очередь, большое значение имеет то обстоятельство, что априорные допущения о вероятных направлениях эволюции в общем случае более надежны в отношении макроморфологических, чем субклеточных структур. Поэтому некоторые вполне классические по своему характеру принципы филогенетических реконструкций, актуальные при работе с морфологическим материалом, неприменимы к молекулярным данным.

# ГЛАВА 4. ОСНОВАНИЯ ФИЛОГЕНЕТИКИ

Как подчёркнуто в вводном разделе гл. 2, основание всякой естественнонаучной дисциплины составляют две взаимосвязанные общие категории познания — *онтологическая* и *эпистемологическая*. Первая определяет, *что* изучает данная дисциплина, вторая — *как* она это делает.

Разработку этих оснований можно (с некоторыми оговорками) представить как построение своего рода *содержательно интерпретированной аксиоматической системы*.

Содержательность этой системы означает, что все её утверждения являются не формальными, а биологически (в частности, эволюционно) интерпретированными. Концепции и понятия, с которыми имеет дело филогенетика, не могут быть полностью формализованы (см. также 5): в противном случае она перестаёт быть естественнонаучной дисциплиной. Последнее обстоятельство следует принимать во внимание, рассматривая, например, предложенную для биологии формальную аксиоматическую систему Дж. Вуджера, в которой есть раздел по «эволюции» (Woodger, 1937).

Для филогенетики как естественнонаучной дисциплины введение элементов аксиоматизации — не самоцель. Скорее, это средство построения достаточно развитой содержательной теории. Здесь есть прямая связь: чем более чётко поняты ключевые концепции и понятия теории, тем более она аксиоматизируема. Поэтому в данном случае одно из назначений аксиоматизации — содействовать разработке формализмов, посредством которых фиксируется биологическое содержание филогенетических реконструкций. Это позволяет соблюдать *условие конструктивности* (см. о нём 2.2.2): то, что не определено в аксиомах и связанных с ними базовых понятий филогенетики, не подлежит реконструкции.

В содержательно интерпретированной аксиоматической системе выделяют три основные категории суждений:

- *аксиомы*, задающие онтологию исследуемого объекта и очерчивающие интервальную ситуацию, в рамках которой проводится исследование. В филогенетике сюда относятся утверждения об общих свойствах эволюционного процесса и филогенеза (например, аксиома разложимости филогенеза);
- *правила вывода*, под каковыми в филогенетике понимаются эпистемологические и методологические принципы филогенетических реконструкций (например, принцип филогенетического единства);

- *понятийный аппарат* (тезаурус), содержащий определения основных понятий, используемых в филогенетике (родство, сходство, признак и т.п.).

К настоящему времени предложено несколько систем, претендующих на введение элементов аксиоматизации в обоснование современных подходов филогенетики (Lovtrup, 1975; Gaffney, 1979; Wiley, 1981; Павлинов, 1998). Они различаются пониманием как самого филогенеза, так и принципов построения аксиоматизированных систем. В последнем случае, в частности, по-разному (и не всегда корректно) разграничиваются аксиомы и правила вывода.

Ещё одна важная функция построения аксиоматизированных систем для филогенетики — оценка *достаточности*, *полноты* и *непротиворечивости* принимаемых за основу базовых допущений и принципов. Эта часть разработки общих оснований филогенетических реконструкций далеко не доведена до конца. Одна из причин состоит в том, что с точки зрения *теоремы о неполноте* (см. 2.2.1) концепции филогенетики могут быть корректно введены и интерпретированы лишь в контексте некоторой эволюционной теории. А поскольку такой *общей* теории, объединяющей многие частные, пока не существует, эту оценку сейчас дать в принципе невозможно. Для каждой частной теории, строго говоря, приходится строить свою собственную аксиоматическую систему, в которой одним и тем же концепциям и понятиям даётся специфическая трактовка.

В настоящей главе рассмотрена первые две из вышеперечисленных категорий аксиоматического базиса филогенетики.

Во-первых, это *эволюционные модели*, задающие её онтологию. В связи с этим более подробно, чем в вводном разделе книги, охарактеризована структура филогенеза и филогенетического паттерна. Дано также представление об основных *метафорах*, используемых филогенетикой при формировании её онтологии.

Во-вторых, сформулированы основные *частные принципы* филогенетики, составляющие ядро методологии филогенетических реконструкций.

Основные концепции и понятия, составляющие *тезаурус* современной филогенетики, рассмотрены в отдельной главе (см. 5).

## 4.1. ОНТОЛОГИЧЕСКИЕ ОСНОВАНИЯ

Исходным и наиболее общим для филогенетики является признание того, что разнообразие организмов есть результат эволюции — длительного постепенного исторического развития биоты. В основе этого лежат определённые допущения о фундаментальных свойствах материального мира — прежде всего о том, что мир развивается (основная идея *глобального эволюционизма*). Эти допущения составляют нечто вроде «символа веры», делающего осмысленным всякое филогенетическое исследование.

В частности, они дают основание считать, что *в число существенных и потому неустранимых причин структуры указанного разнообразия входят родственные отношения* между предками и потомками и потомков — между собой. Исключение этого «символа» из числа базовых допущений делает ссылку на историю необязательной, позволяя исследовать структуру биологического разнообразия без выявления филогенетического сигнала.

Онтологические основания филогенетики задаются набором утверждений, которые определяют её *предметную область* — сам филогенез (филогенетическую историю) и порождённый им филогенетический паттерн. Совокупность этих утверждений входит в число начальных условий филогенетических реконструкций, определяя их содержательный контекст.

Взаимосвязь онтологии и эпистемологии (см. 2) означает, что разному пониманию «законных» принципов и методов познания путей исторического развития биоты соответствует и разное понимание того, что такое филогенез. Речь, в первую очередь, идёт об определении его содержательных характеристик: следует ли в определение филогенеза включать представления о его механизмах, о его «внешней» временной составляющей или ограничивать его только последовательностью филогенетических событий.

Очевидно, то или иное понимание филогенеза, в свою очередь, влечёт за собой разработку специфических принципов и методов филогенетических реконструкций. Из этого ясно, что чёткое понимание онтологических оснований филогенетики вообще и каждой из их трактовок в частности — непременное условие как корректного формулирования соответствующих методологических принципов, так и корректной интерпретации результатов их применения.

### 4.1.1. Эволюционные модели

Гипотетико-дедуктивная схема аргументации, принятая за основу в большинстве подходов современной филогенетики (см. 2.1.3), утверждает, что филогенетическая реконструкция проводится в контексте той или иной теории о процессе исторического развития. Данная идея формализована как *принцип моделирования* (см. 2.2.4).

В рассматриваемом случае это не теория в строгом смысле, а *модель филогенеза*, в которой определены его существенные свойства. Впрочем, чаще используется понятие «**эволюционная модель**»: *совокупность утверждений о свойствах эволюции, существенных в рамках данной интервальной ситуации* или *темы исследования* (см. 2.1.1). Это общее понимание принимается и здесь (более узкая трактовка эволюционной модели принимается в методах наибольшего правдоподобия, см. 9.4.4).

Коль скоро базовые допущения онтологического и эпистемологического характера различны в разных подходах к филогенетическим реконструкциям, эволюционные модели также в той или иной мере специфичны для каждого из них. Таким образом, каждый подход работает в своём собственном *эволюционном контексте*, который задан частной эволюционной моделью. Очевидно, результаты, получаемые в рамках разных подходов, взаимно интерпретируемы в той мере, в какой перекрываются эти контексты и соответствующие им интервальные ситуации.

Эта модель характеризуется следующими основными характеристиками. Во-первых, она *динамическая*, т.е. содержит утверждения о процессе исторического развития, а не о его результатах: репрезентацией последних служит модель филогенетического паттерна (см. 4.1.3). Во-вторых, согласно принятому во введении определению филогенеза, она является *описательной*: отображает факты филогенетической истории, но не содержит указаний на её механизмы.

В общем случае, эволюционная модель представляет собой *совокупность утверждений о переходах от одних состояний эволюирующей системы к другим, осуществляемых с некоторыми вероятностями по некоторым траекториям*. Начало перехода фиксируется как *филогенетическое событие* (см. о нём также 4.1.2), каждое из которых может порождать одну, две или более траекторий перехода к следующим возможным состояниям (событиям). В случае единственной траектории эволюция является *филетической*. Если траекторий несколько, модель *дивергентная*, для неё простейшей моделью события является *бифуркация*.

Состояния, переходы, события, вероятности — всё это *параметры* эволюционной модели. Утверждения о них могут носить характер *постулатов* или *аксиом*: они принимаются априорно и в ходе проводимого исследования обычно не тестируются. Впрочем, некоторые количественные методы (например, *наибольшего правдоподобия*, см. 9.4.4) позволяют вводить в анализ несколько моделей и уточнять их параметры в ходе проводимой реконструкции.

Описательные эволюционные (они же филогенетические) модели различаются *уровнем рассмотрения* и *содержательностью.*

По уровню рассмотрения (не путать с масштабом, см. 4.1.2) модели могут быть *макроэволюционными* или *микроэволюционными.* В первых филогенез рассматривается как процесс формированием иерархии филогенетических групп и их свойств: такова позиция классической филогенетики, филистики. В моделях второго класса историческое развитие сводится к микроэволюционным процессам, филогенез представим как последовательность актов видообразования. Такого рода модели принимаются в «новой» филогенетике.

Содержательность (объём заложенной информации) модели в большой степени определяется уровнем редукционизма, допускаемым базовой эпистемологией.

Наиболее содержательными являются модели классической филогенетики (хотя обычно эта терминология там не используется). Они включают суждения о кладо- и семогенетической составляющих эволюции, о характере и степени дивергенции групп, о параллелизмах, предковых формах (обычно реконструированных), принимается во внимание реальное (геологическое) время эволюции. В *каузальной филогенетике* сюда включается рассмотрение механизмов эволюции. Такой насыщенный характер моделей делает разрабатываемые на их основе филогенетические гипотезы мало тестируемыми. Поэтому в настоящее время они чаще отвергаются: из современных школ кладогенетики склонность к ним проявляет лишь филистика как продолжательница классической традиции.

В большинстве современных подходов со ссылкой на принцип экономии (см. 2.2.3) разрабатываются в той или иной мере редукционные («*экономные*») модели эволюции. Так, в кладистике филогенез сведён строго к кладогенезу, рассматриваемому в отрыве от семогенеза, что исключает анализ анагенетической составляющей и обоснование филогенетического единства организмов ссылкой на частоту параллелизмов. Поскольку не рассматриваются отношения «предок — потомок», становится избыточной «привязка» филогенетических событий к геохронологической шкале: вместо этого вводится «собственное» эволюционное время (см. о нём 4.1.2.1). В основе некоторых количественных алгоритмов лежит микроэволюционная модель, позволяющая сводить эволюцию к происходящим в популяциях изменениям генных частот. Этому соответствует рассмотрение эволюции как «*статистического*» процесса (Felsenstein, 1982).

«Экономные» модели, базирующиеся на *методологической* трактовке принципа экономии, подразумевают минимальное число априорных (относительно проводимой реконструкции) допущений о характере эволюции исследуемой группы организмов. В рамках гипотетико-дедуктивной схемы аргументации они имеют то преимущество, что делают разрабатываемые на их основе филогенетические гипотезы высоко фальсифицируемыми. Их недостатком является то, что они не предполагают анализа соответствия разрабатываемых моделей тому, что есть «*на самом деле*» (см. 2.2.3).

Вероятность траекторий перехода эволюирующей системы из одного состояния в другое в каждом данном филогенетическом событии — один из ключевых параметров эволюционной модели. Указанная вероятность состоит из трёх компонент: а) *вероятность выбора какой-то одной из нескольких возможных последующих траекторий в каждом семогенезе*, б) *зависимость вероятности данного выбора от выбора в предшествующем событии* и в) *зависимость вероятности выбора траекторий в разных семогенезах*. Специфические сочетания значений этих параметров дают разные эволюционные модели, которые можно трактовать как базовые содержательно интерпретированные аксиомы той или иной школы филогенетики.

На основании того, как оцениваются эти вероятности, можно выделить два общих класса такого рода моделей — *равновесные* и *неравновесные*. Первые предполагают равновероятный, в пределе полностью обратимый характер любых преобразований эволюирующей системы. Вторые утверждают, что процесс эволюции носит в той или иной мере упорядоченный характер, означающий, что одни преобразования вероятнее других: например, прямой переход из одного состояния в другое вероятнее обратного. Детализация этих общих идей даёт следующие частные эволюционные модели.

**Стохастические модели** (частный случай равновесных) предполагают: а) равновероятный выбор возможных траекторий в каждом семогенезе, б) независимость данного выбора от предшествующего и в) независимость вероятностей изменений в разных семогенезах. Формальным представлением подобных моделей служит так называемый *марковский процесс*, её физическим аналогом — броуновское движение. Они предполагают *случайный ненаправленный дивергентный* характер исторического развития, в котором реверсии как минимум не менее вероятны, чем параллелизмы.

Такое представление эволюционного процесса в наибольшей степени соответствует её «экономной» трактовке, по уровню рассмотрения оно является микроэволюционным. Эти допущения часто используются в генофилетике. Однако с точки зрения системного стиля мышления стохастический характер эволюции считается мало реалистичным.

По сути близка к предыдущей **модель минимальной эволюции**, которая базируется на *онтологически* трактуемом принципе экономии (см. 2.2.3). В данном случае требуется, чтобы для объяснения наблюдаемого разнообразия организмов разрабатывалась такая гипотеза о филогенезе, согласно которой *число событий в филогенетической истории группы было бы минимально*. Для реализации этой идеи вводятся два следующих допущения (Sober, 1988). Для каждой отдельной эволюирующей структуры принимается, что *переход от одного её состояния к другому идёт по единственной кратчайшей траектории*. Для совокупности структур в качестве следствия из предыдущего принимается, что *сумма всех изменений по всем структурам минимальна*. Эта простейшая модель положена в основу многих алгоритмов нумерической филетики. В генофилетике она усложнена тем, что введено «собственное» время эволюции, измеряемое количеством накопленных изменений в составе макромолекул.

Предельный случай неравновесных моделей — **детерминистические модели**, разрабатываемые в анагенетике. В их основе лежит натурфилософский *принцип исторического детерминизма*, согласно которому каждое данное событие однозначно определено предшествующим: вероятность выбора равна 1. Очевидно, такого рода модели предполагают *направленное параллельное* развитие структур в филетических линиях, которое существенно вероятнее реверсий (*принцип необратимой эволюции*). По уровню рассмотрения эти модели макроэволюционные, приписывают эволюции *однонаправленный* (недивергентный) характер. Они мало реалистичны, поскольку предполагают слишком мало новизны в историческом развитии.

В основе **системной** (или *эпигенетической*) концепции эволюции лежит допущение, что *в сходных условиях среды сходные эпигенетические программы развития организмов производят сходные, но не идентичные фенотипы* (Шишкин, 1988). Этим обосновывается облигатный характер как направленности, так и дивергентного характера эволюции, следствием чего оказывается и дивергентность, и достаточно высокая преемственность эволюции, и высокая частота параллелизмов.

С этой точки зрения более всего состоятельны неравновесные **квази-детерминистические модели**: они разрабатываются в рамках уже упоминавшейся синергетики, изучающей развитие неравновесных систем. Биота рассматривается как именно такая макросистема, а её историческое развитие (по сути, это саморазвитие) — как *процесс структуризации*, ведущий к появлению иерархически организованной структуры разнообразия групп организмов (см. 1). В данном случае эволюция выглядит как система взаимодополнительных (взаимовложенных) процессов, протекающих на макро- и микроуровнях. К первому относится структуризация биоты в целом, ко второму — видообразование, с которого начинается становление монофилетических групп.

Согласно этому классу моделей, историческое развитие *закономерно*, но *нестрого детерминировано*. Для этого принимается, что в каждом данном филогенетическом событии вероятность выбора траектории развития а) разная для разных возможных траекторий в каждом семогенезе, б) зависит от выбора в предшествующем событии и в) в той или иной мере взаимозависима для разных семогенезов. Последнее означает, что по крайней мере некоторые морфоструктуры переходят из одного состояния в другое *сопряжённо*.

Поскольку каждому событию присуща некоторая неопределённость выбора, чем длиннее их цепочка, тем меньше влияние начального события на последнее. Таким образом, в истории группы вероятность параллельной эволюции её представителей (при прочих равных) снижается по мере уменьшения их степени родства. Такую эволюцию можно обозначить как *дивергентно-параллельную*; ей более всего соответствует историческое развитие макроморфологических структур.

Квази-детерминистические модели имеют большое значение для формирования филогенетического стиля мышления. Они составляют онтологический базис тех школ современной филогенетики, для которых модель минимальной эволюции считается избыточно редукционной. А порождённый этим общим подходом афоризм «*каждая развивающаяся система есть жертва своей истории*» (Brooks, Wiley, 1986) актуален не только для филогенетики: он обязывает выявлять филогенетический сигнал в исследуемом разнообразии организмов в таких дисциплинах как экология, этология (см. 11.2).

В количественных методах нумерической филетики широко используются высоко формализованные, в том числе математические эволюционные модели. Очевидно, они достаточно просты, чтобы удовлетворять требованиям применения математического аппарата. Один из примеров — уже упоминавшаяся «статистическая» модель: в простейшем случае (Cavalli-Sforza, Edwards, 1967) она трактует эволюцию как стохастический процесс ветвления цепочек событий. Соответственно, получаемая древовидная структура, связывающая все события этой «эволюции» в общий процесс диверсификации, рассматривается как *оценка* (в статистическом смысле, см. 9.4.6) филогенетического дерева.

В более сложных моделях учитываются разные вероятности событий (мутаций), включаемых явным образом в эволюционную модель. Деревья строятся с учётом этих вероятностей, их состоятельность оценивается, грубо говоря, как *правдоподобие* с точки зрения принятой модели (см. 9.4.4). Эти вероятности могут быть разными для разных структур, для разных переходов из одного состояния в другое. При работе со структурами, для которых обоснованно предполагается различный характер эволюции (например, более или менее упорядоченный), для каждой из них оказывается необходимым разрабатывать специфическую модель. Обобщённая модель, охватывающая все введённые в анализ частные модели, оказывается многопараметрической. Это не только существенно усложняет вычисления, но и ставит разработку филогенетических реконструкций перед проблемой *NP*-полноты (см. 2.1.1).

Для разных групп организмов и для разных морфоструктур могут разрабатываться разные эволюционные модели. Так, для микроорганизмов и для молекулярных структур более актуальными считаются стохастические модели, для высших организмов и макроморфологических структур — квази-детерминистические. Это создаёт определённые проблемы при объединении кладистических гипотез, полученных на основании разных моделей (см. 9.4.5).

### 4.1.2. Структура филогенеза

Как отмечено во введении, филогенез (= филогенетическое развитие, филогенетическая история) имеет различные толкования: как «цепочка онтогенезов»; как совокупность родственных связей между монофилетическими группами; как история становления этих групп и их свойств; как вообще процесс исторического развития организмов вкупе с порождающими его причинами.

Рассматриваемый в теоретическом ключе, филогенез здесь определён как один из аспектов процесса структуризации биоты, *порождающий филогенетическое разнообразие*, основным элементом которого являются *филогенетические группы* разного ранга (см. 1). Более конкретно, **филогенез** — это *процесс появления новых или исчезновения существующих филогенетических групп организмов* (о них см. 5.2.3) *с их свойствами*.

Каждое такое появление или исчезновение представляет собой отдельное **филогенетическое событие**. Соответственно, на операциональном уровне филогенез представим как *совокупность последовательностей филогенетических событий*. Согласно принятой здесь эволюционной модели, *элементарное* филогенетическое событие — это *появление или исчезновение отдельного вида с его отличительным свойством*. Таким образом, в рамках этой модели внутривидовые процессы не рассматриваются.

Отметим, что в данном случае вид понимается как *филогенетический*, т.е. как «отрезок» филетической линии между двумя актами видообразования, в одном из которых вид появляется, а в другом исчезает. Это соответствует концепции *прерывистого равновесия*, согласно которой продолжительность акта видообразования (тысячи — десятки тысяч лет) много меньше продолжительности существования вида (миллионы лет) (Гулд, 1986).

Смысл названной концепции, в отличие от дарвиновской постепенной эволюции, состоит в том, что элементарное филогенетическое событие можно считать *дискретным*. Это утверждение имеет отношение к трактовке некоторых свойств родства (см. 5.2).

Цепочки филогенетических событий могут *ветвиться* или быть *линейными*. Как отмечено в разделе 4.1.1, первое соответствует *дивергентной* модели эволюции, которая приводит к возрастанию разнообразия групп организмов. Второе обозначается как *филетическая* эволюция. Следует отметить, что в кладистике между ними различий не делается, что связано со специфическим пониманием времени эволюции (см. следующий раздел).

Дивергентная трактовка эволюции в простейшем случае (событие = бифуркация, см. 4.1.1) означает, что в каждом событии предковый вид а) сам сохраняется и порождает только один вид-потомок или б) вымирает и порождает два новых вида. В случае филетической эволюции в каждом событии вид-предок превращается в другой, единственный вид.

При анализе структуры филогенеза необходимо принимать во внимание *масштаб* его рассмотрения, т.е. ту детальность, с которой выявляются отдельные компоненты филогенеза (см. 2; не путать с *уровнем*, см. 4.1.1). В идеале можно требовать обязательного определения последовательности филогенетических событий «с точностью до вида». Это означает, например, что при реконструкции базальной радиации эвкариот необходимо выявлять кладистические отношения между теми видами, которые были первыми представителями названной группы.

Очевидно, что такое требование не реализуемо в принципе и не соответствует условию конструктивности (см. 2.2.2). Трактовка масштаба филогенетических событий должна увязываться с масштабом рассмотрения, принятого в данном исследовании. Поэтому картина филогенеза на низших уровнях иерархии филогенетического паттерна всегда получается в той или иной степени «размытой».

#### 4.1.2.1. Временная составляющая

Коль скоро филогенез — процесс, протекающий во времени, важным условием корректного описания его структуры является оценка *временной составляющей эволюции.* Она имеет два взаимосвязанных параметра — *протяжённость* времени эволюции (т.е. собственно *эволюционное время*) и *скорость* эволюции.

Понимание времени может быть весьма различным (Левич, 1986). В филогенетики время эволюции может быть задано как минимум двояким образом — как *абсолютное* или *собственное.*

В первом случае филогенез должен быть соотнесён с какой-либо «внешней» шкалой — например, с геохронологической последовательностью (страты, эпохи и т.п.) или со шкалой физического времени (например, по результатам изотопного анализа). Всякая такая шкала *абсолютна* в том смысле, что *едина для всех групп.* Если она задана, это позволяет синхронизировать последовательности филогенетических событий в разных филетических линиях. Такое рассмотрение филогенеза характерно для направлений, опирающихся на анализ палеонтологических данных (см. 6.1.2).

Во втором случае измерение эволюционного времени проводится без «внешней» шкалы. Счётчиком собственного времени филогенеза служит сама последовательность филогенетических событий как таковая: такую последовательность в исторической науке принято называть *генеративной.* Корреляция собственных эволюционных времён в разных филетических линиях либо не практикуется как лишённая смысла (в кладистике), либо проводится для синхронизации в них анагенетических событий (при типологической трактовке эволюционного времени, см. Любарский, 1998).

В молекулярно-филогенетических исследованиях, базирующихся на концепции *молекулярных часов*, исходным является собственное эволюционное время: оно расчисляется по шкале различий, установленных по молекулярным данным (см. 6.1.4). Соотнесение этого времени с временной шкалой, заданной палеонтологической летописью (о ней см. 6.1.2), позволяет установить *корреляцию* абсолютного и собственного времён. Здесь есть свои проблемы, связанные с разной вероятностью эволюционных изменений в разных молекулярных структурах. В одних случаях указанные различия служат показателем самого времени, в других — скорости эволюции (см. также следующий раздел).

Введение в модель филогенеза или исключение из неё «внешней» временной составляющей имеет значение для интерпретации филогенетических событий. Если время задано как абсолютное, можно говорить о вымирании вида как о событии наравне с видообразованием. Если время задано как собственное, говорить о вымирании нельзя: *элементарные события кладогенеза — это только акты видообразования*. Причина в том, что констатация вымирания предполагает непременную ссылку на какую-то внешнюю временную шкалу, позволяющую фиксировать завершение «дления» вида или группы видов.

Очевидно, второе понимание кладистического события не позволяет различать дивергентную и филетическую формы эволюции, поскольку последняя связана с вымиранием предкового вида при его превращении в новый вид. Из этого также видно, что постулированное В. Геннигом вымирание предкового вида в каждом филогенетическом событии в рамках кладистических приближений, строго говоря, избыточно.

#### 4.1.2.2. Кладогенез, семогенез, анагенез

Принимая *квази-детерминистическую модель* эволюции за основу (см. 4.1.1), мы можем считать, что филогенез *системен* как одно из проявлений исторического развития глобальной неравновесной системы — биоты. С точки зрения *принципа системности* (см. 2.2.6) это означает, что филогенез: а) *целостен*, т.е. представляет собой некое единство разнообразных процессов исторического развития, и б) *структурирован*, т.е. может быть «разложен» на отдельные компоненты или аспекты.

Возможность последнего, с точки зрения аксиоматического построения оснований филогенетики, задаётся **аксиомой разложимости**, согласно которой *филогенез разложим на три компоненты* (аспекта) — *кладогенез*, *семогенез* и *анагенез*. Это предполагает аналогичное действие в отношении филогенетических событий: их можно разделить, соответственно, на *кладистические*, *семогенетические* и *анагенетические*. Их вычленение означает, что каждая из компонент *может «моделироваться» независимо от других* (но см. далее об анагенезе).

Выделяют также *стасигенез* — такой период истории группы, в котором не происходит никаких (выявляемых доступными средствами) филогенетических событий. Очевидно, его распознавание возможно, только если задана абсолютная шкала времени (см. предыдущий раздел). Если время определено как собственное, то стасигенез — просто *часть филетической линии между двумя ближайшими филогенетическими событиями*.

Очевидно, выделение названных компонент представляет собой некий искусственный приём: как невозможен организм без его свойств и атрибутов, точно так же объективно невозможна эволюция групп организмов без изменения их свойств. Эта операция редукции оправдана методологически: она структурирует исследуемый сложный объект — филогенез в целом — и позволяет на более строгой основе разрабатывать филогенетические гипотезы (см. 5.7).

**Кладогенез** (= *кладистическая история*) есть *последовательность кладистических событий*, процесс появления или изменения состава кладистических групп организмов (*клад*) как таковых, рассматриваемых безотносительно их свойств (об этих группах см. 5.2.3). Элементарным кладистическим событием является акт видообразования. Появление/исчезновение вида соответствует рассмотрению кладогенеза на *микроуровне*, изменение состава группы — на *макроуровне*.

**Семогенез** (= *семофилез*, семофилогенез, филогенез признаков) — это *последовательность семогенетических событий*, процесс появления, изменения или исчезновения элементов морфоструктур. Элементарным событием в семогенезе можно считать формирование видового свойства. Следует различать *единичный семогенез*, соответствующий траектории преобразований отдельной морфоструктуры, и *комплексный семогенез* — совокупность нескольких единичных.

Одной из версий комплексного семогенеза является **псевдофилогенез** (Bock, 1986). В отличие от формального представления семогенеза, эта концепция предполагает, что каждая комбинация состояний нескольких эволюирующих сложных морфоструктур (например, пищеварительной и костномышечной систем) должна иметь определённый адаптивный смысл. Это накладывает запреты на такие сочетания вариантов их строения, которые представляются бессмысленными (не имеющими ясной интерпретации) с точки зрения морфофункционального и адаптивного анализа.

**Анагенез** представляет собой, согласно классическому определению, *изменение уровня организации* в процессе эволюции. Этот аспект филогенетического развития проявляется в возможности выделения *град*, различающихся уровнем организации (см. также 5.2.3). Данная компонента не столь чётко индивидуализирована, как две предыдущие:

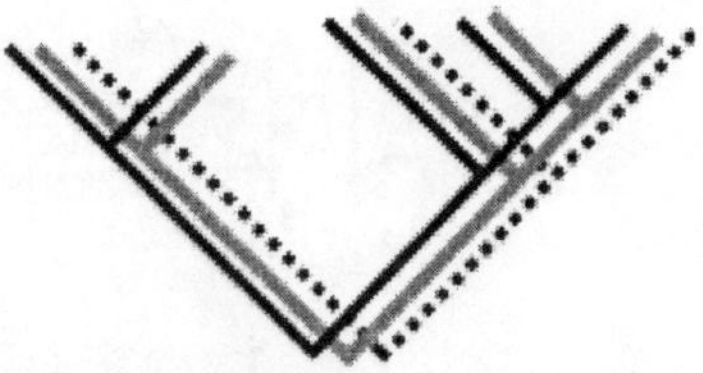

**Рис. 7.** Схема, иллюстрирующая взаимоподобие кладогенеза (сплошным чёрным) и семогенезов (светлым и штриховым)

её можно выявить только при рассмотрении семогенезов. Соответственно, последовательность анагенетических событий формально можно свести к последовательности событий в семогенезах. Исторически её анализ связан с эволюционной интерпретацией «лестницы совершенства» (см. 3.2); в современной филогенетике её редко исследуют специально, она рассматривается главным образом при анализе полярности признаков (см. 5.4.2).

Следует отметить, что *только макромасштабное рассмотрение филогенеза позволяет выявить его анагенетическую составляющую.* На уровне каждого отдельного акта видообразования оценить значимость данной инновации для последующей эволюции (если это только не макромутация) едва ли возможно.

Системность филогенеза задаёт на множестве последовательностей кладо- и семогенезов особого рода отношение, формулируемое **аксиомой взаимоподобия**: *кладогенез и семогенез взаимоподобны.* Это **отношение взаимоподобия** означает, что *каждому событию в кладогенезе соответствует событие хотя бы в одном семогенезе, и наоборот* (рис. 7). Очевидно, если оно не выполняется, связь между последовательностями кладистических и семогенетических событий оказывается случайной.

Этот формализм — один из ключевых в разработке методологии филогенетики: он делает осмысленными *кладистические реконструкции на основе анализа семогенезов*, отображённых в признаках. Именно он лежит и в основе допущения *взаимоподобия между родством и сходством*, что позволяет судить о родстве по сходству в его кладистической трактовке (см. 4.3.3.2). Он же позволяет использовать в кладо- и семогенетических реконструкциях одни и те же алгоритмы (см. 9.4, 11.1).

Как компоненты единого филогенетического процесса, кладогенез и семогенез имеют важные различия.

Кладистическая история *единственна*, поскольку группы, возникающие в результате кладистического события, являются (по определению) потомками одного предкового вида. При этом, надо полагать, данное свойство сохраняется и при рассмотрении кладогенеза в контексте разных семогенезов. Это обстоятельство позволяет утверждать

**Рис. 8.** Трансформационная серия (рефрен), показывающая возможные преобразования листовой пластины (из: Воробьева, Мейен, 1988, с изменениями)

*единственность филогенеза*, если под таковым понимать кладогенез, сопровождаемый семогенетическими преобразованиями.

Несколько по-иному дело обстоит в случае семогенеза: для него нельзя постулировать облигатную единственность. Причина в том, что траектории эволюционного преобразования сложной морфоструктуры могут быть не только строго дивергентными, но и *сходящимися*: одно и то же состояние может возникать на основе разных предшественников (рис. 8). Следовательно, семогенезы могут быть как единственными, так и, в отличие от кладогенеза, *множественными*. Последние, согласно номогенетической модели эволюции (см. 4.1.1), должны преобладать.

Из предыдущего видно, что взаимоподобие кладо- и семогенезов *нестрогое*: между ними нет взаимно-однозначного соответствия. Это свойство возникает вследствие того, что:

а) *каждое* кладистическое событие может сопровождаться *несколькими* семогенетическими событиями, что соответствует *филетическим координациям*. Поэтому в каждой данной филогенетической цепочке *кладогенетических событий может быть меньше, чем семогенетических*. Обратное соотношение с точки зрения принципа конструктивности предполагать бессмысленно: возникновение новой группы, не сопровождающееся появлением какой-либо отличительной особенности, теоретически допустимо, но *не может быть распознано*, поэтому соответствующее допущение избыточно;

б) кладистическое событие сопровождается семогенетическими событиями *не во всех единичных семогенезах*: некоторые проходят его без изменений (*мозаичная эволюция*);

в) отдельное семогенетическое событие может быть связано *с несколькими разными кладистическими событиями*, что соответствует *параллельной эволюции*. Данное утверждение отчасти «уравновешивает» то, которое выдвинуто в пункте (а).

Нестрогое взаимоподобие кладо- и семогенетических последовательностей снижает чёткость кладогенетического сигнала в филогенетическом паттерне (см. 4.2.3) и в конечном итоге не позволяет однозначно судить о родстве по сходству (один из *принципов неопределённости*, см. 4.3.2).

Эта же нестрогость имеет отношение к пониманию того, каковы возможные интерпретации временной составляющей филогенеза (см. 4.1.2.1). Действительно, поскольку в данной филетической линии кладистических событий в общем случае меньше, чем семогенетических, простое суммирование последних, предполагаемое концепцией молекулярных часов, очевидно, даёт завышенную оценку числа событий кладогенеза. Следовательно, с помощью этих «часов» измеряется скорость, а не время эволюции (см. также 6.1.4).

### 4.1.3. Филогенетический паттерн

Как было подчёркнуто в вводной главе (см. 1), один из важнейших результатов биологической эволюции — *биологическое разнообразие*. Одной из его компонент является **филогенетический паттерн** — *иерархия филогенетических групп и их свойств*. Эта иерархия порождается филогенезом, которому согласно квази-детерминистической модели приписывается дивергентно-параллельный характер (см. 4.1.1). Иерархия возникает в силу того, что *все потомки одного предка оказываются членами одной группы*, и чем длиннее цепочки филогенетических событий, разделяющих предка от последних его потомков, тем выше уровень общности (ранг) соответствующей группы.

Из этой трактовки следует, что *полифилетические группы*, в том числе грады и жизненные формы, *не являются частью филогенетического паттерна*. Причина в том, что их нельзя определить как потомков одного предка (при его «узком» понимании, см. 5.2.3).

Рассмотрение филогенетического паттерна отдельно от процесса филогенеза имеет двоякий смысл.

С одной стороны, таким разделением неявным образом признаётся *нестрогая зависимость структуры паттерна от механизмов фи-*

*логенетического развития*. Но это верно лишь отчасти: стохастический и детерминистический процессы эволюции, очевидно, по-разному структурируют иерархию филогенетических групп.

С другой стороны, это разделение важно в методологическом плане: оно лежит в основании всей процедуры кладистического анализа как одного из сравнительно-исторических методов.

Как видно из изложенного, *последовательность уровней иерархии филогенетического паттерна порождается последовательностью филогенетических событий*. Таким образом, *между ними имеется определённое соответствие*, имеющее принципиальное значение для разработки методологии филогенетических реконструкций. Оно означает, что *иерархия филогенетического паттерна содержит информацию о последовательности филогенетических событий*. Эту информацию принято обозначать как *филогенетический сигнал* (см. 4.2.3).

Каждый фрагмент филогенетического паттерна соответствует некоторому фрагменту филогенеза. При этом высший уровень иерархии этого паттерна соответствует начальному событию в данном фрагменте филогенеза, низший уровень — его конечным событиям.

Причинная связь между объективным процессом исторического развития биоты и иерархией филогенетического паттерна можно рассматривать как свидетельство в пользу признания *объективного характера* также и последнего. Это имеет принципиальное значение для разработки онтологических оснований современной филогенетики и формирования *филогенетического мышления* (см. 2.1.2).

Разложимость филогенеза на три компоненты (см. 4.1.2.2) отображена в аналогичной структуре филогенетического паттерна. В нём можно выделить те же основные составляющие — структуру *кладистических* и *семогенетических* отношений, причём в последнюю входят и отношения, порождаемые анагенезом. Они обозначаются как **кладогенетический паттерн** и **семогенетический паттерн**, соответственно.

Для каждого из них можно предполагать иерархию, в общем соответствующую иерархии филогенетического паттерна в целом. При этом иерархия кладогенетического паттерна соответствует последовательностям кладистических событий, иерархия семогенетического паттерна — последовательностям семогенетических событий. Следовательно, *в каждой из этих иерархий присутствует временная составляющая эволюции* — та же, что и в названных последовательностях, и в филогенезе в целом.

Важно подчеркнуть, что кладо- и семогенетический паттерны — это не «части» (фрагменты) общего филогенетического паттерна, а его *аспекты*. Это значит, что их иерархии являются *взаимовложенными*: каждая группа организмов принадлежит им обеим сразу.

Очевидно, соотношения, существующие между компонентами филогенеза, переносятся и на обозначенные компоненты филогенетического паттерна. Это позволяет считать, что а) *структуры кладогенетического и семогенетического паттернов взаимоподобны* и б) это взаимоподобие *нестрогое*.

Отношения, задаваемые между организмами кладогенетическим паттерном, интерпретируются как *родство*, семогенетическим паттерном — как *сходство*. На этом основании операциональный эквивалент второго из названных паттернов можно обозначить как базовый **фенетический паттерн** — «сходство вообще».

Суммируя изложенное, можно утверждать, что для структуры родственных и сходственных отношений (кладогенетического и семогенетического паттернов) верно следующее:

- каждая из этих структур организована иерархически;
- в каждой из структур отражены последовательности соответствующих кладо- и семогенетических событий;
- они являются взаимовложенными, т.е. любая совокупность организмов может быть одновременно оценена с точки зрения как их родства, так и сходства;
- они взаимоподобны друг другу, но взаимоподобие нестрогое;
- каждая из них взаимоподобна филогенетическому паттерну в целом, причём, очевидно, и это взаимоподобие нестрогое.

Все эти формализмы принципиальны с точки зрения методологии филогенетических реконструкций. Они означают, что:

- по сходству организмов можно судить об их родстве,
- по совокупности родственных отношений можно судить о кладогенезе,
- по совокупности родственных и сходственных отношений можно судить о филогенезе в целом,
- эти суждения в большей или меньшей степени неопределённы.

Следствием этой неопределённости оказывается отмеченная выше некая «размытость» всякой филогенетической реконструкции, означающая невозможность восстановления всех деталей филогенеза (см. также 4.3.2).

## 4.2. МЕТАФОРЫ ФИЛОГЕНЕТИКИ

Метафоры очень широко используются в науке: они позволяют представить сложные явления на упрощенном (отчасти и «бытовом») уровне, используя общеупотребимый словарь. Поэтому неудивительно, что биология и вообще естествознание буквально насыщены ими. *Модель* как способ описания объекта исследования, эпигенетический *ландшафт* и морфогенетическое *поле* в биологии развития, «*стрела времени*» в синергетике, *борьба за существование* в теории естественного отбора — примеры из этой области.

Метафоричность всей филогенетики достаточно очевидна: собственно говоря, она началась с ряда основополагающих метафор.

Первые эволюционные изыскания, связываемые с именем Ж.-Б. Ламарка, опирались на метафору «*лестницы совершенствования*». В его концепции «ступени» лестницы соответствуют определённым этапам прогрессивного исторического развития организмов (см. 3.2), отражая анагенетическую составляющую эволюции.

Одной из ключевых была метафора «*генеалогического индивида*», уподобившая филогенетическое развитие индивидуальному (см. 3.2). Это позволило перенести на филогенез некоторые ключевые свойства онтогенеза — например, направленность развития. В результате родился афоризм: *онтогенез есть краткое и быстрое повторение филогенеза*, положенный Геккелем в основу его классической концепции рекапитуляции.

К числу базовых метафор относится представление филогенеза в «*растительной*» форме — чаще всего как дерева, реже как куста или травяного поля. Она также используется в филогенетике с самых первых шагов её развития.

Строго говоря, метафорой является и понятие *филогенетического сигнала*, активно разрабатываемое современной филогенетикой.

Метафора *эволюционного конуса* предложена в качестве основы для обсуждения методологических проблем, возникающих при определении надёжности филогенетических реконструкций.

Причины и смысл уподобления филогенетического развития онтогенетическому рассмотрены в разделе о классической филогенетике (см. 3.3). Здесь «расшифрованы» три последние метафоры; в добавление к ним кратко представлена метафора *спирали развития*.

### 4.2.1. Филогенетическое дерево

В филогенетике «растительная» метафора служит способом представления родственных отношений между группами организмов: чаще всего для этого используется *дерево*. При становлении филогенетики оно, с одной стороны, было заимствовано из систематики, куда, в свою очередь, было внедрено схоластами. С другой стороны, на такую фор-

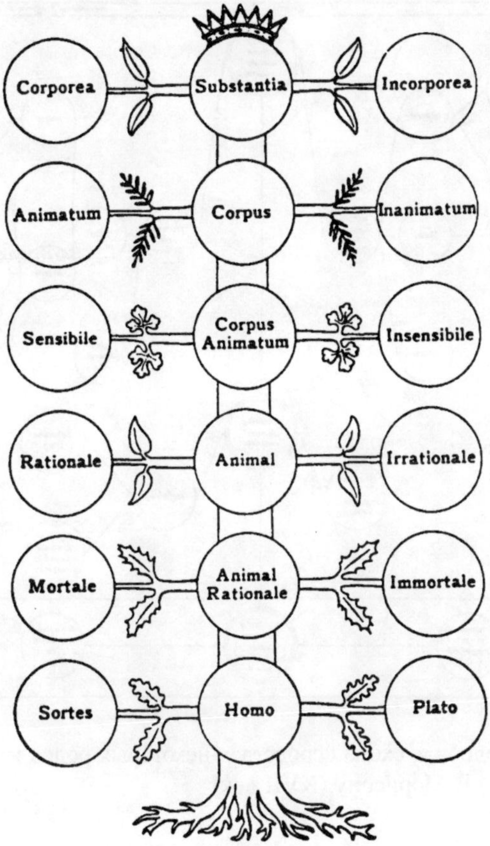


**Рис. 9.** Одно из ранних начертаний «дерева Порфирия»

му представления названных отношений филогенетику подвигло *генеалогическое древо*, издавна используемое в Европе для обозначения родословных схем.

В схоластике древовидная схема была разработана для схематического представления *логической родовидовой схемы* классифицирования. Это так называемое «*дерево Порфирия*», названное по имени неоплатоника Порфирия, жившего в IV в. н.э. (рис. 9).

Одной из версий этого дерева, популярной среди систематиков Нового времени, было такое представление иерархической классификации, в котором логический переход от высшего уровня иерархии к следующему, более низкому, показывался фигурными скобками. Такие

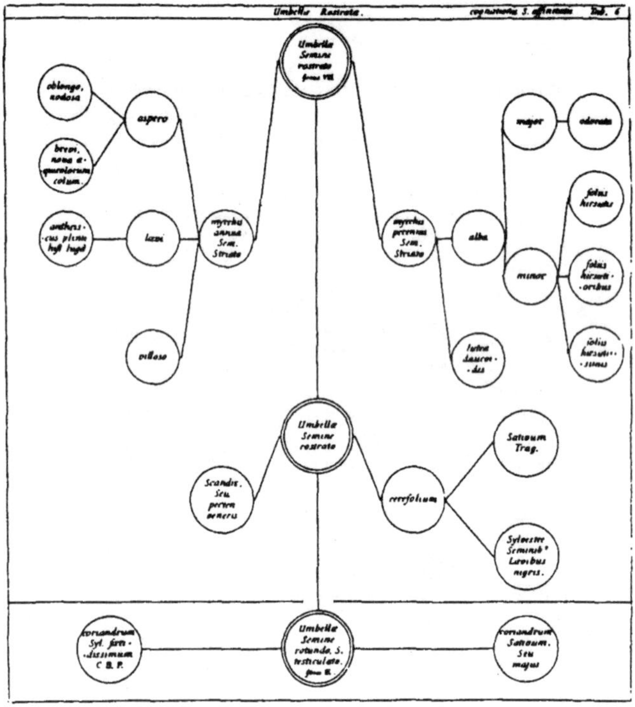


**Рис. 10.** Древоподобная схема «сродства» некоторых родов и видов зонтичных растений, по Р. Морисону (XVII век)

схемы впервые появились, видимо, в XVII в. и просуществовало до конца XIX в. (см. рис. 1).

Другим способом вычленения группировок, также восходящим к XVII в., было соединение таксонов линиями, что опять-таки давало подобие дерева (рис. 10). Но это уже не просто логические связки, как в предыдущем случае, а демонстрация натурфилософски понимания «сродства» организмов.

Конкретная форма графического представления «растительной» метафоры зависит от принимаемой модели филогенеза и потому может быть разной.

В кладогенетике в её основу положен принцип монофилии, предполагающий происхождение разных групп организмов от общего предка. Соответственно, метафорой служит «растущее» из единого корня ветвящееся **филогенетическое дерево** (или *древо*). Оно изоб-

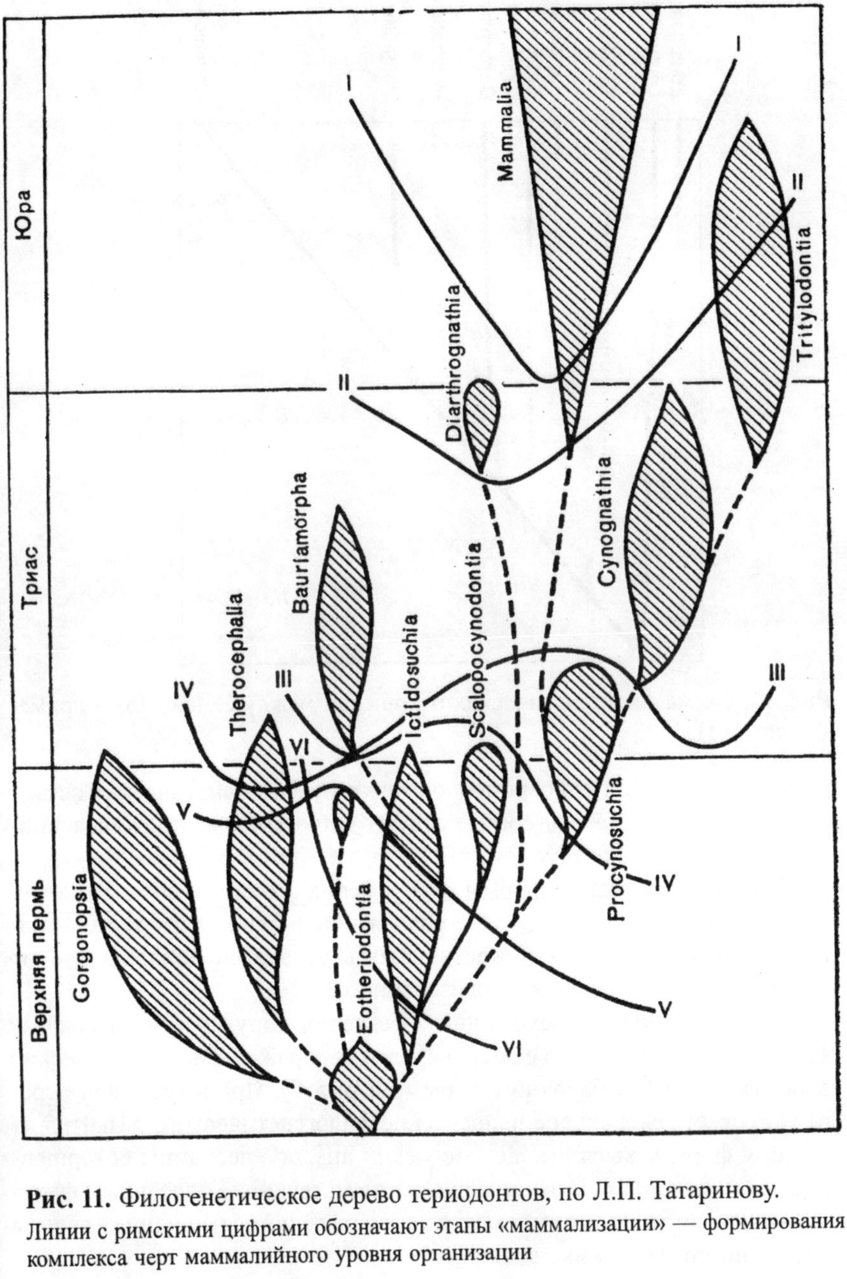


**Рис. 11.** Филогенетическое дерево териодонтов, по Л.П. Татаринову.

Линии с римскими цифрами обозначают этапы «маммализации» — формирования комплекса черт маммалийного уровня организации

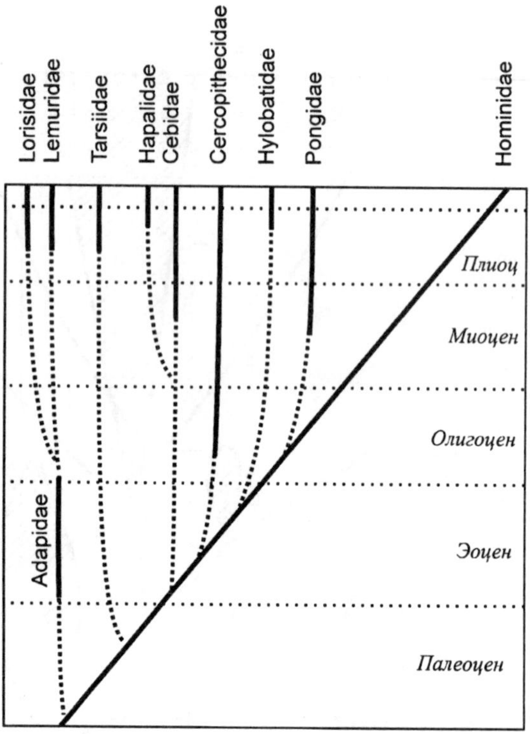


**Рис. 12.** Схема филогенетических отношений между семействами приматов, по А. Нэфу

ражает филогенез и одновременно структуру филогенетических связей в целом, а ветви дерева соответствуют филогенезам отдельных подгрупп в составе исследуемой.

Существуют разные формы изображения филогенетического дерева в зависимости от того, какое содержание в эту метафору закладывается (впрочем, и от художественных вкусов исследователя), — от «нарративного» до строго стилизованного.

Первый вариант, восходящий к Геккелю, популярен в классической филогенетике. Сам Геккель нередко изображал филогенетические деревья во вполне барочном стиле (см. рис. 5). При этом ствол дерева указывает генеральное направление филогенетического развития от низших форм к высшим, т.е. это некий аналог «лестницы совершенства». Отходящие от ствола ветви, соответствующие отдельным филетическим линиям, указывают последовательность возникновения групп организмов и их генеалогию.

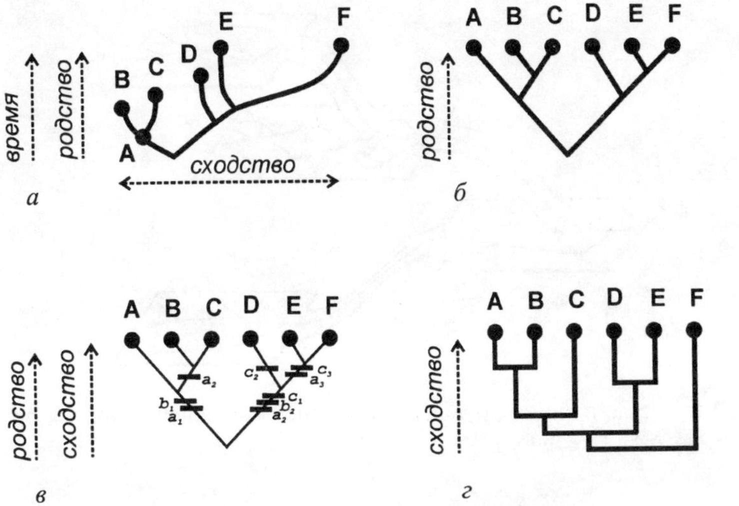


**Рис. 13.** Стилизованные дендрограммы в современной филогенетике: *а* — филограмма, *б* — кладограмма, *в* — синапоморфограмма, *г* — фенограмма

Позже Геккель и его последователи от этой вычурности отказались, сделав при этом деревья более информативными. Деревья стали «вписываться» в геохронологическую шкалу, что позволило указывать время происхождения и длительность существования групп. Ширина ветвей стала указывать таксономическое разнообразие групп на разных этапах их существования (рис. 11). Можно показывать также и *характер* различий: для этого перечисляют признаки, по которым расходятся группы.

Для обогащения дерева дополнительной информацией его иногда «накладывают» на карту. Если добавлены сведения палеонтологического характера, получается схематическая картина истории расселения группы.

В кладогенетической интерпретации филогенетическое дерево содержит информацию лишь о генеалогических связях между организмами. Первым таким деревом была изображённая в «Происхождении видов...» гипотетическая схема генеалогических цепочек видов: в ней присутствует временная шкала, указаны предки и их потомки (см. рис. 4). Весьма схематичными были генеалогические схемы, популярные в начале XX в. (рис. 12) и во многом предвосхитившие стилизованное представление филогенетических схем во второй его половине.

При совместном рассмотрении кладо- и семогенетической составляющих филогенеза на подобного рода схемах указывается *степень*

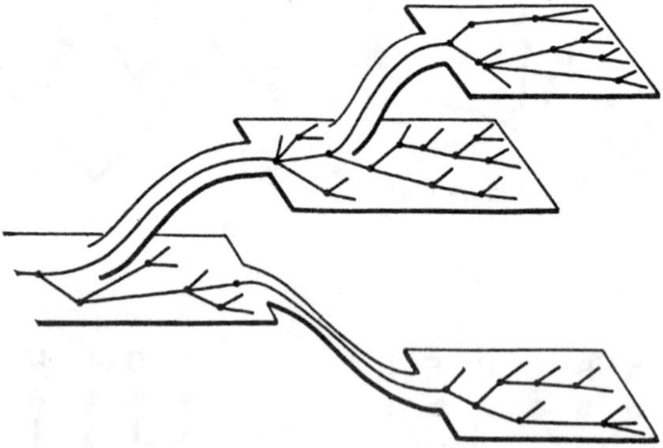

**Рис. 14.** Схема, иллюстрирующая кладогенез и изменение уровня организации, по А.Н. Северцову

*дивергенции* групп, нередко также временная составляющая филогенеза. Такое дерево, отражающее одновременно степень родства и сходства, называется **филограммой** (рис. 13, *а*).

Если рассматриваются только кладистические отношения между *сестринскими группами*, не предполагающие указания ни времени возникновения групп, ни отношений «предок — потомок» (рис. 13, *б*; см. также 5.2.3), получаем **кладограмму**. Такое наиболее формализованное представление филогенетического дерева стало во второй половине XX в. своего рода символом *кладистической* школы систематики и филогенетики (см. 3.5.1). Если на кладограмме, подобно классическому дереву, указывают признаки, объединяющие членов данной монофилетической группы, тогда это **синапоморфограмма** (рис. 13, *в*; см. 5.5.3).

Следует сразу же обратить внимание на отличие филограммы и кладограммы от **фенограммы** (рис. 13, *г*). По её структуре можно судить только о сходстве, не интерпретированном филогенетически. Такого рода деревья нередко используются в генофилетике.

В анагенетике, не придающей особого значения принципу монофилии, филогенез интерпретируется как совокупность параллельных линий развития, поэтому формой его представления служит «*куст*» или «*травяное поле*». В нём отдельные филетические линии либо сходятся у самого основания, либо вовсе не сходятся (см. рис. 6). Яркий представитель этого направления филогенетики Л.С. Берг уподоблял развитие филетических линий пшеничному полю, в котором каждый стебель происходит от своего семени (Берг, 1977).

Особого упоминания заслуживает древовидная схема представления исторического развития, указывающая кладогенетическую и анагенетическую составляющие филогенеза. Это известная теоретическая схема А.Н. Северцова, показывающая изменение уровня организации животных по ходу их эволюции (рис. 14).

#### 4.2.1.1. Некоторые формализации

В количественных методах, используемых нумерической филетикой, понятие дерева отнюдь не метафорично. Оно входит в базовый понятийный аппарат этого подхода и имеет вполне операциональный смысл, с чем связана его значительная формализация. В настоящем разделе кратко рассмотрены связанные с этим базовые понятия и термины, отчасти заимствованные из *теории графов* (см. Березина, 1979).

В общем случае, **дерево** — это полностью связанный граф, элементами которого являются **вершины** и соединяющие их **рёбра**; в традиционной эволюционной терминологии последние чаще обозначаются как **ветви**. Вершины могут быть *висячими* или *внутренними*: первые занимают терминальное положение, вторые находятся «внутри» дерева. В кладистической литературе первые обычно называются просто *вершинами*, вторые — **узлами**.

Обозначения сравниваемых единиц (таксонов, модальностей признаков, ареалов) могут подставляться во все вершины или только в висячие. Единицы, занимающие вершинное положение, называются **терминальными группами**: они присутствуют на всех формальных представлениях филогенеза. Если ветви дерева завершаются идентичными терминальными группами, они при некоторых условиях могут объединяться в одну ветвь: получается **редуцированное дерево** (подробнее см. 13.2).

В филограмме узлы также имеют содержательную интерпретацию: они отождествляются с *предковыми группами*. В кладистическом анализе, не рассматривающем отношение «предок — потомок», все группы интерпретируются как терминальные, тогда как узлы содержательно не определены.

В зависимости от того, с чем отождествляются узлы дерева (см. 4.3.4. о *принципе подстановки*), оно служит формальным представлением гипотезы не только о кладо-, но и о семогенезе. Если это таксоны (группы организмов), имеем *дерево таксонов* — собственно кладограмму или филограмму. Если это модальности признаков, получаем **признаковое дерево** (трансформационную серию, морфоклину и т.п., см. 5.4.2). Связующим звеном между ними служит **таксон-признаковое дерево**:

в отличие от кладограммы, оно является аддитивным. Кроме того, в кладистической биогеографии используется **дерево ареалов**, получаемое при подстановке в узлах обозначений географических регионов (см. 13).

Для филогенетики ключевой характеристикой дерева является его **форма**. Она определяется *топологией* дерева и *длиной*, как общей, так и отдельных рёбер (ветвей).

**Топология** дерева задаётся *отношениями, устанавливаемыми между его вершинами и рёбрами*. В кладогенетике основная задача — анализ именно этой характеристики, прочие же являются в определённом смысле «вторичными».

Дерево может быть *ветвящимся* или *линейным*; последнее нередко обозначается как *цепь*. Филогенетическое и кладистическое представления дивергентной эволюции идентично: в обоих случаях ей соответствует ветвящееся дерево. Филетическая эволюция в классической филогенетике отображается неветвящейся цепью; в кладистике ей соответствует то же ветвящееся дерево (о причинах этого см. 4.1.2.2).

Если в каждом фрагменте дендрограммы для каждого узла число рёбер, обозначающих переход к следующему, более низкому уровню иерархии, одинаково (например, всегда равно двум), ветвящееся дерево *симметрично* (рис. 15, *а*). Если это не соблюдается, дерево *асимметрично* (рис. 15, *б*).

В зависимости от того, сколько рёбер отходит от узла на дереве, различают *дихотомические* (*бинарные*) и *политомические* узлы и деревья (рис. 15, *а–в*). Соотношение числа дихо- и политомических узлов на дереве характеризует его **разрешение**: оно тем выше, чем больше дихотомических узлов. Методы кладистического анализа в большинстве своём нацелены на поиск деревьев с максимально возможным разрешением.

Полезно различать *истинные* и *ложные* политомии. Первые соответствуют ситуации, когда один предок даёт начало нескольким потомкам, вторые — когда имеющихся данных недостаточно для выявления всех дихотомий (при допущении, что всякое филогенетическое событие есть бифуркация).

Для неориентированного строго бинарного дерева с $N$ числом терминальных групп число узлов равно $N - 2$, а число рёбер $2N - 3$. Общее число таких деревьев $T$, которые могут быть построены для $N$ терминальных групп, резко возрастает с увеличением числа последних: они связаны отношением $T_N = \mathbf{\Pi}(2N - 5)$ (Swofford et al., 1996).

Важной характеристикой топологии дерева являются *направления переходов* между вершинами, совокупность которых определяет **на-**

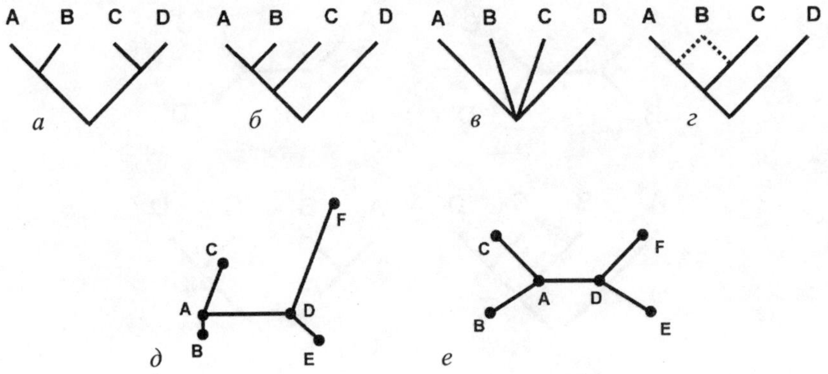


**Рис. 15.** Формализованные представления деревьев:
*а–г* — ориентированные деревья, *д–е* — неориентированные деревья. Варианты: *а*) дихотомическое симметричное дерево, *б*) дихотомическое асимметричное дерево, *в*) политомическое дерево, *г*) дерево с циклом, *д*) аддитивное дерево, *е*) неаддитивное дерево

**правленность** (ориентированность) дерева. Если они заданы, дерево называется **ориентированным** (*направленным*) (рис. 15, *а–г*), в противном случае оно **неориентированное** (*ненаправленное*; иногда ошибочно обозначается как *цепь*) (рис. 15, *д–е*). Ориентацию дерева задаёт *преимущественный узел*, от которого зависят направления переходов между прочими узлами: его обозначают как **основание** (*корень*). Дерево, для которого оно указано, также называют «*укоренённым*».

Неориентированное дерево с идентичным соотношением узлов и рёбер за счёт фиксации разных оснований может быть переведено в несколько топологически разных ориентированных деревьев (рис. 16). В результате число возможных филогенетических деревьев для $N$ терминальных групп увеличивается в ($2N - 3$) раз (Swofford et al., 1996).

В терминах процесса направленность отражает последовательность филогенетических событий, которой соответствует *последовательность узлов* (точек ветвления) дерева. В терминах паттерна ориентированное дерево устанавливает *включающую иерархию* на совокупности терминальных групп: поэтому такое дерево нередко называют *иерархическим*. При этом каждый узел дерева обозначает переход от одного уровня иерархии к другому, так что высший уровень иерархии задаётся основанием дерева, а терминальные группы соответствуют низшему уровню.

Ориентированность признакового дерева указывает направление семогенеза и обозначается как **полярность** признака (см. 5.4.2).

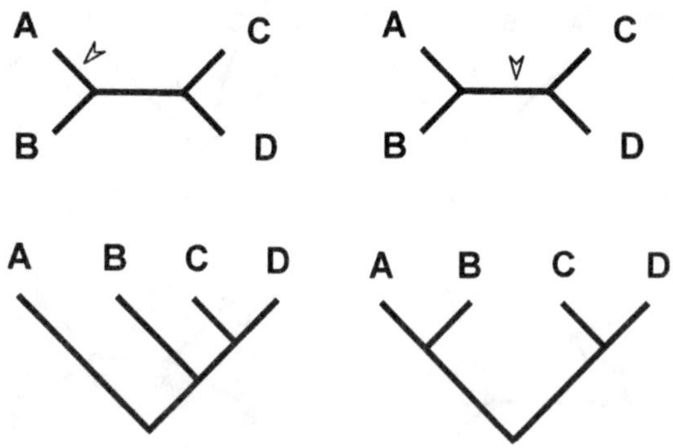


**Рис. 16.** Перевод неориентированного дерева в ориентированное в зависимости от положения его основания (указано стрелкой)

**Длина** дерева отражает некую совокупную *дистанцию* (о ней см. 9.2) между его узлами. Она может иметь разную содержательную интерпретацию: совокупность различий по всем признакам, время дивергенции и т.д. *Общая длина* дерева складывается из сумм длин всех его рёбер. Многие алгоритмы нумерической филетики нацелены на минимизацию длины дерева в целом или отдельных его ветвей.

Дерево, для которого указана длина рёбер, называется **аддитивным**, или *метрическим* (рис. 15, *д*); в противоположном случае оно **неаддитивное** (*неметрическое*) (рис. 15, *е*). Филограмма — частный вариант аддитивного дерева, кладограмма относится ко второй группе деревьев, поскольку для неё топология — единственная существенная характеристика. С более формальной точки зрения, аддитивные деревья основаны на *метрике четырёхугольника* (четырёхточечная метрика), неаддитивное деревья — на стандартной *метрике треугольника* (трёхточечная метрика) (см. 9.2).

При содержательной интерпретации аддитивного дерева длина рёбер прямо пропорциональна *близости* сравниваемых групп в *фенетическом* или *фазовом пространстве* (о них см. 4.2.4) и отражает степень их сходства и/или родства. При прочих равных, чем более сходны (родственны) группы, тем короче связывающее их ребро. Поскольку сходство между группами по каждой модальности одного признака *единично* (см. 5.5.2), то *длина ребра соответствует количеству признаков*, по которым сходны или различны связанные этим ребром группы. Их длина может интерпретироваться как мера либо *времени*, либо *числа филогенетических событий* («количество эволюции»), разделяющих соответствующие группы (вершины дерева).

Рёбрам дерева, кроме длины, могут быть также приписаны *вероятности перехода* от одних узлов к другим, отличные от 0 и 1: такое дерево называется **вероятностным** (*взвешенным*). Эта характеристика означает неопределённость суждений о соответствующем фрагменте филогенеза или семогенеза. Вероятностное дерево может содержать *циклы*: на кладо- или филограмме таким образом нередко показывают невыясненные родственные связи тех или иных групп организмов (рис. 15, *г*). В нумерической филетике вероятностную интерпретацию чаще всего получают признаковые деревья (см. 5.4.2).

Вероятности могут приписываться также внутренним вершинам дерева. В данном случае они соответствуют доверительному интервалу и обозначают *надёжность суждения о монофилии группы*, в основании которой лежит данная вершина. Такую оценку позволяют давать некоторые методы нумерической филетики (см. 9.4.6).

В кладистическом анализе важным является *обобщённое дерево* (см. 9.4.5). Оно представляет собой такое объединение нескольких исходных деревьев, в котором сохранены только *группы, представленные на всех или на большинстве исходных* (в зависимости от алгоритма). Такое дерево, как и вероятностное, позволяет судить о надёжности выявления кладогенетического паттерна.

### 4.2.2. Спираль развития

Метафора **спирали развития** вошла в естественнонаучный обиход из диалектического направления в философии. Там она используется для иллюстрации общей закономерности развития всякой сложной системы, описываемой законом *отрицания отрицания*. Сразу следует отметить, что эта метафора названа не совсем правильно: спираль является двумерной структурой, сходящейся от периферии к центру

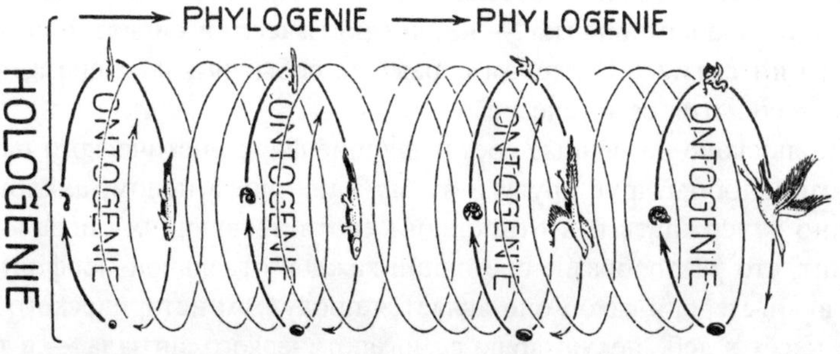


**Рис. 17.** Спираль филогенетического развития, иллюстрирующая представления о филогенезе как цепочке онтогенезов, по В. Циммерманну

(или наоборот). В рассматриваемом случае речь должна идти скорее о *соленоиде* — трёхмерной спиралевидной конструкции.

Графическое представление филогенеза как спирали (соленоида) развития иногда используется в подходах, трактующих его в качестве цепочки онтогенезов (рис. 17). В данном случае каждый виток соленоида отражает индивидуальное развитие (онтогенез), каждый шаг соленоида (переход от одного витка к другому) соответствует элементарному акту филогенеза. Их совместное рассмотрение даёт концепцию *гологенеза* (В. Циммерманн) — глобального потока развития организмов, объединяющего его индивидуальную и историческую компоненты. Как видно, эта метафора более всего соответствует *организмоцентрической* трактовке филогенеза (о ней см. 1).

### 4.2.3. Филогенетический сигнал

Разнообразие организмов есть совокупное следствие как минимум двух основных категорий причин — действующих и начальных (см. 2.2.5). Первые трактуются как результат приспособления организмов к существующим условиям среды, причины второй категории включают в себя отношение по происхождению. Кроме того, возможно влияние случайных причин

Как показано в разделе 4.1.3, совокупность только что названных отношений вычленяет в общей структуре биологического разнообразия *филогенетический паттерн*. Его собственная структура отражает последовательность событий в порождающем этот паттерн процессе филогенеза. Это значит, что названный паттерн несёт в своей структуре *определённую информацию о процессе филогенеза*: её принято обозначать как **филогенетический сигнал** (Hillis, 1987).

Разделение филогенетического паттерна на кладо- и семогенетическую составляющие позволяет и филогенетический сигнал «разложить» на две компоненты — **кладогенетический сигнал** и **семогенетический сигнал**. В первом отражены события кладогенеза, во втором — события семогенезов.

Коль скоро названные составляющие филогенетического паттерна взаимоподобны друг другу и этому паттерну в целом, аналогичное можно утверждать и в отношении соответствующих сигналов. Это значит, что разнообразие состояний каждой отдельной морфоструктуры, в той мере, в какой оно является продуктом исторического развития, несёт в себе некую долю семогенетического сигнала — а тем самым и кладогенетического сигнала, и филогенетического сигнала в целом.

Используя эту метафору, задачу филогенетики можно определить как *выявление филогенетического сигнала в структуре биологического разнообразия*. Соответственно, задача кладогенетики состоит в *выявлении кладогенетического сигнала*. По определению, он отражён в структуре кладистических отношений.

В конкретных исследованиях о родстве судят по сходству на основе анализа признаков. Эти последние интерпретируются как гипотезы о семогенезах (см. 5.4.2), события которых отражены в семогенетическом сигнале. Следовательно, только что названную задачу можно определить как *перевод* семогенетического сигнала в кладогенетический.

С точки зрения кладогенетики неполный изоморфизм кладо- и семогенезов (см. 4.1.2.2) означает, что в филогенетическом сигнале присутствует *шум*, препятствующий однозначному переводу одной формы сигнала в другую. Он вызван действием причин, не сводимых к начальным. Развивая далее эту метафору, можно считать, что неполный изоморфизм между семогенезами означает наличие своего рода «*эха*» в филогенетическом сигнале: так можно обозначить несовпадение сигналов о кладогенезе, содержащихся в разных семогенезах.

Всё это означает невозможность полного «перевода» семогенетического сигнала в кладогенетический: эта операция всегда сопровождается частичной потерей информации. Это и означает подчёркнутую выше (см. 4.1.2.2.) невозможность однозначного суждения о родстве по сходству: решение всегда является приближённым.

О некоторых характеристиках филогенетического сигнала см. также в следующем разделе.

### 4.2.4. Эволюционный конус

В основу этой метафоры положена *квази-детерминистическая модель* биологической эволюции как частного случая развития неравновесных макросистем: она кратко охарактеризована в разделе 4.1.1. Формой представления этой метафоры служит всё та же древовидная структура, однако она имеет несколько иной смысл, нежели филогенетическое дерево. В данном случае каждая точка ветвления «дерева» соответствует *потенциальному или реализованному филогенетическому событию*, расходящиеся от него линии — *потенциальным или реализованным траекториям филогенетического развития*.

Вращение всей этой ветвящейся структуры вдоль её продольной оси даёт **эволюционный конус** (рис. 18). Он очерчивает некое абстрактное *фазовое пространство точек, соответствующих возможным состояниям эволюирующей системы* (см. также 9.2). В этом простран-

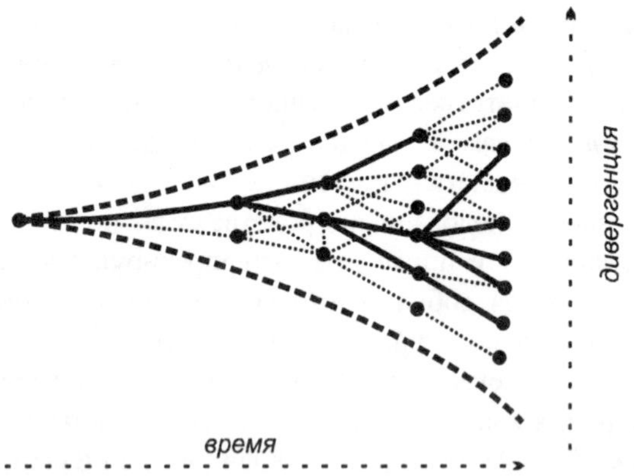


**Рис. 18.** Схема, иллюстрирующая метафору эволюционного конуса

стве происходит *последовательная диверсификация этой системы по траекториям*, расходящимся от некоторого начального состояния. Одни преобразования могут быть разрешены, другие запрещены по тем или иным причинам. *Совокупность реализованных траекторий в границах этого конуса даёт филогенетическое дерево.*

Каждой потенциальной траектории развития может быть приписана вероятность её реализации. Она всегда меньше единицы, поскольку в точках ветвления существует некоторая неопределённость выбора траектории. Суммированные вероятности, соответствующие «одномоментному срезу» эволюционного конуса, определяют *плотность* филогенетического сигнала. По мере удаления от начального состояния эти неопределённости накапливаются, что означает *падение плотности* (затухание) филогенетического сигнала.

Рассматриваемая метафора имеет «*прямое*» и «*обратное*» прочтение: первое обращено в будущее, второе — в прошлое эволюирующей системы. Коль скоро филогенетика занята не предсказанием будущего (предикцией), а реконструкцией прошлого (ретродикцией), для неё обратное прочтение актуальнее прямого.

При таком прочтении имеется в виду «*потенциальное прошлое*» эволюирующей структуры, что означает следующее. Для каждого фиксированного на данный момент реализованного состояния структуры можно указать спектр её возможных предшествующих состояний, из которых она *могла бы быть получена*. Очевидно, этот спектр расширяется по мере углубления в прошлое, что можно интерпретировать как постепенное «*забвение*» *структурой своих реализованных предшествующих состояний.*

Обратное прочтение метафоры эволюционного конуса имеет отношение к общему пониманию надёжности филогенетических реконструкций. Каждая из таких реконструкций означает прослеживание прошлой истории развивающейся структуры — выяснение того, *какие из потенциально возможных траекторий были воплощены в единственную реализованную*. Очевидно, вероятность правильного выбора «обратной траектории» для каждого реконструируемого события меньше единицы, в результате чего *по мере углубления в прошлое определённость суждений о каждом данном этапе филогенеза снижается*.

Рассматриваемая метафора в её «обратном» прочтении служит основанием для формулирования одного из *принципов неопределённости* в филогенетике (см 4.3.2).

## 4.3. ЧАСТНЫЕ ПРИНЦИПЫ ФИЛОГЕНЕТИКИ

В отличие от принципов общего значения (см. 2.2), которые имеют общенаучный смысл, частные принципы специфичны для отдельных дисциплин. Они являются не столько нормативными, сколько *эвристическими* — указывают на оптимальные способы решения поставленной задачи. Поэтому, рассматривая логическую организацию филогенетики как некий аналог аксиоматической системы (см. 4), частные принципы можно уподобить *правилам вывода* в этой системе.

Такого рода принципы, по сути, являются частными способами прочтения того или иного из общих принципов, рассмотренных в разделе 2.2. Так, принцип филогенетического соответствия основан на принципе моделирования, принцип филогенетического единства представляет собой филогенетически корректное уточнение принципа общей причины.

В свою очередь, сами частные принципы также могут быть разной степени значимости или общности, формируя своего рода иерархии. Так, принцип филогенетического единства является общим для всей филогенетики, но в зависимости от того, в каком контексте он рассматривается (с точки зрения сходства или родства), его конкретные формулировки будут разными.

Кроме того, для их трактовки имеет значение и разное понимание предмета и задач филогенетики. Тот же принцип филогенетического единства в разных её школах имеет специфическую трактовку в зависимости от того, как это единство понимается.

Вообще говоря, набор частных принципов является «открытым». В него входят по сути все те правила, которые так или иначе регламентируют процедуру филогенетических реконструкций, начиная с формирования базовой эволюционной модели и кончая анализом признаков, сходственных и родственных отношений, их исторической интерпретации. Так, рассмотренное выше разделение филогенетического процесса и филогенетического паттерна можно обозначить соответствующим принципом, вложив в него обоснование такого разделения. Очевидно, число таких принципов можно множить и множить, обозначая каждое действие отдельным более или менее частным принципом.

В настоящей главе кратко изложены те принципы, которые имеют наибольшее значение для всей филогенетики. «Рабочие» принципы более частного порядка, актуальные для решения конкретных задач, таких как анализ признаков и сходства, организация выборки и т.п., изложены в соответствующих разделах книги.

### 4.3.1. Принципы соответствия

Эта группа принципов весьма многообразна по широте применения. Сюда относятся, например, боровский принцип соответствия научных теорий, общезначимый для эмпирических наук принцип соответствия теорий (гипотез) и результатов наблюдений и т.д. Выше (см. 2.1.1) было подчёркнуто одно из ключевых для филогенетики как естественнонаучной дисциплины *взаимное соответствие базовых онтологических и гносеологических установок*.

Для филогенетики особое значение имеет следующее частное прочтение последнего принципа, обозначаемое как **принцип филогенетического соответствия**: он ставит *результат филогенетических реконструкций в соответствие исходной эволюционной модели*. Этот принцип является важной частью сравнительно-исторического метода (см. 7.2), тесно связан с *принципом моделирования* (см. 2.2.4). Он базируется на явно принимаемом допущении о том, что существующее разнообразие организмов является результатом филогенетического развития. Это допущение вводится как аксиома (или, возможно, «символ веры»), а не презумпция, т.е. не нуждается в дополнительном обосновании всякий раз, когда исследователь приступает к реконструкции конкретного филогенеза.

Названный принцип реализован следующей схемой (рис. 19).

Сначала задается базовая *эволюционная модель*, в которой определено в общих чертах, как процесс диверсификации порождает структуру филогенетического паттерна, для которого ключевым организующим параметром является родство (см. 4.1.3). Данная модель устанавливает *соответствие «первого уровня»* — между процессом филоге-

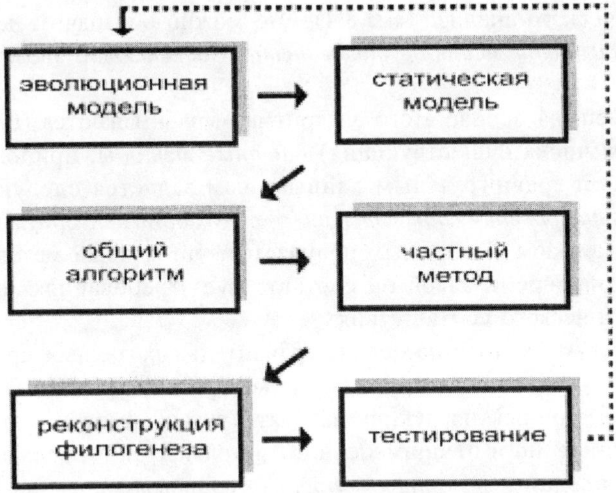


**Рис. 19.** Логическая блок-схема, иллюстрирующая принцип филогенетического соответствия (см. текст)

неза и таким аспектом структуры биологического разнообразия, в котором наиболее полно присутствует филогенетический сигнал. Формализацией данного соответствия служит *принцип филогенетического единства* (см. 4.3.3). Если филогенез сводится к кладогенетической составляющей, на этом уровне устанавливается соответствие между кладогенезом и структурой кладистических отношений.

На основе этого соответствия разрабатывается базовая *статическая модель*, в которой с учётом заданных параметров эволюционного процесса определены параметры самого филогенетического паттерна — такие, как его иерархичность. В этой модели устанавливается *соответствие «второго уровня»*: задаётся определенное соотношение между родством и сходством, интерпретируемое в терминах принятой эволюционной модели. В кладогенетике таково соотношение между голофилией и синапоморфией, формулируемое *принципом синапоморфии* (см. 4.3.3.2).

Далее, исходя из параметров статической модели разрабатывается *общий алгоритм* сравнительного анализа, в который включены правила выбора значимых признаков, оценки сходства как мерила родства и т.п. Очевидно, этим устанавливается *«третий уровень» соответствия* — между базовой статической моделью и алгоритмом филогенетических реконструкций. В частности, со ссылкой на принцип синапоморфии разрабатываются *прямая* и *непрямая* схемы кладистического анализа (см. 8.4). Это можно обозначить как принцип *зависимости методов филогенетики от базовой эволюционной модели*.

Наконец, на основе этого алгоритма вырабатываются (или выбираются из числа существующих) *частные методы*, приложимые к конкретным сравнительным данным, чем задаётся следующий — *«четвёртый уровень» соответствия* между общим алгоритмом и конкретным методом. Тем самым получается, что каждый метод состоятелен в той мере, в какой он соответствует требованиям принципа филогенетического соответствия.

Средствами метода на основе сравнительных данных проводится филогенетическая реконструкция для конкретной группы. Очевидно, результаты этой реконструкции находятся в зависимости не только от самих данных, но и от применённого метода. Этой зависимостью задаётся последний — *«пятый уровень» соответствия*, на этот раз между методом и результатом.

Полученная гипотеза о частном филогенезе затем подлежит тестированию. Последнее может включать также проверку *соответствия утверждений этой гипотезы исходной эволюционной модели*. Такая проверка, в частности, заложена в продвинутые версии методов *наибольшего правдоподобия* (см. 9.4.4). При обнаружении несоответствия исследователь переходит к следующему витку итеративной процедуры филогенетической реконструкции, в ходе которого уточняются соответствия, задающие предыдущие шаги итерации. Например, могло быть неверно определено соотношение между сходством и родством, применённый метод не вполне корректен и т.п.

Как видно, главное назначение принципа соответствия — служить основанием для *биологической* оценки состоятельности конкретных методов филогенетических реконструкций. При невозможности обосновывать её сравнением получаемых результатов с истинным филогенезом именно приведённая выше цепочка рассуждений делает *выбор метода осмысленным в рамках той или иной эволюционной модели*.

Кроме этого принципа, выполняющего в филогенетике важную функцию одной из эвристик, можно упомянуть более конкретные правила, обеспечивающие корректность проводимой реконструкции. Среди них, например, — соответствие количественной меры сходства алгоритму кластеризации: его невыполнение может давать *смещённую* оценку структуры родственных отношений при её представлении в форме дендрограммы (см. 9.2).

### 4.3.2. Принципы неопределённости

Всякое естественнонаучное знание содержит в себе неустранимый элемент неопределённости, означающий принципиальную невозможность исчерпывающего (полного и точного) описания объекта исследования. В филогенетике это означает невозможность исчерпывающей реконструкции филогенеза и любой из его составляющих (см. 2.2.1. о принципе познаваемости).

Источники неопределённости могут быть объективными и субъективными. Они описываются некоторым набором принципов, которые могут быть как общими, так и специфичными для разных естественнонаучных дисциплин.

К числу общих принадлежит **соотношение неопределённостей**, которое означает, что *для двух характеристик исследуемого объекта, находящихся в отношении дополнительности* (т.е. несводимых одна к другой или к третьей характеристике) *невозможно их одновременное описание со сколь угодно высокой точностью*. Впервые этот принцип был сформулирован для физики микромира физиком-теоретиком В. Гейзенбергом, который показал невозможность однозначной фиксации импульса (динамический аспект) и координат (статический аспект) микрочастицы.

Для филогенетики названный принцип актуален по той причине, что филогенез описывается парой взаимно дополнительных характеристик, имеющих отношение к кладогенезу и семогенезу. В данном случае рассматриваемый принцип означает *невозможность одновременного полного описания кладо- и семогенезов*. Его аналогом в систематике является *неполное таксон-признаковое соответствие*; в типологии Мейена—Любарского оно обозначено как *мероно-таксономическое несоответствие* (принцип Урманцева, по С.В. Мейену).

Это соотношение неопределённостей имеет важное методологическое значение: как и принцип соответствия, он обязывает к итеративной процедуре исследования филогенеза и филогенетического паттерна, но по другим основаниям. В данном случае на каждом шаге итерации описывается лишь какой-то один член данной пары: либо кладо-, либо семогенез. Завершив (с некоторой возможной точностью) это описание, аналитик переходит к следующему шагу итерации, на котором результаты, полученные на предшествующем шаге, принимаются за фиксированную данность, и исследуются характеристики другого члена этой пары.

Например, в кладогенетической реконструкции сначала определяется объект исследования — группа организмов (клада) и её свойства (признаки, соответствующие семогенезам). Проводится анализ признаков, в ходе которого предварительно устанавливаются их гомологии, полярности и т.д. (семогенетический аспект). Затем анализируется сходство членов группы, на основе чего устанавливается их родство (кладогенетический аспект). В контексте полученного представления о кладогенетическом паттерне могут быть уточнены характеристики по крайней мере некоторых признаков (семогенетический аспект), что послужит основой для уточнения родства (кладогенетический аспект) — и т.д. На каждом шаге итерации решается одна из двух задач снижения неопределённости суждений — либо о монофилии, либо о семогенезах. Одновременное их решение запрещено принципом соотношения неопределённостей.

Ещё один важный аспект неопределённости, существующий между кладо- и семогенезами, — их *нестрогое взаимоподобие* (см. 4.1.2.2, 4.1.3). Оно влечёт за собой неустранимую **неопределённость в суждениях о родстве по сходству**. Это значит, что лишь часть структуры сходственных отношений несёт кладогенетический сигнал: по определению, таково *гомогенетическое сходство* (см. 5.5). Другая часть этой структуры несёт «кладогенетический шум» и препятствует реконструкции кладогенеза (см. 4.2.3).

Существенные ограничения на возможности филогенетических реконструкций накладывает **историческая неопределённость**. Она имеет две составляющие — онтологическую (точнее, фактологическую) и эпистемологическую. Обе означают одно и то же: *чем более отдалённые фрагменты филогенеза рассматриваются, тем менее надёжны гипотезы о них.*

Первая из названных составляющих связывает историческую неопределённость главным образом с *невосполнимой утратой источников информации о прошлых событиях*. Причина в том, что информация о прошлом не существует вне структур, называемых *темпофиксаторами* (см. 2.1.5). Очевидно, если какая-то морфоструктура-темпофиксатор не сохраняется, вместе с ней не сохраняются и «записанные» в ней сведения о предковой организации, по которой судят о родстве. Сказанное верно как для палеонтологических, так и для онтогенетических данных (см. 6.1.3, 6.1.2).

Действительно, при фоссилизации остатков вымерших организмов какие-то из них сохраняются в большей, какие-то — в меньшей степени. Последних с течением времени становится всё больше (в силу действия второго закона термодинамики), поэтому чем дальше во времени удалены события, тем больше утрачивается информации.

В случае индивидуального развития механизмы морфогенеза могут менять ход онтогенеза таким образом, что он перестаёт быть «кратким и быстрым повторением филогенеза» (принцип рекапитуляции Геккеля). Это описывается разработанной А.Н. Северцовым концепцией *филэмбриогенезов*. Поэтому онтогенетический критерий (см. 5.4.2) не может считаться достаточно надёжным для определения предковых состояний при реконструкции базальной радиации группы достаточно высокого ранга — класса, типа.

Эпистемологическая составляющая принципа исторической неопределённости связана с *метафорой эволюционного конуса* (см. 4.2.4). Она означает, что в реконструированной последовательности филогенетических событий надёжность (определённость) суждений о них снижается по мере удаления во времени от «наблюдателя»-исследователя.

Такого рода неопределённости необходимо принимать в расчёт при установлении родственных отношений между *современными* организмами, расхождение которых относится к базальной радиации, скажем, эвкариот. Очевидно, что коль скоро соответствующие филогенетические события и современность разделены весьма существенной временной дистанцией (не менее миллиарда лет), суждения об их последовательностях мало надёжны.

Для снятия этих неопределённостей необходим поиск тех структур-*темпофиксаторов*, на которых вышеназванная корреляция сказывается в наименьшей степени. Если иметь в виду базальную радиацию мира живых организмов, восстанавливаемую на основании сравнения современных форм, то таковы структуры, связанные с хранением, считыванием и передачей генетической информации: их «архетипические» черты едины для эвкариот, а некоторые — для них и многих прокариот.

В той мере, в какой современная филогенетика опирается на методологию кладистического анализа, для неё актуальна **кладистическая неопределённость** (Павлинов, 1990). Она следует из общего свойства иерархии синапоморфии: их доля в общем сходстве снижается от низших к высшим уровням этой иерархии (см. 5.5.3). По принятому в кладистике условию, надёжность суждения о монофилии каждой данной группы обосновывается количеством датирующих её синапоморфий (см. 4.3.3.2). Следовательно, *чем выше уровень кладогенетического паттерна, тем менее определённы суждения о его структуре*. Это в общем согласуется с утверждениями предыдущего принципа: в данном случае он получает дополнительное обоснование.

Средством уменьшения кладистической неопределённости служит повышение уровня иерархии при анализе базальной радиации той или иной группы. Например, для того, чтобы выявить кладистические отношения на уровне базальной радиации млекопитающих, они должны рассматриваться в контексте кладистической гипотезы для всех тероморф.

Из последнего видно, что на уровне базальной радиации мира живых организмов генеалогические отношения установить всё-таки едва ли возможно (см. также 5.2.1). Во всяком случае, эта задача — а с нею и вопрос о единстве происхождения жизни — не имеет конструктивного решения с помощью средств, разрабатываемых современной филогенетикой.

Особый источник неопределённости — проблема *NP*-полноты (см. 2.1.1). Она означает приближённый характер филогенетических реконструкций, основанных на сложных эволюционных моделях. Очевидно, таких приближённых реконструкций может быть несколько, и каждая из них будет отвечать наперёд заданному критерию оптимальности (см. 9.3). Эта неопределённость не снимается, а скорее «фиксируется» построением *обобщённых деревьев*, которые служат формой представления итоговых гипотез (см. 9.4.5).

Важный источник неопределённостей в суждениях о филогенезе — *неполная формализуемость понятий и терминов филогенетики*. Как отмечено во введении к соответствующей главе (см. 5), в силу обратного соотношения между строгостью и содержательностью понятий всегда существует некоторый «зазор» между разными частными толкованиями общего понятия, относящегося к одному и тому же явлению. При их «наложении» друг на друга на общем понятийном поле появляется некоторая «размытость». Она означает невозможность однозначного суждения о том, каковы характеристики того параметра базовой модели, который обозначен данным понятием.

Неопределённость суждений о филогенезе означает, что ни одна из гипотез о нём не может быть «абсолютно истинной»: в общем случае это утверждает *принцип фаллибилизма* (см. 2.1.3). Признание данного обстоятельства имеет весьма важное значение для разработки методологии филогенетических реконструкций: оно обязывает не противопоставлять, а каким-то образом «увязывать» разные реконструкции, выявляя в них согласованные указания на одни и те же события в филогенезе.

Действительно, как каждый признак несёт в себе некоторый филогенетический сигнал, так и всякая основанная на нём филогенетическая гипотеза несёт некоторую — но никогда не полную — информацию о филогенезе. Поэтому гипотезы, разработанные на основании анализа разных признаков, следует считать не взаимоисключающими, а дополняющими (по крайней мере в некоторых утверждениях) друг друга. Эта идея служит методологическим обоснованием разработки супердеревьев (см. 9.4.5).

### 4.3.3. Принцип филогенетического единства

Филогенез в классическом широком понимании — это и процесс исторического развития групп организмов, и порождаемая им структура разнообразия этих групп. На этом основании можно ввести общий параметр, который позволяет охарактеризовать группы и служит основой для разработки операциональных критериев их распознавания.

Таким параметром является **филогенетическое единство** группы организмов, порождаемой филогенезом: такая группа в общем случае обозначается как *филогенетическая* (см. 5.2.3). Это единство может быть определено через *единство происхождения, общность свойств и общность тенденций исторического развития членов группы*. Первые две компоненты относятся к филогенетическому паттерну: из них единство происхождения — это *родство* (см. 5.2), общность свойств — это *сходство* (см. 5.5); последняя компонента относится к филогенетическому процессу.

На этом основании можно сформулировать руководящий для филогенетики **принцип филогенетического единства**: *основным средством (и одной из основных целей) анализа филогенеза является выявление групп организмов, характеризуемых филогенетическим единством*. Как отмечено в разделе 2.2.5, данный принцип является актуальной для филогенетики экспликацией принципа общей причины.

Придавая единству количественный смысл, его можно трактовать как *филогенетическую близость*. О значении уточнения см. в разделе 9.2.

Гипотеза о филогенезе разрабатывается как историческая интерпретация результатов анализа структуры разнообразия организмов. Основная задача этого анализа — выявить тот аспект названной структуры, в котором наиболее полно присутствует *филогенетический сигнал* (см. 4.2.3). Согласно базовой эволюционной модели, принятой в кладогенетике (см. 5.1), таковым является филогенетический паттерн, «организующими началами» которого является родство и филогенетически интерпретированное сходство.

Это значит, что в кладогенетике частными толкованиями принципа филогенетического единства, в свою очередь, могут считаться принципы *монофилии* и *унаследованного сходства*. Первый трактует рассматриваемый принцип в терминах родства, второй — в терминах сходства: они обсуждаются в следующих разделах.

Существенно по-иному филогенетическое единство понимается в анагенетике, где к числу основных показателей отнесено *единство уровня организации*, характеризующее определённую *граду*. Здесь оно не рассматривается как выходящее за рамки кладогенетического направления.

#### 4.3.3.1. Принцип монофилии

Как только что было отмечено, в данном случае речь идёт о трактовке принципа филогенетического единства в терминах *родства*. Это понятие подробно рассмотрено в соответствующем разделе (см. 5.2), из которого видно, что частные определения родства достаточно разнообразны, зависят от понимания существенных свойств процесса филогенеза.

Для филогенетики актуально определение родства прежде всего как *отношения по происхождению*: *группа филогенетически едина, если её члены являются потомками одного предка*; такая группа называется *монофилетической*. На этом основании можно сформулировать следующий **принцип монофилии**: *для того, чтобы показать филогенетическое единство группы организмов, необходимо и достаточно показать, что она монофилетична*. Согласно этому принципу, филогенетический анализ сводится к *выявлению иерархии монофилетических групп*.

В классической филогенетике и тяготеющей к ней филистике важным аспектом филогенетического единства группы считается также *единство эволюционной тенденции*, сохраняемое её членами и проявляющееся в высокой частоте параллелизмов (см. 3.4). Оставаясь в рамках классического подхода, этот аспект единства можно отразить в виде одноимённого принципа. В кладогенетике, не рассматривающей семогенетическую составляющую эволюции при суждении о филогенетическом единстве, он избыточен: *единство тенденции — в конечном итоге одно из следствий единства происхождения*.

При редукции филогенеза до кладогенеза родство сводится к кладистическим отношениям, а структура филогенетического паттерна — к *иерархии голофилетических групп* (см. 4.1.3). Последние определяются на основании «узкого» понимания монофилии; на операциональном уровне им соответствуют *сестринские* группы (см. 5.2.3). Таким образом, в кладогенетике (в её современном толковании) принцип монофилии принимается в редуцированной форме — как **принцип сестринских групп**. Он утверждает: *для того, чтобы показать филогенетическое единство группы, необходимо и достаточно показать, что она является сестринской относительно некоторой другой* (корректно заданной) *группы*. Переводя этот принцип в операциональную форму, можно дать ему следующую формулировку: *для разработки гипотезы о кладогенезе исследуемой группы организмов необходимым и достаточным условием является построение иерархии сестринских групп, выделяемых в её составе*.

Вторая из формулировок принципа сестринских групп является руководящей для кладистического анализа. Она позволяет свести его проблематику к единственному вопросу: *каковы средства выявления полной иерархии сестринских групп* в составе исследуемой группы? Тем самым этот принцип задаёт основания для всех процедур сравнительного анализа, используемых в кладистике, в том числе правила взвешивания признаков и сходств (см. 5.6). В известном смысле сам этот принцип является одним из основополагающих правил кладогенетики, из которого выводятся прочие.

Принцип сестринских групп исходно разрабатывался как средство построения таксономической системы, т.е. как классификационный (Hennig, 1966; Wiley, 1981). Поэтому одним из ключевых свойств этих групп была заявлена их *эквивалентность*, означающая равенство рангов таксонов, соответствующих этим группам (см. 12). В филогенетике кладистического толка это свойство не менее актуально: в данном случае эквивалентность кладистических групп означает *невозможность приписать им какие-либо дополнительные характеристики,* которые отражали бы их качественную специфику, — общность тенденций, степень обособленности, уровень продвинутости и т.п.

Это накладывает существенные ограничения на возможности кладистического анализа, основанного на принципе сестринских групп: он эффективен лишь в случаях, соответствующих строго дивергентной модели эволюции. Вне границ его применения оказываются любые проявления «горизонтальных» связей между группами, будь то параллелизмы или ретикулярная эволюция: с точки зрения кладистики они дают «филогенетический шум» (см. 4.2.3). Для выявления такого рода связей принцип сестринских групп должен быть дополнен другими принципами сравнительного анализа. Их совместное применение позволяет косвенным образом оценить соотношение кладогенетического сигнала и иных причин исследуемого разнообразия, не сводимых к дивергентной эволюции (см. 11.2).

Кроме того, названный принцип не позволяет явным образом исследовать филетическую эволюцию. Причина в том, что последовательность событий, укладывающихся в единую цепочку, не может быть реконструирована без учёта отношения «предок — потомок». Поэтому при проведении кладистического анализа, в котором это отношение не рассматривается, такой последовательности будет соответствовать иерархия сестринских групп, отображённая ветвящейся кладограммой. Лишь дополнение результатов кладистической реконструкции анализом семогенезов позволяет косвенным образом решить эту проблему (см. 10).

Наконец, с его помощью не удаётся распознать ситуации, когда одна и та же предковая группа в разное время или в разных регионах порождает разных потомков. Причина очевидна: в базовой эволюционной модели кладогенетики всё сводится к последовательностям кладистических событий, явная ссылка на пространственно-временные условия филогенеза отсутствует. Поэтому *все такие потомки одного предка по определению будут считаться сестринскими группами*: подобной структуре кладистических отношений будет соответствовать политомический узел кладограммы. Это ограничение, заложенное в принцип сестринских групп, в терминах сходства воспроизводится *принципом синапоморфии*; его необходимо учитывать при разработке *принципа дихотомии* (см. следующие разделы).

#### 4.3.3.2. Принцип унаследованного сходства

Как подчёркнуто в разделе 5.2, родство ненаблюдаемо: о нём судят по сходству. Если родство понимать как происхождение от общего предка, то, очевидно, о родстве может свидетельствовать только такое сходство, которое унаследовано от этого предка.

На этом основании принцип филогенетического единства, интерпретированный в терминах сходства, обращается в **принцип унаследованного сходства**. Он утверждает: *для того, чтобы показать филогенетическое единство группы организмов, необходимо и достаточно показать, что их сходство по гомологичным структурам* (= гомологичное сходство) *является унаследованным* (о последнем см. 5.5.2).

Прямых свидетельств того, является ли сходство унаследованным или приобретённым, в филогенетике нет и быть не может. Эта дилемма решается с помощью одного из ключевых допущений, которое входит в начальные условия филогенетической реконструкции и обосновывается принципами экономии и общей причины (см. 2.2.3, 2.2.5). Оно гласит, что, в отсутствие свидетельств противного, *любое сходство членов филогенетической группы должно считаться унаследованным от их общего предка*: такова ключевая «*презумпция познаваемости*» А.П. Расницына (2002); впрочем, её лучше называть **презумпцией унаследованного сходства**. Это решение, очевидно, более «экономно», нежели предположение, что все сходные свойства организмов приобретены независимо.

Придавая этой презумпции некий «количественный» смысл, следует ввести ещё одно принципиально важное допущение: *чем более родственны организмы, тем более они сходны*. Оно достаточно очевидно и вряд ли нуждается в дополнительном обосновании. Необходимость в нём связана с требованиями полноты содержательно интерпретированной аксиоматики современной филогенетики, в которой все частные утверждения должны выводиться из неких базовых допущений (аксиом, презумпций). Только что названная презумпция как раз и является таким допущением: она задаёт содержательные основания для применения количественных методов «измерения» сходства как меры родства в нумерической филетике (см. 9.2).

Согласно логике сравнительно-исторического метода, лежащего в основе филогенетических реконструкций (см. 7.3), для организмов, положение которых на всеобщем «Дереве жизни» совершенно неизвестно, первоначально речь действительно идёт о *любом* сходстве, без различения аналогичных и гомологичных структур. На этом основании сугубо предварительно устанавливаются их возможные родственные связи. После этого с помощью типологических экстраполяций проводится предварительная гомологизация и в качестве унаследованного рассматривается только *гомологичное* сходство (см. 5.5.2).

В зависимости от того, как понимается монофилия, о которой должно свидетельствовать это сходство, — «*широкая*» или «*узкая*» (см. 5.2.3), разным категориям гомологии придаётся разный смысл. В первом случае свидетельствами единства происхождения считается общность *любых* гомологичных свойств, унаследованных как от *ближайшего* (гомогении), так и *отдалённого* предка или приобретённые в результате *параллельной эволюции* (гомоплазии). Такова позиция классической филогенетики и филистики. Во втором случае исходят из того, что монофилию имеет смысл определять только через унаследование от *ближайшего* предка, поэтому из категорий гомологичного сходства во внимание принимается только гомогения.

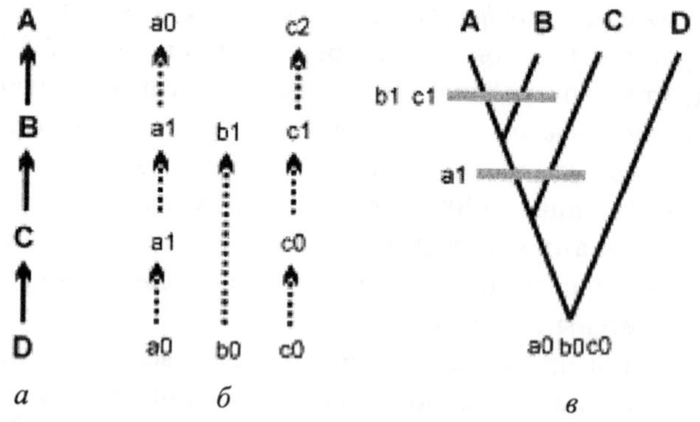


**Рис. 20.** Определение кладистических групп согласно принципу синапоморфии (см. текст):

*а* — последовательность кладистических событий, *б* — последовательности семогенетических событий, *в* — иерархия кладистических групп с определяющими их апоморфиями

Основанием для второй трактовки принципа унаследованного сходства, которую отстаивает кладистика, служит следующая аргументация. Из взаимоподобия кладо- и семогенезов (см. 4.1.2.2) следует, что возникновение каждой новой клады сопровождается появлением хотя бы одной инновации в частном семогенезе. Раз появившись, она в последующих филогенетических событиях может сохраниться без изменений или перейти в другие инновации, совпадающие с появлением новых клад в составе данной. Таким образом, *данная кладистическая группа распознаётся по тому состоянию морфоструктуры, появление которого сопряжено с возникновением именно этой группы*. Очевидно, состояния морфоструктуры, не связанные с возникновением данной клады, в том числе появившиеся *до* неё, не имеют отношения к её распознаванию (рис. 20).

При отображении семогенеза в кладистическом признаке последовательности инноваций соответствует ряд модальностей признака: они разделяются на *плезиоморфии* (исходные) и *апоморфии* (производные). Сходство по ним обозначается, соответственно, как *симплезиоморфия* и *синапоморфия* (подробнее см. 5.4.2, 5.5.3)

Используя эту терминологию, можно утверждать, что ключевым условием выявления кладистической группы является анализ именно синапоморфий — сходства её членов по апоморфным модальностям признаков. Это условие позволяет выполнить **принцип синапоморфии**, который представляет собой кладистически корректную интерпретацию принципа унаследованного сходства. Он утверждает: *чтобы показать, что группы являются сестринскими и составляют одну кладистическую группу, необходимо и достаточно показать, что они является синапоморфными хотя бы по одному признаку*. Обоснованием этой позиции на уровне эпистемологии служит так называемый «*вспомогательный принцип*» В. Геннига (Hennig, 1966), который представляет собой «сужение» принципа унаследованного общего сходства до синапоморфного: *сходство по апоморфиям следует a priori считать унаследованным, а не конвергентным*.

Принцип синапоморфии является интерпретацией *принципа сестринских групп* (см. 4.3.3.1) в терминах сходства. Очевидно, только что приведённая формулировка верна в отношении всех кладистически корректно выделенных подгрупп в составе данной: каждая из них должна быть синапоморфной. В совокупности они образуют иерархически упорядоченную систему синапоморфных групп, которая служит основанием для её рассмотрения как иерархически организованной системы сестринских групп.

Следует особо подчеркнуть, что в данной формулировке вовсе не упомянуты симплезиоморфии. Таким образом, принцип синапоморфии означает *дифференциальное взвешивание* сходства (см. 5.6.3): при выявлении иерархии сестринских групп синапоморфии значимы, симплезиоморфии незначимы.

Например, сходство в строении пятипалой конечности у насекомоядных, сумчатых и хищных млекопитающих является симплезиоморфным, унаследованным от предков. Оно не даёт оснований для их объединения в кладистическую группу, противопоставленную прочим млекопитающим с преобразованной конечностью. В отличие от этого, параксонная конечность парнокопытных является синапоморфией для членов этого отряда и, при отсутствии доказательств иного, рассматривается как довод в пользу их монофилии.

В классической филогенетике значимость симплезиоморфии отстаивают ссылкой на то, что она отражает некое «отдалённое» родство (Татаринов, 1984). Однако это утверждение некорректно, если имеется в виду обоснование монофилетического статуса какой-либо группы организмов. В самом деле, при этом учитываются не любые архетипические свойства её отдалённых предков, а именно те, которые объединяют её членов и отличают от близких к ней групп, произошедших от общей предковой формы. Очевидно, основанием для этого служат апоморфные признаки, но едва ли плезиоморфные, т.е. собственно предковые. Так, при решении вопроса о том, составляют ли птицы и крокодилы монофилетическую группу в составе наземных позвоночных, не имеют значения признаки, которые указывают на их принадлежность к хордовым животным.

Кажущимся нарушением принципа синапоморфии является *принцип симплезиоморфии*, который вводится в непрямой схеме кладистического анализа (см. 8.4). На самом деле противоречие между ними мнимое: ссылка на плезиоморфное сходство выводится из рассматриваемого принципа для обоснования *метода внешней группы*.

Рассматриваемый принцип применяется в двух формулировках — *сильной* и *слабой*, соответствующих разным способам определения полярности признаков — прямому и непрямому (об этих способах см. 5.4.2).

В первом случае подразумевается разделение состояний признаков на плезиоморфные и апоморфные *до* проведения кладистической реконструкции согласно вполне классическим критериям. Это практически однозначно определяет иерархию синапоморфий и выделяемых по ним сестринских групп — разумеется, со ссылкой на уже упоминавшийся выше «*вспомогательный принцип*» В. Геннига.

В отличие от этого, слабая формулировка разрабатывается со ссылкой на методологически трактуемый *принцип экономии*, который запрещает априорное определение полярности признаков. В данном случае иерархия синапоморфий и сестринских групп выявляется *апостериорно*, по результатам кладистического анализа. Для этого используется разработанная кладистикой концепция *внешней группы* — одна из ключевых в методологии «новой» филогенетики, входящая во многие алгоритмы *непрямой схемы* кладистического анализа (см. 8.4). Она весьма популярна в генофилетике, поскольку для молекулярно-генетических данных априорное определение полярности признаков чаще всего просто невозможно.

Ограничения, накладываемые принципом синапоморфии на анализ сходственных отношений, напрямую вытекают из ограничений, связанных с *принципом сестринских групп* (см. 4.3.3.1). Рассматриваемый принцип не позволяет выявлять случаи ретикулярной эволюции, возникновения в разное время или в разных регионах потомков одного и того же предка. Причина в том, что в такого рода случаях невозможно выявить иерархию синапоморфных групп, строго соответствующую последовательности филогенетических событий.

### 4.3.4. Принцип подстановки

Основанием для разработки гипотезы о кладогенезе служат гипотезы о семогенезах: в некотором предельном смысле кладистическая гипотеза должна считаться «мультисемогенетической» (см. 5.7). Налицо явный эпистемологический разрыв, требующий заполнения за счёт прописывания правил перехода от семогенетических реконструкций к кладогенетическим. На операциональном уровне он выглядит как разрыв между суждениями о признаках, по которым устанавливается сходство между организмами, и суждениями об родственных отношениях между этими организмами. Для заполнения названного разрыва служит следующая схема аргументации.

По исходному условию (см. 4.1.2), кладо- и семогенезы взаимоподобны: между ними существует связь, определяемая последовательностью филогенетических событий. Это значит, что каждое семогенетическое событие — возникновение морфологической (или любой иной) инновации — соответствует хотя бы одному кладогенетическому событию — возникновению новой группы организмов.

Множеству событий в единичном семогенезе соответствует множество *модальностей признака*, а исследуемая группа олицетворена некоторым множеством *терминальных групп*. Каждой из последних приписывается некоторая модальность признака, которая позволяет «связать» терминальную группу с некоторым семогенетическим событием. Если эта модальность — общая для нескольких терминальных групп, она позволяет обозначить ту кладистическую группу, возникновение которой в филогенезе сопряжено с появлением соответствующей морфологической инновации. Исходя из этого принимается, что *они соответствуют одному и тому же событию в филогенезе исследуемой группы*. На операциональном уровне эта связь делает терминальную группу (или группы) и модальность признака в некотором смысле *взаимозаменяемыми*.

На этом основании вводится следующий **принцип подстановки**: *для перехода от гипотезы о семогенезе к гипотезе о кладогенезе на реконструируемом дереве модальности признаков замещаются терминальными группами*. Это переводит исходное *признаковое дерево* в *таксон-признаковое дерево* (о терминах см. 4.2.1.1), которое может считаться представлением элементарной (единичной) гипотезы о филогенезе, основанной на рассмотрении только одного признака.

Данная процедура выглядит следующим образом (рис. 21). Сначала на основании матрицы данных для каждого признака строится признаковое дерево, в котором узлы соответствуют модальностям признака, а рёбра — переходам от одной модальности к другой. Это дерево интерпретируется как формализованное представление гипотезы о некотором единичном семогенезе: её содержанием являются утвержде-

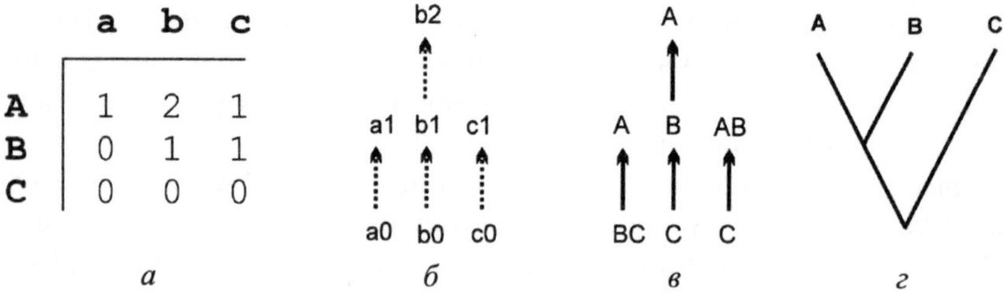


**Рис. 21.** Схема, иллюстрирующая действие принципа подстановки (см. текст):

*а* — таксон-признаковая матрица, *б* — признаковые деревья, *в* — таксон-признаковые деревья, *г* — кладограмма

ния о последовательности семогенетических событий. Подставляя вместо обозначений модальностей признака обозначения терминальных групп, получаем *таксон-признаковое дерево*, в котором узлы соответствуют названным группам.

В конечном результате после объединения нескольких таких деревьев получается *обобщённое* таксон-признаковое дерево (см. 9.4.5). Каждый узел в нём и соответственно всё дерево в целом могут толковаться двояким образом.

С одной стороны, узлы могут рассматриваться как совпадающие семогенетические события. В таком случае это обобщённое дерево служит формальным представлением гипотезы об *общем семогенезе*, т.е. таком, который включает все частные семогенезы, описываемые отдельными кладистическими признаками. Этот формализм имеет отношение к обоснованию использования методов кладистического анализа в исследованиях эволюции морфологических (и иных) структур (см. 11).

С другой стороны, со ссылкой на взаимоподобие кладо- и семогенезов узлы могут рассматриваться как отражение кладистических событий, которые соответствуют совпадающим событиям в семогенезах. На этом основании обобщённое таксон-признаковое дерево может быть переведено в кладограмму, которая служит формальным представлением разрабатываемой кладистической гипотезы.

В кладистической биогеографии принцип подстановки используется для перехода от кладограммы таксонов к *кладограмме ареалов* (см. 13).

Рассматриваемый принцип имеет отношение к корректному пониманию некоторых тонкостей концепции *взвешивания* в её филогенетической интерпретации (см. 5.6). Действительно, признаки имеют отношение к разным семогенезам и соотносимы друг с другом не непосредственно, а через характеризуемые ими группы организмов. Следовательно, хотя процедуры взвешивания применяются к признакам, на самом деле в ходе кладистического анализа комбинируются и, соответственно, взвешиваются не они сами, а соответствующие им таксон-признаковые деревья.

### 4.3.5. Принцип дихотомии

Согласно простейшей дивергентной модели эволюции, в каждом филогенетическом событии происходит удвоение филетических линий, т.е. каждое такое событие — это *бифуркация* (см. 5.1). Коль скоро филогенетическая реконструкция призвана как можно более полно раскрывать процесс филогенеза, на этом основании вводится **принцип дихотомии**. Он утверждает, что *предпочтительна та филогенетическая гипотеза, утверждения которой имеют «дихотомическую» форму*. Последнее означает, что *филогенетическое дерево* (операциональный эквивалент этой гипотезы) *должно быть строго бинарным*, т.е. полностью *разрешённым* (см. 4.2.1.1).

«Кладистическое» прочтение фундаментального для филогенетики принципа филогенетического единства, исключающее из модели филогенеза пространственно-временную составляющую (см. 4.3.3), накладывает определённые ограничения на применимость принципа дихотомии в его онтологической трактовке. Из-за того, что филогенетические события (точки бифуркации) датируются синапоморфиями, не все дихотомии могут быть выявлены с помощью кладистического анализа. К числу очевидных исключений относится случай, когда один и тот же персистирующий вид в разное время или в разных участках своего ареала даёт начало нескольким потомкам (см. 4.3.3.1). По этой причине онтологическая составляющая принципа дихотомии нередко критикуется как слишком «жёсткая»: ей нельзя поставить в соответствие адекватные методы, разрабатываемые кладогенетикой.

Кроме онтологического, рассматриваемый принцип имеет эпистемологическое обоснование. Оно состоит в восходящей к Платону и разработанной схоластами идее, что *простейшей формой описания разнообразия любой совокупности объектов является иерархическая дихотомическая схема* (например, «дерево Порфирия», см. 4.2.1). При этом вопрос о соответствии такой схемы объективным свойствам разнообразия не ставится.

Состоятельность принципа дихотомии при его эпистемологической трактовке обосновывается ссылкой на *принцип экономии* (см. 2.2.3). Действительно, он позволяет сделать описание кладогенеза наиболее «экономным», минимизируя число филогенетических событий, необходимых для объяснения исследуемого разнообразия организмов.

В классической филогенетике этот принцип вообще не фигурирует. В современных подходах, начиная с ранних версий кладистики, он имеет существенное значение, но лишь как методологический: на его основе формулируется один из операциональных критериев оптимальности итоговой кладограммы (см. 9.3).

# ГЛАВА 5. ОСНОВНЫЕ КОНЦЕПЦИИ И ПОНЯТИЯ ФИЛОГЕНЕТИКИ

Важную часть профессионального языка филогенетики как научной дисциплины составляет её *тезаурус* — система взаимосвязанных понятий и терминов, которыми обозначаются филогенез, филогенетический паттерн, всевозможные их параметры и свойства.

Существует определённое соответствие между множеством параметров и свойств филогенеза и паттерна, с одной стороны, и содержанием тезауруса филогенетики, с другой. Очевидно, исследованию доступен лишь тот параметр, который отражен в понятийном аппарате: если этого нет, в сконструированной интервальной ситуации такого параметра как бы не существует (*всякая вещь становится тем, что она есть, когда названа*: Чжуан цзы). Поэтому, используя язык метафор, тезаурус можно считать своего рода «словесной моделью» филогенеза: чем он полнее, т.е. чем детальнее описан филогенез, тем адекватнее эта его модель.

Познавательная неисчерпаемость филогенеза проявляется в возможности по-разному обозначить и определить каждый из его параметров. Всякое уточнение его определения — ни что иное как ещё один способ с несколько иной точки зрения рассмотреть данный параметр и поставить этой точке зрения в соответствие ещё один термин. Очевидно, каждый из способов означает специфическую редукцию параметра до некоторого частного аспекта рассмотрения (отсюда афоризм, приписываемый Кун цзы: *определить — значит ограничить*).

Характер и границы такого рода «терминологических редукций» определяются базовыми допущениями на уровне онтологии и эпистемологии. Например, родство «вообще» можно редуцировать до строгой монофилии, до отождествления его с генетическим сходством и т.д. (см. 5.2.1). В некотором смысле развитие филогенетики может быть представлено как эволюция её языка, а расхождение школ — как результат разного определения ключевых понятий (филогенез, сходство, родство и т.п.).

Следует подчеркнуть, что с точки зрения *теоремы о неполноте* (см. 2.2.1), концепции и понятия филогенетики могут быть корректно введены лишь в контексте некоторой теории эволюции, в которой интерпретирован сам процесс филогенеза. Это значит, что даже если они заимствованы из какого-то «чужого» тезауруса (например, из типологии), филогенетически осмысленными их делает именно эволюционная идея.

Одно из основных требований к понятийному аппарату — *строгость определения* входящих в него терминов. Ею обеспечивается возможность *однозначного* суждения о параметре филогенеза, который обозначен данным термином. Благодаря этому специалисты, использующие *один и тот же термин*, могут надеяться на то, что они вкладывают в него *один и тот же смысл* — например, одинаково понимают родство; точнее, одну и ту же его частную трактовку.

За этим казалось бы самоочевидным требованием кроется серьёзная эпистемологическая проблема, которая выражена **принципом обратного соотношения между строгостью и содержательностью понятия**. Смысл проблемы виден из названия принципа: *чем более строго определено понятие, обозначенное данным термином, тем меньше в нём биологического содержания*. Причина в том, что строгость определения тесно связана с формализованностью, а последняя прямо противоположна содержательности. Наиболее строго определены формализованные математические понятия — но именно поэтому они представляют собой «чистые абстракции».

Названный принцип кладёт некоторый предел точности определениям, приемлемым в филогенетике. С одной стороны, благодаря их нестрогому характеру филогенетическая терминология остаётся наполненной осмысленным биологическим содержанием. С другой стороны, в этом кроется один из источников неопределённости результатов филогенетических реконструкций (см. 4.3.2).

Некоторые понятия, относящиеся к разработке онтологического базиса современной филогенетики (филогенетическое событие и т.п.), введены в предыдущей главе. В настоящей главе рассмотрены концепции и понятия, имеющие более операциональный характер. Как и в предыдущих главах, основное внимание уделено методологическим аспектам: это позволяет понять причины разных терминологических трактовок, равно как и неизбежность их существования.

Отдельным пунктом следует ввести одно из ключевых понятий **морфоструктуры** — целостного и одновременно расчленённого образования, каковым может быть как весь организм, так и всякая его часть (свойство, особенность, аспект и т.п.). Морфоструктурой является, например, скелет, клеточная органелла, молекула тРНК, окраска, комплекс поведенческих стереотипов, коммуникационный звуковой сигнал и т.п. и т.д. Это приблизительно соответствует *мерону* в типологии Мейена—Любарского (см. 5.4.1). При изучении всех такого рода объектов используется общий понятийный аппарат классической морфологии: прежде всего концепции признака, гомологии.

Дополнительным к морфоструктуре можно считать *морфопроцесс* — то, что порождает эту морфоструктуру. Это может быть онтогенез или филогенез; в конструктивной морфологии (см. 6.1.1) под эту категорию подпадает также движение мысли исследователя, воспроизводящее становление морфоструктуры.

## 5.1. БАЗОВАЯ МОДЕЛЬ КЛАДОГЕНЕТИКИ

Базовая модель кладогенетики представляет собой совокупность исходных допущений об основных свойствах филогенеза и порождаемого им филогенетического паттерна, необходимых и достаточных для реконструкции частных кладогенезов. Эти допущения служат содержательным основанием для определения основных концепций филогенетики — родства, сходства и т.п. Возможные версии и основные параметры такого рода моделей рассмотрены выше (см. 4.1); здесь они суммированы в сжатом виде.

В кладогенетике, которой главным образом посвящена данная книга, за основу принимается *дивергентно-направленная* или более простая *дивергентная* модели эволюции.

**Филогенез** трактуется «описательно» — как *процесс появления или исчезновения групп организмов и характеризующих их свойств*; он представим как *совокупность последовательностей филогенетических событий*. При введении абсолютной временной шкалы (в классической филогенетике) каждое элементарное событие есть *появление или исчезновение отдельного вида с его видоспецифичным свойством*; при исключении этой шкалы (в кладогенетике) названное событие сводится только к *появлению вида и его свойства* (см. 4.1.2.1).

Для кладогенетики актуально разложение филогенеза на две основные компоненты — *кладогенез* и *семогенез* (анагенез не рассматривается). Аналогичным образом на одноимённые компоненты раскладываются филогенетические события.

**Кладогенез** — это *последовательность кладистических событий*, процесс появления голофилетических групп как таковых.

**Семогенез** — *последовательность семогенетических событий*, процесс исторического развития свойств организмов. *Единичный семогенез* соответствует преобразованиям отдельной морфоструктуры, *комплексный семогенез* — это совокупность нескольких единичных семогенезов.

Кладогенез единствен, семогенезы множественны. Они взаимоподобны друг другу и филогенезу в целом: *каждому событию в кладогенезе соответствует событие хотя бы в одном семогенезе, и наоборот.* Это взаимоподобие неполное.

**Филогенетический паттерн** представляет собой один из аспектов структуры биологического разнообразия, определён как *иерархия филогенетических групп и их свойств*. Последовательность уровней этой иерархии порождается последовательностью филогенетических событий и содержит информацию о ней — *филогенетический сигнал* (см. 4.2.3).

Выделение кладо- и семогенетической компонент филогенеза позволяет выделить аналогичные компоненты в филогенетическом паттерне. **Кладогенетический паттерн** — это структура *родственных отношений*; **семогенетический паттерн** — структура *сходственных отношений*. Они организованы иерархически, взаимоподобны (нестрого) друг другу и филогенетическому паттерну в целом. Это позволяет судить по сходству о родстве, а по родству — о кладогенезе.

Графической репрезентацией и филогенеза, и филогенетического паттерна служит ветвящееся дерево (см. 4.2.1). Оно иллюстрирует и процесс, и результат постепенной диверсификации эволюирующей группы организмов.

## 5.2. РОДСТВО И СВЯЗАННЫЕ С НИМ ПОНЯТИЯ

Концепция родства фундаментальна для всей филогенетики. Именно анализ родства является одним из необходимых условий реализации *принципа историзма*: ссылка на родство позволяет интерпретировать результаты сравнительного анализа по сходству в терминах истории. Апелляция к родству при рассмотрении структуры биологического разнообразия акцентирует внимание на действии *начальных причин* её (структуры) формирования. Это понятие входит в ключевое для филогенетики определение *филогенетического единства*, объединяющего членов эволюирующей группы организмов (см. 4.3.3).

Понятие родства унаследовано филогенетикой от натурфилософии (где использовалось общее понятие «сродства» — например, сродство химических элементов), а та заимствовала его из обыденной жизни. Поэтому данное понятие весьма богато содержанием, расплывчато и трактуется достаточно разноречиво. Из множественности трактовок родства следует неоднозначность и других ключевых концепций, связанных с этим понятием, — прежде всего, монофилии и монофилетической группы. Как было отмечено выше, именно это обстоятельство во многом определило «дивергенцию» разных школ филогенетики.

В этой дисциплине **родство** в общем случае понимается как некая *историческая общность объективно существующих групп организмов, порождаемых процессом филогенеза*. На этом основании родство, в отличие от далее рассматриваемого сходства (см. 5.5), можно считать *объективным*: оно является атрибутом развивающихся групп организмов и существует независимо от исследователя, который его лишь выявляет. Вместе с тем, родство, как и сам филогенез, принципиально *ненаблюдаемо*: оно «домысливается», т.е. относится, строго говоря, к сфере метафизики. Основанием для выявления родства между организмами служит *общность их свойств*, в которой проявляется филогенетический сигнал (см. 5.5.1).

### 5.2.1. Трактовки родства

В частных интерпретациях родства, разрабатываемых разными школами филогенетики (Шаталкин, 1988; Павлинов, 1990), внимание акцентируется на разных аспектах процесса эволюции (рис. 22).

В простейшем случае родство трактуется как **отношение по происхождению**: в классической филогенетике это называется *кровным родством*. Если при этом *достаточным основанием для определения родства считается единство происхождения* (отношение между предками и потомками), родство называется **генеалогическим**. Если к этому добавляется *абсолютное время* расхождения групп, получается **филогенетическое** родство: подразумевается, что при прочих равных условиях *родство между группами тем меньше, чем раньше они обособились от общего предка*. Трактовка времени как *собственного* (см. 4.1.2.1) даёт возможность измерять родство количеством событий

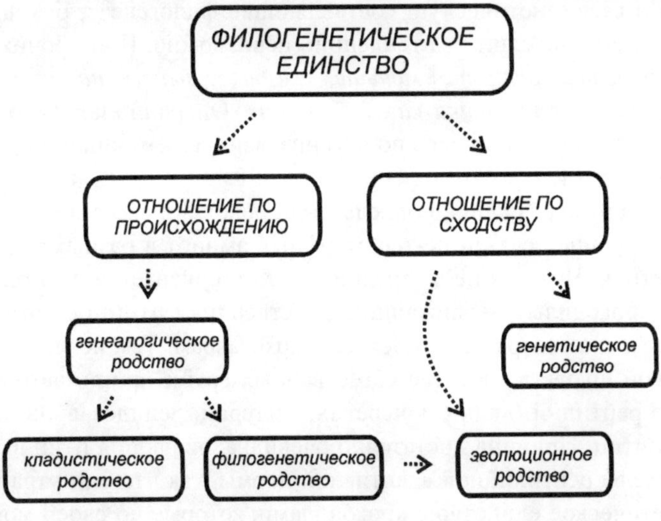


**Рис. 22.** Блок-схема, иллюстрирующая разные трактовки родства

в истории: *родство групп тем меньше, чем больше филогенетических событий их разделяет.*

Подобное понимание родства принято в школах «новой» филогенетики: там оно обычно определяется через некое «*количество эволюции*», оцениваемое числом филогенетических событий. Последние, в свою очередь, по определению, отражены в количестве перестроек в первичной структуре макромолекул, различающих сравниваемые организмы. На этом основании вводится **генетическое** родство, определяемое как некое *общее генетическое сходство* (Майр, 1971; Антонов, 2002).

Как видно, здесь родство отождествляется со сходством, что соответствует развитой в рамках фенетического мышления формуле «*общее сходство = родство*» (см. 2.1.2). Позитивистская эпистемология, являющаяся основой указанного стиля мышления, полагает, что эта формула делает метафизическую категорию родства вполне операциональной. Очевидно, это не так: сходство не тождественно родству, но лишь служит средством его выявления (см. 5.2.4).

В классической филогенетике и филетике в понятие родства вкладывается больше содержания: в его определение включается также и *единство эволюционной тенденции* исторического развития членов группы организмов, объединяемых общностью происхождения. Такое родство, по содержанию близкое к понятию *филогенетической близости* (см. 4.3.3), можно обозначить как **эволюционное**: оно включает также и семогенетическую составляющие филогенеза, без чего, очевидно, указание единства тенденции невозможно. При прочих равных такое *родство групп тем меньше, чем более выражена эволюционная (адаптивная) специфика каждой из них.* Операционально оно представляет собой некую сложно организованную комбинацию родственных и сходственных отношений.

Указанные различия в определении родства иллюстрирует трактовка родственных связей не-тероморфных амниот в разных школах филогенетики. Чуть ли не с середины XIX в. признаётся, что генеалогически крокодилы — ближайшие родственники птиц: обе эти группы (вместе с динозаврами) относятся к архозаврам. Тем не менее, в классической школе в качестве естественных групп принимаются линнеевские рептилий (включая черепах, гаттерий, лепидозавров, крокодилов) и птиц. Причина достаточно очевидна: эволюция птиц вывела их за пределы рептилийной адаптивной нормы, так что они утратили филогенетическое единство с крокодилами, которые по своей морфо-физиологической специализации остались рептилиями.

Отношение родства, трактуемого филогенетически или генеалогически, описывается двухместным предикатом «*происходит от*». Это отношение делит множество объектов филогенетики на три подмножества: а) *предков*, б) их *прямых потомков*, в) *сестринских групп* — разных потомков одного предка. Выделение этих подмножеств сугубо относительно: одна группа может быть предком другой и потомком третьей; сестринские группы могут быть определены только относительно общей для них предковой формы или какой-то третьей группы.

Родство накладывает определённое отношение порядка на множестве сравниваемых групп: оно может быть разной степени — *близким* или *дальним*, соответственно чему предки и потомки могут быть *ближайшими* или *отдалёнными*. Это деление в некотором житейском смысле самоочевидно; для его более строгого определения принимается, что ближайшим является предок, отделённый от своего потомка *одним* кладистическим событием. Соответственно, отдалённых предков и потомков разделяют *несколько* последовательных кладистических событий: чем их больше, тем отдалённее родство. Как отмечено выше, это может служить основанием для формального исчисления степени родства (см. также 9.2).

В классической филогенетике одинаковое внимание уделяется установлению как ближайших, так и отдалённых родственных связей. Однако утверждение об отдалённом родстве в общем случае тривиально, поскольку верно для *любой произвольной пары видов*: лягушка и дуб — несомненно «отдалённые родственники». В отличие от этого, в кладогенетике основной упор делается на ближайшее родство: суждение о нём вполне конструктивно.

Родство может быть задано в *абсолютной* и *относительной* формах. Первая актуальна в классической филогенетике (включая филистику), вторая — в новой филогенетике (прежде всего в кладистике).

Абсолютная форма родства означает, что необходимым и достаточным условием его определения является *прямая ссылка* на предка следующими двумя способами: а) из двух групп ***A*** и ***B*** одна является предком другой, которая, соответственно, — потомок первой; б) две группы ***A*** и ***B*** являются разными потомками их общего предка ***C***, причём если этот предок *ближайший*, то группы ***A*** и ***B*** — **сестринские группы**.

Последнее понятие обычно используется для указания родства в относительной форме. В данном случае группы ***A*** и ***B*** считаются связанными более близким родством, чем каждая из них — с некоторой третьей группой ***D***, если ближайший для ***A*** и ***B*** предок ***C*** не является также и предком для ***D*** (рис. 23, *а*). Это утверждение можно свести

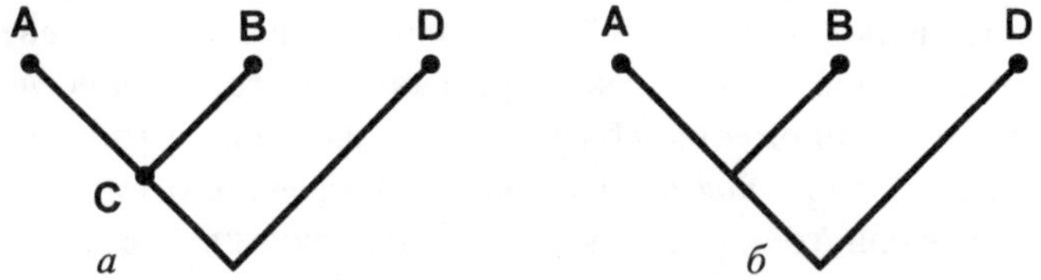


**Рис. 23.** Относительное определение родства с указанием (*а*) и без указания (*б*) предка

к элементарной форме, где указание предка ***C*** отбрасывается как избыточное: остаётся только указание кладистического события, которое порождает группы ***A*** и ***B*** и которому предшествует событие, породившее ***D*** (рис. 23, *б*). Такой частный случай генеалогического родства, в котором из определения исключается предикат «*происходит от*», называется **кладистическим**: для его установления не только необходимо, но и *достаточно* показать, что *группы* ***A*** *и* ***B*** *являются сестринскими относительно* ***D***.

Из этого видно отличие всех традиционных трактовок родства, предполагающих явную ссылку на предка, от кладистической. В первом случае элементарное утверждение филогенетической гипотезы *двухчленно*: для всякой совокупности групп ***A***, ***B***, ***C*** осмысленны утверждения «***A*** происходит от ***C***» и «***B*** происходит от ***C***». Во втором случае осмысленным является лишь элементарное *трёхчленное* утверждение о кладистических отношениях между ***A*** и ***B*** относительно ***D***: оно не сводимо ни к одному из двухчленных.

Совокупность отношений, описываемых предикатом «*происходит от*», соответствует кладогенетическому паттерну, т.е. *структуре родственных отношений между группами* (см. 4.1.3). Эта структура в целом организована иерархически, что следует из дивергентной модели эволюции — ключевой в формировании онтологического базиса кладогенетики.

Формирование данной иерархии в общем случае описывается **принципом необратимого уменьшения родства** (Скарлато, Старобогатов, 1974). В исходной трактовке он утверждает, что *по мере исторического развития филогенетической группы невозможно увеличение или поддержание на одном уровне степени родства между её членами*. Модель ретикулярной эволюции, очевидно, не отменяет данный принцип: гибридогенное возникновение вида не означает увеличение родства между его предковыми формами.

Данная формулировка более всего соответствует филогенетической трактовке родства. Его эволюционная трактовка не столь строга: она допускает (на уровне теории), что по крайней мере в персистирующих группах на некоторых этапах филогенеза скорость уменьшения степени родства минимальна (в пределе остаётся постоянной). Если родство трактуется генетически (т.е. как сходство геномов), то, по всей видимости, этот принцип может локально нарушаться так называемым *горизонтальным переносом* генетического материала между отдалёнными группами: включение части генома одного организма в геном другого делает их, в определённом смысле, «более родственными».

Опираясь на постулируемую дискретность кладистических событий (см. 4.1.2), убыванию генеалогического родства можно приписать следующие свойства (Павлинов, 1990):

- *квантованность* означает, что степень родства меняется только в данном кладистическом событии и остаётся постоянной между двумя последовательными событиями. Это соответствует прерывисто-равновесной концепции видообразования; данное свойство не выполняется в дарвиновской модели филетической микроэволюции;
- *монотонность* означает, что в каждом событии степень родства меняется на некоторую фиксированную величину. Подразумевается, что кладистическое событие — это видообразование; соответственно, свойство не выполняется в сальтационистских моделях;
- *скорость* принимается более или менее постоянной (гипотеза молекулярных часов в её исходной трактовке) или варьирующей (подавляющее большинство эволюционных моделей). При эволюционной трактовке родства скорость его уменьшения при прочих равных тем ниже, чем выше преемственность исторического развития.

Относительность определение родства, а тем самым — монофилии и монофилетической группы (см. 5.2.3), означает невозможность однозначного суждения о структуре родственных отношений в основании филогенетического дерева и любого его изолированного фрагмента. В обобщённой форме это же утверждают *принципы неопределённости* (см. 4.3.2). На этом основании, как уже отмечено в только что указанном разделе, представляется проблематичным применение аппарата кладогенетики при решении вопроса о характере филогенетических отношений между первичными формами жизни.

### 5.2.2. Концепция предка

Предикат «*происходит от*», присутствующий в концепции родства, очевидно, предполагает отсылку (хотя бы неявную) к некоему *предку*. Соответственно, концепция предковой группы является одной из ключевых в обсуждении характера родственных отношений.

Эта концепция возникла в филогенетике как часть уже упоминавшейся дарвиновской формулы «*происхождение с изменением*», означающей простейшую трактовку дивергентной эволюции. При этом в дарвиновской модели предком считается вид, который даёт начало другим видам: эта модель, как отмечено выше, легла в основу «новой» филогенетики. При рассмотрении филогенеза на макроуровне такого жёсткого ограничения нет: любая группа (род, семейство, отряд) может дать начало любой другой группе (роду, семейству,... классу). Эти две трактовки можно обозначить как *узкую* и *широкую* концепции предковой группы, которые, соответственно, легли в основу узкой и широкой концепции монофилии (см. 5.2.3).

В классической филогенетике распознавание предка является важной частью филогенетической реконструкции: последняя во многом сводится к выяснению родственных отношений между предковыми формами. Это обязывает придавать наибольшее значение предковым признакам — т.е. архаичным для данной группы.

Поскольку классическая филогенетика сложилась во многом на основе типологических классификаций, то и характеристики предковой группы в ней во многом интерпретированы типологически, с привлечением концепций архетипа, прототипа, плана строения и т.п. Соответственно, предковые признаки выводятся из результатов сравнительного (в данном случае типологического) анализа исследуемых групп организмов до исторической интерпретации его результатов или как её часть.

Такие *реконструированные предки*, в сущности, призваны иллюстрировать стадии развития той или иной морфоструктуры — т.е. семогенез (рис. 24). Они могут отождествляться с гипотетическими или конкретными организмами — вымершими или «живыми ископаемыми» (вроде ланцетника).

В школах современной филогенетики, тяготеющих к «классицизму» (в частности, в филистике), анализ предков является частью *стратофенетического метода* (см. 6.1.2). Для этого вводится допущение (*палеонтологическая презумпция* по Расницыну, 2002): *из двух близкородственных групп та, которая появляется раньше в палеонтологической летописи, должна* (при прочих равных) *считаться предковой.*

В «новой» филогенетике концепция предка не имеет столь прямолинейного прочтения. При её обсуждении принимаются во внимание требования современной научной эпистемологии, из которых здесь заслуживают рассмотрения два.

Дилемма узкой или широкой трактовки предковой формы (а с ней и монофилии) находит своё эффективное решение в рамках конструк-

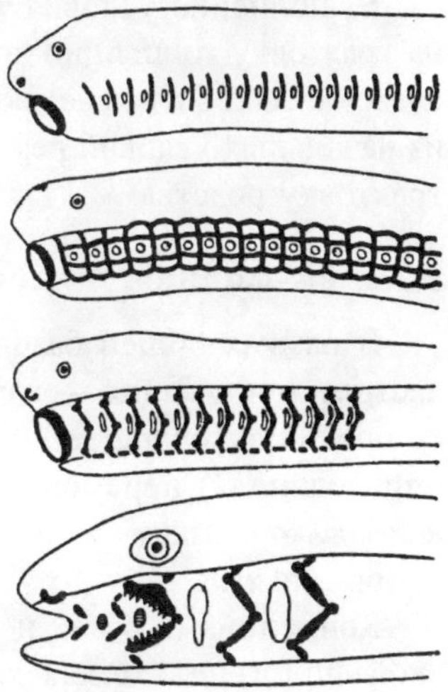

**Рис. 24.** Реконструкция плана строения гипотетических предковых форм архаичных позвоночных, иллюстрирующая эволюционное развитие челюстного аппарата из жаберных дуг, по А.Н. Северцову

тивистской эпистемологии (о ней см. 2.1.1, 2.2.2). Она позволяет сформулировать конструктивное *условие минимального ранга* предковой формы при проведении конкретных филогенетических реконструкций, причём независимо от того, какая конкретная эволюционная модель берётся за основу. Согласно этому условию, *ранг гипотетической предковой формы не обязан быть ниже минимального ранга любой из реальных сравниваемых групп* (Павлинов, 1990).

Так, если при реконструкции филогенеза класса единицами сравнения служат отряды и семейства, то нет нужды «искать» предка в каком-либо роде и тем более виде: реконструкции плана строения предковой формы на уровне семейства для любой выделенной по результатам анализа филогенетической группы будет достаточно. Подобная трактовка предковой формы присутствует в классическом определении «широкой» монофилии (см. 5.2.3).

В ортодоксальной кладистике концепция предка нередко считается неоперациональной на том основании, что суждение о происхождении одной группы от другой не может быть тестировано на условиях, выдвигаемых гипотетико-дедуктивной схемой аргументации (Heads, 1985). Однако в данном случае не принимается в расчёт, что в число средств проверки правдоподобия филогенетической гипотезы входят и фальсификация (опровержение), и верификация (подтверждение) (см. 8.5). Последняя позволяет включать *апостериорную* реконструкцию предковых форм в число «законных средств» кладогенетики (Wiley, 1981; см. 10).

Выполнение условия тестируемости накладывает свой отпечаток на трактовку концепции предка в «новой» филогенетике. В отличие от классической филогенетики, анализ предковых признаков исключается из начальных условий реконструкции. Это влияет на операциональную трактовку родства.

### 5.2.3. «*N*-филия». Филогенетические группы

В рамках общей базовой концепции родства разрабатывается её частная экспликация — концепция «*N-филии*», где *-филия* соответствует предикату «*происходит от*», *N* — лингвистическая (т.е. нестрого определённая) переменная, принимающая значения «*один предок*», «*несколько близких предков*», «*несколько далёких предков*» данной группы организмов.

Концепция (а с ней и проблема) «*N*-филии» рождена в классической филогенетике как классификационной доктрине, призванной объяснить историю возникновения таксонов Естественной системы. Для этого принципиально важно определить их *филогенетический статус* — возможность поставить в соответствие каждому таксону *определённый фрагмент филогенетической истории*; или, прибегая к свойственной филогенетике метафоре (см. 4.2.1), *фрагмент филогенетического дерева*. Если такое соответствие удаётся показать, таксон получает в общем случае статус **филогенетической группы**: дальнейший анализ даёт уточнённое определение этого статуса.

Проблема статуса филогенетической группы в классической филогенетике исходно обсуждается в рамках дихотомии *моно*- и *полифилии*, т.е. происхождения естественных таксонов от *одного* корня или от *разных* корней, соответственно. Значимость проблемы связана с тем, что идея монофилии таксонов Естественной системы считается соответствующей дарвиновской модели эволюции как дивергентного процесса, протекающего на видовом уровне (Геккель, 1908). В отличие от этого, полифилия рассматривается как опровержение (или как минимум недостаточность) названной модели и довод в пользу номогенетической версии эволюции (Cope, 1896; Берг, 1977).

Несмотря на исходную классификационную наполненность, концепция «*N*-филии» имеет ключевое значение для филогенетики и как исторической дисциплины. Со ссылкой на неё обсуждается фундаментальная онтологическая проблема *единственности* кладогенеза и, соответственно, фундаментальная эпистемологическая проблема взаимодополнительности кладо- и семогенетических гипотез, представляющих собой суждения о разных аспектах филогенеза (см. 4.1.2.2). Поэтому в кладогенетических реконструкциях акцент делается именно на монофилии, тогда как в анагенетических (в том числе номогенетических) — на полифилии.

В общем смысле всякое суждение об «*N*-филии» относительно: филогенетический статус группы может быть корректно определён только *в контексте данной филогенетической схемы*. Изменение последней может повлечь за собой и изменение филогенетического статуса хотя бы некоторых групп из числа исследуемых.

В более узком смысле «*N*-филия», согласно абсолютному и относительному пониманию родства (см. 5.2.1), также может быть определена *абсолютно* или *относительно* (Павлинов, 1990). В первом случае подразумевается явное указание на предка; во втором случае «филия» членов исследуемой группы определяется относительно некоторой другой группы, которая в данном случае называется *внешней* (о ней подробнее см. 8.4).

Трём вышеуказанным значениям *N* соответствуют три трактовки «*N*-филии» и, соответственно, филогенетического статуса групп организмов (см. 5.2.2).

Происхождение от *одного предка* обозначается как **монофилия**; группа, произошедшая от одного предка, называется **монофилетической**. Монофилия может быть *узкой* или *широкой*, что определяется одноимённой трактовкой предковой формы, отождествляемой с группой (таксоном) того или иного ранга (см. 5.2.2).

Понятие **широкой** монофилии характерно для классической филогенетики, не связывающей возникновение филогенетической группы с единственным предковым видом; в современной биологии оно разрабатывается эволюционной школой систематики (Simpson, 1961) и филистикой (Расницын, 2002). В рамках этой концепции данная группа считается монофилетической, если она включает *потомков одной предковой для неё группы, ранг которой* (в Естественной системе) *не выше ранга данной группы*. Это задаёт *генеалогическую компоненту* широко трактуемой монофилии; её *эволюционная компонента* задаётся единством эволюционной тенденции, свойственной членам данной группы и определяющей её эволюционную специфику (см. также 4.3.3.1, 12).

Расплывчатость классической концепции монофилии достаточно очевидна: трактовка филогенетического статуса находится в сильной зависимости не только от состава, но и от ранга исследуемых групп. Её уточнение, предложенное кладистикой (см. 3.5.1), позволяет выделить в рамках концепции монофилии две категории отношений и задаваемых ими групп.

Основным в кладистике и всей «новой» филогенетике является понятие **узкой** (*строгой*) монофилии: в её основе лежит понимание эволюции как процесса, в котором ключевое значение имеет видообразование. Группа считается строго монофилетической, если она включает *всех потомков одного предкового вида*; в кладистике такую группу называют **голофилетической** (Wiley, 1981; Шаталкин, 1988; Павлинов, 1990). В исходной формулировке сам предковый вид не включается в голофилетическую группу; однако такое определение несостоятельно по чисто формальным основаниям, поскольку делает группы, включающие только один вид, «не-монофилетическими». Этот «*парадокс монотипии*» заставляет включать в голофилетическую группу также и предковый вид, поэтому иногда такую группу определяют как «*данного предка и всех его потомков*» (Queiroz, Gauthier, 1994).

Дополнительными к только что рассмотренным являются понятия **парафилии** и **парафилетической группы**: последняя определена как включающая *часть потомков одного видового предка* (Hennig, 1966; Wiley, 1981; Павлинов, 1990). Близким к нему является определение «*N*-филии» как происхождение от *нескольких близких видовых предков*, что обозначается как *олигофилия*.

Особым случаем является **дифилия**, применяемая для обозначения гибридогенного происхождения видов.

Определение монофилетического статуса группы со ссылкой на предка соответствует филогенетической или эволюционной трактовке родства (см. 5.2.1). Признаваемая кладистикой неоперациональность концепции предка делает такое определение не вполне корректным: в данном случае за основу следует принимать кладистическую трактовку родства. Этому соответствует ссылка не на предковый вид, а на то *кладистическое событие, к которому могут быть «сведены» все и только представители данной группы*. Соответственно, голофилетическая (строго монофилетическая) группа может быть определена как такая, которая *включает все сестринские группы, порождённые данным и следующими за ним кладистическими событиями*. Общим для обозначения групп, признаваемых кладистикой (сестринских, голофилетических), без их обязательной привязки к предку является понятие **кладистической группы**.

По положению на филогенетическом дереве голофилетические группы нередко называют *вершинными* (crown), парафилетические группы — *стволовыми* (stem).

Как и во многих других случаях, при рассмотрении разных версий трактовки голофилетической группы необходимо различать их теоретические и операциональные определения. Эти последние обязывают принимать во внимание те условия конструктивности, которые связаны с формированием выборки как своего рода «модели» исследуемой группы организмов (см. 8.2). С этой точки зрения кладистическая трактовка рассматриваемой концепции требует ряда специальных оговорок.

Прежде всего, при определении голофилетической группы речь должна идти, очевидно, не об абсолютно всех потомках одного предка, а только о тех, которые *известны на момент исследования*. Более того, можно ужесточить эту оговорку и считать разумным допущение, что исследуемая группа может считаться голофилетической, если в представляющую её выборку включены все *доступные для исследования* представители. Причина этого ограничения очевидна: без него ни одно исследование, особенно основанное на молекулярно-генетических данных, не может считаться вполне корректным с точки зрения кладистики, коль скоро любая выделенная группа будет заведомо парафилетической в силу неполноты выборки.

В особой оговорке нуждается трактовка голофилетической группы в случае, если она включает *аллохронные* (разновременно существовавшие) группы организмов. Очевидно, таких групп подавляющее большинство. Поэтому в любом исследовании, основанном на сравнении только современных видов, включающая их группа будет заведомо парафилетической. Это же верно в отношении ископаемых форм, приуроченных к какой-то определённой страте: если в более поздних слоях, не охваченных данным исследованием, имеются их потомки, то исследуемая группа также является заведомо парафилетической. В связи с этим, разумным представляется ограничение состава монофилетической группы лишь теми представителями, которые приурочены к *определённому временному интервалу*, будь то современность, палеоген, юра и т.п.

Филогенетическая группа, для которой показан её монофилетический (в широком смысле) статус, называется *филой* или *филоном* (Bock, 1981). Группа, для которой показан её голофилетический статус, называется *кладой* или *кладоном*. Все сестринские группы по определению составляют одну кладу (= кладистическую группу).

В рамках микроэволюционной модели возможна «сверхузкая» трактовка монофилии. Так, в концепции *ультра-* (или «*ноевой*») *монофилии* единство происхождения определяется ссылкой на единственную родительскую пару — родоначальницу нового вида (Боркин, 1983). Такое понимание неконструктивно (см. 2.1.1), если филогенез трактовать как превращение видов, а не семейных пар.

Определение «*N*-филии» как происхождение от *нескольких далёких предков* (будь то виды или надвидовые таксоны) обозначается как **полифилия**. В анагенетике она считается частью исторического развития биоты, «ответственна» за порождение разных уровней организации живых существ. В кладистике и вообще «новой» филогенетике полифилия исключается из рассмотрения причин формирования и структуры филогенетического паттерна; соответственно, за полифилетическими группами не признаётся объективный статус (см. 4.1.3).

Как видно из определений пара- и полифилии, границы между ними достаточно расплывчаты. В эволюционной школе монофилетическая группа противопоставляется полифилетической на том основании, что последняя *произошла от нескольких групп более высокого ранга, чем данная* (Simpson, 1961). В кладистике при их разграничении принимается во внимание количество кладистических событий, которые разделяют терминальные группы: чем их больше, чем больше оснований считать объединение этих групп полифилетическим.

Кладистические группы (клады) порождаются кладогенетической компонентой филогенеза. Анагенетическая её компонента порождвет **грады** — группы организмов, характеризующиеся определённым уровнем организации. Из предыдущего видно, что грады, соответствующие этапам филогенетического развития, — это чаще всего полифилетические (и отчасти парафилетические) группы. Строго говоря, их нельзя считать филогенетическими, как они определены выше, и, соответственно, элементами филогенетического паттерна.

Концепции голо-, пара- и полифилии получают вполне чёткое (в том числе операциональное) разграничение в терминах гомологии (см. 5.3) и сходства (см. 5.5). Голофилетической считается группа, которая может быть определена через *гомогению* и *синапоморфию*. Парафилетическая группа определяется через *гомоплазию* и *симплезиоморфию*. Наконец, полифилетическая группа определяется через *аналогию*; в терминах сходства, принятых в кладистике, она никак не определена (т.е. это группа, которая не может быт определена ни через синапо-, ни через симплезиоморфию).

В кладогенетике одна из ключевых задач — распознавание именно голофилетических групп и их «отделение» от всех прочих, единство которых не может быть определено ссылкой на синапоморфию. Для этого используются только что названные категории гомологии и сходства, рассматриваемые в следующих разделах. Изучение град более актуально для семогенетики и анагенетики, исследующих морфологические (в широком смысле) закономерности эволюции.

### 5.2.4. Основания для суждения о родстве

Принципиальная ненаблюдаемость родства в какой бы то ни было его трактовке делает все суждения о нём в филогенетике основанными на косвенных показателях. Среди них ключевым является общность тех или иных свойств — сходство в самом широком его понимании.

Общим «формальным» основанием связывания сходства с родством служит *презумпция унаследованного сходства*, которая в одной из своих формулировок утверждает: *чем больше сходство, тем больше родство* (см. 4.3.3.2). Эта формулировка более соответствует фенетическому пониманию сходства, нежели филогенетическому (см. 5.5); филогенетически корректной её делают дополнительные условия, принимающие во внимание базовую эволюционную модель кладогенетики (см. 5.1).

Филогенетическая интерпретация соотношения между сходством и родством исходит из *аксиомы взаимоподобия кладо- и семогенезов*, из которой следует определённое соотношение между сходством, родством и порождающей их филогенетической историей (см. 4.1.2.2). Из этого, прежде всего, следует верное для всей филогенетики условие, согласно которому основанием для суждения о родстве считается *сходство по гомологичным структурам*. В кладистике оно ужесточается: вводится *принцип синапоморфии*, связывающий воедино кладистические трактовки родства и специального сходства (см. 4.3.3.2). В генофилетике принимается иная формула соотношения между сходством и родство: «*генетическое сходство = генетическое родство*».

Ключевая проблема филогенетического обоснования соотношения между сходством и родством порождается нестрогим взаимоподобием между кладо- и семогенезами и соответствующим одноимённым компонентам филогенетического паттерна (см. 4.1.2.2, 4.1.3). Для снятия неопределённости, вызванной этой нестрогостью, вводятся необходимые уточнения в трактовки сходства и родства. Они так или иначе связаны с концепцией взвешивания — либо признаков, по которым устанавливается сходство, либо самого сходства (см. 5.6). Основанием для этого служат соображения как онтологического, так и методологического порядка. В первом случае во внимание принимается содержание той или иной эволюционной модели, во втором — разные запреты, накладываемые главным образом принципом экономии.

## 5.3. ГОМОЛОГИЯ

Концепция гомологии — одна из фундаментальных в биологических дисциплинах, опирающихся на сравнительный и сравнительно-исторической методы исследования. Это обстоятельство подчёркивается, например, тем, что всю морфологию (в широком смысле — т.е. науку о *морфоструктурах*) иногда называют *наукой о гомологиях*. Названная концепция — ключевая для систематики и филогенетики.

В классической типологической систематике опорным было восходящее к Аристотелю общее понятие *аналогии* как основания для объединения организмов по «существенному сходству» (Э. Жоффруа де Сент-Илер). В начале становления современного естествознания существенное соответствие частей организмов — единство плана строения — рассматривалось как доказательство единства плана их творения (рис. 25).

Необходимость разделения аналогии и «*сродства*» (*affinity*), объединяющего таксоны Естественной системы, впервые была осознана в первой трети XIX в. (У. МакЛей). Эту идею в середине того же столетия закрепил английский анатом, сторонник платонистической философии Р. Оуэн, разработав концепцию *гомологии* как нечто отдель-

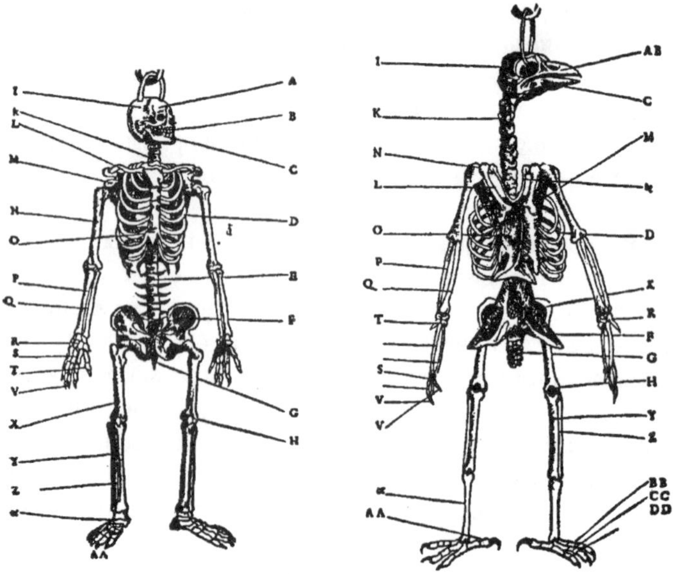

**Рис. 25.** Соответствие элементов скелета человека (слева) и птицы (справа), по П. Белону (XVII век)

ное от аналогии. *Гомологичными* он назвал структуры, указывающие именно на сродство и позволяющие распознавать таксоны Естественной системы. В отличие от этого, *аналогичные* структуры на сродство не указывают, объединение по ним даёт *жизненные формы* (например, летающие животные) или вообще «*сборные*» группы (например, животные с пятнистой окраской).

Концепцию Оуэна очень быстро освоила зарождавшаяся в приблизительно те же года филогенетика. Представление о гомологии стало одним из ключевых в разработке принципов распознавания монофилетических групп — филогенетически интерпретированных естественных таксонов типологической систематики.

**Гомология**, понимаемая в общем смысле, указывает на некое единство морфоструктур. Она устанавливает между ними особого рода соответствие, которое можно уподобить родству между организмами: гомология = *родство морфоструктур*. Это означает, что *гомология не тождественна сходству*: последнее, как и в случае родства организмов, служит лишь средством установления гомологии.

Две названные категории отношений не всегда различаются: гомология в некоторых молекулярно-генетических подходах отождествляется с общим сходством, в структурной кладистике — с синапоморфным сходством (см. также 5.5.3).

Процедура установления гомологии — **гомологизация** — основана на анализе сходства/различия между организмами и их частями согласно определённым правилам, которые задаются *критериями гомологии* (см. 5.3.2). Эта процедура формально может быть определена как *классификация свойств* (структур, частей, свойств) организма. Её результатом, в отличие от классификации самих организмов, становится выделение *классов свойств* (и т.д.) этих организмов, т.е. *меронов*.

Каждый из таких классов объединяет свойства (и т.д.), которые по некоторому выбранному основанию классификации (гомологизации) являются *одним и тем же* — т.е. **гомологами**. По определению Оуэна, гомолог — это *структурно идентичный орган независимо от его формы и функции*. Органы, не отвечающие критерию Оуэна, являются **аналогами**.

Пример гомологичной морфоструктуры — скелет передних конечностей позвоночных (рис. 26). Аналогичным образованием является глазное яблоко у головоногого и моллюска позвоночного, возникающее из разных закладок (рис. 27).

Концепция гомологии исходно (в настоящее время — преимущественно) применяется к анатомическим структурам с чётко выражен-

11 — 1285

**Рис. 26.** Гомология костных элементов крыла птицы (слева), летучей мыши (в середине) и птерозавра (справа)

ной архитектоникой. В последнее время в её терминах обсуждают разнообразие и строение биополимеров — белков и нуклеиновых кислот, широко используемых в современной филогенетике. Иногда эта концепция трактуется весьма расширенно: она применяется не только к морфоструктурам, но и к процессам — например, к биохимическим циклам (таким как цикл Кребса), морфогенетическим процессам (например, характер линьки, смены зубов). Это обстоятельство даёт повод выделять *гомологию структур* и *гомологию процессов*. По-видимому, ко второму типу гомологий относится соответствие поведенческих стереотипов.

Различение гомологий и аналогий в типологии классического толка можно считать *абсолютным*: структуры могут быть либо гомологичными, либо аналогичными. Имеется в виду, что гомология определяется через архетип, а архетип — это то, что есть «на самом деле», особенно если архетипы рассматриваются как манифестации платоновских идей. Отчасти такое понимание гомологии сохраняется и в классической филогенетике в той мере, в какой она является «эволюционно интерпретированной типологией» (см. 3.3).

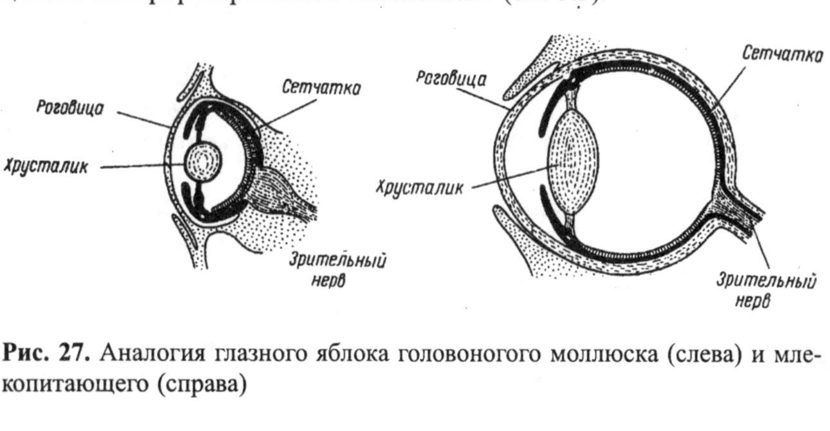


**Рис. 27.** Аналогия глазного яблока головоногого моллюска (слева) и млекопитающего (справа)

В современной филогенетике понимание как самой гомологии, так и способов её оценки контекстно-зависимо, поэтому правильнее говорить об *относительном характере* трактовки гомологии вообще и отдельных её версий в частности.

Различение гомологии и аналогии задаётся *основанием гомологизации*. При его определении необходимо принимать во внимание две составляющие — объективную и субъективную. В первом случае имеются в виду причины возникновения гомологичных структур (фило- и онтогенетические, физические и т.п.), делающие их в определённом смысле «одним и тем же». Вторая составляющая — это аспект рассмотрения, в рамках которого идентичность структур может быть определена и интерпретирована различным образом.

Например, крыло птицы и летучей мыши гомологично при рассмотрении его как элемента скелета и аналогично при рассмотрении как несущей поверхности. В отличие от этого, крыло летучей мыши и птерозавра гомологично в обоих аспектах рассмотрения (см. рис. 26).

Цвет крыловой поверхности, если его определять через длину волны отражённого света, гомологичен у птицы и бабочки. Если же при определении цвета учитывать физические причины его возникновения — пигмент в одном случае и структура отражающей поверхности в другом, он не может считаться гомологичным у этих организмов.

Аспект рассмотрения также может быть задан уровнем общности, обусловленным иерархической организацией гомологизируемых структур. Например, перо птицы гомологично чешуе рептилии и негомологично волосу млекопитающего, если каждую из этих структур определять только через способ закладки в онтогенезе. Однако все три гомологичны как производные эктодермы (рис. 28).

Абсолютизация аспекта рассмотрения при определении основания гомологизации ставит распознавание гомологов и аналогов целиком в зависимость от темы исследования. При этом гомологичными считаются структуры *существенные*, а аналогичными — *несущественные* для решения задач, формулируемых в рамках данной темы (Раутиан, 2003). Эта позиция, как и всякая абсолютизация, страдает однобокостью: из основания гомологизации выхолащивается объективная составляющая.

В отношении некоторых структур или при некоторых аспектах рассмотрения допускается возможность судить о *степени гомологии*. Такая ситуация возникает в случае эпигенетической трактовки гомологии (см. следующий раздел); количественную оценку степени гомологии предполагает и так называемая *динамическая морфология* (или

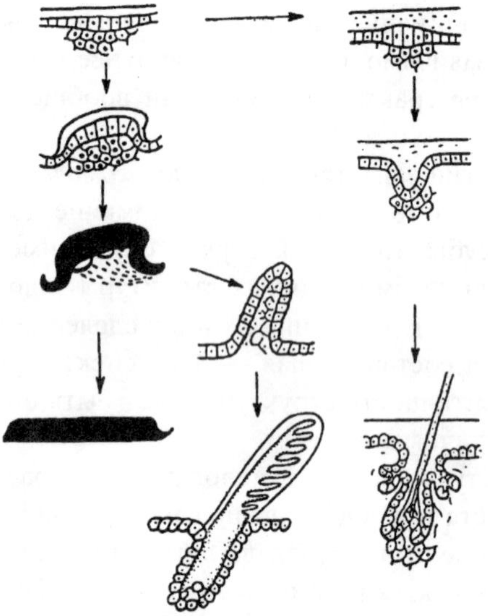

**Рис. 28.** Развитие чешуи рептилии (слева), пера птицы (по центру) и волоса млекопитающего (справа) из исходной эпидермальной закладки

*process morphology*, по Р. Саттлеру). Иногда же использование этого понятия связано просто с прямой трактовкой гомологии как сходства в случае молекулярных структур.

Для некоторых свойств организма строгое применение концепции гомологии считается невозможным — например, для формы тела животного или листа растения. Такие свойства предлагается считать не гомологичными, а *эквивалентными* (Bookstein, 1994).

В содержании общей концепции гомологии следует различать уже упомянутые основания и *критерии* гомологизации. Первые задают содержательную интерпретацию (исходную трактовку) названного отношения. Исходя из этого разрабатываются частные концепции и теоретические определения гомологии. Критерии гомологии формулируются исходя из заданных оснований, делают эту концепцию операциональной. Очевидно, и интерпретации, и критерии могут быть разными, если они формулируются в рамках разных базовых моделей.

В современной литературе, особенно филогенетической, суждение о гомологии нередко рассматривают как *гипотезу*. Её основное содержание состоит в предположении определённых причинно-следственных отношений между гомологизируемыми структурами или порождающими их процессами. Это означает не только предположительный характер суждения о гомологии вообще, но и необходимость соблюдения определенных правил выдвижения и тестирования гипотез о гомологии конкретных морфоструктур.

Для разных категорий данных «гипотетический» характер гомологизации имеет несколько разный смысл. Для морфологических структур суждения о гомологии являются гипотезами в полном смысле этого слова: они предварительно выдвигаются согласно критериям гомологии (см. 5.3.2) и затем тестируются в контексте полученной филогенетической схемы. В отличие от этого, в отношении молекулярно-генетических данных эта общая схема не выполняется: процедура гомологизации не предполагает тестирования. В данном случае выравнивание последовательностей (трактуемое как их гомологизация) предшествует филогенетической реконструкции, но по её завершению не уточняется.

### 5.3.1. Концепции гомологии

Исходно концепция гомологии разрабатывалась в типологии и связана с концепцией *архетипа* (автор термина И.В. Гёте). Последний понимается либо как некий *идеальный конструкт*, обобщающий существенные свойства некоторой группы организмов, либо как реальный генерализованный *архетипический организм*. Гомологами считаются структуры, являющиеся *дериватами* (или индивидуализацией, по К. Бэру) *одного и того же архетипического элемента*; соответственно, аналогичные структуры — те, которые не отвечают этому определению. Такой аспект рассмотрения называют типологическим или конструктивно-морфологическим; соответственно, выявляемую в его рамках гомологию можно называть **типологической**; иногда её называют *идеалистической* (поскольку в XX в. эта концепция разрабатывалась т.н. «идеалистической» морфологией) или *таксической* (Rieppel, 1994).

В классической филогенетике архетип обычно отождествляют с генерализованным предком (прототипом) монофилетической группы организмов. Это вводит исторический (более узко — филогенетический) контекст в рассмотрение концепции гомологии: в общем случае *гомологами считаются структуры, которые возникли на основе единой предковой организации* и являются её *историческими* производными (трансформациями). Соответственно, в данной версии гомологию называют **филогенетической** (также *исторической*, или *трансформационной*). Структуры, не отвечающие этому критерию, т.е. эволюционно возникшие на разной прототипической основе, считаются аналогичными.

В классической морфологии различают *общую* и *частную* гомологию (здесь они даны по: Panchen, 1994; в других работах можно найти иные трактовки). Для установления общих гомологий основанием служат различия между сравниваемыми структурами одного организма, для установления частных гомологий — сходства между сравниваемыми структурами у разных организмов.

Под **общей гомологией** понимают так или иначе определённое *соответствие между структурами* (частями, свойствами) *одного организма*. Это понятие подразумевает расчленение последнего на разные *мероны* (части, свойства), элементы каждого из которых связаны отношением общей гомологии. Таковы, например, все элементы костной системы, элементы нервной системы и т.п. В отличие от этого, элементы кровеносной и нервной систем не являются общими гомологами.

Очевидно, сравнение организмов с целью выявления родства между ними осмысленно проводить лишь по структурам, которые могут считаться тождественными как общие гомологи, выделенные в рамках единого аспекта рассмотрения. Это позволяет связать такие структуры **специальной гомологией**: данным термином обозначают *соответствие одной и той же структуры у разных организмов*. Таковыми, например, являются основные костные элементы передней конечности в разных классах позвоночных: крыло птицы гомологично пятипалой конечности рептилии и плавнику рыбы.

Общая и специальная гомологии в сложных случаях устанавливаются на взаимозависимой основе в результате итеративной процедуры, включающей в себя идентификацию и сопоставление отдельных частей (свойств, аспектов) тела у разных организмов. Так, одно время щупальца и воронку у головоногих моллюсков считали гомологами ноги у прочих представителей типа Mollusca. Однако позже было показано, что эта гомологизация верна только в отношении воронки, но не щупалец, которые являются новообразованиями в классе Cephalopoda. Налицо одновременный анализ двух категорий гомологий — и общей (соответствие щупальца и воронки у головоногих), и специальной (соответствие воронки у головоногих ноге у прочих моллюсков).

Ещё одно проявление гомологии — **гомотипия** (*гомономия*): она означает соответствие между симметричными структурами, которые называются **гомотипическими** (*гомономными*). Один из наиболее распространённых случае гомотипии — соответствие *антимеров*, т.е. правых и левых частей билатерально симметричного организма. Гомотипическими структурами обычно считаются $\alpha$- и $\beta$-цепи молекулы гемоглобина. В случае «ленточной» симметрии гомотипию называют

**сериальной** (*итеративной*) **гомологией**: она устанавливается между отдельными метамерами или гомологичными элементами модулярного организма. Примеры сериальной гомологи — соответствие элементов ротового аппарата и ходильных конечностей у членистоногих; листьев у растений.

Для сходных морфологических структур, в отношении которых невозможно однозначно судить, гомологичны они или аналогичны, предложен термин **паралогия** (Kaplan, 1984). По-видимому, паралогичным является так называемое *системное сходство* (см. 5.5.2). В молекулярной филогенетике этот термин используется в ином смысле (см. далее настоящий раздел).

В современной филогенетике наиболее детально прорабатывается концепция частной гомологии, служащая основанием для установления родства между группами.

Для уточнения исторически понимаемой частной гомологии вводятся важные понятия **гомогении** (= *гомофилии*) и **гомоплазии**. Гомогения соответствует гомологии структур, *унаследованных от ближайшего общего предка*. Соответственно, гомоплазия есть гомология структур, развившихся *в результате параллельной эволюции на общей морфогенетической основе*, которая унаследована от *отдалённого предка* (*латентная* гомология по К. де Биру; *гомойология*). Например, в строении передней конечности у рукокрылых и птерозавров гомогенетической структурой является скелет, но гомопластической — крыловая перепонка. В кладистике этим двум понятиям соответствуют термины *синапоморфия* и отчасти *симплезиоморфия*, соответственно; иногда они отождествляются (см. 5.5.3). На микроэволюционном уровне гомоплазия проявляется в установленных Н.И. Вавиловым *гомологических рядах изменчивости*.

Понимание филогенетической гомологии как преимущественно гомогении означает, что гомологизация морфоструктур осмысленна в контексте конкретной филогенетической гипотезы. В связи с этим предложено различать **первичную** гомологию, устанавливаемую как условие выдвижения филогенетической гипотезы и ещё не верифицированную в её контексте; соответственно, после верификации гомология становится **вторичной** (Pinna, 1991).

Примером, иллюстрирующим эти терминологические тонкости, может служить однотипное строение увеличенных резцов у грызунов (Rodentia) и зайцеобразных (Lagomorpha). До проведения филогенетической реконструкции это сходство интерпретируется как *первичная гомология*. Последующая интерпретация зависит от содержания фило-

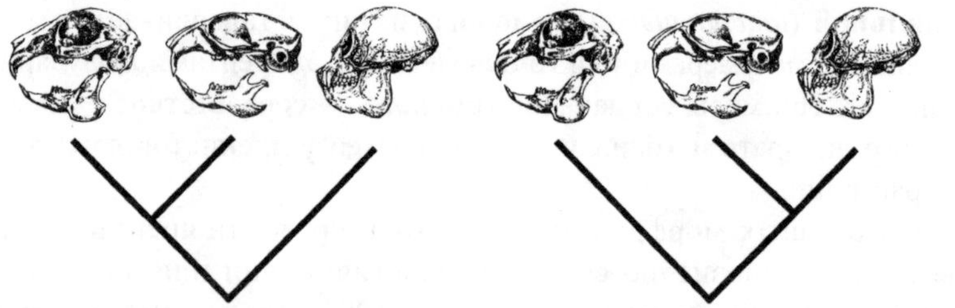

**Рис. 29.** Трактовка увеличенных резцов у зайцеобразных и грызунов как гомогении (слева) или гомоплазии (справа) в зависимости от их филогенетических связей с приматами

генетической гипотезы. Если эти два отряда считаются сестринскими группами и объединяются в надотряд Glires, сходство их зубов — гомогения. Если они разделяются в разные когорты, у генерализованных представителей каждой из которых резцы не увеличены, это сходство — гомоплазия (рис. 29).

В анагенетике (о ней см. 1) гомогения и гомоплазия получают несколько иную трактовку. Первая соответствует *гомологическим рядам* филогенетической схемы и означает преобразования данной морфоструктуры в каждой из филетических линий. Гомоплазия соответствует *гетерологическим рядам* этой же схемы, которые указывают на последовательное прохождение этими линиями одинаковых стадий филетического развития признаков. Эту общую идею, которую разработал американский палеонтолог Р. Коп, лучше всего иллюстрирует абстрактная схема (рис. 30). Она воплощена в некоторых филогенетических реконструкциях, основанных на палеонтологических данных (см. рис. 6).

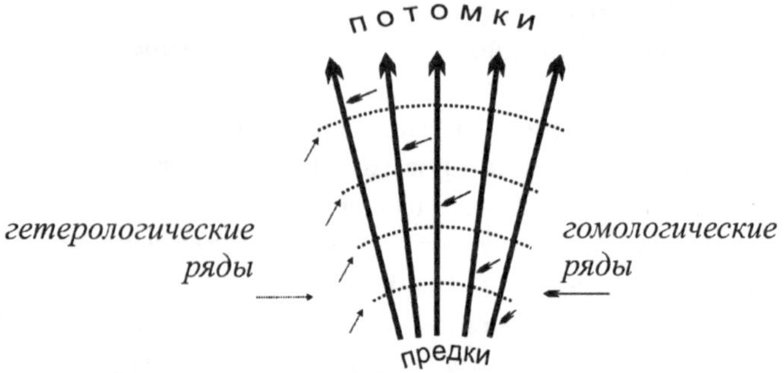


**Рис. 30.** Соотношение гомологических (сплошные линии и стрелки) и гетерологических (штриховые линии и стрелки) рядов филогенетического развития согласно эволюционной концепции Э. Копа

При рассмотрении вопроса о гомологии чаще всего принимаются во внимание *дефинитивные* (т.е. конечные) состояния сравниваемых структур. С одной стороны, так сложилось исторически, с другой, — в современной биологии такой аспект рассмотрения гомологии обосновывается ссылкой на эквифинальность онтогенезов. В качестве частного обоснования приводятся примеры, когда «одна и та же» (и в этом смысле гомологичная) структура в разных группах возникает на разной онтогенетической основе — например, меккелев хрящ у амфибий, птиц и млекопитающих (Wagner, 1994).

В связи с этим разрабатывается концепция **биологической** гомологии, которая устанавливается между разными структурами одного или разных организмов на основании *общности путей их развития в онтогенезе* (Wagner, 1994). В данном случае, очевидно, имеет место объединение двух типов гомологий — структур и процессов (см. предыдущий раздел). Поскольку данный термин ранее использовался в ином смысле (Северцов, 1987), возможно, эту гомологию лучше называть **эпигенетической**, что более соответствует современному пониманию природы онтогенеза. В некоторых случаях эпигенетическая гомология служит просто «объяснением» гомоплазии; в иных же она ведёт к решениям, парадоксальным с точки зрения классических критериев.

Например, со ссылкой на наличие общих регуляторных *Hox*-генов, влияющих на процесс формирования многих морфоструктур на ранних этапах онтогенеза, допускается возможная «гомологичность» крыльев насекомых и птиц, которые традиционно считаются аналогичными (Шаталкин, 2003). Однако если учесть, что сходные гены обнаружены не только у животных, но и некоторых цветковых растений (Niklas, 1997), в осмысленности такой гомологизации возникают серьёзные сомнения. Речь, видимо, должна идти о том, что у эвкариотных организмов имеется некая очень консервативная весьма короткая (около 180 пар оснований) нуклеотидная последовательность, белковый продукт которой участвует в регулировании морфогенеза самых разных частей организма — от листа у растений до крыла у птиц или насекомых. Однако возникает сомнение в том, что на этом основании их можно считать (специальными) гомологами, по крайней мере в филогенетическом смысле.

Если за основу берутся операциональные критерии, выделяются **композиционная** и **позиционная** гомологии (Minelli, 1996): первая соответствует *критерию специального качества*, вторая — *критерию положения* (о них см. 5.3.2). К позиционной гомологии относится, например, соответствие между структурами, упорядоченными в ряды:

на этом основании у млекопитающих зубы идентифицируются как резцы, клыки или премоляры. Позиционная гомология особенно актуальна в случае биополимеров, у которых процедура гомологизации сводится к *выравниванию последовательностей* (Hillis, 1994). В данном случае гомология означает соответствие между позициями (сайтами), которые занимают аминокислоты или нуклеотиды в сопоставляемых макромолекулах белка или ДНК/РНК (см. 6.1.4).

На молекулярном уровне в понимании того, что такое гомология, существуют свои проблемы (Wheeler, 2001). Различают два основных вида гомологии биополимеров — **ортологию** и **паралогию**. Ортология является специальной гомологией, соответствует гомогении морфологических структур: ортологичны последовательности одного и того же участка макромолекулы у двух организмов, унаследованные от их ближайшего общего предка. Паралогичными в молекулярной биологии (в отличие от морфологии, см. выше) называются последовательности, которые возникли в результате дупликации участка макромолекулы у организмов после их обособления от общего предка. В рамках одной последовательности — это сериальная гомология, при сравнении разных организмов — одно из проявлений гомоплазии. Кроме того, выделяют особый класс «молекулярной» гомологии — *ксенологию*, которая представляет собой результат включения в данный геном «чужих» фрагментов ДНК или РНК (например, в результате так называемого *горизонтального переноса*).

Сходная терминология используется в ряде методов экспериментальной филогенетики, однако там в понятия гомологии и гетерологии вкладывается иной смысл, нежели в сравнительных и исторических подходах (см. 6.2).

Как отмечено выше, в типологии гомологизация базируется чаще всего на двузначной логике: структуры либо гомологичны, либо нет. Более гибкой является вероятностная оценка гомологии, принимающая во внимание то очевидное обстоятельство, что всякое суждение имеет вероятностную природу. Это позволяет в определённом смысле говорить о «полуколичественной» оценке гомологии, если под этим понимать надёжность суждений о ней.

Так, в случае исторически интерпретированной гомологии на эту надёжность влияет не только сам морфологический материал, но и степень обоснованности той филогенетической гипотезы, в контексте которой проводится гомологизация.

Особую проблему составляет **частичная** (или *неполная*) **гомология**, которая может быть двоякой природы. С одной стороны, она мо-

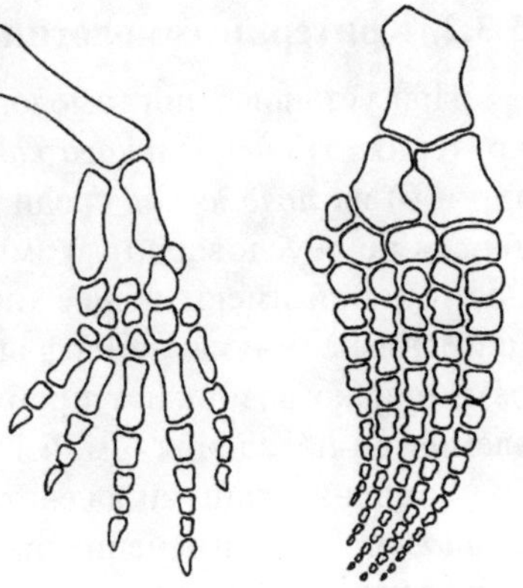

**Рис. 31.** Частичная гомология дистальных элементов скелета передней конечности генерализованной наземной рептилии (слева) и ихтиозавра (справа)

жет иметь объективную подоплёку: такая ситуация обычно возникает при анализе отдельных гомотипических структур. Например, чаще всего невозможно однозначно установить позиционную гомологию некоторых костных элементов кисти наземных и вторичноводных тетрапод (рис. 31); отдельных туловищных позвонков змей и ящериц; сегментов тела олиго- и полимерных многоножек.

С другой стороны, неполная гомология в ряде случаев возникает по субъективным причинам из-за технической невозможности её строгого установления. Примером служит сравнительный анализ макромолекул по их электрофоретической подвижности (см. 6.1.4). Последняя зависит от суммарных макрохарактеристик молекул — их заряда и массы, но не от конкретного аминокислотного или нуклеотидного состава, данным методом не выявляемого. Это не позволяет устанавливать между ними строгую гомологию на уровне первичной структуры молекул.

В некоторых подходах допускается возможность «количественной» оценки частичной гомологии: говорят о её *степени*. Так, согласно концепции эпигенетической гомологии изменение характера регуляции развивающейся структуры в разных группах меняет не сам факт гомологии, а её степень (Wagner, 1994). С другой стороны, в молекулярной биологии, где гомология отождествляется со сходством по выровненным последовательностям, определённая степень их сходства («выровненности») нередко выдаётся за степень гомологии (Hillis, 1994).

Существуют также классификации аналогичных структур (Мамкаев, 2001). Здесь они не рассматриваются как не имеющие отношение к решению задач кладогенетики.

### 5.3.2. Критерии гомологии

При установлении гомологии структур опираются на два основных критерия: а) *специального качества* самих гомологизируемых структур и б) их *положения* среди других структур. Применение этих критериев не обусловлено какими-либо дополнительными допущениями, поэтому они имеют общее значение. В частности, они в равной мере применимы и к макроморфологическим, и к молекулярным структурам; однако возникают проблемы при гомологизации на их основе элементов поведения (см. 6.1.5).

Дополнительными являются критерии *переходных форм* и *конгруэнтности*: их применение обусловлено определёнными допущениями о преобразованиях структур. Поэтому они применимы лишь в тех областях, в которых актуальны такого рода допущения (см. далее настоящий раздел).

Критерии специального качества, положения и переходных форм восходят к типологии первой половины XIX в., их современную строгую формулировку дал сторонник конструктивной морфологии А. Ремане (Remane, 1956). Критерий конгруэнтности предложен типологией кладистического толка (*структурная кладистика*: Nelson, 1994; см. также 3.5.4).

Перечисленные критерии выполняют разную функцию при разработке гипотезы о гомологии структур. Сходство по специальному качеству и положению позволяет выдвигать предположение о том, что структуры гомологичны. Критерии переходных форм и конгруэнтности отчасти служат тестами гипотезы о гомологии: они её подтверждают или опровергают; точнее, повышают или понижают обоснованность суждения о ней.

Согласно **критерию специального качества**, *структуры гомологичны, если они совпадают хотя бы по некоторым своим существенным свойствам*. К их числу относятся, например, гистологические особенности (гомология плакоидной чешуи хрящевых рыб и зуба наземных позвоночных), детали анатомического строения (прохождение определённых нервов и/или кровеносных сосудов при гомологизации костей). Этот критерий даёт основание для выделения *композиционной* гомологии. В случае информационных макромолекул принимаются во внимание входящие в их состав нуклеотидные основания. При выделении и гомологизации отдельных участков ДНК соблюдение данного критерия обеспечивается использованием специфических праймеров, с помощью которых «вырезаются» определённые (считающиеся гомологичными) фрагменты макромолекул (см. 6.1.4).

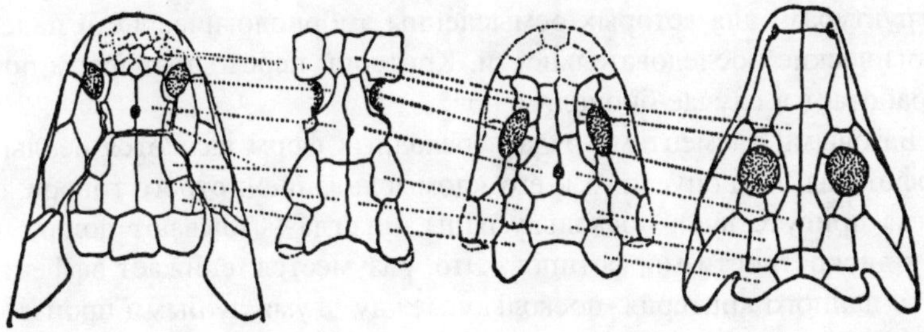

**Рис. 32.** Гомология костей черепа некоторых рыб и архаичных тетрапод согласно критерию положения

Следует ещё раз обратить внимание (см. также предыдущий раздел) на значение *аспекта рассмотрения* при определении того, что является *существенным* или *несущественным* свойством. Очевидно, разные аспекты рассмотрения могут определять существенность по-разному, что повлечёт за собой разные результаты применения критерия специального качества при гомологизации одних и тех же морфоструктур.

**Критерий положения** (*связности*) утверждает, что *структуры гомологичны, если они занимают одно и то же положение среди одинаковых структур*. Например, отдельные костные элементы черепа у позвоночных гомологизируются по их положению относительно других таких элементов (рис. 32). Этот критерий имеет ключевое значение для решения вопросов о *позиционной* и *сериальной* гомологии (см. 5.3.1), позволяя устанавливать взаимное соответствие исходя из положения отдельных структур в общем ряду — например, отдельных метамеров, зубов и т.п.. На основании этого критерия различают ядерную и митохондриальную или хлоропластную ДНК. Следует отметить, что для растений с их модулярной организацией индивида этот критерий, по-видимому, не столь значим, как для животных (Mishler, 1988).

**Критерий переходных форм** (*непрерывности*) нередко относится к основным, однако он не имеет самостоятельного значения. Данный критерий утверждает, что *суждения о гомологии структур, основанные на двух предыдущих критериях, тем надёжнее, чем более полным рядом переходных форм они связаны*. Этот ряд может быть сравнительным (типологическая гомология), эмбриологическим или палеонтологическим (трансформационная гомология). Соответственно, во втором случае иногда говорят об эмбриологическом и палеонтологическом частных критериях гомологии: очевидно, они применимы к структурам, для которых осмысленны эмбриологические и палеонтологические последовательности. Критерий переходных форм почти не работает в случае биополимеров.

Базовыми элементами ряда переходных форм являются реальные морфотипы, но допустимо и его «домысливание»: строго говоря, оно всегда присутствует, поскольку ряды никогда не бывают полными в силу дискретности морфотипов. Это, разумеется, снижает эффективность данного критерия, поскольку между двумя любыми произвольно взятыми морфологическими структурами, хоть в чём-то похожими друг на друга, при желании можно установить «мысленный» ряд переходных форм. Именно так оперируют данным критерием в конструктивной морфологии (см. 6.1.1).

К **критерию конгруэнтности** прибегают в случае конфликтной ситуации, когда однозначная гомологизация морфоструктуры по той или иной причине невозможна. Он связан с методологическим принципом экономии и делает предпочтительной ту гипотезу о гомологии данной структуры, которая согласуется с наибольшим числом гомологий, надёжно установленных для других структур.

Этот критерий в общем случае предполагает возможность итеративной процедуры гомологизации: сначала устанавливаются надёжные гомологии для одних структур, затем в их контексте — для других («*reciprocal illumination*» в терминологии В. Геннига). В современной филогенетике он обосновывается ссылкой на сопряжённую эволюцию морфоструктур и поэтому актуален главным образом для выявления исторически интерпретированных гомологий.

## 5.4. ПРИЗНАК

Концепция признака — одна из центральных в исследованиях филогенетико-таксономического направления. Она весьма многопланова и потому допускает различные трактовки.

Как и многие другие разделы понятийного аппарата филогенетики, эта концепция заимствована ею из систематики, вместе с её проблематикой и большей части терминологии. Существенное отличие состоит в том, что в филогенетике вся эта концепция и каждое из её понятий должны быть филогенетически интерпретированными.

### 5.4.1. Исходные формализации

Для разработки концепции признака, осмысленной с точки зрения филогенетики, необходимо принимать во внимание следующие общие соображения.

Всякое исследование опирается на *описание* объекта, чем бы оно ни было — изображением, перечнем существенных характеристик, совокупностью измерений и т.п. Базовым элементом такого описания является **признак**.

Из этого видно, что признак не следует отождествлять со свойством (атрибутом, частью, аспектом) сравниваемых объектов, как это нередко делается. Его трактовка как элемента описания представляется корректной, поскольку позволяет отделить сам объект от его описания. Это означает, что между свойством и признаком нет взаимно-однозначного соответствия в силу того, что в них по-разному сочетаются элементы объективности и субъективности знания.

Хотя свойство и обозначается самим исследователем исходя из темы исследования, в его определении меньше субъективности, чем в определении признака. Причина в том, что одно и то же свойство может быть описано различным способом. Так, внутреннее строение пневматизированного слухового барабана у млекопитающих может быть описано как совокупность либо полостей, либо разделяющих их костных септ (см. 11.1.1).

Число свойств, которыми обладает организм и каковые могут быть описаны, бесконечно: это делает организм познавательно (и описательно) неисчерпаемым. Для исследования, согласно *условию конструктивности* (см. 2.2.2), он должен быть представлен некоторой конечной совокупностью признаков. Согласно *принципу моделирования* (см. 2.2.4), описание объекта можно трактовать как его «модель». В ней отображены такие свойства объекта, которые значимы (существенны) с точки зрения темы исследования и потому делают *данное описание осмысленным в рамках данной темы*.

Из предыдущего следует, что выбор признаков для проведения филогенетической реконструкции *неслучаен* прежде всего относительно понимания филогенеза. Эта неслучайность операционально задаётся критериями выбора признаков, формулируемых в рамках *концепции взвешивания* (см. 5.6.1).

Трактуя признаки как «модели», следует различать два их типа, которые условно можно назвать *статическими* и *процессуальными*.

В первом случае имеются в виду те или иные особенности, по которым различаются конкретные сравниваемые организмы. Таково понимание признака в исследовательских программах, опирающихся на сравнительный метод в «чистом виде».

Во втором случае признак нагружен значительно большей информацией: он рассматривается как модель семогенеза или гипотеза о нём. Такова концепция *кладистического признака* (см. 5.4.2), актуальная в рамках сравнительно-исторического метода.

В одной из современных версий типологии всякий класс свойств (исходно — частей) сравниваемых организмов, выделенный по тем или иным основаниям, обозначается как **мерон** (Мейен, 1977; Любарский, 1996). Нога «вообще», форма листа «вообще», окраска тела «вообще», поведенческий стереотип — примеры меронов. Признак может соответствовать как отдельному мерону — например, описывать разнообразие строения конечности, так и нескольким меронам — например, характеризовать соотношение длины конечности и хвоста.

Нередко признак отождествляется с каким-то одним из проявлений мерона: например, говорят не о признаке «*окраска тела*», имея в виду её разные варианты (зелёная, синяя и т.п.), а о признаке «*зелёная окраска тела*». Очевидно, вторая трактовка не вполне корректна: для того, чтобы соотнести зелёную окраску с любой другой (синей и т.п.), всё равно необходимо иметь некое обобщённое описание окраски — т.е. всё тот же общий признак «*окраска тела*».

Сама возможность выделения отдельных признаков обусловлена тем, что организм состоит хоть и из взаимосвязанных, но всё таки *отдельных* меронов — частей, органов, свойств, аспектов и т.п. Их «отдельность» означает, что мероны могут быть опознаны и вычленены из целого как некие *относительно независимые друг от друга* его элементы. Возможность эта ограничивается причинами двоякого рода — объективными и субъективными.

К числу первых относится степень структурированности организма, связанная с его сложностью: так, прокариотная клетка проще высшего эвкариотного организма; генотипическое разнообразие считается менее структурированным, чем фенотипическое. С другой стороны, чем организм более интегрирован, тем менее чётко он может быть «разложен» на дискретные части, которым соответствуют отдельные признаки.

Субъективная составляющая — это, прежде всего, концептуальная база: от понимания «природы» живого (например, в настоящее время неактуальны поиски «витальности» как особого свойства живых существ) до ключевых характеристик филогенеза. Большое значение имеют физические, в том числе инструментальные возможности: в XIX в. был недоступен субклеточный уровень разнообразия; на палеонтологическом материале недоступны непосредственные данные о поведении.

Основания для распознавания признаков могут быть весьма различными. Например, можно обозначать как признак наличие глаза у головоногого моллюска и позвоночного, считая разные варианты его строения модальностями этого признака. В данном случае не принимается во внимание, что глаза у названных животных — аналогичные образования. Напротив, можно начинать с установления гомологии и связывать понятие признака лишь с гомологичными структурами (свойствами, меронами): такой признак можно обозначить как **гомологичный**.

В сложных случаях процедура распознавания гомологичных признаков может носить итеративный характер. Сходно устроенные структуры, поначалу считавшиеся гомологичными, в дальнейшем могут оказаться аналогичными. В таком случае единый признак должен быть разбит на несколько разных признаков: например, «глаз вообще» — на «глаз моллюска» и «глаз позвоночного».

Очевидно, задачам кладогенетики соответствует концепция именно гомологичного признака, которая должна быть тесно увязана с концепцией гомологии в её филогенетической трактовке. Это позволяет подчеркнуть, что «аналогичный» признак, хоть и может соответствовать некоторому выделенному мерону (например, конечности как таковой у артропод и тетрапод), не имеет значения для кладогенетических реконструкций. Однако он может быть интересен, например, в эволюционной морфологии (семогенетике), где осмыслено обсуждение возникновения в разных группах наземных животных сочленённых конечностей, редукции их числа и т.п.

Ключевыми свойствами признака являются его *дискретность* и *множественность*. Первое означает, что два признака в данном исследовании *не должны иметь отношение к одному и тому же свойству*, иначе они будут тавтологичными (но см. далее об иерархическом способе выделения признаков). Второе означает, что всякий признак характеризуется *некоторым разнообразием проявлений данного свойства* у сравниваемых объектов: отсутствие разнообразия делает признак бессмысленным. Этой множественностью устанавливается некое отношение между объектами, что и служит основанием для их сравнения.

Элементами признака являются его **модальности** (варианты, значения, состояния), выявляемые на множестве сравниваемых объектов: каждая модальность соответствует *определённому проявлению описываемого признаком свойства*. Это может быть определённая конфигурация листа растения, определённое число конечностей животного, определённая длина его тела. Модальность, в отличие от признака, *атомарна*: в рамках данного сравнения она неделима.

Очевидно, как и сам признак, его модальности представляют собой некие «осмысленные огрубления» исследуемого разнообразия: они выделяются с той дробностью, какая диктуется структурой разнообразия, уровнем и задачами исследования. Так, при анализе базальной радиации млекопитающих рассматривается тип строения зубной системы и звукопроводящей системы среднего уха; в отряде грызунов исследуются мелкие детали отдельных зубов и отдельных слуховых косточек.

В описание организма совокупностью дискретных признаков заложен значительный элемент редукционизма. Поэтому отношение к рассматриваемой концепции весьма различно в зависимости от мировоззренческой позиции.

С точки зрения холизма манипулирование отдельными дискретными признаками биологически оправдано, если между ними в той или иной форме устанавливается причинная связь, указывающая на их отношение к целому. При этом, если некоторые особенности организма обусловлены одним и тем же морфогенетическим процессом, они должны быть отражены в одном «суперпризнаке», выделение которого обосновывается морфофункциональным анализом (Юдин, 1974).

С точки зрения редукционизма выделение признаков должно соответствовать лишь неким формальным критериям и приводить к сумме **единичных** (*элементарных*) признаков, далее которых организм не может быть расчленён без утраты биологического смысла. Таково, например, понимание признака в генофилетике, где он отождествляется с определённым положением (сайтом) в нуклеотидной последовательности (см. 6.1.4).

В разнообразии, отображаемом совокупностью признаков, выявляются двоякого рода отношения: а) между разными свойствами одного организма и б) между проявлениями одного и того же свойства у разных организмов. Действительно, чтобы говорить о конечности, необходимо знать, что, кроме неё, бывает, скажем, и хвост. А чтобы говорить о пятипалой конечности, необходимо знать, что у других организмов бывает иное число пальцев. Эти отношения очевидным образом связаны с концепциями *общей* и *специальной* гомологии, соответственно (см. 5.3.1).

В зависимости от числа модальностей, признак может быть *бимодальным* или *полимодальным*. Если модальности признака могут быть выражены числом, признак *количественный*; в противном случае он *качественный* (например, цветовая гамма). Если модальности признака могут быть осмысленно упорядочены в ряд, аналогичный ряду натуральных чисел (например, число позвонков), то признак — *счётный*. Если структура может быть так или иначе измерена, соответствующий признак — *мерный* (например, длина тела). Если модальностям могут быть приписаны определённые частоты проявлений соответствующего свойства, признак — *частотный* (например, аллеломорфы).

Признаки в ряде случаев могут переходить из одной категории в другую путём преобразований способа представления данных. Так, частотный признак может быть представлен как качественный за счёт огрубления частот до 0 или 1; мерный признак может быть представлен как частотный (в форме биномиального распределения). Некоторые качественные признаки могут быть преобразованы в количественные: например, варианты окраски могут быть описаны частотой волны отражённого света.

Такого рода преобразования позволяют расширить область приложения количественных методов оценки сходства. Например, представление мерного признака как частотного позволяет применять к нему методы, рассчитанные на оценку сходства по частотам аллеломорф.

Способ представления признака связан с тем, какая интерпретация сходства кладётся в основу сравнительного анализа (см. 5.5.1). Если сходство трактуется как геометрическое, для его «измерения» признаки вводятся в количественной форме, а качественные признаки — только с установленной полярностью (о ней см. 5.4.2). Если принимается теоретико-множественная трактовка сходства (как в большинстве кладистических исследований), используются качественные признаки.

При работе с некоторыми категориями данных признаки не удаётся вычленить явным образом: такова процедура «косвенных» экспериментов, в которых оценивается генетическая совместимость (см. 6.2). Например, при молекулярной гибридизации тотальной ДНК в анализ вводятся образцы ДНК двух организмов без идентификации отдельных генов или нуклеотидных фрагментов, которые можно было бы обозначить как признаки. В результате эксперимента получается общая оценка генетического сходства образцов, которая отражает процент тотальной ДНК, вступившей в гибридизацию. При этом задача выявления конкретных элементов («признаков»), которые образовали гибридную ДНК, просто не ставится.

### 5.4.2. Кладистический признак

В современной филогенетике корректной с точки зрения гипотетико-дедуктивной схемы аргументации является трактовка признака как модели некоторого фрагмента семогенеза (см. предыдущий раздел). Она разрабатывается при определённых допущениях о ключевых свойствах исторического развития и «разрешённых» способах представления последнего. В данном случае таким свойством является нестрогая направленность эволюции, а способом представления — вычленение в филогенезе семогенетической составляющей.

В рамках этих допущений гомологичный признак можно определить как *гипотезу о семогенезе*, исследуемом в данной филогенетической реконструкции: это соответствует вышеупомянутой «процессуальной» концепции признака. Модальности последнего соответствуют *суждениям об инновациях* в этом семогенезе. В такой трактовке признак получил название **кладистического**: в современной филогенетике он имеет основополагающее значение.

Из условия взаимоподобия кладо- и семогенезов (см. 4.1.2.2) следует, что кладистический признак несёт некую информацию о кладистической истории и потому может быть использован в реконструкции кладогенеза. На этом основании ключевым свойством признака следует считать его «*нагруженность*» *филогенетическим сигналом*.

В концепции кладистического признака, более формализованной, нежели представление о признаке в классической филогенетике, большое значение придаётся анализу отношений между модальностями. Для этого удобно использовать уже знакомые элементы теории графов (см. 4.2.1.1, рис. 33).

В терминах названной теории формальным представлением кладистического признака служит *признаковое дерево*: в нём узлы соответствуют модальностям, а рёбра — отношениям порядка, которые заданы на множестве модальностей и соответствуют содержанию гипотезы о семогенезе. В общем случае каждому ребру приписывается определённая вероятность перехода от одной модальности к другой. Если все узлы дерева соединены между собой рёбрами с равномерно распределёнными между ними вероятностями, признак называется **неордированным**: это равносильно тому, что переходы вовсе не указаны (рис. 33, *а*). Такой признак соответствует минимальной (слабой) гипотезе о семогенезе: любые изменения соответствующей структуры считаются равновероятными. Если рёбрам приписаны вероятности 0 или 1, признак считается **детерминированным**. В практических исследованиях рёбра с нулевой вероятностью на признаковом дереве не отображаются: это означает, что переходы между соответствующими модальностями запрещены (рис. 33, *б,в*).

Детерминированный признак может быть **ордированным** или **поляризованным**. В первом случае направления переходов между узла-

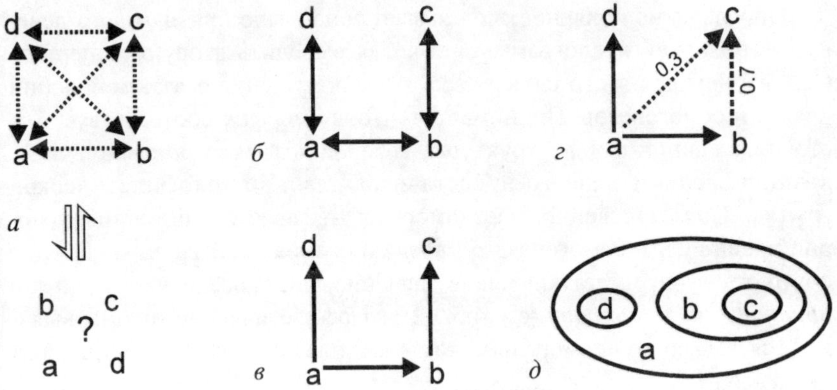


**Рис. 33.** Формальные представления признака:
*а* — два способа представления неордированного признака, *б* — ордированный признак, *в* — поляризованный признак, *г* — вероятностный признак, *д* — уровни генеральности кладистического признака. **a–d** — модальности признака

ми не указаны: точнее, прямое и обратное направления вдоль каждого ребра равновероятны (рис. 33, *б*). Если направления переходов указаны, это значит, что определена **полярность** признака, а сам такой признак называется поляризованным. Если прямые переходы вдоль рёбер разрешены, а обратные запрещены (рис. 33, *в*), он соответствует наиболее определённой (сильной) гипотезе о семогенезе. Одной из его версий является **вероятностный** признак — такой, на котором указаны разные, отличные от 0 и 1, вероятности переходов от одного узла к другому, в том числе прямые и обратные (рис. 33, *г*).

В классической терминологии поляризованному признаку (= признаковому дереву) соответствует *морфологический ряд* или *морфоклина*; в кладистике также используется обозначение *трансформационная серия*. В мерономии полностью реконструированное признаковое дерево, отражающее *закон преобразования данной морфоструктуры* (мерона), обозначается как **рефрен** (Воробьева, Мейен, 1978; см. рис. 8).

Полярность признака задаёт между его модальностями отношение «исходное — производное». В кладистике производное значение называется **апоморфией**, исходное — **плезиоморфией**. Деление модальностей данного признака на плезио- и апоморфные сугубо относительно: в трансформационной серии с полярностью *T(a) > T(в) > T(c)* модальность *T(в)* является апоморфией относительно *T(a)* и плезиоморфией относительно *T(c)*.

Определение полярности связывает топологию признакового дерева с топологией кладограммы, позволяя выводить вторую из первой. Основанием для этого служит всё то же допущение о взаимоподобии кладо- и семогенезов. Принимается, что апоморфия соответствует состоянию данной морфоструктуры, которое возникло *одновременно* с возникновением первого представителя данной голофилетической группы. Соответственно, плезиоморфия — такое её состояние, которое появилось в семогенезе *до* возникновения этой группы. Данное обстоятельство имеет ключевое значение в кладогенетике: согласно *принципу синапоморфии* (см. 4.3.3.2), голофилетические группы выявляются только по апоморфиям, тогда как плезиоморфии не позволяют это сделать.

Полезной формализацией является концепция **уровней генеральности** кладистического признака. Она позволяет представить последний в *иерархической форме*: основанию признакового дерева соответствует высший уровень иерархии, его вершинам — низшие уровни иерархии. Например, для признака, описывающего разнообразие передней конечности позвоночных, высший уровень генеральности задан рыбьим плавником, более низкий — пятипалой тетраподной конечностью, к следующему уровню будут относится, например, варианты конечностей у рукокрылых, парно- и непарнокопытных млекопитающих. Формой представления признака в такой его трактовке служит диаграмма Венна с вложенными кругами (рис. 33, *д*). Эта формализация напрямую связывает кладистический признак с иерархией синапоморфий и кладистических групп.

При определении полярности (или уровней генеральности) кладистического признака ключевое значение имеет выявление той модальности, которая является плезиоморфной относительно всех прочих. Она задаёт начало признакового дерева, а тем самым, в конечном итоге, и основание кладограммы.

Наиболее значимы следующие критерии полярности, разработанные главным образом в классической филогенетике (Stevens, 1980; Расницын, 1988, 2002):

- **онтогенетический**: признак следует поляризовать согласно онтогенетической последовательности изменения соответствующей структуры. Как отмечено в разделе 6.1.3, этот критерий не может считаться достаточно надёжным в отношении признаков, которые используются при реконструкции базальной радиации исследуемой группы;
- **палеонтологический**: признак следует поляризовать согласно стратиграфической последовательности изменения соответствующей

структуры в ряду ископаемых форм. Это значит, что соответствующая *хроноклина*, как и в случае онтогенетического критерия, прочитывается как морфоклина — т.е. как семогенез. При этом, однако, чем древнее ископаемые остатки, тем менее надёжны они в качестве источника сведений о вероятной полярности признаков (см. 6.1.2);

- критерии **сложности** и **совершенства** разработаны в рамках адаптационистской модели эволюции: чем сложнее структура и чем эффективнее она для выполнения определённой функции, тем с большей надёжностью соответствующую ей модальность можно считать апоморфией;
- критерий **совместимости** (*корреляционный*): если крайние модальности разных морфоклин обнаруживаются в одной терминальной группе, эти модальности наиболее вероятно плезиоморфные;
- критерий **аналогий**: если полярность данного признака в некоторой (не обязательно сестринской для исследуемой) группе установлена надёжно, то она принимается и в исследуемой группе. Очевидно, чем более родственны эти группы, тем более обоснованны соответствующие экстраполяции. Иногда первую группу, которая служит основой для экстраполяции, называют *функциональной* внешней (или *нулевой*) группой. Этот критерий аналогичен *критерию конгруэнтности* при установлении гомологий, его также можно обозначить генниговым термином «*reciprocal illumination*» (см. 5.3.2);
- критерий **уникальности**, основанный на характере распределения модальностей признака в исследуемой группе: чем реже у представителей последней присутствует одна из модальностей, тем с большим основанием её можно считать апоморфией;
- критерий **внешней группы**, основанный на характере распределения модальностей признака в исследуемой и *внешней* группах (о последней см. 8.4): если одна из модальностей присутствует в обеих группах, а другая — только у (некоторых) представителей исследуемой группы, то первая считается плезиоморфией, вторая — апоморфией.

Очевидно, ни один из этих критериев не является абсолютно надёжным: наиболее обоснованные суждения о полярности признаков выводятся из их совокупности. Эти суждения являются вероятностными гипотезами, А.П. Расницын (2002) называет их *презумпциями*: каждое из суждений считается верным в той мере, в какой оно не опровергнуто убедительными контраргументами (см. также 2.1.3).

Перечисленные критерии чаще всего применяются до разработки кладистической гипотезы, что означает *априорный* характер определения полярностей признаков: на этом основана *прямая схема* кладистического анализа. Полярность может быть также определена (или уточнена) *апостериорно*, т.е. в контексте уже полученной гипотезы о кладогенезе: в данном случае ключевым является критерий внешней группы, он лежит в основе *непрямой схемы* кладистического анализа (о схемах см. 8.4).

## 5.5. СХОДСТВО

В любой научной дисциплине, опирающейся на сравнительный метод, концепция сходства фундаментальна. Действительно, в филогенетике все суждения о родстве между организмами, а тем самым и об их истории, возникают вторично — как интерпретация структуры сходственных отношений.

Общее суждение о сходстве относится к числу самоочевидных, чуть ли не «априорных» (в кантовском смысле) категорий познания и потому на обыденном уровне едва ли вызывает серьёзные вопросы. Однако, перефразируя известное высказывание Аврелия Августина о времени, можно сказать: пока не думаешь о том, что такое сходство, всё в нём понятно; как только начинаешь думать об этом, перестаёшь его понимать. Основным источником непонимания служит соотношение между объективной и субъективной составляющими суждений о сходстве.

С одной стороны, сходство можно определить как **симморфию** — *наличие общих свойств* у организмов (Шаталкин, 1990). Это как будто позволяет считать сходство объективным параметром морфологического (в широком смысле) разнообразия, явленном нам в его структуре. Однако свойства, которые являются «общими», распознаёт и указывает исследователь, т.е. его присутствие всё равно обозначено, хоть и неявно.

С другой стороны, можно акцентировать внимание на том, что суждение о сходстве есть *результат сравнения* объектов по некоторым признакам. При этом и признаки, и, главное, процедура сравнения определяются субъектом-исследователем. В такой ситуации возникает ощущение, что сходство *не вполне объективно*, коль скоро предполагает обязательное наличие *субъекта*, *осуществляющего сравнение* и дающего *свою оценку* общности организмов по тем или иным свойствам.

Правда, реальны ситуации, когда сравнение осуществляется без явного участия исследователя: например, при оценке генетической совместимости организмов на основе молекулярной гибридизации ДНК. В данном случае имеется двухкомпонентная система, в которой компоненты сами как бы «определяют» степень своего взаимного «сродства» посредством определённой биохимической реакции. Однако и в данном случае роль исследователя весьма существенна: именно он указывает способ, посредством которого компоненты этой системы «сами» оценивают своё сходство-«сродство». Очевидно, и сам способ, и результат его применения осмысленны лишь в контексте данной исследовательской программы.

Таким образом, онтологический статус сходства гораздо менее определёнен, чем статус родства. Это его парадоксальное свойство следует принимать во внимание, рассматривая те основания, на которых зиждятся наши представления о родстве и истории.

С понятием сходства тесно связано понятие *различия*. С одной стороны, они взаимодополнительны, по-разному характеризуя один и тот же природный феномен — структуру разнообразия. Более того, в некоторых формальных операциях сравнения они симметричны: так, в некоторых количественных методах различие может быть просто *обратным* сходству. С другой стороны, в филогенетике этим двум категориям отношений может придаваться разное значение. Так, при анализе групп организмов на основании сходства определяется их состав, на основании различия — их границы и обособленность: это используется в эволюционной систематике (см. 12). При анализе структур различия служат для установления общих гомологий, сходства — для установления частных гомологий (см. 5.3.1).

В кладистике трактовка сходства и различия принципиально разная. Все выводы в ней опираются на анализ сходства, тогда как различия при выявлении кладогенетического паттерна вовсе не рассматриваются (принцип синапоморфии, см. 4.3.3.2).

Основной задачей сравнения (анализа по сходству и различию) является *разработка той или иной классификации*. В зависимости от того, какой аспект биологического разнообразия — таксономический или мерономический — рассматривается (об этих аспектах см. 2.1.2), результатом операции сравнения оказываются либо таксоны (группы организмов), либо мероны (признаки) разного уровня общности. На основании этих классификаций выдвигаются суждения о родстве (в первом случае) или о гомологии (во втором случае), которые затем включаются в общую филогенетическую гипотезу.

### 5.5.1. Некоторые свойства сходства

В данном разделе основное внимание уделено сходству как основанию для группирования организмов. Выше (см. 4.1.3) оно определёно как *фенетический паттерн*, образованный всей совокупностью сходств и различий между организмами (причём по любой категории признаков, в том числе генетических).

Самоочевидным, но вряд ли самым тривиальным, является фундаментальное свойство сходства *быть разным* — бóльшим или меньшим. Оно задаёт некое отношение порядка на всеобщем многообразии сравниваемых объектов. Именно на этом основаны наши суждения о том, что мир (и биологическое разнообразие как его часть) структурирован и что под этой структурой, явленной нам в *разной степени сходства*, могут крыться какие-то причины.

Одно из ключевых свойств сходства, которое в первую очередь необходимо принимать во внимание, состоит в том, что оно сугубо *относительно*. Причём относительность эта многоаспектна.

Во-первых, как видно из содержания предыдущего раздела, сравнение в общем случае предполагает наличие сравнивающего субъекта. Поэтому суждение о сходстве относительно в том смысле, что зависит от: а) того его *определения*, которое принято сравнивающим субъектом, и б) тех *признаков*, по которым проводится сравнение организмов. Они в совокупности задают ту систему отсчёта, в которой упорядочиваются по сходству сравниваемые объекты. Из этого видно, что *«сходства вообще» не существует*: оценка сходственных отношений даётся *относительно выбранного основания сравнения*.

Сравнение одних и тех же организмов на основании разных трактовок сходства и по разным признакам в общем случае даёт разные результаты — т.е. разные разбиения объектов по сходству. Эти разбиения всегда отражают какие-то семогенетические аспекты разнообразия, но некоторые из них могут быть бессодержательными с кладогенетической точки зрения. В качестве примера можно привести известное уподобление К. Лоренцом виляния собачьего хвоста соловьиной песне: это сходство, осмысленное при описании сигнальных систем, выделяемых исследователем-этологом, филогенетик вряд ли оценит «по достоинству».

Во-вторых, сравнение двух объектов осмысленно лишь в том случае, если определён некий третий объект, с которым первые два соотносятся для оценки их степени сходства. Действительно, утверждение типа «***A*** похоже на ***B***» тривиально: с точки зрения *принципа изоморфизма*, разрабатываемого общей теорией систем (см. 2.2.6), между любыми двумя произвольно взятыми объектами всегда можно найти хотя бы одно общее свойство. Тривиальна и пара утверждений типа «***A*** похоже на ***B***» и «***B*** похоже на ***C***»: допуская транзитивность сходства (оцененного по единой совокупности признаков), отсюда можно заключить лишь то, что «***A*** похоже на ***C***», но нельзя дать заключение о *степени* сходства и, следовательно, о структуре фенетического паттерна в целом. В отличие от этого, утверждение типа «***A*** похоже на ***B*** больше, чем на ***C***» нетривиально и может составлять предмет научного изыскания: оно а) может быть истинным или ложным и б) предполагать какие-то не только «системные» причины того, что один объект больше похож на другой, чем на третий.

Так, каждое из утверждений: «слон похож на слонового прыгунчика» и «слон похож на слоновую черепаху» — само по себе вряд ли намного интереснее, чем, скажем, утверждение «слон похож саксофон». Однако в большей похожести слона на слонового прыгунчика (скажем, по теплокровности, характеру размножения), чем на слоновую черепаху, можно искать филогенетическую подоплёку: первые два — млекопитающие, третья — рептилия.

С точки зрения эпистемологических оснований филогенетики принципиальным представляется то, что, по-видимому, *суждение о сходстве не является гипотезой*: это всегда утверждение, а не вопрос. Формулировка типа «предположим, что ***A*** похоже на ***B*** больше, чем на ***C*** [гипотеза]; если это верно, то [проверяемое следствие]» не имеет смысла. Точнее, оно имеет смысл в той мере, в какой мы *не доверяем* своим ощущениям: тогда проверяемые следствия относятся не к самим ***A*** и ***B***, а к тому, насколько наше чувственное восприятие позволяет адекватно («объективно») судить о сходстве (например, цветовосприятие различно у разных людей). В отношении же оценки сходства как этапа процедуры филогенетической реконструкции корректным является следующее суждение: «***A*** похоже на ***B*** больше, чем на ***C*** [утверждение]; из этого следует, что ((***AB***)***C***) [гипотеза]; если это верно, то [проверяемое следствие]». В нашем случае рабочая гипотеза формулируется в отношении филогенеза, породившего данную структуру сходственных отношений. В частности, такой гипотезой может быть суждение о гомогении.

Важным свойством фенетического паттерна является его структура, основные составляющие которой таковы:

а) характер корреляций между признаками, по которым оценивается сходство. Чем более чётко выявляются группы взаимно скоррелированных признаков (*корреляционные плеяды*), тем более структурирован фенетический паттерн, тем более чётко могут быть выявлены с их помощью отдельные группы организмов;

б) степень своеобразия (оригинальности) каждой из этих групп, которая в большой мере определяется предыдущим фактором (возможностью выявить корреляционные плеяды);

в) сетчатая или иерархическая структура фенетического паттерна. Ни одна из них не задана явным образом: выявление каждой из них во многом зависит от используемого алгоритма. Например, применяемый в нумерических подходах кластерный анализ является иерархическим по определению, тогда как ординатные методы основаны на неиерархических алгоритмах.

В филогенетике одно из важнейших свойств фенетического паттерна состоит в том, что какая-то из компонент его структуры несёт *филогенетический сигнал* (определён в 4.2.3). Это означает наличие *определённой связи между степенью сходства и родства* (или *суммой эволюционных изменений*, см. 9.1), позволяющей по первому судить о втором. По исходному условию такова иерархическая компонента, взаимоподобная структуре филогенетического паттерна. Если названная компонента выделена, такое сходство можно считать *филогенетически интерпретированным*. Средством её выявления служит особого рода дифференциальное взвешивание признаков и/или самого сходства (подробнее см. 5.6).

Степень сходства может меняться *дискретно* (квантованно) или *непрерывно* (континуально). Это его свойство зависит от его общей интерпретации, которая может быть двоякого рода.

Одна из них трактует сходство как вышеупомянутую *симморфию* — обладание общими свойствами, позволяющее судить о единстве группы организмов. Поскольку эти свойства отображены в дискретных признаках и их модальностях, то и суммарная оценка сходства также принимает дискретные значения. Данную интерпретацию сходства можно считать *теоретико-множественной*. Она составляет основу классической филогенетики и используется в многих современных алгоритмах, которые предполагают «подсчёт» признаков, объединяющих сравниваемые группы.

Континуальную оценку сходства даёт его *геометрическая* интерпретация, разработанная в рамках нумерической фенетики (Sneath, Sokal, 1973). Она основана на концепции *фенетического гиперпространства*, осями которого являются признаки, причём как количественные, так и (что важно) качественные. Сравниваемые объекты рассматриваются как точечные тела, распределённые в этом пространстве, а сходственные отношения — как непрерывные *расстояния* в нём, которые могут быть так или иначе измерены (рис. 34).

Ни симморфия, ни расстояния *сами по себе не имеют* прямой филогенетической интерпретации: чтобы её ввести, в структуре сходственных отношений, заданной совокупностью общих свойств или

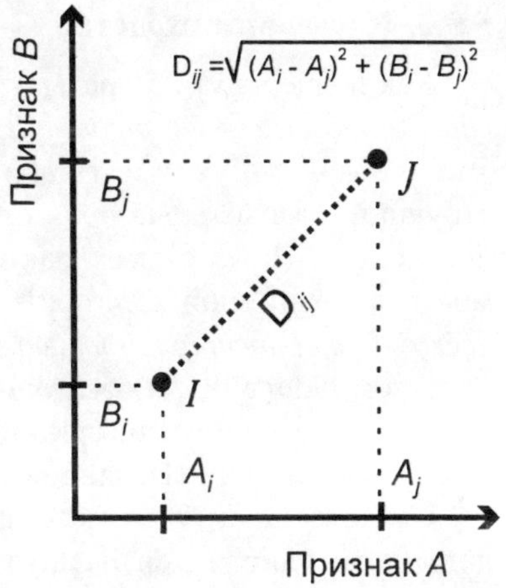


**Рис. 34.** Геометрическая интерпретация сходства.

Обозначения: *A*, *B* — признаки; *I*, *J* — сравниваемые объекты, $D_{ij}$ — расстояние между ними

расстояний, должен быть выявлен филогенетический сигнал. В случае расстояний это достигается корректным применением дистантных методов нумерической филетики, позволяющих перейти от распределения объектов в признаковом гиперпространстве к их распределению на дендрограмме (см. 9.4.1).

Коль скоро сходство оценивается по признакам, некоторые важные его свойства зависят от трактовки последних — например, от способа взвешивания (см. 5.6.2). При *эквивалентном* взвешивании сходство *аддитивно*. Это означает, что суммарная оценка степени сходства (при прочих равных) прямо пропорциональна количеству признаков, по которому оно оценивается. Благодаря этому свойству сходство в принципе может быть измерено, что служит предпосылкой для использовании количественных техник при его исчислении.

В отличие от этого, при *дифференциальном* взвешивании признаков сходство *не может считаться аддитивным* в только что указанном смысле. Причина в том, что сходство по какому либо отдельному признаку с очень большим весом может «перекрыть» все прочие сходственные отношения. В подобной ситуации оценка сходства представляет собой нетривиальную задачу: её решение зависит также и от принимаемых значений весовой функции. Такова трактовка сходства в классических подходах с их склонностью к типологическому мышлению.

Только что изложенное верно и в отношении различий. При эквивалентном взвешивании признаков суммарное различие по ним аддитивно. При их дифференциальном взвешивании появляется возможность выявлять *уникальные* объекты, отличающиеся очень специфичным состоянием какого-то одного признака.

### 5.5.2. Категории сходства

Как подчёркнуто в предыдущем разделе, *разные определения сходства в общем случае дают разную оценку сходственных отношений*. Это необходимо учитывать при проведении филогенетических реконструкций: разные *категории* сходства по-разному оцениваются в филогенетике. Ниже они охарактеризованы исходя из того, что значимость той или иной категории сходства определяется её *филогенетической интерпретируемостью* — т.е. возможностью выявить в фенетическом паттерне *филогенетический сигнал*.

Для выделения категорий сходства используем следующие опорные формализации (Павлинов, 1990).

Сходство между двумя сравниваемыми объектами по одной модальности одного признака (о терминах см. 5.4.1) есть **единичное сходство** — «атомарный» элемент базового фенетического паттерна. Коль скоро в этом определении присутствует понятие признака, очевидно, что в разных сравнениях единичные сходства могут быть весьма разными: в одном случае это может быть сходство животных по числу конечностей, в другом — по положению нуклеотида в определённом сайте анализируемой последовательности ДНК.

Совокупность единичных сходств, получаемых по некоторой совокупности признаков, образует *частный* фенетический паттерн. Очевидно, последний будет *разным* для исследований, основанных на анализе несовпадающих наборов признаков или их модальностей.

Если *вклад* единичных сходств или любых их совокупностей в фенетический паттерн *одинаково значим*, такое сходство будем называть **общим**. Оно соответствует *эквивалентному взвешиванию сходства*. Если при этом сами признаки также взвешиваются эквивалентно, сходство трактуется как **фенетическое**; если признаки взвешиваются дифференциально, сходство трактуется как **типологическое** (о взвешивании см. 5.6). Как следует из изложенного в предыдущем разделе, фенетическое сходство аддитивно, типологическое неаддитивно.

Если вклад единичных сходств или любых их совокупностей в фенетический паттерн оценивается по-разному, такое сходство будем называть **специальным**. Оно соответствует *дифференциальному взвешиванию* сходства, которое может быть основано на эквивалентном или дифференциальном взвешивании самих признаков. Частным случаем такого взвешивания является разделение единичных сходств на *синапоморфии* и *симплезиоморфии*. Ввиду важности распознавания этих категорий в современной филогенетике они рассматриваются в самостоятельном разделе (см. 5.3.3).

Свойство сходства нести филогенетический сигнал позволяет выделить несколько его категорий, в которых названный сигнал выражен в большей или меньшей степени.

Прежде всего, принципиально важно различать **унаследованное** и **приобретённое** сходство. Первое означает, что общие свойства унаследованы членами группы от их общего предка, второе — что они приобретены в результате параллельной или конвергентной эволюции. В первой трактовке сходство является *филогенетически интерпретированным*; оно лежит в основании *принципа унаследованного сходства* (см. 4.3.3.2)

Эти категории сходства тесно связаны с категориями гомологии/аналогии, поэтому их разграничение имеет существенное значение для кладогенетики. Ниже даны их трактовки в терминах классической филогенетики; соответствующие трактовки в терминах кладистики даны в 5.5.3. Данная оговорка нужна в связи с тем, что некоторые из этих категорий используются также в типологии и анагенетике, где они имеют иное толкование.

**Гомологичное** сходство понимается как *симморфия, в той или иной форме унаследованная от предка*: таким образом, это унаследованное сходство. В классической филогенетике оно используется для суждения о родственных связях, понимаемых в самом широком смысле. В современной (прежде всего «новой») филогенетике принимается во внимание «форма» унаследования: в зависимости от этого данная общая категории сходства, как и сама гомология, получает две следующие частные интерпретации.

**Гомогенетическое** сходство означает, что *общее свойство появилось у ближайшего предка* сравниваемых групп. Поэтому в классической филогенетике такое сходство называется также *унаследованным*. Оно позволяет датировать голофилетические группы. Примером служит наличие парных конечностей у наземных позвоночных, унаследованное от рыбообразных предков.

**Гомопластическое** сходство понимается как *общность свойств, возникшая на общей эпигенетической основе в близкородственных группах после их разделения* (проявление параллелизма). Подразумевается, что некое свойство отсутствовало у ближайшего предка этих групп и появилось в них уже после соответствующего кладистического события. Поскольку это свойство возникает на общей эпигенетической основе, его приобретение, вопреки нередким высказываниям, нельзя считать «независимым». В классической филогенетике такое сходство обозначается также как *параллельное* или *гомойологичное*.

Оно может служить дополнительным доводом в пользу монофилии (в широком смысле, т.е. включая парафилию) той или иной группы при условии, что она выделена на основании гомогенетического сходства.

**Аналогичное** сходство, в отличие от гомологичного, понимается как *общность свойств, возникшая на разной эпигенетической основе в неродственных группах* (проявление конвергенции). Это сходство обычно считается *конвергентным*, означающим *независимое* приобретение общего свойства. Впрочем, и здесь о независимости следует говорить с оговорками: предпосылкой к возникновению аналогичных структур в любом случае служит некое *единство организации*. Классическими примерами служат крыло у насекомых и позвоночных, ветвистая структура коралловых полипов и деревьев. Однако концепция *эпигенетической гомологии* (см. 5.3.1) позволяет усомниться в том, что *всякое* аналогичное (в классической трактовке) сходство является результатом действительно независимого эволюционного развития.

**Системное** сходство понимается как *общность свойств, отражающая упорядоченность разнообразия соответственно системным законам композиции*. Эти законы «накладываются» на законы филогенетического развития и действуют независимо от них в силу системной природы живых объектов (Урманцев, 1988). Классическим примером служит сходство цветков по конфигурации лепестков: их комбинаторика целиком исчерпывается законами преобразований для такого рода простых систем (рис. 35). Это означает, что сходство по таким структурам едва ли может считаться индикатором филогенетических отношений. Другим проявлением системного сходства можно считать разного рода морфологические «стили», проявляющиеся в сходстве биоморф (Любарский, 1996) и также маскирующие филогенетический сигнал.

Из предыдущего можно заключить, что обоснованное «подозрение» в системном характере сходства в некоторых случаях может оз-

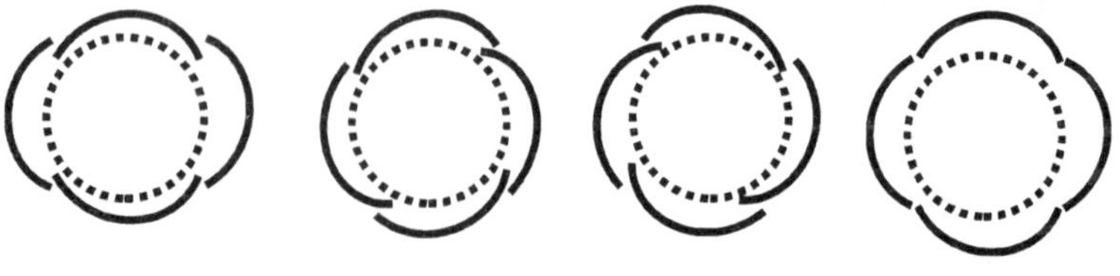

**Рис. 35.** Возможные конфигурации венчика гипотетического 4-лепесткового цветка, обусловленные законами преобразования для такого рода систем, по Ю.А. Урманцеву

начать невозможность решения (в силу бессмысленности самой постановки) вопроса о том, является оно гомологичным или аналогичным — это типичная *паралогия* (в морфологическом смысле, см. 5.3.1). По-видимому, именно данное обстоятельство побуждает сторонников номогенеза, отвергающих концепцию монофилии, не видеть разницы между параллелизмом и конвергенцией (Берг, 1977).

В связи с развитием количественных методов филогенетических реконструкций (нумерической филетики) большое значение приобретает корректная интерпретация сходства с учётом некоторых его формальных свойств как особого класса отношений. Некоторые из этих свойств рассмотрены в разделе, посвящённом количественным методами (см. 9.2).

Нередко категории сходства обозначаются на основании того, какие структуры использованы при сравнении организмов. В классической филогенетике говорят о *морфологическом* сходстве. Развитие генетики дало повод различать **фенотипическое** и **генотипическое** сходство. Группировки, выделяемые по каждой из этих двух категорий сходственных отношений, соответственно обозначаются как *феноны* (Sneath, Sokal, 1973) и *геноны* (Павлинов, 2004).

### 5.5.3. Синапоморфия и симплезиоморфия

В современной филогенетике различают две основные категории сходства групп организмов — **синапоморфию** (*синапоморфное сходство*) и **симплезиоморфию** (*симплезиоморфное сходство*) (рис. 36). В основе их распознавания лежит деление модальностей признаков с заданной полярностью на, соответственно, *апоморфии* и *плезиоморфии* (см. 5.4.2).

Две названные категории сходства вносят разный вклад в выявление кладогенетического сигнала. Синапоморфия значима, поскольку позволяет распознавать голофилетические группы; симплезиоморфия не позволяет этого делать и потому незначима (Hennig, 1966; Wiley, 1981; Павлинов, 1990). Это отражено в *принципе синапоморфии* (см. 4.3.3.2). Как указано в предыдущем разделе, такая их оценка представляет собой особого рода дифференциальное взвешивание сходства.

Группы, которые выявляются по каждой из этих категорий сходства, соответственно называются *синапоморфными* и *симплезиоморфными*. Согласно базовой эволюционной модели, принимаемой в кладогенетике, первые являются частной интерпретацией (в терминах сходства) кладистической группы и, соответственно, отображены в иерархии кладогенетического паттерна. В отличие от этого, симпле-

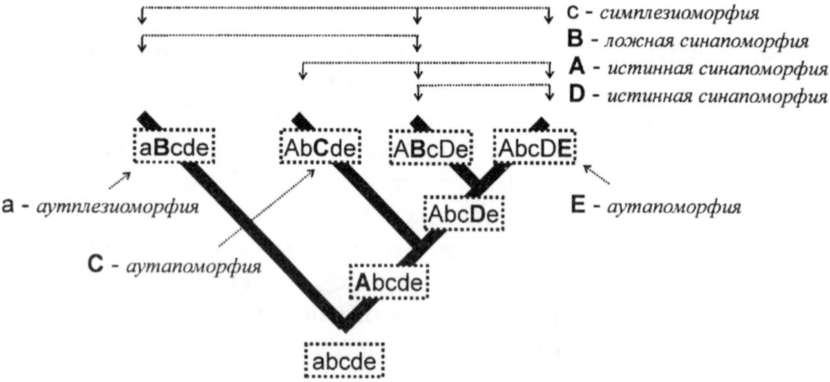


**Рис. 36.** Категории сходства, связанные с концепцией синапоморфии. Заглавными буквами обозначены апоморфии, строчными — плезиоморфии; полужирным выделены апоморфии, определяющие группы

зиоморфные группы не являются кладистически состоятельными и потому не имеют какого-либо соответствия в указанной иерархии.

Поскольку деление модальностей на апоморфии и плезиоморфии в каждой данной трансформационной серии относительно, то и выделение двух рассматриваемых категорий сходства и соответствующих им групп также относительно. Например, имеем трансформационную серию с полярностью *T(a) > T(в) > T(c)* и три группы организмов, характеризуемых этими модальностями: ***A****(a)*, ***B****(в)* и ***C****(c)*. Очевидно, группа ***B*** синапоморфна относительно ***A*** и симплезиоморфна относительно ***C.***

Синапоморфное сходство тесно связано с концепцией гомологии; иногда их отождествляют (Nelson, 1994). Однако это едва ли корректно: гомология — это не сходство между организмами, а нечто вроде «родства структур» (см. 5.3.1). Исходя из постулированного взаимоподобия кладо- и семогенезов (см. 4.1.2.2), более точной представляется следующая трактовка.

В общем случае *синапоморфия является средством выявления гомологии* в её филогенетической интерпретации, т.е. в такой, в которой присутствует ссылка на историю (см. 5.3.1). Учитывая двойственный характер таким образом понимаемой гомологии, синапоморфия также делится на две категории: она может быть *истинной* или *ложной*. Первая означает сходство по апоморфии, возникшей у ближайшего предка данной группы: это, очевидно, соответствует гомогении. Ложная синапоморфия — это сходство в результате параллельной эволюции или реверсии, соответствует гомоплазии. Иногда выделяется *базовая*, или подразумеваемая (*underlying*) синапоморфия: она соответствует классической концепции *латентной гомологии* (см. 5.3.1).

Очевидно, это уточнение зависит от конкретной филогенетической гипотезы. Если две группы, сходные по апоморфии, являются сестринскими, их синапоморфия — истинная. Если они относятся к разным кладистическим группам, их синапоморфия — ложная (см. рис. 36).

Симплезиоморфное сходство также является гомологичным, но не имеет столь однозначной интерпретации, как в предыдущем случае. В одних случаях оно эквивалентно «предковому» сходству, в других — это гомопластическое сходство между близкими организмами, возникшее в результате параллельной эволюции (т.е. эквивалентно ложной синапоморфии). Таким образом, симплезиоморфия — это гомологичное сходство, которое нельзя считать гомогенией: это просто «*не*-гомогения».

Способ решения вопроса о том, является ли сходство синапо- или симплезиоморфным, зависит от принятой схемы филогенетического анализа, т.е. от того, определяется ли полярность признаков *до* (прямая схема) или *после* (непрямая схема) кладистической реконструкции (об этих схемах см. 8.4). В первом случае названные категории сходства устанавливаются до проведения кладистического анализа, что служит условием его корректности. Во втором случае они устанавливаются апостериорно в контексте полученной кладистической гипотезы. Распознавание истинной или ложной природы синапоморфий по определению возможно только апостериорно.

Из вышеупомянутого взаимоподобия кладо- и семогенезов следует, что структура сходственных отношений, в которой идентифицированы синапо- и симплезиоморфии, организована иерархически: её обозначают как *иерархию синапоморфий*. Её формальным представлением служит дерево, обозначаемое (в отличие от кладограммы) как *синапоморфограмма* (см. выше рис. 13, *в*). Одним из ключевых свойств данной иерархии является *убывание числа синапоморфий от групп низшего ранга к высшим*: оно минимально у основания синапоморфограммы, которая соответствует исследуемой группе в целом. Это свойство иерархии синапоморфий отражено в принципе *кладистической неопределённости* (см. 4.3.2); оно же служит обоснованием метода *внешней группы* (см. 8.4).

В отдельную категорию выделяется **аутапоморфия** — наличие у терминальной группы уникальной апоморфии. Соответственно, *аутплезиоморфией* можно считать наличие у терминальной группы уникальной плезиоморфии. Эти категории сходства не определяют ни одной голофилетической группы и потому в кладистических реконструкциях, строго говоря, могут не учитываться. Вместе с тем, при переводе кладистической гипотезы в филогенетическую количество аутапоморфий может характеризовать уровень продвинутости соответствующей группы (см. 10).

## 5.6. ВЗВЕШИВАНИЕ

В разделе исторической науки, известном как *источниковедение*, существуют две позиции в отношении свидетельств истории. Они поразному трактуют вопрос о том, какие свидетельства наиболее *значимы* и заслуживают наибольшего доверия. Согласно одной трактовке, таковым является *решающее свидетельство*, которое *само по себе является надёжным* соответственно тому или иному критерию: например, записи в Готском альманахе как реестре брачных отношений между дворянскими семействами Европы. Согласно другой, наиболее надёжна *совокупность разных независимых свидетельств*, значимость которых определяется их *согласованной оценкой* исторических событий: поэтому записи в альманахе, подделка которых отнюдь не исключена, должны перепроверяться самыми разными способами.

В филогенетике значимость исторических свидетельств обозначается как **вес**; соответственно, оценка значимости есть **взвешивание**. Она унаследовала эту концепцию от систематики, которую та исходно разрабатывала в связи с идеей Естественной системы. Её предпосылкой послужил тот непреложный факт, что по разным признакам живые организмы могут быть классифицированы различным образом. Это создало проблему выбора оснований, на которых должны строиться эмпирические классификации, чтобы соответствовать критериям Естественной системы. Были выработаны два подхода, в принципиальных чертах совпадающие с только что указанными.

В одном из них, обоснованием которого исходно служит философия эссенциализма, наибольшая значимость придаётся признаку, в идеале единственному, *раскрывающему «главную» сущность естественной группы организмов*. Эта концепция *существенного признака* была унаследована типологией от схоластики и вместе с нею из систематики перекочевала в классическую филогенетику.

Второй подход, называемый *адансоновым* (по имени французского ботаника М. Адансона), утверждает, что для распознавания естественных групп и разработки названной системы необходимо оперировать многими равно значимыми признаками, т.е. имеющими одинаковый «вес». Эта идея зародилась в XVIII в.; в XX в. она породила фенетическое мышление, одной из составляющих которого стало отрицание какого-либо взвешивания.

Последнее, однако, принципиально неверно: в общем случае «*невзвешивание*» невозможно. Взвешивание всегда присутствует в той или иной форме, только формы эти могут быть весьма разными. Они задаются *критериями* взвешивания, которые формулируются соответствующими *принципами взвешивания*, а те, в свою очередь, разрабатываются исходя из некоторых *оснований взвешивания*. Разработка этой трёхзвенной цепочки составляет важнейшую часть методологии филогенетических реконструкций.

В самой филогенетике проблематика, связанная с концепцией взвешивания, обусловлена отсутствием взаимно-однозначного соответствия между сходством и родством, которое, в свою очередь, связано с нестрогим характером подобия кладо- и семогенезов (см. 4.1.2.2). Это означает, что сходственные отношения, получаемые по разным признакам, несут разный филогенетический сигнал. Следовательно, основная задача состоит в том, чтобы тем или иным способом *максимизировать суммарный филогенетический сигнал*, содержащийся в доступной для анализа совокупности признаков и в выводимой из них структуре сходственных отношений.

Это и составляет ключевую идею концепции взвешивания. Она разрабатывается исходя из определённых онтологических и эпистемологических оснований. Первые определяют соотношение между сходством и родством в рамках той базовой эволюционной модели, на основании которой разрабатывается гипотеза о кладогенезе. Вторые задают общие принципы оценки значимости («взвешивания») тех или иных свидетельств родства. На этом основании вводятся операциональные критерии взвешивания как *правил выбора эмпирических оснований для перехода от общей эволюционной модели к частной филогенетической гипотезе*.

Очевидно, разные базовые модели предполагают разную интерпретацию концепции взвешивания. Здесь они рассматриваются в рамках дихотомии, заданной двумя такими моделями — системной и стохастической (о них см. 4.1.1).

При обсуждении проблем, связанных с взвешиванием в филогенетике, обычно принимаются во внимание только признаки. Между тем, концепция взвешивания применима и к сходственным отношениям между организмами (Павлинов, 1990). При *взвешивании признаков* имеют дело с отдельными меронами; при *взвешивании сходственных отношений* анализируют сходства и различия между группами по отдельным признакам или их совокупностям. В обоих случаях оценивается их относительный вклад в выявление структуры кладогенетического паттерна.

В настоящем разделе рассмотрены концепции, принципы и критерии взвешивания, наиболее важные с точки зрения современной филогенетики. Очевидно, их перечень едва ли полный. С одной стороны, из категорий эпистемологии здесь присутствуют только те, которые имеют непосредственную связь с проблемой взвешивания, — такие, как принцип общей причины. С другой стороны, сюда не попали частные критерии взвешивания, которые специфичны для тех или иных групп организмов или категорий данных.

### 5.6.1. Основные принципы

С точки зрения *принципа изоморфизма* (см. 2.2.6) и взаимоподобия кладо- и семогенезов, вытекающего из системной концепции эволюции, не существует признаков, которые были бы незначимы для проведения филогенетических реконструкций: всякий из них несёт хоть какую-то информацию о филогенезе. Поэтому проблема выявления признаков, более или менее значимых с точки зрения данной исследовательской программы, весьма нетривиальна.

В филогенетике один из основополагающих — **принцип** (одновременно и *критерий*) **филогенетической интерпретируемости**. Он означает, что общим основанием для разработки принципов и критериев взвешивания является *оценка значимости исходных данных и/или результатов их анализа по их вкладу в структуру филогенетического паттерна.* Эта оценка представляет собой **весовую функцию**, приписываемую тому или иному признаку, сходству/различию или их совокупностям. Очевидно, *чем этот вклад больше, тем больше значение весовой функции.*

Последняя даёт основание говорить о **филогенетической значимости** признаков и сходств. В общем случае она *тем выше, чем больший филогенетический сигнал они привносят в фенетический паттерн*, тем самым делая его филогенетическим. В кладогенетике, соответственно, эта значимость определяется вкладом в выявление структуры кладогенетической составляющей филогенетического паттерна. Коль скоро данная составляющая — ни что иное как иерархия кладистических групп, кладогенетически осмысленное взвешивание есть *оценка возможности выявления кладогенетической иерархии в целом и каждой из составляющих её групп.* Эта оценка выводится из *принципа сестринских групп*, с помощью которого исследуются основные свойства иерархии кладогенетического паттерна (см. 4.1.3, 4.3.3.1).

Филогенетическая интерпретируемость определяется многими факторами, большинство из которых формулируется соответствующими принципами и критериями. Наряду с ними, существует некоторое количество чисто «рабочих» моментов в представлении исходных данных, которые также должны рассматриваться в свете данного принципа. Например, одно из условий состоит в том, чтобы *разнообразие модальностей признака можно было представить в форме трансформационной серии* (в случае морфологической структуры) или «генного дерева» (в случае молекулярной структуры). Если это невозможно, как в случае сбалансированного полиморфизма (например, цвет радужины глазного яблока), филогенетическая интерпретируемость и, соответственно, значимость такого признака ничтожны.

Следует различать **дифференциальное** и **эквивалентное** взвешивание. В первом случае утверждается *разный вклад разных исходных данных* в филогенетическую гипотезу: им приписываются *разные значения* весовой функции. В отличие от этого, при эквивалентном взвешивании принимается *одинаковый вклад разных исходных данных* в эту гипотезу: им приписываются *одинаковые значения* названной функции. Собственно говоря, эквивалентное взвешивание — это как раз то, что в фенетике считается «*не*-взвешиванием».

Эта категория взвешивания признаков сказывается на таком важном свойстве сходства как его аддитивность или неаддитивность (см. 5.5.1). При дифференциальном взвешивании признаков, по которым оценивается сходство, последнее *неаддитивно*; при эквивалентном взвешивании сходство *аддитивно*.

Важным аспектом взвешивания является его **априорный** или **апостериорный** характер. При априорном взвешивании оценка значимости даётся *до* проведения филогенетической реконструкции: таковы все методы качественного взвешивания, которые в классической и отчасти современной филогенетике включаются в число начальных условий филогенетической реконструкции. При апостериорном взвешивании значение весовой функции определяется *после* или *во время* филогенетической реконструкции.

Апостериорное взвешивание, в отличие от априорного, является **контекстным**: оно зависит от содержания той частной гипотезы, в контексте которой определяется значимость признаков. Однако следует подчеркнуть, что всякое дифференциальное взвешивание проводится в рамках некоторого *эволюционного контекста*, включённого в начальные условия филогенетической реконструкции (см. 8.1). Поэтому априорным его можно считать лишь с известной оговоркой: оно априорно относительно результатов *данной* филогенетической реконструкции.

Процедура, при которой значение весовой функции может меняться по мере уточнения содержания филогенетической гипотезы и тем самым влиять на окончательные результаты, делает оценку взвешивания *итеративной*. На основании предварительно заданных значений названной функции выдвигается также предварительная филогенетическая гипотеза, в её контексте эти значения пересматриваются, после чего гипотеза уточняется — и так далее. Это предусмотрено многими схемами филогенетического исследования: значение весовой функции не считается окончательным, оно при необходимости может быть пересмотрено по ходу разработки филогенетической гипотезы. В некоторых методах нумерической филетики эта общая идея формализована как **последовательное** (successive) взвешивание признаков (см. 5.6.2).

Взвешивание может быть **качественным** или **количественным**. Качественное взвешивание предполагает привлечение различных соображений *содержательного* характера при оценке значимости признаков — например, оценку адаптивной и/или функциональной значимости той или иной морфологической структуры, её простоты или сложности. При количественном взвешивании значения весовой функции приписываются признакам на основании неких *формальных* критериев. Эти последние могут разрабатываться на основании как содержательных, так и формальных суждений. К числу первых, например, можно отнести количественные критерии взвешивания на основе принципа совместимости: они обосновываются в рамках модели минимальной эволюции. В количественных методах кладистического анализа предусмотрено количественное взвешивание самих признаков или их фрагментов (см. 9.1).

Качественное взвешивание всегда дифференциально и априорно (с учётом оговорки, касающейся итеративного взвешивания): в этом его смысл. Количественное взвешивание может быть дифференциальным или эквивалентным, как априорным, так и апостериорным: это зависит от того, на какой стадии филогенетической реконструкции вводятся весовые критерии. Если количественное взвешивание проводится априорно, оно по преимуществу является дифференциальным; если апостериорно, с некоторыми оговорками его можно считать эквивалентным (см. далее настоящий раздел).

Упомянутая в разделе 5.6 идея «решающего свидетельства» — одна из основополагающих в классической филогенетике, реализуется как **принцип ключевого признака**. Он предполагает качественное априорное взвешивание, разрабатывается в рамках адаптационистской концепции эволюции. Соответственно этому, *суждение о филогенезе данной группы тем надёжнее, чем больше в признаке* (наборе взаимосвязанных признаков) *отражена её адаптивная специфика*. По определению, наибольший филогенетический сигнал несут структуры с высоко преемственным историческим развитием, «канализирующим» адаптивную радиацию соответствующей филогенетической группы.

Обоснованием этого принципа на уровне онтологии служит концепция *ключевой инновации* (К. Лайем; *ключевой ароморфоз* по Н.Н. Иорданскому). Эта концепция утверждает, что эволюционная судьба филогенетической группы определяется изменением некоей морфоструктуры, которое служит своего рода «триггером» и запускает преобразования прочих структур, связанных с нею. Эти преобразования и составляют адаптивную специфику группы, канализируя её эволюцию (Иорданский, 2001).

В современной (особенно «новой») филогенетике более актуальна идея согласования разных свидетельств, общим обоснованием чему служит заимствованный из эпистемологии *принцип экономии* (см. 2.2.3). Он означает предпочтительность использование признаков в такой «весовой форме», которая делают итоговую гипотезу менее нагруженной априорными суждениями о характере эволюции исследуемой группы организмов и потому более тестируемой. Это ведёт к отрицанию принципа ключевого признака, замене его другими, которые обосновываются ссылкой не только на онтологию, но и на эпистемологию научного исследования (на «экономию мышления»).

Один из них — *принцип общей причины* (см. 2.2.5). В данном случае он означает, что разные семогенезы порождены одной и той же последовательностью филогенетических событий и поэтому в каких-то частях должны совпадать неслучайным образом. Поэтому *чем больше совпадают соответствующие семогенезам признаки, тем надёжнее может быть выявлена сопряжённая этим семогенезам последовательность кладистических событий*. Как уже было отмечено, с точки зрения принципа экономии это решение более обоснованно, нежели допущение, что разные семогенезы не связаны с общим кладогенетическим паттерном, а тем самым — и между собой.

На этом основании формулируется имеющий более частное значение **принцип совместимости**. В данном случае совместимость означает *согласованную* датировку разными признаками единой структуры кладогенетического паттерна. Согласно этому принципу *филогенетическая гипотеза тем предпочтительнее, чем более она согласует разные свидетельства о родстве групп*. Его можно считать одной из многочисленных ипостасей принципа экономии, что позволяет его представить как *требование минимизации количества несогласованных признаков*. В классической филогенетике рассматриваемый принцип воплощён в *методе тройного параллелизма*, суть которого — в согласовании данных сравнительной анатомии, эмбриологии и палеонтологии. В современной филогенетике он более формализован, служит обоснованием ряда операциональных принципов и критериев взвешивания признаков.

К числу последних относится реализующий фенетическую идею чисто количественный **принцип суммирования признаков**. Он основан на допущении аддитивности фенетического сходства (см. 5.5.1) и утверждает, что *филогенетическая гипотеза тем надёжнее, чем большим количеством признаков она обоснована*. Очевидно, такие признаки должны быть в той или иной мере *взаимно совместимы*, в противном случае с их помощью не удастся выявить единую иерархию кладогенетического паттерна. Этот принцип более всего эксплуатируется в «новой» филогенетике (*total evidence parsimony*, см. Churchill et al., 1992).

Результат применения этого принципа в значительной мере зависит от того, каким образом выделяются признаки, что, в свою очередь, определяется степенью «редукционности» того или иного подхода. Так, с одной стороны, можно утверждать, что несколько мало связанных между собой макроморфологических структур (например, костномышечная, пищеварительная и мочеполовая системы) надёжнее обосновывают филогенетическую гипотезу, нежели одна молекулярная — белок или кодирующая последовательность ДНК. Однако в генофилетике признаком считается не вся эта последовательность, а каждый отдельный сайт в ней. Таким образом, если в первом случае мы получаем несколько десятков отдельных признаков, то во втором — несколько сотен и даже тысяч.

Поскольку рассматриваемый принцип не предполагает каких-либо качественных критериев взвешивания, из предыдущего следует, что в комбинированном анализе морфологических и генетических данных вклад немногих морфологических признаков «поглощается» вкладом большого числа единичных признаков строения ДНК или РНК. Поэтому итоговая кладистическая гипотеза, разрабатываемая на основе количественных методов, во многом определяется последними. Это заставляет переходить от анализа комбинированных данных к методу построения *супердеревьев* (см. 9.4.5).

Возможность содержательной оценки значимости исходных данных ослабляется так называемым **косвенным** (неявным) взвешиванием признаков. В таком случае какие-либо руководящие принципы отсутствуют: этот аспект взвешивания связан главным образом с тем, что одни данные менее доступны для исследований, чем другие. Например, в силу плохой сохранности ископаемые материалы имеют значительно более фрагментарный характер по сравнению с современными. Очевидно, что при сравнении организмов по полным и неполным наборам признаков последние *автоматически приобретают большее значение, поскольку позволяют исследовать большее число объектов*. Здесь, разумеется, нужна оговорка «при прочих равных»: так, ограниченный характер молекулярных данных компенсируется тем, что они означают использование качественно иной фактологии.

Один из вариантов косвенного взвешивания в количественных методах связан с тем, что *вклад признака в итоговую реконструкцию прямо пропорционален числу его модальностей или диапазону значений*. Для устранения этого применяется особая форма дифференциального количественного взвешивания — **стандартизация** (или *выравнивание*), аналогичная применяемому в статистике: *чем больше модальностей* (диапазон значений) *у признака, тем меньший вес приписывается каждой из них*. Это даёт выравнивание вкладов признаков с разным числом модальностей в суммарную оценку сходственных отношений. Другим (менее удачным) вариантом решения этой проблемы является представление всех признаков в бимодальной форме.

### 5.6.2. Взвешивание признаков

Критерии дифференциального взвешивания признаков определяют их вклад в оценку структуры филогенетического паттерна. В одних случаях эта оценка во многом зависит от того, как понимается степень упорядоченности эволюционного процесса, порождающего названный паттерн. Соответственно, такого рода критерии чаще всего определяются содержанием базовой эволюционной модели. Другие критерии вводятся *ad hoc* согласно требованиям исследуемого материала.

Одним из наиболее универсальных является **критерий гомологизируемости**: он утверждает, что *значимость признака тем выше, чем надёжнее обоснована гомология соответствующей морфоструктуры* (Bock, 1981). Причина очевидна: лишь гомологичная структура позволяет судить о филогенетическом единстве организмов, которым она свойственна. Поэтому неполностью гомологизируемые признаки (см. 5.3.2) имеют подчинённое значение, а аналогичные структуры при выдвижении гипотез о кладистических отношениях и кладогенезе вовсе не рассматриваются.

Данный критерий позволяет ещё раз подчеркнуть принципиальную невозможность «*не*-взвешивания» в филогенетике: вообще говоря, последнее означало бы неразличение гомологичных и аналогичных структур. Он представляет собой один из вариантов качественного дифференциального априорного (или контекстного) взвешивания признаков. Его контекстность связана с тем, что суждение о гомологии является гипотезой, которая может быть уточнена в ходе филогенетической реконструкции.

**Критерий консервативности** связывает филогенетическую ценность признака с его эволюционной лабильностью: *значимость признака тем выше, чем ниже вероятность его изменений*. Подразумевается, что высокая лабильность соответствующей морфоструктуры увеличивает частоту параллелизмов и делает признак менее надёжным свидетельством кладогенеза. В генофилетике, кроме того, считается, что повышенная частота мутаций увеличивает скорость эволюции и затрудняет выявление кладогенетического сигнала.

**Критерий необратимости** означает, что на оценку значимости признаков влияет обратимость его эволюционных изменений: *значимость признака тем выше, чем ниже вероятность реверсий*. Причина в том, что реверсии не позволяют строго различать истинные и ложные синапоморфии. Оценки вероятности необратимой эволюции, очевидно, зависят от общей трактовки характера эволюции: в системной она выше, в стохастической ниже. Поэтому и общее значение этого критерия также оценивается по-разному, в зависимости от принимаемой базовой модели: чем менее упорядоченным постулируется процесс эволюции, тем менее значим данный критерий при отборе признаков.

С предыдущим критерием тесно связан операциональный **критерий полярности**. Он предполагает возможность представить признак в виде трансформационной серии, полярность которой указывает вероятное направление эволюции соответствующего мерона (см. также 5.6.2. о филогенетической интерпретируемости признака). Данный принцип утверждает, что *значимость признака тем выше, чем надёжнее суждение о его полярности*. Подразумевается, что *надёжное распознавание апоморфий и плезиоморфий повышает надёжность выде-*

*ления синапоморфных групп*. Этот критерий более всего значим в филистике и эволюционной кладистике; в экономной кладистике ему придаётся меньшее значение.

К числу оживлённо обсуждаемых относится **критерий параллелизмов**, означающий *дифференциальное взвешивание признаков по вероятности параллелизмов в историческом развитии соответствующих структур*. Его можно переформулировать в терминах концепции гомологии и свести к оценке значимости *гомогений* и *гомоплазий* как оснований для суждения о монофилии. Трактовка и применение этого важного критерия в разных школах филогенетики существенно различны в зависимости от базовой эволюционной модели — в первую очередь от того, как трактуется направленность эволюции.

Особый упор на закономерный и потому направленный характер эволюции присущ классической филогенетике и филистике. Согласно принятой в них за основу системной концепции эволюции утверждается, что чем более упорядоченна последняя, тем выше в ней вероятность параллельных преобразований морфоструктур. Следовательно, филогенетическое единство группы проявляется в общности свойств, не только унаследованных от ближайшего предка (гомогении), но и приобретённых в результате параллельной эволюции (гомоплазии). Поэтому *гомогении и гомоплазии* (с некоторыми оговорками) *одинаково значимы для суждения о монофилии* групп, свидетельствуя в пользу её филогенетического единства (Расницын, 2002).

В «новой» филогенетике монофилия трактуется как голофилия, согласно чему голофилетическая группа может быть выявлена лишь по гомогениям, но не по гомоплазиям. Поэтому *чем выше вероятность параллелизмов в эволюции структуры, тем меньше значимость соответствующего признака* (Hecht, Edwards, 1977). Как видно, эта позиция прямо противоположна предыдущей: параллелизмы считаются «эволюционным шумом», маскирующим структуру кладистических отношений. Такая трактовка принципа вполне соответствует стохастической модели эволюции.

С рассмотренными критериями отчасти связан **критерий сложности** (одноимённый одному из критериев определения полярности, см. 5.4.2): *значимость признака тем выше, чем сложнее соответствующая морфоструктура*. Предполагается, что чем выше сложность, тем структура консервативнее и тем менее вероятны параллелизмы и реверсии в её развитии (Hecht, 1976). Очевидным дополнением к нему служит **критерий редукции**: *признак менее значим, если он соответствует редуцированной* (вторично упрощенной) *морфоструктуре*.

На основании *принципа совместимости* (см. 5.6.2) разрабатывается одноимённый **критерий совместимости признаков**, согласно которому значимость признака определяется исходя из того, *насколько согласованно с другими признаками он выявляет структуру кладогенетического паттерна*. В современной филогенетике в разработке данного критерия большое значение придаётся принципу суммирования признаков: *чем большее число признаков согласованно свидетельствует в пользу данной кладистической гипотезы, тем больше их общий вес*. Очевидно, этот критерий реализует идею дифференциального количественного взвешивания признаков: в данном случае в расчёт чаще всего не принимаются соображения содержательного порядка.

Между тем, последнее не вполне корректно. Как отмечено в разделе 5.6.2, данный критерий обосновывается ссылкой на общие причины, определяющие сопряжённую эволюцию структур. Но эти причины могут иметь разную природу — филогенетическую и онтогенетическую. В первом случае совместимость признаков есть проявление (по И.И. Шмальгаузену) *филетических координаций*, во втором — *онтогенетических корреляций*. Очевидно, при проведении филогенетических реконструкций эти два типа межпризнаковых связей необходимо различать. Онтогенетически скоррелированные признаки, образующие жёсткие корреляционные плеяды, при разработке гипотезы о кладогенезе являются простыми тавтологиями. В отличие от этого, признаки, которые связаны координациями, филогенетически значимы по определению: причиной их сопряжённости является общая филогенетическая история. Важным средством распознавания двух этих типов межпризнаковых связей служит морфофункциональный анализ.

Оценка совместимости признаков может проводиться как априорно, так и апостериорно. В первом случае взвешивание приводит к вычленению некоторой совокупности взаимно совместимых признаков, которая кладётся в основу кладогенетической реконструкции. При этом считается, что чем больше признаков в этой совокупности, тем надёжнее результат (см. 9.4.2). Апостериорная оценка совместимости даётся в контексте итоговой или промежуточной кладистической гипотезы, полученной по всем признакам. Принимая во внимание сказанное в предыдущем абзаце, в эту схему необходимо «встраивать» также оценку того, какие связи между признаками являются координациями, какие — корреляциями.

В «новой» филогенетике априорное взвешивание признаков на основании вышеназванных критериев (кроме гомологизируемости) по большей части считается противоречащим требованиям принципа экономии. Причина в том, что в отношении каждой отдельной морфоструктуры не существует высоко надёжных оснований для суждения о ходе её эволюции на априорной основе, т.е. до получения хотя бы предварительной гипотезы о кладогенезе. Поэтому более правомочной считается апостериорная оценка значимости признаков: она даётся *в контексте промежуточной или итоговой гипотезы о кладогенезе* (Farris, 1983; Павлинов, 1990).

Это означает не отказ от дифференциального взвешивания признаков согласно перечисленным критериям, а применение их в апостериорной форме в рамках следующей итеративной процедуры *последовательного* взвешивания. Сначала на основе эквивалентно взвешенных неордированных признаков строится кладограмма. Затем из полученной последовательности кладистических событий выводятся апостериорные заключения о полярности, параллелизмах и реверсиях признаков. На этом основании проводится их количественное апостериорное взвешивание, после чего результаты кладогенетической реконструкции уточняются с учётом результатов взвешивания.

Вышеперечисленные критерии являются общими в том смысле, что обосновываются ссылками на некие общие принципы онтологии или/и эпистемологии и в той или иной форме применяются в самых разных школах филогенетики. Наряду с ними существует множество более частных критериев, которые разрабатываются в некоторых школах как часть их методологии. Чаще всего они служат обоснованием особой значимости специфических категорий данных или способов их интерпретации.

Так, в палеонтологии по совершенно очевидным причинам вводится, условно говоря, **палеонтологический критерий**, согласно которому *признаки тем более значимы, чем более они доступны на палеонтологическом материале*. Поэтому при сравнении рецентных и ископаемых форм набор признаков «редуцируется» таким образом, чтобы сделать эти формы сопоставимыми. Выше это было обозначено как косвенное взвешивание. Одноимённый критерий используется при определения полярности признаков (см. 5.4.2).

В филогенетике классического толка, опирающейся на *принцип ключевого признака* (см. 5.6.1), общий критерий филогенетической интерпретируемости обращается в частный **критерий адаптивной значимости**. С этой точки зрения *филогенетическая значимость признака тем выше, чем с большей надёжностью его разнообразие может быть осмыслено как результат адаптациогенеза*.

По смыслу близок к нему **критерий функциональной значимости**: *филогенетическая значимость признака тем выше, чем с большей надёжностью его разнообразие может быть интерпретировано функционально.* Его можно считать частным случаем предыдущего: функциональная структура адаптивна по определению (Gutmann, 1977). Следует обратить внимание на то, что в обоих случаях значимость неявным образом подменяется интерпретируемостью: структура считается функционально и адаптивно значимой в той мере, в какой исследователю понятны её функция и предназначение. Так что на операциональном уровне эти критерии следовало бы называть *критериями адаптивной* и *функциональной интерпретируемости* (см. также 6.1.1).

Прямо противоположную трактовку значимости даёт **критерий нейтральности**, который утверждает, что *филогенетическая значимость признака тем выше, чем меньшему давлению отбора он подвержен.* В современной филогенетике этот принцип обосновывается ссылкой на *модель нейтральной эволюции* (см. 4.1.1), предполагающую стохастический характер изменений не подверженных отбору структур, прежде всего молекулярных.

Примечательно, что из двух только что рассмотренных критериев (адаптивной значимости и нейтральности) именно второй, считающийся наиболее «современным», более всего соответствует восходящему к Дарвину делению признаков на «*филогенетические*» и «*адаптивные*». Первые считаются значимыми для филогенетических реконструкций, вторые — нет, поскольку связаны с частными адаптациями и не позволяют судить о генеалогических отношениях (т.е. несут минимальный кладогенетический сигнал).

В молекулярно-филогенетических реконструкциях один из руководящих критериев значимости признаков — их «**близость к генотипу**». В основании этого лежит эволюционная модель, в которой существенную часть филогенетических процессов составляют те или иные преобразования на уровне генотипов (Майр, 1971; Антонов, 2002). Соответственно, утверждается, что *филогенетическая значимость признака тем больше, чем он «ближе к генотипу».* Этим сторонники генофилетики обосновывают состоятельность своего подхода; однако он остро критикуется сторонниками классической филогенетики за его «ультраредукционизм».

Последний проявляется двояким образом. С одной стороны, организм редуцируется даже не до «генотипа» (это классическое понятие в современной генетике строго не определено), а до первичной структуры информационных макромолекул — ДНК и РНК. С другой стороны, генофилетические реконструкции базируются на редукционной модели минимальной эволюции, мало совместимой с её системной концепцией.

Одним из своеобразных критериев дифференциального взвешивания признаков является их **ранжирование**. Оно явным образом присутствует в классической систематике типологического и натурфилософского толка и отчасти в её наследнице — классической филогенетике. Это означает, что *разные признаки могут иметь разное значение на разных иерархических уровнях филогенетического паттерна*.

В современной филогенетике этот критерий чаще всего не формулируется, хотя в его основе лежит достаточно здравая идея о том, что преобразования одних структур менее, других — более инерционны. Первые более эффективно «работают» на низших уровнях филогенетического паттерна, позволяя выявлять филогенетические связи между видами или родами (например, аллозимные данные). Вторые позволяют решать задачи на его высших уровнях: например, по первичной структуре некоторых участков информационных макромолекул осмысленно сравнивать организмы, относящиеся к разным классам и типам.

Подобно морфоструктурам и соответствующим им признакам как целостным образованиям, *дифференциально взвешивать можно также их отдельные аспекты или фрагменты*. Так, при вероятностной интерпретации признака в соответствующей трансформационной серии могут задаваться разные вероятности переходов (в том числе прямых и обратных) от одних модальностей к другим, что позволяет их по-разному «взвешивать» (см. 5.4.1). Другим вариантом является разная оценка филогенетической значимости разных фрагментов какой-либо последовательности ДНК (Nei, Kumar, 2000; см. также 6.1.4).

Во многих случаях при оценке значимости тех или иных структур или их совокупностей работает не один, а *несколько критериев*, которые выступают как «синергисты».

Так, критерий нейтральности, вообще говоря, подразумевает случайный характер филогенетических изменений исследуемых структур. Это означает, что каждая из таких (например, молекулярных) структур имеет незначительный вес: из стохастического процесса низшего порядка (единичного семогенеза) нельзя извлечь информацию об упорядоченном процессе более высокого порядка — т.е. о филогенезе. Однако этот же критерий в совокупности с критерием совместимости признаков и со ссылкой на принцип общей причины позволяет утверждать, что при случайном характере изменений соответствующих структур *вероятность их случайного совпадения, не имеющего кладо-*

*генетической подоплёки в качестве общей причины, ничтожно мала* (Sober, 1988). Это, очевидно, делает значимой именно *совокупность молекулярных структур как источник информации о кладогенезе* (принцип *суммирования признаков*, см. 5.6.1).

Другим примером может быть критерий адаптивной значимости. Сам по себе он актуален в семогенетике. В кладогенетике же этот критерий имеет вспомогательное значение: его по мере необходимости привлекают для того, чтобы повышать надёжность выбора признаков по другим критериям (полярность, совместимость).

### 5.6.3. Взвешивание сходства

Дифференциальное взвешивание сходственных отношений (т.е. сходства и различия), терминологически не вполне привычное, по крайней мере в одном отношении более чем тривиально. Имеется в виду, что во многих классификационных задачах сходству и различию придаётся разное значение: сходство объединяет, различие разграничивает (см. 5.5).

Так, в эволюционной систематике эта идея выражена **принципом решающего разрыва** (см. 12). Он утверждает, что для выявления единства филогенетической группы необходимо показать, что для неё характерна не только некоторая общая эволюционная тенденция (сходство), но также и то, что характер и степень адаптаций *существенно отличают эту группу от её ближайших родственников* (решающий разрыв = различие).

Проблема дифференциального взвешивания сходственных отношений решается в кладистике весьма радикально на основании *принципа синапоморфии* (см. 4.3.3.2). Он утверждает, что для выявления структуры кладогенетического паттерна значение имеет только анализ одной из двух категорий единичных сходств — синапоморфий. Из этого следуют две формы дифференциального взвешивания сходственных отношений. Во-первых, *для выявления структуры кладогенетического паттерна имеет значение анализ только сходства*, тогда как различия в расчёт не принимаются вовсе. Во-вторых, из двух категорий сходства, признаваемых кладистикой (см. 5.5.3. ), *только синапоморфии позволяют выявлять названную структуру*. В отличие от этого, вклад в неё симплезиоморфий нулевой, они филогенетически незначимы: это радикально отличает «новую» филогенетику от классической.

Возможно, используя иные формализации, можно показать, что по крайней мере вторая из приведённых форм взвешивания сходства сводима к дифференциальному взвешиванию модальностей признаков —

апоморфий и плезиоморфий. Однако акцентирование внимания на взвешивании именно сходства позволяет обратить внимание на одно весьма нетривиальное следствие из принципа синапоморфии: он вводит в схему аргументации кладистического анализа нечто вроде *однозначной логики* как форму суждения об истинности или ложности высказываний о голофилетических группах (Павлинов, 1990).

Взвешивание сходства, согласно требованиям принципа синапоморфии, не зависит от взвешивания признаков, по которым это сходство устанавливается: выбор каких-то признаков как наиболее значимых или отказ от такого выбора не влияет на его смысл. Так, можно по-разному оценить значимость признаков на основе критериев совместимости, полярности и т.п. и далее выявлять иерархию синапоморфий только по этим признакам, применяя *прямую схему* анализа. С другой стороны, руководствуясь принципом эквивалентного взвешивания признаков, при выдвижении гипотезы о кладогенезе можно опираться на всю совокупность неордированных признаков. При этом применяется *непрямая схема*, важным элементом которой является концепция внешней группы, выводимая на основании всё того же принципа синапоморфии (об этих схемах см. 8.4).

Принцип синапоморфии подразумевает возможность количественной оценки взвешивания единичных сходств, необходимость чего возникает при конфликте между разными кладистическими гипотезами, получаемыми по разным схемам синапоморфий. Он означает, что *суждение о монофилетическом статусе данной группы обосновано тем надёжнее, чем большим* (при прочих равных) *количеством синапоморфий она характеризуется* (см. также 2.2.3).

Таким образом, для того, чтобы узнать, можно ли считать голофилетическими те или иные группировки организмов, получаемые по разным признакам, достаточно просуммировать специфические для каждой из них синапоморфии и сравнить результаты (Farris, 1983; Павлинов, 1989). В этом можно усмотреть прямую аналогию с *принципом суммирования признаков* (см. 5.6.1). Как и в последнем случае, подобный характер взвешивания сходства служит обоснованием возможности применения достаточно простых количественных оценок сходства групп организмов, широко используемых новой филогенетикой.

## 5.7. ФИЛОГЕНЕТИЧЕСКАЯ ГИПОТЕЗА

Вопреки самонадеянному афоризму «гипотез не измышляю», рождённому рационалистической наукой Нового времени в период её становления (авторство приписывается И. Ньютону), основной формой научного знания является именно гипотеза. Это следует из фундаментальной неполноты знания, делающей всякое суждение об объективной реальности предположительным, гипотетичным. Такое понимание структуры научного знания лежит в основе гипотетико-дедуктивной схемы аргументации (см. 2.1.3).

С этой точки зрения филогенетическое исследование по сути является *процедурой выдвижения гипотезы о филогенезе с последующим её тестированием*.

Гипотетический характер филогенетических реконструкций признаётся с самого начала развития филогенетики. В классических подходах этому придаётся, так сказать, «бытовое» значение: гипотетичность реконструкций означает просто их незавершённость. В современной филогенетике, методология которой во многом базируется на гипотетико-дедуктивной схеме аргументации, в понимание того, что такое филогенетическая гипотеза и каким образом она должна разрабатываться, вкладывается более строгий смысл.

Согласно названной схеме, всякая гипотеза является теоретико-зависимой. Она разрабатывается в контексте некоторой априори заданной эволюционной модели, в которой определены общие параметры процесса эволюции (см. 4.1.1). Это значит, что содержание гипотезы зависит не только от исходной фактологии: большое значение имеет принимаемая исследователем базовая эволюционная модель.

На этом основании **филогенетическую гипотезу** в общем случае можно определить как *эмпирическое суждение о последовательностях филогенетических событий и структуре филогенетических отношений, выдвигаемое в рамках определённой эволюционной модели на основании анализа сходства между организмами по филогенетически интерпретированным признакам*. В некотором предельном смысле частная филогенетическая гипотеза — это просто детализация общей эволюционной модели для данной группы организмов в свете наличной фактологии.

Базовая модель, в контексте которой выдвигается гипотеза, должна быть достаточно общей: в ней указывается необходимый минимум априорных допущений о предмете исследования. Согласно логике гипотетико-дедуктивной схемы аргументации, это повышает *потенциальную фальсифицируемость* итоговой гипотезы. Например, суждения о характере эволюции, использованные для априорного определения полярности признаков, исключают возможность проверки гипотезы о кладогенезе путём оценки состоятельности апостериорно определённых полярностей (см. 8.5).

Филогенетическая гипотеза является «комплексной» в том смысле, что в ней одновременно рассматриваются кладо- и семогенетическая составляющие филогенеза. Поскольку они связаны соотношением неопределённости, решение задачи тестирования такой гипотезы оказывается слишком приближённым для того, чтобы считаться надёжным. Для устранения этого недостатка гипотеза должна формулироваться для каждой из названных компонент в отдельности: это означает снижение их «*размерности*» в сравнение с общей филогенетической гипотезой и, соответственно, повышение потенциальной фальсифицируемости (см. также 2.2.1). Иными словами, вопрос о познаваемости филогенеза более осмыслен для каждой из названных составляющих в отдельности, чем для всего процесса филогенетического развития в целом.

На этом основании можно утверждать, что в филогенетике разрабатываются две категории гипотез — **кладистические** и **семогенетические**. Первые рассматриваются кладогенетикой, в них отображены *события в кладогенезе* и *родственные отношения*. Соответственно, в семогенетических гипотезах речь идёт о *событиях в семогенезах* и о *сходственных отношениях*. Основной (*итоговой*) должна считаться именно гипотеза о *процессе* филогенеза, поскольку на уровне онтологии филогенетический паттерн «вторичен» относительно филогенетической истории.

Кроме повышения потенциальной тестируемости каждой из названных категорий гипотез, для семогенетики их раздельное рассмотрение имеет особый смысл. Благодаря тому, что гипотезы о кладогенезе рассматриваются отдельно от семогенетических, это снижает риск оказаться в замкнутом круге аргументации при поиске закономерностей морфологической эволюции. В частности, возрастает надёжность суждений о частоте параллелизмов и направленности в развитии той или иной морфоструктуры.

Формальным представлением кладистической гипотезы служит *кладограмма*, гипотезы о единичном семогенезе — *кладистический признак*. Взаимосвязь между ними обеспечивается *принципом подстановки* (см. 4.3.4), который позволяет переходить от семогенетической гипотезы к кладистической и обратно (см. 8). При этом гипотеза о каждом отдельном семогенезе в результате применения названного принципа переводится в **единичную кладистическую гипотезу**, формальным представлением которой служит *таксон-признаковое дерево*. Итоговая гипотеза о кладогенезе получается в результате объединения нескольких единичных.

Из предыдущего видно, что кладистическая гипотеза представляет собой обобщение нескольких семогенетических — т.е. по сути это *мультисемогенетическая гипотеза*. Методологическим обоснованием такого обобщения служит принцип *общей причины* (см. 2.2.5): на основании анализа *разных* семогенезов выдвигается гипотеза о *единственной* последовательности событий кладогенеза как *общей причине* совпадения последовательностей событий в этих семогенезах.

Здесь ещё раз следует обратить внимание на то, что в основании разных гипотез о семогенезах, а тем самым и единичных кладистических гипотез, могут лежать разные эволюционные модели (см. 4.1.1). Хотя формальных препятствий к их объединению в итоговую гипотезу чаще всего не существует, методологическая сторона этого вопроса пока ещё проработана недостаточно (см. 6.3).

*Объём* филогенетической гипотезы определяется числом *терминальных групп* (см. о них 4.2.1.1), отношения между которыми рассматриваются в данной реконструкции. Минимальному объёму соответствует *элементарная* гипотеза, её содержание зависит от того, каким образом трактуется родство.

Если, как в классической филогенетике, оно определено как отношение «*предок — потомок*», то элементарная гипотеза *двухчленная*. В ней рассматриваются два варианта: либо ***A*** есть предок ***B***, либо наоборот. Если родство трактуется как отношение между *сестринскими группами*, названная гипотеза *трёхчленная*. В ней рассматриваются также два варианта, но содержание их иное: группа ***A*** является сестринской либо для ***B*** относительно ***C***, либо для ***C*** относительно ***B***.

Некоторые формализованные алгоритмы кладистического анализа делают элементарную гипотезу о кладогенезе *четырёхчленной* (см. 9.2). В данном случае утверждается, что условием корректности определения трёхчленного отношения необходимо введение *внешней* группы ***D***, определяющей основание конструируемого дерева.

Гипотезы о кладо- и семогенезах могут быть *сильными* или *слабыми*. Это определяется объёмом содержащейся в них информации о ходе филогенеза: чем он больше, тем сильнее гипотеза, тем больше её *информативность*. Например, если единичному семогенезу поставлен в соответствие признак с однозначно заданной полярностью, это соответствует сильной гипотезе; если ни полярность, ни ордированность не заданы, гипотеза о семогенезе слабая. Наиболее сильной кладистической гипотезе соответствует строго дихотомическая кладограмма; наиболее слабой гипотезе — кладограмма с единственным политомическим узлом, что соответствует полной неразрешённости кладистических отношений. Промежуточный случай иллюстрирует *неориентированное дерево*, на котором указана близость групп, но не задана иерархия родственных отношений.

Основная характеристика филогенетической гипотезы, имеющая отношение к онтологии, — её *достоверность* (*правдоподобность*): то, насколько точно она описывает филогенез. Очевидно, что проверить её прямым способом теоретически невозможно. Для этого используются процедуры тестирования, позволяющие косвенным образом оценить достоверность данной гипотезы (см. 8.5).

Возможность тестирования обеспечивается *предсказательной мощностью* гипотезы, которая характеризует возможность на её основании а) «запрещать» некоторые события и б) предсказывать то, что ещё неизвестно. Выше это было рассмотрено вкратце при изложении основных схем аргументации (см. 2.1.3). Очевидно, чем больше предсказаний может быть выдвинуто на основании данной гипотезы, тем больше её, с одной стороны, *объяснительная ценность*, а с другой — *потенциальная тестируемость*. Подробнее о тестировании филогенетических гипотез см. в разделе 8.5.

В связи с этим в «новой» филогенетике методологически важным является понятие **экономной гипотезы**, вводимое со ссылкой на *принцип экономии* (см. 2.2.3). Степень экономности определяется объёмом исходных допущений, содержащихся в базовой эволюционной модели: чем их меньше, тем итоговая гипотеза экономнее. С точки зрения гипотетико-дедуктивной схемы аргументации, её предпочтительность обусловлена тем, что из такой гипотезы можно вывести больше проверяемых следствий. Именно это делает гипотезу более тестируемой и тем самым более соответствующей одному из важных критериев научности.

Выполнение требований принципа экономии во многом сводится к минимизации априорных условий анализа признаков — оценки их полярности, веса и т.п. Если исходная гипотеза о семогенезе введена в слабой форме, то проверяемым следствием из кладистической гипотезы может быть та же гипотеза о семогенезе, но уже в более сильной форме. В противном случае, как уже было подчёркнуто выше, тестирование кладистической гипотезы анализом реконструированных в её контексте семогенезов будет невозможно.

Важной характеристикой филогенетической гипотезы является её *состоятельность* с точки зрения той или иной базовой эволюционной модели. Так, в рамках системной концепции эволюции несостоятельны гипотезы, разрабатываемые на основе стохастических моделей.

Напротив, с точки зрения принципа экономии несостоятельны «традиционные» реконструкции как перегруженные априорными допущениями о свойствах эволюционного процесса.

Филогенетическая гипотеза имеет *вероятностный* характер: её суждениям всегда присуща некоторая неопределённость. Эта последняя имеет двойственную природу, что видно из следующего.

Вероятности, которые могут быть приписаны суждениям о кладогенезе, являются *логическими*: это вытекает из того, что кладогенез по определению единичен (см. 4.1.2.2). В данном случае имеется в виду *вероятность соответствия между суждениями о кладистической истории и самой этой историей*. Наряду с этим, некоторые количественные методы, основанные на анализе случайно сгенерированных деревьев, позволяют получать распределения, для которых вероятности суждений могут считаться *статистическими*, им приписываются определённые *доверительные интервалы* (см. 9.1).

Для семогенетических реконструкций вероятности могут быть не только логическими (соответствие истинному семогенезу), но и статистическими по самой природе семогенезов. Во втором случае имеется в виду многократное появление или исчезновение одной и той же морфоструктуры в разных филогенетических группах. Это даёт возможность описывать филогенетический паттерн как распределение плотностей вероятности состояний признаков на множестве групп организмов.

Вероятностный характер филогенетической гипотезы означает, что процедура её тестирования ведёт, строго говоря, не к признанию её истинности или ложности, а к повышению или снижению вероятности того, что она правдоподобна (см. 8.5).

# ЧАСТЬ II. РЕКОНСТРУКЦИИ КЛАДОГЕНЕЗОВ

## ГЛАВА 6. ФАКТОЛОГИЯ КЛАДОГЕНЕТИКИ

Филогенетика, как всякая естественнонаучная дисциплина, является *эмпирической*: в своих исследования она исходит из фактов, относящихся к исследуемой ею части объективной реальности (см. 2.1.5).

Задачей филогенетики является реконструкция самого филогенеза, а также (в меньшей степени) условий его протекания. Соответственно, её интересуют сведения и о первом, и о вторых.

Основной эпистемологической (а потому и методологической) проблемой в данном случае является неоднократно упоминавшийся тезис о том, что *филогенез непосредственно ненаблюдаем и в эксперименте невоспроизводим*. Это верно и в отношении условий протекания филогенеза, относящихся к отдалённому прошлому. Отсюда — фундаментальная проблема определения того, что такое эмпирический (фактологический) базис филогенетики.

Как подчёркнуто в одной из первых глав книги, для филогенетики эмпирическую реальность составляют две категории данных (см. 2.1.1). Одна из них — *разнообразие организмов*, по результатам анализа которого выдвигаются гипотезы об их родстве и о породившей их истории. Вторая — *последовательность геологических пород*, в которых организмы захоронены. Эта вторая категория данных в филогенетике не имеет самостоятельного значения: она осмысленна в той мере, в какой позволяет определить время существования организмов, характеризуемых теми или иными признаками (см. 6.1.2).

Таким образом, *фактологический базис филогенетики составляет главным образом совокупность свойств организмов*, позволяющих оценить сходства и различия между а) разными организмами, б) стадиями развития и в) частями одного организма. Прочие категории данных интересны в той мере, в какой они могут внести вклад в анализ этих сходств и различий, в их «упорядочение» неким филогенетически осмысленным способом.

Источник этой осмысленности — *филогенетический сигнал*, т.е. информация об истории формирования филогенетического паттерна (см. 4.2.3). Эмпирически он дан в форме иерархически организованной структуры сходственных отношений между организмами. Задача состоит в том, чтобы выявить эту структуру тем или иным пригодным способом.

Все эти способы по сути являются разными *операциями сравнения*, которые «вычленяют» в общем многообразии *отдельные филогенетически осмысленные факты* (см. 2.1.5). По форме они могут быть разделены на две основные категории.

Одну из них составляет *собственно сравнение*, проводимое самим исследователем. Он является своего рода «посредником» между сравниваемыми организмами, его присутствие неустранимо влияет на результаты сравнения (см. 5.5.1). Этот способ выявления сходства абсолютно преобладает в филогенетических исследованиях.

Другая форма сравнения — «косвенные» эксперименты по оценке генетической совместимости организмов. В данном случае последние как бы «сравнивают» себя сами (см. 6.2), присутствие исследователя проявляется лишь в том, что он задаёт тот существенный параметр, по которому проводится это «сравнение».

В настоящей главе рассмотрены основные категории данных, используемых в филогенетических реконструкциях — сравнительно-морфологические, палеонтологические, эмбриологические, некоторые другие, а также экспериментальные данные. Как и в других разделах книги, в каждом случае основное внимание уделено не практическим, а методологическим аспектам включения той или иной категории данных в филогенетические исследования. Затронут также вопрос о способах консервации исходных данных в форме музейных коллекций.

Необходимо подчеркнуть, что разные категории данных несут разный филогенетический сигнал, который может затухать в одних ситуациях и быть чётко проявленным в других. Поэтому как не существует универсальных методов (см. 7), так, по-видимому, не существует категорий данных и тем более отдельных морфоструктур, которые позволили бы проводить филогенетические реконструкции на единой фактологической основе в расчёте на получение одинаково осмысленных результатов для любого фрагмента филогенетического паттерна. Каждая из них позволяет решать более или менее локальные задачи, а неоправданное расширение области применения может приводить к неверным решениям, давая сильно смещённые оценки филогенеза.

Проблема корректного определения сфер приложения тех или иных категорий данных и морфоструктур — одна из серьёзнейших в филогенетике. Она решается двояким образом.

Использование априорных *критериев взвешивания* (см. 5.6) позволяет искать её возможные *общие* решения, заранее приписывая тем или иным категориям данных приоритет на основании разного рода соображений. Так, сторонники экоморфологического подхода отдают приоритет функционально интерпретированным сравнительно-морфологическим данным (см. 6.1.1), генетики — молекулярно-генетическим данным (см. 6.1.4), палеонтологи настаивают на безусловной необходимости привлечения ископаемых материалов (см. 6.1.2).

С другой стороны, эта же проблема исследуется на эмпирической основе с помощью метода «*проб и ошибок*». Чаще всего получается так, что каким-то категориям данных (морфоструктурам) поначалу приписывается большое значение, а затем выясняется, что оно преувеличено. В этом случае взвешенность оценки во многом зависит от «фактора времени» и объёма накопленных данных: чем последних больше, тем, очевидно, обоснованнее может быть решение. Поэтому, в частности, для макроморфологических структур такого рода суждения более осмысленны, чем для молекулярных, просто в силу того, что классическая морфология имеет долгую историю.

Из предыдущего видно, что проблематика фактологии филогенетических исследований тесно связана с двумя другими общими методологическими проблемами. Одна из них — проблема *взвешивания* — рассмотрена выше (см. 5.6), другая — проблема *комбинирования данных* — рассматривается в настоящей главе (см. 6.3).

## 6.1. СРАВНИТЕЛЬНЫЕ ДАННЫЕ

Основу филогенетического исследования составляет *сравнительно-исторический метод* (см. 7.2). В простейшем случае он сводится к сравнению организмов, на основе которого делаются заключения об их сходстве.

Из этого видно, что сравнительные данные составляют «ядро» фактологического базиса филогенетики. Эти данные делятся на две основные категории: одни позволяют проводить только *синхронные* сравнения, другие — *диахронные*. Они различаются тем, насколько позволяют учесть в сравнениях абсолютное или собственное время (о нём см. в 4.1.2.1) существования объектов.

В синхронных сравнениях временна́я составляющая отсутствует: это, так сказать, сравнение «в чистом виде», которое даёт оценку сходства, которая может и не быть интерпретированной исторически. Время в этом случае лишь «домысливается» после того, как установлена структура сходственных отношений, — например, на основании концепции молекулярных часов (см. 6.1.4).

В диахронных сравнениях временнáя составляющая в исследовании присутствует изначально. Благодаря этому сравниваемые объекты можно упорядочить по сходству, связанному не только с их «собственными» признаками (макроморфологическими и т.п.), но и с изначально заданной временнóй шкалой. Таковы сравнительные данные, относящиеся к палеонтологии и эмбриологии: в первом случае шкала времени задаётся геохронологией, во втором — последовательностью стадий онтогенеза.

В процедуре сравнения обе эти временные шкалы используются в первую очередь для *гомологизации* и определения *полярности признаков* (см. 5.3.2, 5.4.2). Кроме того, с их помощью на основе анализа сравнительных данных устанавливается последовательность филогенетических событий — т.е. «собственное время» филогенеза. Следует отметить, что эти шкалы имеют несколько разное значение — геохронологию можно не учитывать, стадийность онтогенеза игнорировать невозможно (см. далее в соответствующих разделах главы).

### 6.1.1. Морфология

Объектом морфологии является разнообразие *морфоструктур*, понимаемых в самом широком смысле (см. 5). С этой точки зрения под разряд морфологических, очевидно, можно подвести почти все сравнительные данные, с которыми имеет дело филогенетика. В более узком смысле в морфологии обычно рассматривается совокупность *макроморфологических* структур организма — т.е. таких, которые относятся к *надклеточным* уровням.

Вплоть до середины XX в. филогенетика целиком или в подавляющей части своей фактологической основы была «морфологической». Точнее, *анатомической*: именно так исходно обозначалась наука «о частях животных». Термин же «морфология» стал популярным среди биологов благодаря авторитету Геккеля, который позаимствовал его у Гёте (а тот, в свою очередь, — у лингвистов). В настоящее время эти два понятия — анатомия и морфология — обычно рассматриваются как синонимы.

Долгая история развития морфологии как научной дисциплины сделала её весьма развитой в методологическом плане. В её рамках были разработаны те основополагающие принципы описательного и сравнительного методов, с соответствующим понятийным аппаратом (признак, сходство и различие, гомология и т.п.), которые актуальны для анализа любых морфоструктур. Они составляют методологическую основу всей классической систематики и филогенетики, а в новейшее время позаимствованы (впрочем, неполностью и с некоторыми смысловыми искажениями) теми разделами «новой» филогенетики, которые опираются на анализ молекулярно-генетических данных.

В связи с этим ниже в самом кратком виде охарактеризованы основные разделы морфологии, в которых разрабатываются методологические принципы, актуальные для анализа морфологических (в самом широком смысле) данных.

Общей задачей морфологии является описание и изучение а) отдельных морфоструктур и на этой основе б) морфологического разнообразия организмов. В.Н. Беклемишев (1964) выделяет четыре ключевых подхода к решению этой задачи: конструктивный, функциональный (у Беклемишева — «физиологический»), экологический и исторический. Каждый из них, составляя «идеологическое ядро» соответствующих разделов морфологии, имеет то или иное касательство к проблематике филогенетических реконструкций.

В той мере, в какой в основе систематико-филогенетического раздела биологии лежит сравнительный метод (см. 7.3), основу всех морфологических изысканий составляет **сравнительная морфология**. Она исторически первична: именно из сравнения строения разных организмов сложилось представление о биологическом разнообразии и о том, что оно определённым образом упорядоченно. А затем уже на все эти наблюдения и заключения «наслоились» представления сначала о Естественной системе, а потом и об эволюции как наиболее вероятной причине этого упорядоченного разнообразия.

Неотъемлемой частью сравнительной морфологии является **описательная морфология**, в рамках которой разрабатываются некоторые общие принципы и подходы к анализу морфоструктур. Используя терминологию В.Н. Беклемишева, можно выделить два аспекта их описания — *тектологический* и *архитектонический*. В первом случае имеется в виду выявление частей, из которых состоит организм, во втором — выявление взаимосвязей между этими частями. Очевидно, оба они имеют отношение к установлению гомологий и выявлению признаков, с помощью которых описываются морфоструктуры.

Особое место в сравнительно-морфологических исследованиях занимает **конструктивная морфология**. Её задачей является анализ преобразований морфоструктур как неких «механических» конструкций (отсюда и название): такой взгляд на объект морфологических исследований соответствует *структуралистскому* подходу (см. 2.1.2). В её основе лежит идея Э. Жоффруа де Сент-Илера о «*сериации форм*» — возможности представления разнообразия состояний данной морфоструктуры в виде упорядоченных рядов. Очевидно, эта идея — предтеча современных концепций трансформационной серии, рефрена, кладистического признака (см. 5.4.2).

В рамках конструктивной морфологии такие ряды, по Беклемишеву, интерпретируются как возможные воображаемые преобразования исходного плана строения или прототипа морфоструктуры в её более развитые состояния (развитие как логическая процедура, по Гегелю). По Нэфу, совокупность этих воображаемых рядов даёт «идеальное родословное дерево» морфоструктур. При его исторической интерпретации мы получаем, очевидно, нечто вроде возможного (гипотетического) семогенеза.

Использование сторонниками этого подхода понятий «идеальный» и «воображаемый» при описании преобразований морфоструктур, в том числе представление о прототипе как о «воображаемой исходной схеме», дало повод назвать конструктивную морфологию *идеалистической*. В противовес этому разрабатывается *динамическая* морфология как такая, в которой все преобразования морфоструктур связываются с реальными их проявлениями у конкретных организмов (впрочем, «домысливания» отнюдь не возбраняются).

Разделом конструктивной морфологии можно считать так называемую **теоретическую морфологию**, связанную с изучением «механических» законов преобразования морфоструктур: её становление связано с именем У. Д'Арси Томпсона. К их числу относятся, например, физические законы, определяющие конфигурацию спиралевидной раковины у моллюсков и фораминифер, геометрические законы преобразования формы того или иного объекта (рис. 37). Такого рода исследования дают возможность построить вполне формализованную (в идеале — математическую) модель, описывающую все «разрешённые» преобразования данной морфоструктуры. Теоретически возможные состояния последней, «предсказанные» такой моделью, образуют *морфопространство*. Оно в некотором смысле аналогично *фазовому пространству*, с которым имеет дело филогенетика (см. 4.2.4).

Теоретически воссозданное морфопространство играет в морфологических исследованиях двоякую роль. С одной стороны, его «заполнение» уже известными состояниями морфоструктуры, упорядоченными в морфоклины, позволяет выявлять те или иные запреты на какие-то преобразования и состояния. В филогенетике это имеет отношение к построению *признакового дерева* для данной морфоструктуры, делая на нём какие-то переходы вероятнее других (см. 5.4.2). Обращение к конкретным данным позволяет исследовать причины запретов.

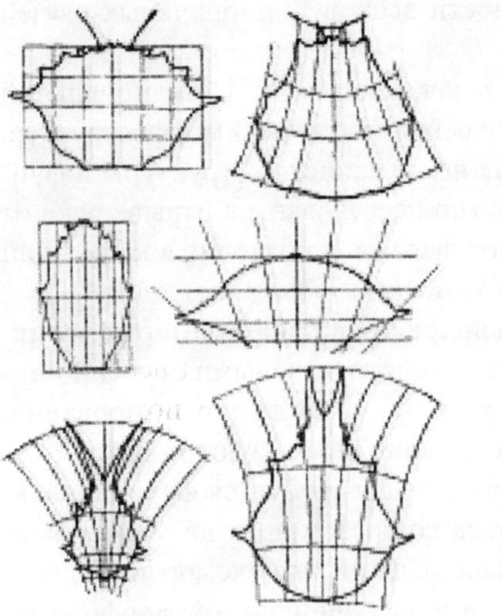

**Рис. 37.** Преобразования формы карапакса крабов, показанные с помощью трансформационной решётки (из: Thompson, 1992)

В их числе могут быть конструктивные, функциональные или исторические причины, исследуемые в рамках соответствующих разделов морфологии.

С другой стороны, «пробелы» в заполнении морфопространства могут интерпретироваться как результат недостатка знаний о реальном морфологическом разнообразии. Это служит основанием для предсказания тех действительно возможных состояний данной морфоструктуры, которые ещё ждут своего открытия.

**Функциональная морфология** связана с изучением соответствия между структурой и функцией. В филогенетике *морфофункциональный анализ* нацелен главным образом на функциональное обоснование наиболее вероятных эволюционных преобразований морфоструктур. Одной из руководящих здесь является *перфекционистская* трактовка этих преобразований, тесно связанная с *принципом оптимальности*: считается, что морфоструктура развивается таким образом, чтобы обеспечить как можно более эффективное выполнение соответствующей функции.

Основной проблемой здесь является отсутствие взаимно однозначного соответствия между структурой и функцией. Во многих случаях выполнение одной и той же функции может обеспечиваться несколькими структурами; с другой стороны, одна и та же структура может быть связана с обеспечением нескольких разных функций. Это, очевидно, существенно усложняет морфофункциональный анализ, поскольку требует учёта по возможности всех функциональных связей данной морфоструктуры.

Сложность и многогранность задач, решаемых функциональной морфологией, усугубляется холистической трактовкой морфоструктур. Она обязывает рассматривать их как некое единство структуры и функции, которые не могут быть корректно исследованы в отрыве одна от другой. Эта позиция своё предельное выражение находит в концепции *форм-функционального комплекса* (У. Бокк).

С функциональной морфологией тесно связана **экоморфология**, которая исследует соответствие между конструктивными особенностями морфоструктуры и внешними условиями её функционирования. Иногда для обозначения этого соответствия используют понятие *биологической роли*. Очевидно, для её выявления требуется функциональный анализ: без него связь организма со средой едва ли может быть корректно установлена и исследована. Специфика экоморфологического подхода состоит в том, что если в функциональной морфологии базовым является понятие функции, то в экологической — понятие *адаптации*.

Адаптационистские интерпретации классического толка, как и собственно функциональные, основаны на принципе оптимальности: приспособленность (адаптивность) означает *оптимальное соответствие* между структурой и средой её функционирования. Однако требования этого принципа выполняются далеко не всегда из-за полифункциональности морфоструктур: каждая из них, отвечая на разные запросы, формируется и функционирует как некий *адаптивный компромисс* (А.П. Расницын) и потому в целом *субоптимальна*. Кроме того, имеют значение возможные внутренние ограничения, заложенные в морфоструктуру её конструкцией и снижающие возможность её полной оптимизации соответственно данным требованиям среды. В связи с этим требование условия оптимальности существенно ослабляется: морфоструктура должна быть *совместима* с требованиями всех факторов среды, а не оптимальным (единственным) образом соответствовать каждому из них.

Из вышеизложенного следует, что комплексный эколого-функциональный анализ морфологического материала далеко не всегда способен привести к каким-либо достаточно определённым результатам. Он нередко выполняется по дедуктивной схеме: из общих соображений выводятся «предписания» о том, каким образом данная морфоструктура должна функционировать в определённых условиях среды и меняться под их воздействием. При их приложении к конкретным данным функциональная значимость нередко означает просто *интерпретируемость*: та или функция приписывается морфоструктуре в той мере, в какой она понята исследователем (см. также 5.6.2). Кроме того, в таком анализе нередко присутствует элемент замкнутого круга аргументации: из того, что морфоструктура эффективно работает в данных условиях среды, делается вывод, что она адаптирована к ним.

Принимая всё это во внимание, в современных реконструкциях кладогенетического направления функционально-морфологическим и экоморфологическим исследованиям придаётся второстепенное значение. Они применяются при анализе признаков, главным образом при оценке их полярности (см. 5.4.2). Это оказывается возможным, если удаётся чётко показать, какая функция для структуры является ведущей и к каким факторам среды данная функция «подгоняет» данную структуру. Кроме того, функциональный анализ позволяет оценить степень и характер межпризнаковых корреляций, чтобы исключить «тавтологичные» признаки.

Одновременно с эволюционной теорией начала формироваться **эволюционная морфология** как общий подход к выявлению морфологических закономерностей эволюции. Первоначально она была просто разделом геккелевой филогенетики, будучи связанной главным образом с обоснованием гомологий. Позже эволюционная морфология приобрела самостоятельное значение, сосредоточившись на реконструкциях семогенезов.

Основная задача эволюционно-морфологических исследований — выявление более или менее общих закономерностей (модусов) эволюционных преобразований морфоструктур. Такие модусы чаще всего имеют «статистический» характер: они верны лишь в качестве неких общих тенденций. Кроме того, они в той или иной мере локальны, т.е. свойственны той или иной группе организмов — отряду, классу, типу. Соответственно, их реализация в каждом конкретном случае (для данного семогенеза в данной группе организмов) требует дополнительного *ad hoc* подтверждения.

Чтобы избежать замкнутого круга аргументации, семогенетические реконструкции должны проводиться по *прямой схеме* без ссылки на кладогенез (см. 11.1.1). В таком случае они могут быть сведены к эволюционной интерпретации тех морфологических рядов, которые разрабатываются в рамках конструктивно-морфологического подхода. Однако это, вообще говоря, означает недооценку *филогенетического сигнала* (см. 4.2.3) при объяснении морфологического разнообразия — т.е. «фактора истории» как такового. Чтобы его выявить, необходим анализ семогенезов по *непрямой схеме* (см. 11.1.2), т.е. в контексте некоторой гипотезы о кладогенезе. Это позволяет (по крайней мере на уровне теории) исследовать не то, как *могла бы* развиваться данная морфоструктура, а как она *действительно* развивалась: эти две тенденции далеко не всегда совпадают.

Второе направление эволюционно-морфологических исследований развивает *историческая* морфология, в которой семогенетические реконструкции проводятся в контексте кладогенетических (Lauder, 1982). Одна из её наиболее продвинутых версий — **конструкционная морфология**: хоть и созвучная названием с *конструктивной* морфологией (см. выше), она существенно отличается от неё содержанием (Levinton, 1988). Её основной задачей автор термина А. Сейлахер считает объяснение строения организмов как результат совместного действия нескольких категорий причин — филогенетической истории (начальные причины), функционального назначения (конечные причины) и разных так называемых граничных условий, порождаемых конструкцией и средой функционирования морфоструктур (материальные и действующие причины).

Основное свойство организма как морфоструктуры высшего уровня, которое в той или иной степени сказывается на способах решения многих задач филогенетики, — его системность. Под этим подразумевается в первую очередь его целостность и сложность — наличие множественных связей между отдельными элементами. Это создаёт хорошо известные проблемы с выделением дискретных признаков при описании морфоструктур: неизбежно связанный с этим редукционизм заставляет некоторых теоретиков функционально-морфологического направления (Юдин, Гутманн) скептически относится к самой концепции признака.

Сторонники «морфологической» филогенетики считают сложность макроморфологических структур их достоинством: она позволяет обосновывать филогенетические реконструкции большим объёмом информации. Определённое значение имеет и то, что такие структуры можно трактовать как «*морфопроцессы*», характеризуя их с точки зрения не только статики, но и динамики — т.е. как *становление*. Всё это означает возможность как разработки осмысленных эволюционных сценариев, так и привлечения данных по индивидуальному развитию в дополнение к результатам сравнительно- и функционально-морфологического анализа.

Говоря о сложности макроморфологических структур, следует иметь в виду не только их внутренние связи, но и связи со средой. В рамках адаптационистской парадигмы данное обстоятельство также считается достоинством, поскольку означает возможность реконструкции истории данной морфоструктуры как её адаптациогенеза. С точки зрения кладогенетики это недостаток: связи со средой, выраженные в *ad hoc* адаптациях, снижают чёткость кладогенетического сигнала в морфологическом разнообразии. По этой причине на эмпирическом уровне не удаётся однозначным способом разграничить кладистические и семогенетические реконструкции.

Развитие молекулярно-генетических исследований несколько снизило значение данных по макроморфологии в современной филогенетике. Более того, некоторые сторонники генофилетики утверждают, что время «морфологической» филогенетики прошло и что назначение морфологических данных состоит лишь в том, чтобы по мере необходимости уточнять те гипотезы, которые выводятся на основании анализа субклеточных структур.

Однако это едва ли верно. Даже если оставить в стороне вопрос о соотношении объёмов информации, содержащихся в этих двух общих категориях данных, одним из основных достоинств макроморфологии на эмпирическом уровне является её *доступность*. Действительно, молекулярные данные, пригодные для филогенетических реконструкций, в настоящее время известны лишь для нескольких процентов современных видов живых организмов — и вряд ли эта доля в силу разных ограничений в будущем намного увеличится. А если учесть, что для подавляющего большинства вымерших организмов молекулярные данные вообще недоступны, то, очевидно, совместный анализ современных и ископаемых форм, как категорическое условие построения всеобщего «Дерева жизни», возможен почти исключительно на макроморфологической основе.

### 6.1.2. Палеонтология

Палеонтологические данные имеют в филогенетике исключительное значение: будучи «привязанными» к определённым геологическим породам, они дают возможность определять хронологическую последовательность появления организмов, а тем самым — и филогенетических событий. Очевидно, сравнительно-морфологические данные (как они определены в предыдущем разделе) сами по себе это сделать не позволяют.

Этой категории данных особое значение придаётся в классической филогенетике: они входят в качестве равноценной составляющей в классическую филогенетическую «триаду»: сравнительная анатомия + эмбриология + палеонтология. Сходное отношение к палеонтологии —

в филистике, что вполне понятно: её разрабатывают в основном специалисты по ископаемым организмам.

Хотя сторонники эволюционной теории, со ссылкой на Ч. Дарвина, выдают палеонтологические данные за «неоспоримые свидетельства эволюции», на самом деле это не совсем так. Палеонтология зародилась до появления развитой эволюционной концепции и немало выдающихся палеонтологов XIX в. были антиэволюционистами. Среди них более всего известны, пожалуй, Ж. Кювье и Л. Агасси с их учением о множественности актов божественного творения. Из этого видно, что палеонтологические данные допускают разные трактовки их происхождения — и эволюционную, и креационистскую.

Строго говоря, такого рода данные в своей основе являются сравнительно-морфологическими. Поэтому для них справедлива большая часть проблем, рассмотренных в разделе 6.1.1 применительно главным образом к морфологии современных организмов. Наряду с этим палеонтологическая фактология обладает спецификой, определяющей как её достоинства, так и особую проблематику (Schoch, 1986; Меннер, Макридин, 1988; Алексеев и др., 2001).

Эта специфика состоит, прежде всего, в том, что исследуемые палеонтологами материалы являются *ископаемыми*: они захоронены в определённых геологических породах разного *возраста*, который можно тем или иным способом определить. Следовательно, палеонтологические данные ценны не столько сами по себе (хотя они, разумеется, расширяют представления о биологическом разнообразии), сколько из-за информации о *времени существования* организмов.

Именно это и определяет специфику и особый смысл палеонтологических данных. Они позволяют включать в филогенетические реконструкции относительное или абсолютное время (см. 4.1.2.1), «привязывая» существование вымерших организмов к конкретному периоду в истории Земли.

Совокупность датированных ископаемых материалов составляет так называемую **палеонтологическую летопись**. Каждый «локальный» фрагмент летописи образуется из остатков организмов, приуроченных к следующим один за другим слоям (*стратам*) осадочных пород и образующих единую *стратиграфическую последовательность*.

С точки зрения классической филогенетики ценность палеонтологической летописи состоит ещё и в том, что она позволяет исследовать анагенетическую составляющую эволюции как *временну́ю последовательность появления* организмов с теми или иными морфологическими особенностями. Так, именно подмеченная Кювье закономерность — повышение уровня организации вымерших организмов в направлении от более древних к более поздним — стала одним из краеугольных камней классической филогенетики, позволив ей дать историческую интерпретацию «лестнице совершенствования» (см. 3.3).

Общим основанием для включения палеонтологических данных в филогенетические реконструкции классического толка служит **палеонтологическая презумпция**, утверждающая, что *для группы близкородственных организмов в рамках одной стратиграфической последовательности более ранние формы являются предками более поздних*, при прочих равных и если не доказано обратное (Расницын, 2002, с изменениями). Исходя из этого, временные последовательности используются в филогенетических реконструкциях при определении а) отношения «предок — потомок» и б) полярности признаков.

В первом случае анализируются отношения между конкретными группами организмов на основе **стратофенетического** (*хронографического*) **метода**. Он чаще всего применим для анализа локальных палеофаун/флор, состав которых ограничен родственными группами (обычно невысокого ранга), и подразумевает следующую общую процедуру. Сначала задаётся чёткая стратиграфическая адресация сравниваемых выборок. Затем для каждого временно́го среза проводится классификация групп на основании общего сходства, получается нечто вроде фенограммы. После этого оценивается сходство группировок, относящихся к ближайшим стратам, определяются соответствующие связи между ними. При этом из двух групп, наиболее сходных между собой, та, которая датируется более ранним возрастом, принимается в качестве предковой. Это даёт результирующее филогенетическое дерево, в котором отражены как полученная структура сходственных отношений, так и положение исследуемых организмов в палеонтологической летописи (рис. 38).

Стратофенетическим по своей сути является подход, который лежит в основе использования последовательных рядов ископаемых форм для установления гомологии структур согласно критерию *переходных форм* (см. 5.3.2).

При работе с отдельными морфоструктурами, строго говоря, определение отношения «предок — потомок» между конкретными организмами не предполагается: оценивается отношение «исходное — производное» между вариантами строения данной морфоструктуры. При этом палеонтологическая презумпция даёт одноимённый критерий определения полярности признаков (см. 5.4.2). В данном случае стра-

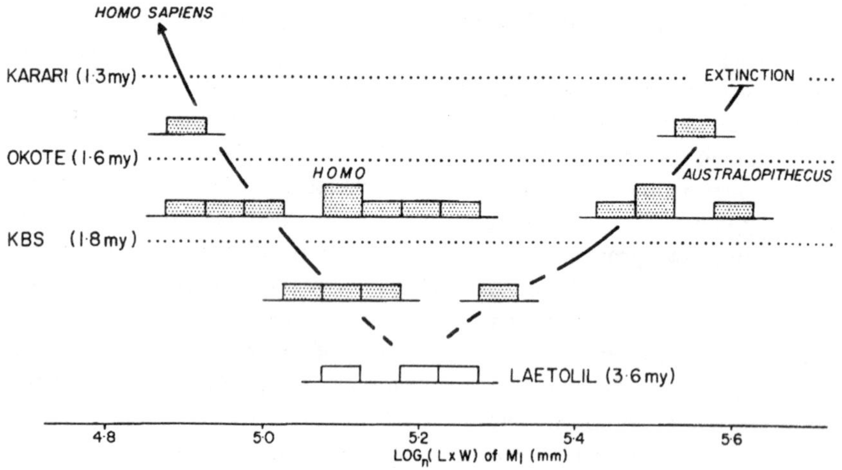


**Рис. 38.** Реконструкция филогенеза плио-плейстоценовых гоминид Вост. Африки на основании стратофенетического метода (из: Gingerich, 1979)

тиграфическая последовательность остатков организмов с определёнными состояниями анализируемой морфоструктуры переводится в последовательность модальностей соответствующего признака: из *хроноклины* получается *морфоклина*.

Возможность реализации этих общих схем анализа зависит от целого ряда проблем двоякого рода. Одни из них связаны с неточностью «записей» в палеонтологической летописи, другие — с неполнотой ископаемых остатков. При этом, чем к более отдалённым эпохам относятся палеонтологические данные, тем меньше эта возможность из-за накопления проблем (см. далее настоящий раздел).

*Неточность палеонтологической летописи* возникает по следующим основным причинам:

• *недостаточная строгость временных датировок* отдельных слоёв. Кроме погрешностей самих датировок, при работе со стратиграфическими последовательностями приходится принимать во внимание их локальные нарушения под влиянием геологических процессов («*переотложения*»);

• *неполнота* летописи, означающая существование «пробелов» в каком-либо фрагменте стратиграфической последовательности. С одной стороны, в ней существуют *разрывы*, не позволяющие с достаточной определённостью соотносить друг с другом организмы из разных слоёв. С другой стороны, первое и последнее (известное) появление остатков организмов в этой летописи не обязательно совпадает с временем возникновения соответствующей группы. Так, однопроходные млекопитающие, наверняка относящиеся к базальной радиации этого класса (юра, 200–250 млн. лет назад), известны лишь начиная со среднего мела (100 млн. лет назад);

- *неравномерность* летописи, связанная с тем, что для разных организмов и в разных природных зонах вероятность накопления ископаемых остатков весьма различна. Она выше для животных и растений, имеющих (в той или иной форме) твёрдый скелет, и в тех регионах, где климатические условия делают распад тканей организма не слишком быстрыми, а геологические условия обеспечивают активное накопление осадочных пород.

Особую проблему составляет *корреляция* стратиграфических последовательностей, относящихся к разным регионам, которая используется в стратофенетике для синхронизации палеогеологических датировок. В процедуре, которую разрабатывает *биостратиграфия*, обычно используются сами палеонтологические данные: при этом подразумевается (ещё одна «палеонтологическая презумпция») *синхронность* существования аллохтонных организмов, относящихся к одному таксону — виду, роду, семейству. Очевидно, в рамках филогенетического подхода это требует достаточно проработанной филогенетической схемы для рассматриваемых таксонов. Это вводит стратофенетику в довольно сложную итеративную процедуру взаимного «согласования» филогенетических реконструкций и биостратиграфических корреляций для одних и тех же групп организмов.

*Неполнота ископаемых остатков* связана с тем, что не все части и ткани организмов одинаково успешно переходят в ископаемое состояние. Этот переход связан с *фоссилизацией* остатков — замещением органических веществ биологических тканей минеральными веществами геологических пород. При этом, как отмечено выше, для плотных тканей вероятность фоссилизации выше, чем мягких: первые сохраняются в виде окаменелостей (*фоссилий*) или отпечатков на осадочных породах, вторые разлагаются и почти не сохраняются. В связи с развитием генофилетики особое значение имеет невозможность сколько-нибудь полной фоссилизации молекулярных структур. К неполноте рассматриваемой категории данных следует отнести и исключительно редкую возможность изучения онтогенетических преобразований морфоструктур.

Кроме того, приходится принимать во внимание значительную большую *фрагментированность* ископаемых остатков по сравнению с современными. Из-за быстрого распада мягких тканей, соединяющих между собой плотные образования, последние при захоронении легко распадаются. В результате организм оказывается представленным в виде несвязанных между собой отдельных фрагментов — например, зубов и отдельных элементов скелета у позвоночных животных, отпечатков листьев и фруктификаций у растений. Поэтому зачастую невозможно однозначно решить, относятся остатки к одному или к разным организмам, более того —одного или разных близких видов. По этой же причине в ряде случаев не удаётся уверенно устанавливать гомологию морфологических сходных частей у ископаемых и современных организмов: ослаблено значение *критерия положения* (см. 5.3.2).

Проблему фрагментированности отчасти решает *метод структурных типов*, основанный на *принципе типологических экстраполяций* (см. 7.2). Он позволяет, исходя из общих представлений о том, как может (или должен) быть «устроен» тот или иной организм, объединять разрозненные остатки в единой целое — т.е. реконструировать не конкретный организм, а некий его *структурный тип*. Это соответствует архитектоническому аспекту исследования, общие принципы которого разрабатывает конструктивная морфология (см. 6.1.1).

Опасность здесь в том, что в этот тип можно включить элементы, между собой по тем или иным причинам несочетаемые. На это обращал особое внимание ещё Ж. Кювье: на основании изучения современных позвоночных животных он разработал *принцип корреляции частей*, устанавливающий определённое соответствие между разными частями их тела и органами и накладывающий запреты на некоторые их сочетания. Как сейчас очевидно, эти соответствия имеют вероятностный характер, т.е. выполняются не всегда.

Очевидно, определение структурного типа будет тем правдоподобнее, чем достовернее положенные в его основу представления о реконструируемом ископаемом организме как целом. По понятным причинам данное условие выполняется более аккуратно, если этот организм может быть соотнесён с близкими к нему ныне существующими. Это заставляет палеонтологов вводить в свои исследования **принцип актуализма** (С.В. Мейен), дополнительный *принципу историзма* (см. о нём 2.1.2): он утверждает, что *для понимания морфологии ископаемых организмов они должны быть соотнесены с современными*. Это указывает на некоторую «несамостоятельность» палеонтологической летописи как источника сведений о филогенезе той или иной группы организмов.

Данное обстоятельство вносит специфическую *историческую неопределённость* в возможности филогенетической интерпретации фоссилий (см. 4.3.2): по мере увеличения временной дистанции между формами снижается надёжность их непосредственного соотнесения как проявлений одного и того же структурного типа. С.В. Мейен (1984) обозначил это (в несколько иных терминах) как *положительную корреляцию между разницей в возрасте и морфологической спецификой организмов*: чем больше разница, тем больше и специфика. Следовательно, чем далее в палеонтологической летописи разнесены остатки сравниваемых организмов, тем с меньшей надёжностью в их сходстве можно выявить филогенетический сигнал.

Неполнота палеонтологических данных по сравнению с *неонтологическими* (современными) нередко делает их прямое сопоставление весьма проблематичным. Если предпочтение отдаётся первым, приходится жертвовать многими признаками, доступными при работе лишь с современными организмами. В противоположном случае приходится решать задачу совместного анализа представителей исследуемой группы с разным набором признаков.

В силу *суммирования признаков* (см. 5.6.1) одна из проблем здесь — численное преобладанием «рецентных» признаков над «фоссильными», в результате чего гипотезы, основанные на неонтологическом материале, могут существенно отличаться от тех, которые выдвигаются на основании палеонтологических данных. Один из примеров — новейшая попытка обоснования монофилии группы Homeotherma (птицы + млекопитающие) ссылкой на физиологические признаки: при формальном количественном анализе они «поглотили» свидетельства палеонтологии о принадлежности птиц к рептилийной кладе архозавров (Gardiner, 1982).

Очевидно, такого рода задачи в общем случае решаются с учётом соотношения доступных для анализа современных и ископаемых форм. Если преобладают первые, филогенетическую реконструкцию следует основывать на их сравнении, «вписывая» в филогенетическое дерево ископаемые формы и при необходимости корректируя его. Если преобладают вторые, эта реконструкция должна быть ориентирована главным образом на палеонтологические данные, а современные формы учитываются по мере возможности.

Принимая во внимание все проблемы, связанные с соотнесением ископаемых форм с современными, в «новой» филогенетике геохронологические датировки не считаются обязательной категорией данных при сравнении ископаемых форм разного возраста как между собой, так и с рецентными представителями. Соответственно, палеонтологии придаётся второстепенное значение.

Идеологическую подоплёку этого обеспечивает кладистика: концепция сестринских групп исключает из рассмотрения абсолютное время (см. 3.5.1, 4.1.2.1), без чего анализ данных с учётом их геохронологических датировок утрачивает смысл. Поэтому в кладистическом анализе всем современным и ископаемым формам присваивается общий статус *терминальных групп* (см. 4.2.1.1).

Исключение временных датировок из числа начальных условий филогенетических реконструкций позволяет использовать их на апостериорной основе для оценки состоятельности кладистической гипотезы. Для этого разрабатывается подход, получивший название **стратокладистика**: его задачей является оценка степени совпадения двух последовательностей — гипотезируемых кладистических событий (= узлов ветвления кладограммы) и появления фоссилий в палеонтологической летописи (Huelsenbeck, Rannala, 2000).

Первоначально этот подход был предложен как своего рода аналог вышеупомянутой стратофенетики, т.е. предполагал включение стратиграфических данных в филогенетические реконструкции с привлечением методов кладистики. В настоящее время он используется в ином смысле: эти данные включаются в анализ *после* получения кладистической гипотезы. Это позволяет а) тестировать названную гипотезу хорошо известной палеонтологией (см. 8.5) или б) выявлять возможные пробелы в самой палеонтологической летописи (*ghost ranges*), если она существенно бедна данными: например, если для древней группы число ископаемых форм много меньше, чем современных.

Генофилетика решает проблему несопоставимости современных и ископаемых форм вполне прагматично. Утверждается, что коль скоро молекулярные данные для ископаемых организмов чаще всего недоступны, эти организмы не следует включать в филогенетические реконструкции. Однако этот призыв резко ограничивает возможности филогенетических исследований.

Действительно, современное таксономическое разнообразие, как уже отмечено в разделе 6.1.1, составляет лишь около 10% общего его объёма, порождённого биологической эволюцией на протяжении нескольких миллиардов лет истории жизни на Земле. Таким образом, ограничение филогенетических реконструкций только современными формами делает принципиально невозможным построение единого «Дерева жизни» для всех организмов, когда-либо существовавших на планете. Кроме того, без палеонтологических данных принципиально невозможно связывать установленные последовательности филогенетических событий с абсолютной временнóй шкалой.

Из всего этого видно, что без обращения к палеонтологии всякая филогенетическая реконструкция будет оставаться существенно неполной.

### 6.1.3. Эмбриология

Изучение индивидуального развития организмов, прежде всего позвоночных животных, сыграло исключительную роль в формировании начал классической филогенетики (Gould, 1977). Следует вспомнить, что она выросла из натурфилософского мировоззрения, важным элементом которого было уподобление биоты живому организму, каковой развивается, подчиняясь определённым закономерностям (см. 3.2).

Не вдаваясь в предысторию вопроса, которая увела бы нас к Аристотелю, обратимся к началу XIX в. и отметим приверженного натурфилософии анатома и эмбриолога К. Бэра. Он сформулировал эмпирический *закон зародышевого сходства*, согласно которому более продвинутые формы в своём развитии проходят взрослые стадии примитивных форм. «Философическая» интерпретация названного закона (Л. Окен) позволила постулировать, что в своём движении по «лестнице совершенствования» одни организмы остановились на низших ступенях, а другие пошли далее и стали более прогрессивными, сохранив при этом в своём индивидуальном развитии и все низшие ступени. Несколько позже это обобщение Э. Геккель переработал в терминах филогенетики, дав *биогенетический закон*: онтогенез есть краткое и быстрое повторение филогенеза — т.е. *рекапитуляция*. Это ввело эмбриологические данные в геккелеву «триаду», объединяющую также сравнительно-морфологические и палеонтологические данные и составляющую методологическое ядро классической филогенетики (см. 3.3).

Условия выполнения биогенетического закона были затем существенно скорректированы концепцией *филэмбриогенезов*, разработанной А.Н. Северцовым (см. далее настоящий раздел). В её основу положены представления о типах филогенетических изменений на разных стадиях онтогенеза. Одни из них фиксируют в онтогенезе предшествующие этапы филогенетического развития, а другие изменяют ход онтогенеза таким образом, что эти этапы в индивидуальном развитии не воспроизводятся (подробнее см.: Северцов, 1987; Иорданский, 2001).

Сама возможность включения эмбриологических данных в филогенетические реконструкции обусловлена тем, что между двумя фундаментальными аспектами развития живого — индивидуальным и историческим — есть двухсторонняя причинно-следственная связь. Она изучается в рамках эпигенетической концепции эволюции (см. 4.1.1), в англоязычной литературе более известна как концепция «*EVO—DEVO*» (evolutionary developmental biology, см. Hall, 1998)

С одной стороны, филогенетическое развитие меняет ход онтогенеза, служа его причиной. При этом «версии» онтогенеза, свойственные предковым формам, либо меняются, либо сохраняются в «генетической памяти» потомков, в той или иной степени воспроизводясь в их онтогенезах. С другой стороны, определённые изменения онтогенеза, делая одни эволюционные преобразования более вероятными, чем другие, в той или иной степени канализируют и направляют дальнейший ход филогенеза, оказываясь одной из его начальных причин.

Смысл эмбриологических данных в филогенетике состоит в том, что они, как и палеонтологические, позволяют включать в реконструкции филогенеза временну́ю шкалу. Однако, в отличие от палеонтологической, эта шкала весьма специфична: она имеет отношение не к историческому развитию группы организмов, а к индивидуальному развитию отдельного животного или растения. При этом время онтогенеза интерпретируется как *собственное*: для познания филогенеза важна сама *последовательность* стадий онтогенеза. Именно она (последовательность), а не абсолютное время, соотносится с временем эволюции, причём также с собственным.

Очевидно, это соотнесение двух времён базируется на очень серьёзных допущениях онтологического порядка, которые закон рекапитуляции в общем случае как раз и выражает. Поэтому, хотя взгляды на этот закон весьма неоднозначны (см. далее), без него соотнесение закономерностей онто- и филогенеза и экстраполяция первых на вторые, строго говоря, будет чистым произволом.

Следует подчеркнуть, что сведения по индивидуальному развитию, используемые в филогенетических реконструкциях, по своей методологической подоплёке являются не чисто-, а *сравнительно-эмбриологическими*. Тому можно указать две причины.

С одной стороны, они чаще всего получаются в результате не прямых наблюдений над ходом одного онтогенеза, а серии наблюдений над разными онтогенезами, фиксируемыми на разных стадиях. По результатам их сравнения и получается реконструкция хода всего онтогенеза (см. 7.3. о принципе *процессуальных реконструкций*).

С другой стороны, коль скоро филогенетика изучает процесс диверсификации биоты, её интересует *разнообразие* онтогенезов, а не единичные онтогенезы как таковые. Именно из их сравнения возникают и общие представления о взаимосвязи онто- и филогенезов, и предпосылки для решения частных задач филогенетических реконструкций.

В современных терминах закон рекапитуляции можно обозначить как **онтогенетическую презумпцию**, утверждающую (при отсутствии доказательств обратного) *нестрогий изоморфизм между преобразованиями морфоструктур в онто- и филогенезе*. На этом основании сравнительно-эмбриологические данные можно привлекать для решения двух основных задач, значимых для филогенетики.

Первая из них — установление *общей* и *специальной гомологии* структур на основании критериев *специального качества* и *переходных форм* (см. 5.3.2). При этом принимается, что *структуры, возникшие из одной закладки в ходе онтогенеза, сходным образом формировались и в филогенезе*. В классическом варианте в основе лежит прослеживание развития структуры от закладки до дефинитивного (конечного) состояния. В своё время так была установлена парадоксальная гомология между слуховыми косточками млекопитающих и постдентальными костями нижней челюсти рептилий (рис. 39): именно это дало повод говорить о «триумфе эмбриологического метода».

В настоящее время сюда добавлена концепция *эпигенетической гомологии*, основанной на геномной регуляции органогенеза. Она существенно усложнила привлечение данных по онтогенезу к установлению гомологий в их классическом понимании (см. 5.3.2), но, очевидно, более соответствует эпигенетической концепции эволюции.

Вторая задача — определение исходных и производных состояний развивающихся структур, т.е., формально говоря, полярности признаков (*онтогенетический критерий*, см. 5.4.2). В данном случае онтогенетическая презумпция утверждает *соответствие последовательностей формирования морфоструктуры как в онто-, так и в филогенезе*. Это соответствие нестрогое, выполняется далеко не во всех случаях, что служит основанием для многочисленной критики как самого биогенетического закона, так и только что названного критерия.

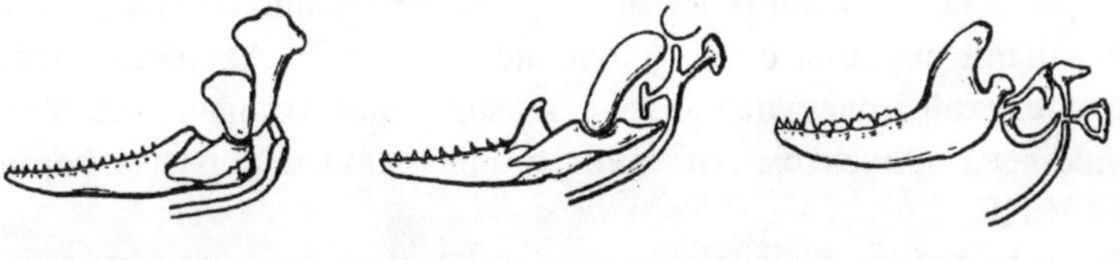

**Рис. 39.** Гомология постдентальных костей нижней челюсти рептилий и слуховых косточек млекопитающих на основании сравнительно-эмбриологических данных

Согласно вышеупомянутой концепции филэмбриогенезов, «следы» истории в индивидуальном развитии наиболее чёткие, если меняются его *конечные* стадии. Напротив, если ход онтогенеза меняется на более ранних стадиях, соответствие между ним и ходом филогенеза нарушается. К этому добавляется проблема *редукции*: если структура упрощена, то не всегда удаётся установить, является ли упрощение первичным (исходным) или вторичным.

Стадиальный характер онтогенеза, особенно у организмов с выраженным метаморфозом (таких как насекомые с полным превращением), привносит свои проблемы в филогенетические реконструкции. Как подчёркнуто в разделе 6.1, *стадийность эмбриогенеза принципиально нельзя игнорировать в сравнительном анализе*. Это значит, что при разработке филогенетической гипотезы запрещено сравнение организмов, представленных разными стадиями онтогенеза: например, когда одни характеризуется признаками имаго, а другие — личиночными.

Причина в том, что у организмов с выраженным метаморфозом разные стадии онтогенеза «эволюируют» более или менее независимо друг от друга (*age-dependent evolution*, см. Andre, 1988). В принятой здесь терминологии это означает низкое взаимоподобие семогенезов структур, появляющихся на разных стадиях индивидуального развития. На практике это приводит к тому, что филогенетические отношения реконструируются на основании лишь какой-то одной стадии онтогенеза: для насекомых это имаго, для некоторых клещей, наоборот, личинки.

Для видов с выраженным метаморфозом сравнение филогенетических реконструкций, полученных для разных стадий онтогенеза, представляет самостоятельный интерес. Такие исследования в принципе позволяют исследовать проблему целостности и устойчивости организмов в индивидуальном и историческом развитии.

### 6.1.4. Молекулярная биология

Первые исследования на молекулярном уровне начались в начале XX в., были связаны с иммунологией (см. 6.2). Активное освоение филогенетикой молекулярно-генетических данных началось в 60-е гг. того же века. Объектом внимания стали главным образом ферменты, ДНК и РНК.

Первые опыты были связаны с тотальным анализом молекул без учёта их первичной структуры: для белков применялся *аллозимный анализ*, для ДНК — *молекулярная гибридизация* (о последней см. 6.2).

Это затрудняло точную гомологизацию исследуемых структур (см. 5.3.1). Затем появились техники, позволяющие исследовать *первичную структуру* макромолекул — последовательность белков и нуклеиновых кислот (Hillis et al., 1996).

Теоретические предпосылки для использования молекулярно-генетических данных в филогенетике были сформулированы в рамках синтетической теории эволюции (см. 3.2). Будучи редукционистской по своей сути, она свела эволюцию к изменениям, протекающим на генетическом уровне. На этом основании была выдвинута идея: чем «ближе» признаки к генотипу, тем больше их значение для филогенетических реконструкций. Нечего и говорить, что получение технического доступа к первичной структуре информационных макромолекул было расценено как «молекулярная революция» в филогенетике.

Наибольший элемент новизны, привнесённый в неё молекулярно-генетическими данными, связан с концепцией *молекулярных часов*, которую разработали американские молекулярные биологи Э. Цукеркэндл и Л. Полинг. Она основана на стохастической модели эволюции (см. 4.1.1), предполагающей приблизительно одинаковую вероятность неконтролируемых естественным отбором изменений структуры макромолекул. Это дало основание предполагать, что ход названных «часов» приблизительно равномерен и одинаков для разных молекулярных структур и в разных группах организмов. Из этого следовало, что различия между организмами по молекулярным структурам в принципе могут служить оценкой времени их дивергенции. На этом основании сторонники генофилетики утверждают, что такого рода данные позволяет с большой надежностью судить о родстве в его филогенетическом понимании (см. 5.2.1).

Генетические дистанции (см. 9.2) дают *собственное время*, напрямую несопоставимое для разных групп организмов (см. 4.1.2.1). Перевод его в единое для всех *абсолютное время* осуществляется посредством *калибровки* молекулярных часов, для чего вычисленные дистанции сопоставляются с временем появления в палеонтологической летописи первых представителей монофилетических групп, выявленных молекулярными средствами. На этом основании проводится перерасчёт дистанций в единицах скорости изменения структуры макромолекул и определяется абсолютное время дивергенции.

Как видно из предыдущего, калибровка молекулярных часов не может быть решена в рамках самой молекулярной биологии: она *зависит от палеонтологических данных*. На перевод вычисленного «молекулярного» времени в абсолютное влияет прежде всего полнота палеонтологической летописи и точность определения времени захоронения ископаемых остатков. Имеет значение и правильность отнесения ископаемых форм к группам, выделенным по молекулярным маркёрам, метод оценки сходства по этим маркёрам, а также метод самой калибровки «часов».

В настоящая время исходная упрощенная трактовка концепции молекулярных часов критикуется как не соответствующая действительности (Bromham, Penny, 2003). Накопленные данные показывают, что скорость изменения первичной структуры различна для разных макромолекул, а для одних и тех же макромолекул — для разных их участков и в разных группах организмов. На этом основании делается общий вывод о том, что *универсальных «молекулярных часов» не существует*: их ход неравномерен и они неточны (*sloppy*) — дают вероятностную оценку абсолютного времени с весьма широким доверительным интервалом.

На сегодняшний день молекулярно-генетические данные, пригодные для филогенетических исследований, накоплены лишь для весьма малой доли живых организмов: возможно, лишь для несколько десятков тысяч из почти 2 млн. современных видов, известных науке. Причина не только в сравнительной «молодости» подхода, но и в его дороговизне. Это порождает проблему *неполноты выборки*, которая служит одним из источников получения неточных оценок филогенетических отношений (см. 8.2).

Последнее обстоятельство следует подчеркнуть в связи с тем, что, по некоторым оценкам, не менее 90% видов, порождённых биологической эволюцией, находятся в ископаемом состоянии (см 6.1.2). Это значит, что для подавляющей доли глобального биологического разнообразия молекулярные данные вообще будут недоступны. Следовательно, построить исключительно на такого рода данных единое «Дерево жизни», включающее все известные группы организмов, принципиально невозможно.

По истечении нескольких десятилетий развития молекулярной филогенетики оптимизм её сторонников не столь высок, как в начальный период её становления: почти прошла «болезнь роста». Как оказалось, для них актуальны те же проблемы эволюционной интерпретации данных, что и в классической морфологии, — в первую очередь оценка гомологий, вероятности параллелизмов и реверсий. В итоге, по крайней мере на уровне теории, признаётся *некорректность отождествления молекулярно-генетических реконструкций с филогенетическими*. Необходимо различать «видовые» и «генные» деревья:

первые соответствуют кладогенетическим реконструкциям, вторые — семогенетическим (см. 3.5.2).

Накопленные данные показывают, что далеко не все молекулярные структуры одинаково надёжны в качестве маркёров кладистических групп. Выявлены уровни иерархии филогенетического паттерна, на которых наиболее эффективны молекулярные маркёры.

Аллозимный анализ белков оказался эффективным лишь на низших уровнях (Лихнова, Лебедев, 1995). Причина в том, что применяемый в данном случае электрофорез разделяет аллозимы только по массе и суммарному заряду молекул, не учитывая их первичной структуры. Поэтому идентичность проб после их «разгонки» в электромагнитном поле не обязательно означает идентичности первичной структуры молекул (*неполная гомология*, см. 5.3.1). При этом, чем менее родственны сравниваемые организмы, тем больше могут быть эти скрытые различия, не выявляемые анализом их электрофоретической подвижности.

Из информационных макромолекул наиболее широкое применение пока находят рРНК, некоторые гены митохондриальной, хлоропластной и в меньшей степени ядерной ДНК. Успешность применения такого рода данных в филогенетике зависит от скорости замещения нуклеотидных оснований, длины сравниваемых последовательностей и метода определения их первичной структуры (Банникова, 2004). Чем консервативнее участок ДНК, тем более отдалённые организмы он позволяет сравнивать, тогда как по лабильным участкам можно проводить анализ лишь на низших уровнях. Сравнение по длинным гомологичным цепочкам эффективнее, чем по коротким. Из методов получения исходных данных наиболее эффективно секвенирование, позволяющее сравнивать сами последовательности; однако он даёт сведения только по отдельным локусам, которые, впрочем, можно объединять в общую матрицу данных. Достаточно популярен мультилокусный анализ: рестриктазный, ДНК-гибридизация и т.п.

Преимущественно стохастическая природа эволюционных изменений в информационных макромолекулах, которая на низших уровнях филогенетического паттерна (виды, роды) считается их достоинством, на высших уровнях обращается в недостаток. Причина в том, что при сравнении дальнородственных организмов возникают проблемы, связанные с повышением вероятности *синонимичных замен*, которые существенно маскируют кладогенетический сигнал. Поэтому на этих уровнях, возможно, эффективнее анализ белковых макромолекул, обладающих существенно более богатой комбинаторикой замещений по сравнению с нуклеиновыми кислотами (Nei, Kumar, 2000).

16 — 1285

С точки зрения сторонников «морфологической» филогенетики, основной недостаток молекулярно-генетических данных — их очень бедное «биологическое содержание». Так, при использовании морфологических данных возможна апелляция к осмысленным эволюционным сценариям, тогда как в случае молекулярных структур речь обычно идёт о простых стохастических моделях. В случае макроморфологических структур для суждения о родстве может быть использован (пусть и с оговорками) классический метод тройного параллелизма, тогда как в молекулярной филогенетике доступны лишь сравнительные данные по современным формам. Наконец, данные по десяткам морфоструктур со сложным полигенным наследованием считаются более информативными, чем по десяткам отдельных генов.

Выше (см. 5.3.1) был затронут вопрос о проблемах гомологизации молекулярных (прежде всего генетических) структур. Основные из них — отождествление частной гомологии со сходством и сведение процедуры гомологизации к выравниванию последовательностей. С точки зрения классической морфологии и то, и другое — явный анахронизм.

Из отождествления гомологии со сходством следует, что в молекулярной филогенетике (в нынешнем её состоянии) суждение о гомологии чаще всего не рассматривается как гипотеза. Во всяком случае, гомологии последовательностей ни в ходе, ни по завершении филогенетической реконструкции не пересматриваются: они воспринимаются как некая данность. Видимо, по этой причине (впрочем, также и из-за технических трудностей) не разрабатываются методы, которые позволяли бы проводить гомологизацию нуклеотидных последовательностей в контексте кладистической гипотезы, полученной на основании анализа других категорий данных. В лучшем случае, аналогично методам наибольшего правдоподобия, применяется итеративная процедура выравнивания последовательностей по ходу построения «генных» деревьев.

К этому же кругу проблем относится некорректное отождествление сходства с родством. Точнее, последнее в случае молекулярно-генетических данных подменяется «количеством эволюции», которое измеряется числом мутаций, разделяющих сравниваемые организмы (см. 5.2.1). В рамках молекулярной филогенетики такая подмена порождена концепцией минимальной эволюции, предполагающей, что однократное возникновение какой-либо мутации вероятнее многократного. Такая позиция как будто соответствует условию принципа *унаследованного сходства* (см. 4.3.3.2). Однако последний вводится в конкретные реконструкции в качестве *презумпции*, предполагающей возможность опровержения. Для макроморфологических данных это соблюдается, тогда как для молекулярных принимается в качестве одного из параметров исходной модели и проверке чаще всего не подлежит.

Слабо разработана проблема представления молекулярно-генетических данных в форме признаков. В настоящее время для нуклеотидных последовательностей наиболее популярно простейшее решение: признак — это определенное положение (сайт, *site*) в этой последовательности, а модальности признака — занимающие его конкретные нуклеотиды. Такая позиция обосновывается тем, что, как сейчас полагают, замещения нуклеотидных оснований в разных сайтах взаимно независимы. В результате генофилетика получает возможность оперировать многими тысячами элементарных признаков, что при совмещении молекулярно-генетических и морфологических данных создаёт чисто «арифметическую» проблему «поглощения» вторых первыми (см. 5.6.1).

Однако если придавать пониманию признака не столь формальный смысл, ситуация может быть существенно иной. Например, можно взять за основу одно из классических определений гена как *единицы рекомбинации* и принять, что признак должен соответствовать генной морфоструктуре, ведущей себя при делении клетки как целое. В таком случае можно утверждать, что вся митохондриальная ДНК должна быть представлена как единый признак: в процессе размножения она не рекомбинирует. Отсюда вывод: реконструкции, основанные на анализе этой фракции ДНК, представляют собой «филогенетику одного признака» (Doyle, 1992).

Как видно, молекулярная фактология требует биологического осмысления на общих основаниях с морфологической в той мере, в какой на их основе решается *единая* задача — разработка филогенетических гипотез. Это позволит корректно оценить как общие, так и специфические их характеристики, определяющие особенности использования этих категорий данных в филогенетических исследованиях. По-видимому, для осознания этого молекулярная филогенетика должна пройти все те этапы «вызревания», через которые проходила современная эволюционная морфология. Не в последнюю очередь это будет связано с освоением генофилетикой *морфологического стиля мышления* (см. 2.1.2), т.е. понимания того, что в отношении молекулярных структур верны многие проблемы, концепции и подходы из арсенала традиционной морфологи.

Некоторые успехи в этом направлении уже есть. К ним можно отнести, например, разработку методов анализа *согласованной* (concerted) эволюции фрагментов информационных макромолекул. Она соответствует классической концепции филетических координаций, доступных теперь для выявления и в генофилетических реконструкциях. Кроме того, обсуждается недостаточность редукционной трактовки признака на уровне ДНК/РНК: она не соответствует складывающимся представлениям об иерархической организации генома.

### 6.1.5. Другие категории сравнительных данных

С точки зрения *принципа суммирования признаков* (см. 5.6.2), чем больше независимых данных согласованно указывают на какую-то единую последовательность филогенетических событий, тем надёжнее она установлена. Поэтому, вообще говоря, для выяснению родства организмов весьма желательно привлечение самых разных категорий данных, не только рассмотренных выше морфологических и молекулярно-генетических.

К категории «других» данных относятся в основном те, которые по классификации Л.П. Татаринова (1976) попадают в группу *экстрасоматических методов*, — т.е. такие, которые не могут быть сведены к морфоструктурам организма в строгом смысле. Сюда относятся данные по поведению, образу жизни (экологии), распространению и т.п.

Такого рода данные в филогенетических исследованиях используются двояким образом — непосредственно или опосредованно. В первом случае они вводятся в качестве признаков в саму реконструкцию как основание для суждения о родстве. Во втором случае они служат в той или иной форме для оценки филогенетической значимости признаков.

Указание на использование (или призыв к этому) такого рода данных в первом значении изредка можно встретить в литературе по филогенетике. Однако даже самые категоричные сторонники *принципа экономии*, в одной из своих трактовок требующего согласования филогенетической гипотезы с как можно большим число данных (*total evidence parsimony*, см. 5.6.1), отвергают целесообразность включения большинства экстрасоматических структур в число условий её выдвижения. Причина в том, что для таких структур весьма велика вероятность появления сходства в результате параллельной эволюции; нередко затруднённой оказывается их гомологизация. При этом в обоих случаях вероятность неверной интерпретации сходства как прямого свидетельства родства возрастает при сравнении отдалённых групп организмов.

В зоологии при обсуждении родства достаточно часто используются особенности поведения. Начало этому было положено основателем этологии К. Лоренцом, который впервые указал на «морфологичность» поведенческих актов. Однако по мере накопления данных, как это обычно бывает, стало ясно, что эта «морфологичность» влечёт за собой те же проблемы, что и в классической морфологии: что такое поведенческий признаки, как вычленять их модальности, а главное — как их гомологизировать (Wenzel, 1992; Green, 1994).

Нередко в основу гомологизации поведенческих актов кладётся *морфологический критерий* — гомология морфологических структур, задействованных в данный элемент поведения. Классическим примером служит чесание головы задней конечностью у высших наземных позвоночных, в известной мере однотипное у многих рептилий, птиц и млекопитающих. Однако это означает неявное допущение о том, что эволюция поведенческих стереотипов и соответствующих морфологических структур должна быть тесно сопряжённой. Поскольку последнее не очевидно, обсуждается возможность применения классических критериев к собственно поведенческим актам. При этом в качестве критерия специального качества привлекается мотивация поведения, функциональное предназначение. Используется также конгруэнтность данных поведенческих актов с другими такими актами.

В косвенной форме филогенетикой достаточно активно используются прежде всего экологические данные. Так, в морфобиологической школе они привлекаются для выяснения закономерностей эволюции морфоструктур, что служит основанием для априорного взвешивания и определения полярности признаков.

Данные по географическому распространению, вообще говоря, имеют второстепенное значение, но при анализе групп с аллопатрическими ареалами могут быть решающими. Так, в исследованиях по исторической биогеографии (см. 13.1.) соотношение ареалов нередко рассматривается как отражение истории расселения соответствующих групп и принимается во внимание при разработке филогенетической гипотезы. Такая роль географических данных особенно заметна при реконструкциях микрофилогенезов, которыми занимается *филогеография*.

С другой стороны, для группы, ареал которой представлен несколькими обширными изолятами, филогенетические реконструкции нередко проводятся для каждого региона в отдельности. При этом принимается допущение, что приуроченные к ним подгруппы являются монофилетическим и вероятность взаимного обмена их представителей ничтожна. Это значит, что результаты реконструкции в одном регионе практически не влияют на результаты в другом регионе. Более того, в тех случаях, когда есть достаточные основания предполагать, что в этих регионах эволюция происходила в значительной мере параллельно, разделение подгрупп по географическому принципу позволяет снизить влияние гомоплазий на выявление кладистических отношений. С точки зрения концепции взвешивания (см. 5.6.1) это, формально говоря, означает приписывание *максимального веса данным по распространению*. Например, таким образом обычно исследуются филогенезы муроидных грызунов, разные группы которых исходно делят по географической принадлежности на представителей Старого и Нового Света.

В сущности, второй из рассмотренных способов включения географических данных в филогенетические исследования мало чем отличается от реконструкции филогенезов раздельно для родственных групп того или иного ранга — например, для ракообразных и насекомых, для каноидных и фелоидных хищных и т.п. Соответственно, и одна из основных проблем та же: как при разработке обобщающей кладистической гипотезы учесть требования *кладистической парсимонии* (о ней см. 2.2.3).

## 6.2. ЭКСПЕРИМЕНТАЛЬНЫЕ ДАННЫЕ

Как неоднократно подчёркивалось выше, филогенез (по крайней мере на макроуровне) ненаблюдаем и в эксперименте не воспроизводим. Это как будто исключает применение в филогенетических реконструкциях экспериментальных методов и получаемых с их помощью экспериментальных данных.

Тем не менее, в рамках современной филогенетики выделяется экспериментальное направление (см. 1), основанное на так называемых «*косвенных*» *экспериментах*. Суть их в том, что они предполагают манипулирование не самим филогенезом, а некими объектами, в той или иной форме несущими информацию о нём. Эти эксперименты бывают двоякого рода: в одних рассматриваются *природные* (реальные) объекты, в других — *виртуальные*.

При работе с реальными объектами исследуется *генетическая совместимость* организмов: предполагается, что чем теснее родство между ними, тем выше их совместимость. На этом основании проводятся эксперименты, исследующие названный параметр на трёх уровнях — организменном, тканевом и геномном.

В первом случае проводятся эксперименты по скрещиванию организмов: чем выше генетическая совместимость, тем оно успешнее, свидетельствуя о близком родстве. Общая идея оценивать таким образом родство («сродство») видов восходит к Ж. Бюффону; впрочем, нечто подобное высказывал гораздо раньше Аристотель. В настоящее время *гибридологический анализ* достаточно активно используется в зоологии и отчасти ботанике при изучении родства форм с половым размножением и перекрёстным оплодотворением.

Этот метод, очевидно, ограничен низшими уровнями биологического разнообразия: с его помощью можно исследовать только близкие формы — внутривидовые, виды одного рода или близких родов. С точки зрения нумерической филетики существенный недостаток рассматриваемого подхода состоит в том, что получаемые с его помощью количественные оценки генетической совместимости, интерпретируемые как *дистанции*, не обладают свойствами, необходимыми для расчисления по ним филогенетических деревьев (см. 9.2).

Генетическая совместимость на тканевом уровне исследуется с помощью *иммунодистантного анализа*, известного с начала XX в. В данном случае исследуется активность иммунологической реакции «*антиген — антитело*». Для этого животному, относящемуся к некоторому виду, вводится белок-антиген, под воздействием которого вырабатываются специфичный белок-антитело. Антитело используется в обратной реакции с антигенами как данного вида (*гомологичный* антиген), так и других видов (*гетерологичные* антигены). Принимается, что чем более сходна реакция на антитело гомо- и гетерологичных антигенов, тем более сходно строение этих последних.

Как видно, речь идёт об относительной оценке иммунологической дистанции: активность реакции гетерологичных антигенов сравнивается с активностью гомологичных антигенов. На этом основании выносится суждение о степени родства организмов к тому, чьё антитело использовано в анализе. Ограничения метода те же, что и в предыдущем случае: невозможность сравнения отдалённых организмов и несоответствие получаемых количественных оценок несовместимости формальным требованиям, предъявляемым к дистанциям.

Совместимость на уровне генома исследуется с помощью так называемой *молекулярной гибридизации ДНК*. Этот метод разрабатывается начиная с 60-х годов XX в.: он стал первым, позволившим включить данные по информационным макромолекулам в филогенетические исследования. В данном случае, в отличие от анализа первичной структуры отдельных фрагментов этих молекул (см. 6.1.4), обычно исследуется тотальная ядерная ДНК, т.е. геном в целом.

Метод основан на свойстве двойной цепочки ДНК к диссоциации и реассоциации в строгом соответствии с комплементарностью нуклеотидов. Принимается, что чем более сходны (комплементарны) одноцепочечные последовательности, тем выше будет их реассоциация. Следовательно, это позволяет оценивать сходство ДНК, которое служит мерой родства организмов.

Как и в случае иммунодистантного анализа, сходство ДНК разных видов оценивается не «абсолютно», а относительно. За основу берётся степень гибридизации *гомологичных* (одновидовых) молекул, с которой сравнивается степень гибридизации *гетерологичных* (относящихся к разным видам) молекул. Названная степень определяется по устойчивости гибридной ДНК в растворе при температурном воздействии. Таким образом, мерой родства организмов фактически служит скорость диссоциации гибридной гетерологичной ДНК в сравнении с таковой гомологичной ДНК.

Гибридизация ДНК наиболее эффективна при сравнении организмов, относящихся к разным семействам или отрядам одного класса. При более отдалённом родстве степень гибридизации гетерологичной ДНК оказывается слишком низкой, чтобы перекрывать ошибку метода. При сравнении близкородственных организмов метод оказывается недостаточно чувствительным; впрочем, именно с помощью гибридизации ДНК была впервые показана значительная генетическая близость человека и человекообразных обезьян.

Виртуальные объекты, с которыми можно экспериментировать при изучении филогенезов, — это *компьютерные модели*. Они подробнее рассмотрены в разделе 9.4.7.

## 6.3. КОМБИНИРОВАНИЕ ДАННЫХ

Под *комбинированием данных* в общем случае понимается использование в филогенетической реконструкции для одной группы организмов таких признаков, которые относятся к морфоструктурам, *несущим разный филогенетический сигнал*. При таком расширенном понимании комбинирование данных — совершенно обычная процедура в филогенетике. Сюда относится, например, совместное рассмотрение разных систем органов и анатомических структур — листьев и фруктификаций у растений, скелетных образований и «мягких» органов у животных и т.п.

В современной филогенетике в таком контексте рассматривается, главным образом, комбинирование макроморфологических и молекулярных структур. Причина в том, что они зачастую приводят к существенно разным филогенетическим гипотезам.

Проблематика комбинирования разных категорий данных в общем случае порождается *нестрогим взаимоподобием разных семогенезов* (см. 4.1.2.2): в результате филогенетический сигнал в той или иной мере маскируется «*филогенетическим эхом*» (см. 4.2.3.). Этот эффект возникает вследствие того, что разные морфоструктуры по-разному «проходят» одну и ту же цепочку филогенетических событий. Поэтому каждая из них неизбежно даёт смещённую оценку кладогенеза, причём смещённость эта может быть разной.

Для решения этой проблемы предлагаются два общих подхода, хорошо известных с времён становления классической систематики. В одном из подходов декларируется необходимость использования небольшого числа «наиболее надёжных» данных, в другом надёжность реконструкции связывается с использованием большого объёма данных (см. также 5.6). В современной филогенетике в пользу каждого из них приводятся свои доводы «за» и «против» (Queiroz et al., 1995)

Первый подход соответствует дифференциальному качественному взвешиванию признаков. Он, очевидно, означает, что какие-то признаки несут больший, какие-то меньший филогенетический сигнал. С этой точки зрения реконструкцию следует основывать только на признаках, филогенетическая значимость которых выше: объединение разнокачественных признаков в одном анализе будет лишь снижать надёжность реконструкции, маскируя истинный филогенетический сигнал.

Сторонники комбинирования разных категорий данных апеллируют к принципу экономии, отражённому в *принципе суммирования признаков* (см. 5.6.1). Имеется в виду, что итоговая филогенетическая гипотеза должна соответствовать как можно большему числу данных, описывая (объясняя) их как можно более «экономным» путём. А этого легче всего достичь, сразу вводя все доступные данные в анализ без их предварительного взвешивания, которое нагружает начальные условия анализа избыточными априорными суждениями.

Однако если разные категории данных, используемых одновременно, существенно разнятся объёмом, то в силу действия только что названного принципа более многочисленные из них окажут большее влияние на результаты реконструкции. Так, при объединении нескольких десятков «морфологических» и нескольких сотен или даже тысяч «молекулярных» признаков последние почти целиком определят топологию кладограммы.

При использовании формализованных количественных методов, каковые в «новой» филогенетике абсолютно преобладают, ситуация усугубляется тем, что для разных категорий данных зачастую приходится задавать разные эволюционные модели. Это существенно усложняет задачу и усиливает эффект *NP*-полноты (см. 2.1.1), что означает снижение вероятности получения правдоподобной филогенетической реконструкции.

Существуют и чисто «технические» аспекты рассматриваемой проблемы, препятствующие объединению по крайней мере некоторых категорий данных. Так, результаты «косвенных» экспериментов (см. 6.2), представленные в виде матриц дистанций, принципиально невозможно совместить с матрицей исходных данных, в которой представлены признаки.

Очевидно, полный отказ от совместного использования разных категорий данных в филогенетических реконструкциях контрпродуктивен. Одним из возможных решений проблемы может быть перевод её с уровня анализа самих данных на уровень результатов, полученных с помощью этих данных. Так, *метод супер-дерева* (см. 9.4.5) позволяет выявлять «точки согласия» в кладистических гипотезах, выдвинутых на основании изучения каждой из категорий данных в отдельности. При этом естественно предполагать, что чем больше данных свидетельствуют в пользу какого-либо утверждения гипотезы, тем более надёжно оно обоснованно.

## 6.4. СИСТЕМАТИЧЕСКИЕ КОЛЛЕКЦИИ

Классическая систематика изначально была и по сей день остаётся во многом «музейной» наукой: в своей фактологической части она опирается на музейные коллекции. Это верно и в отношении классической филогенетики, коль скоро она «выросла» из систематики (см. 3.2). Обе эти дисциплины не могут обходиться без музейных коллекций как своего фактологического базиса.

Естественнонаучные коллекции формировались при европейских научных центрах — университетах, академиях — начиная с XVI в. в связи со становлением эмпирической науки Нового времени, требующей обоснования знания о Природе ссылкой не на высшие авторитеты, а на факты. Вырастая из случайных собраний «курьёзов», диковинок, вообще редкостей, коллекции и становились вместилищем таких фактов, кои предъявлялись оппонентам и публике в качестве доводов в пользу или против выдвигаемых тезисов.

Их основное предназначение состояло в том, чтобы свидетельствовать о Естественной системе. Поэтому сами такие собрания в XIX в. по праву получили названия **систематических коллекций**.

По мере накопления «мёртвых» предметов натуральной истории стали выкристаллизовываться центры их хранения. Первоначально это были так называемые кабинеты естественной истории и кунсткамеры, затем переросшие в музеи и гербарии.

Смысл существования систематических коллекций — *служить источником информации о структуре разнообразия живого*. Важно подчеркнуть, что в них заключена *первичная* информация, в отличие от *вторичной* информации, которую содержат разного рода записи, протоколы, публикации и разного рода базы данных (в том числе такие, как виртуальный GenBank).

Принципиальное отличие в том, что первичная информация существует *объективно* и определяется собственно структурой музейных предметов. Вторичная информация отнюдь не тождественна первичной: это сумма *суждений* о названных предметах. Она зависит от теоретических представлений о природе биологического разнообразия, от технических возможностей его исследования; наконец, от индивидуальных качеств самого исследователя.

Роль научных коллекций в филогенетике двоякая. С одной стороны, они являются постоянным источником новой информации, необходимость и возможность извлечения которой появляется в связи с развитием новых идей и методов, постановкой новых и расширением старых задач. С другой стороны, сохраняющиеся в музеях коллекционные материалы обеспечивают воспроизводимость результатов исследований, что составляет одно из ключевых условий нормального развития науки (см. 2.1.3). В частности, они позволяют перепроверять корректность «перевода» первичной информации во вторичную — правильность определения таксономической принадлежности исследованных прежде образцов, описания их особенностей и т.п.

Важнейшая характеристика систематической коллекции — её **научная значимость**, определяемая вкладом коллекции в развитие таксономических и филогенетических исследований. Она складывается из следующих ключевых параметров.

**Информативность**, т.е. адекватность разнообразия коллекционных материалов структуре биологического разнообразия. Этот показатель отражает объём первичной информации, содержащейся в коллекции; информативность возрастает по мере увеличения численного состава коллекций и расширения их качественного состава. Если ранее в музейных коллекциях были представлены только «классические» морфологические и анатомические материалы, то в настоящее время — также такие, которые пригодны для молекулярно-генетических исследований.

**Разрешающая возможность** определяется количеством вторичной информации, которую потенциально можно извлечь из коллекции на данном этапе развития науки. Очевидно, эти возможности коллекционных собраний возрастают по мере прогресса таксономических и филогенетических знаний, обеспечиваемых развитием их теоретического базиса и инструментария. Например, в настоящее время из многих «старых» сухих и заспиртованных материалов можно извлекать митохондриальную или хлоропластную ДНК.

**Используемость** определяется объёмом вторичной информации, реально извлекаемой из коллекционных материалов. Она зависит от того, в какой мере коллекции вовлечены в «научный оборот», — от их востребованности, доступности для специалистов, технической вооружённости последних и т.п. Поскольку в подавляющем большинстве случаев используемость коллекций значительно ниже их разрешающих возможностей, они собираются и хранятся в музеях в расчёте на перспективу.

Чтобы выполнять своё предназначение, систематические коллекции должны отвечать следующим ключевым требованиям.

Во-первых, коллекционные материалы должны храниться на долгосрочной основе в условиях, обеспечивающих постоянство их характеристик, существенных с точки зрения систематики и филогенетики. *Консервативность* коллекций — одно из ключевых условий поддержания их научной значимости.

Во-вторых, развитие коллекций должно соответствовать прогрессу систематики и филогенетики. Однако их *динамизм* не должен вступать в конфликт с предыдущим требованием: поступление новых образцов не должно вести к утрате «старых».

В современных условиях одна из насущных задач развития систематических коллекций — обеспечение возможности «музеификации» материалов, используемых в молекулярно-генетических исследованиях. Этому способствует разработка особых способов их фиксации (глубокая заморозка образцов нативных тканей и т.п.).

# ГЛАВА 7. МЕТОДОЛОГИИ И МЕТОДЫ

Ни один метод не существует сам по себе, в отрыве от методологии. Последняя задаёт общую канву исследования в форме предписаний того, как надлежит его проводить, чтобы получить искомый результат. Метод же разрабатывается как некое техническое средство, реализующее эти предписания.

Как методы не существуют вне методологий, так и методологии не существуют сами по себе: каждая из них является частью определённой эпистемологической доктрины, составляющей некое единство с онтологическим базисом конкретной исследовательской программы (см. 2.1.2). Очевидно, что сама теория метода (т.е. методология) должна быть состоятельной с точки зрения принятой системы исходных допущений, определяющих, что является предметом и каковы общие принципы филогенетических реконструкций. Эта система задаёт общий контекст решения частных методологических проблем филогенетики, в первую очередь *оценки состоятельности методов*.

Эмпирической данностью является многообразие методов: оно не только неустранимо, но и имеет тенденцию к возрастанию. Причины достаточно многочисленны — от умножения представлений о критериях научности знания и точек зрения на предмет и задачи филогенетики до расширения технологических возможностей и фактологического базиса.

Специфический источник многообразия методов заключается в нестрогом взаимоподобии между компонентами филогенетического паттерна — структурой родственных и сходственных отношений (см. 4.1.3), а также в невозможности однозначным образом определить каждую из них (см. 5.2.1, 5.5.2). Это означает невозможность однозначным образом определить «самый правильный» метод анализа сходства как основания для суждения о родстве. Отсюда — принципиальная множественность методов оценки сходства и родства, представления их структуры в той или иной форме.

Это разнообразие находит своё «оправдание» в научном плюрализме (см. 2.1.4): допустимая множественность способов рассмотрения одного и того же природного явления предполагает допустимость разных технических средств его исследования. Это делает особо значимой проблему обоснования выбора конкретного метода при проведении конкретной филогенетической реконструкции.

Исследование этой проблемы является прерогативой методологии, которая разрабатывает теорию методов естественнонаучных исследований, в том числе филогенетических. Именно методологический анализ позволяет оценивать пригодность (состоятельность) методов: без такого анализа выбор конкретного метода оказывается, вообще говоря, случайным относительно исходных предпосылок, да и целей исследования.

По-видимому, только метод сравнения, понимаемый в «техническом», а не методологическом смысле (см. 7.2), можно считать вполне универсальным. Применимость прочих, более частных методов ограничена:

- принимаемыми эволюционными моделями, что особенно актуально для количественных техник;
- уровнями общности филогенетического паттерна: одни эффективны при сравнении видов, другие «работают» на более высоких уровнях иерархии;
- спецификой морфоструктур (понимаемых в самом широком смысле) и способов их описания.

Важным источником ограничений метода служит та логика, которая «заложена» в его алгоритм: именно она ставит результаты исследования в зависимость от этого алгоритма. Так, методы кладистического анализа, основанные на принципе синапоморфии, всегда будут приводить к такой схеме, в которой присутствует только иерархия *голофилетических* групп, соответствующая строго дивергентной модели эволюции. Очевидно, это не позволяет выявить возможные *дифилетические* группы, порождённые ретикулярной эволюцией (об этих группах см. 5.2.3).

«Локальность» практически всякого метода филогенетических реконструкций далеко не всегда осознаётся его разработчиками и пользователями. Нередка прямо противоположная тенденция, которая может быть выражена двумя «законами» (аналогичными паркинсоновым): 1) *всякий метод стремится к неоправданному расширению границ своей применимости*; 2) *сторонники всякого метода стремятся доказать его превосходство над другими методами, решающими однотипную задачу*. Преодоление этих «законов» — один из залогов корректности и эффективности исследований в филогенетике.

В классической филогенетике обоснованию методов исторических реконструкций до недавнего времени не придавалось особого значения. Геккелев метод тройного параллелизма (морфология + эмбриология + палеонтология) считался достаточно надёжным основанием. В отличие от этого, в современных подходах методологическое обоснование филогенетических реконструкций занимает значительное место. Это вызвано как ужесточением критериев научности результатов филогенетических исследований, так и разработкой формализованных алгоритмов, предлагаемых кладистикой и нумерической филетикой.

## 7.1. КРИТЕРИИ СОСТОЯТЕЛЬНОСТИ МЕТОДОВ

В самом общем смысле **состоятельность метода** — это *возможность с его помощью решать конкретную исследовательскую задачу*. Соответственно, состоятельность метода можно трактовать как его *разрешающую способность*: возможность с его помощью *реконструировать без искажений* филогенез или филогенетический паттерн. Очевидно, что эта возможность не слишком велика, иначе можно было бы претендовать на полную реконструкцию филогенеза на основании универсального метода. Таким образом, речь должна идти об *относительной* разрешающей способности (эффективности, состоятельности): у одного метода она выше, у другого ниже.

Состоятельность метода оценивается согласно определённым *критериям*, которые задаются исходя из тех или иных соображений. Используя так называемый *принцип качелей* (см. 2.2), можно фиксировать две крайние позиции: в одной из них методы рассматриваются с *содержательной* точки зрения, в другой — с *формальной*.

В первом случае имеется в виду, что *метод филогенетической реконструкции должен быть содержательно интерпретирован в рамках эволюционной модели*, в которой определён филогенез и его ключевые свойства. Это вытекает из сути гипотетико-дедуктивной схемы аргументации; в филогенетике данная общая идея выражена *принципом филогенетического соответствия* (см. 4.3.1), который утверждает *зависимость частных методов от начальных условий филогенетического исследования*.

Надо полагать, что чем строже выполняется указанное соответствие, тем метод лучше: базовые допущения, лежащие в его основании, минимально противоречат постулированным свойствам эволюции, поэтому он заслуживает больше доверия как инструмент филогенетического исследования. Это значит, что разрабатываемая с его помощью филогенетическая гипотеза, при прочих равных (одинаковая надёжность исходных данных и т.п.) должна считаться более состоятельной, нежели та, которая получена в нарушение указанного соответствия.

Очевидно, что разным условиям могут соответствовать разные методологические оценки. Так, с точки зрения системной концепции эволюции несостоятельны методы парсимонии, коль скоро они предполагают чрезмерно упрощенные исходные модели. В отличие от этого, с точки зрения методологически трактуемого принципа экономии наиболее состоятельны как раз те методы, которые минимизируют априорные допущения о путях и закономерностях исторического развития организмов. В рамках кладистики методы, основанные на *принципе синапоморфии*, более состоятельны, нежели игнорирующие его фенетические методы. С точки зрения морфобиологического подхода, лежащего в основании семогенетики, несостоятельны количественные техники, коль скоро они предполагают необходимость «разложения» целостного организма на отдельные признаки, представленные в формализованном виде. Напротив, известная формула «наука начинается там, где начинается математика» заставляет отдавать предпочтение именно количественным методам, причём по преимуществу тем, которые основаны на достаточно строгой математической теории безотносительно к их «биологическому содержанию».

Разные филогенетические подходы зачастую предполагают существенно разные базовые эволюционные модели (см. 4.1.1). Их реализация в разных методах порождает особую методологическую проблему определения корректных условий обобщения дендрограмм, полученных на основании разных моделей, в форме *супер-деревьев* (см. 9.4.5).

Соответствие методов системе онтологических допущений одним из своих последствий имеет нечто вроде обратной связи между методом и эволюционной моделью. Данное обстоятельство необходимо принимать во внимание при интерпретации результатов, полученных, например, с помощью методов парсимонии. Они нацелены на выдвижение наиболее экономной гипотезы, формальным представлением которой служит наиболее короткая дендрограмма (см. 9.4.3). Поэтому, даже если никакая эволюционная модель методом явным образом не предусмотрена, итоговая дендрограмма в любом случае будет соответствовать такой модели, в которой вероятность параллелизмов минимальна.

При оценке состоятельности количественных методов, предназначенных для выявления филогенетического сигнала, необходимо принимать во внимание свойства филогенетического паттерна, отображённые в некоторых параметрах исследуемой выборки. Так, поскольку организмы связаны между собой родством, эту выборку нельзя считать статистическим ансамблем независимых элементов. Данное заключение делает не вполне корректным применение в филогенетике стандартных статистических методов, основанных на допущении взаимной независимости организмов (см. 11.2).

Формальный контекст определения состоятельности методов имеет отношение к его логической, а если он количественный, то и к математической составляющим. В одних случаях предлагаемые критерии выглядят вполне разумно, в других сами они представляются не вполне состоятельными.

В «техническом» смысле состоятельность (*consistency*) метода означает, что *по мере увеличения объёма информации получаемые с его помощью варианты решения сходятся к некоторому фиксированному значению*, которое по молчаливому допущению считается *истинным*. В филогенетике это означает возможность получения на основе данного метода всё более сходных филогенетических реконструкций по мере использования всё большего числа признаков. Смысл названного критерия очевиден: получение таких устойчивых результатов даёт основания считать, что реконструированный филогенез является хорошим приближением к истинному.

С точки зрения современных представлений о характере научного знания очевидно, что вероятностные методы филогенетических реконструкций предпочтительнее тех, которые базируются на решениях по принципу «или-или». Среди них выделяется *метод наибольшего правдоподобия* как статистически состоятельный, который с точки зрения ряда содержательных и формальных оценок лучше *метода парсимонии* (о них см. 9.4.3, 9.4.4). С другой стороны, он менее эффективен при выявлении топологии деревьев, что делает метод парсимонии предпочтительнее с точки зрения кладогенетики.

Введение математической обоснованности как одного из критериев состоятельности метода означает, грубо говоря, необходимость «подгонки» общей схемы и частных алгоритмов исследования под формальные требования метода. Это ведёт к выхолащиванию биологического содержания из филогенетических реконструкций.

Например, во многих количественных методах, чем проще организованы признаки, тем они предпочтительнее: идеален бинарный неполяризованный признак (о терминах см. 5.4.1). А развиваемое в генофилетике нумерическое направление (Nei, Kumar, 2000) фактически оказывается частной областью приложения математического аппарата теории графов, степень «перекрывания» которой с предметной областью филогенетики требует специального исследования.

В нумерической филетике состоятельность методов иногда оценивают, генерируя «компьютерные филогенезы» на основе искусственных выборок. При этом, однако, остаётся вне внимания вопрос о том, насколько эти «филогенезы» соответствуют реальным: очевидно, без ответа на него содержательная оценка состоятельности самой этой процедуры едва ли возможна.

Для количественных методов филогенетических реконструкций серьёзной является проблема *NP*-полноты (см. 2.1.1). В данном случае она означает, что по мере усложнения вводимых моделей существенно увеличивается *доверительный интервал*, в пределах которого все получаемые деревья оказываются одинаково хорошими. Очевидно, это не позволяет строго оценивать количественные методы с точки зрения состоятельности.

Названная проблема обязывает вводить дополнительный формальный критерий состоятельности количественного метода — его *эффективность*. Он означает возможность решения задачи за достаточно ограниченное время: несколько часов, самое большое — несколько суток непрерывной работы компьютера. Этот критерий становится особенно актуальным при обработке очень больших массивов данных: он обязывает отдавать предпочтение тем алгоритмам, которые повышают быстродействие реализующих их компьютерных программ. Всё более широкое использование молекулярно-генетических данных стимулирует развитие нумерической филетики в таком направлении.

Отношение к методу вырабатывается в том числе на основе «личностной составляющей» познавательной ситуации. Сторонники классических подходов испытывают определённое предубеждение перед всяческими вычислительными операциям, полагая (не без основания), что они бедны биологическим содержанием. Напротив, сторонники методов нумерической филетики, будь то математики или биологи с «математическим» мышлением, с недоверием относятся ко всяческим «сложностям», которые биологи приписывают эволюционному процессу, и более доверяют формальным процедурам, где всё «просто и ясно».

При рассмотрении состоятельности методов филогенетики полезной могут быть некоторые формализации, заимствованные из классической статистики (Felsenstein, 1982). С этой точки зрения филогенез допустимо считать неизвестным *оцениваемым параметром*, а филогенетическую реконструкцию — *оценкой* этого параметра. Соответственно, дерево как формальное представление филогенетической гипотезы служит оценкой структуры филогенетических отношений; длина дерева есть оценка «количества» эволюционных изменений; количественная мера сходства — это оценка филогенетической близости.

Такого рода формализация позволяет характеризовать очевидную неполноту филогенетических реконструкций как *смещённую* (неточную) оценку тех или иных параметров филогенеза. С этой точки зрения *состоятельность метода тем выше, чем* (при прочих равных) *менее смещённую оценку филогенеза он даёт.* Оговорка «при прочих равных» указывает на «локальность» метода, который может быть состоятельным при одних условиях и несостоятельным — при других.

Смещённость оценки филогенеза имеет два основных источника — *систематические* и *случайные* причины. Причины первой группы (вторые здесь не рассматриваются) имеют особое значение: они обусловлены в первую очередь расхождением между допущениями, лежащими в основе метода, и свойствами филогенеза.

Из них самая распространённая — принятие семогенетической реконструкции за кладогенетическую: это характерно для многих подходов филогенетики, начиная с морфобиологического и кончая генофилетическим. В классических школах, опирающихся на «качественный» анализ морфоструктур, при оценке их филогенетической значимости причиной систематической ошибки может быть подмена функциональной значимости функциональной интерпретируемостью (см. 6.1.1). При использовании количественных мер сходства важной является проблема *неаддитивности* — отсутствия строгого соответствия между так или иначе измеряемым сходством и генеалогическим родством (см. 9.2).

## 7.2. ОБЩАЯ КЛАССИФИКАЦИЯ МЕТОДОВ ФИЛОГЕНЕТИКИ

Классификации методов, как и всякие классификации, позволяют упорядочить их разнообразие для того, чтобы выявить как общие, так и специфические для разных методов проблемы методологического характера.

Основания для разработки такого рода классификаций могут быть достаточно разными. Например, за исходную позицию можно брать не технику филогенетических реконструкций, а характер исходных данных. На этом основании Л.П. Татаринов (1976), например, разделяет методы филогенетики на *генотипические*, *фенотипические* и *экстрасоматические*.

С точки зрения методологии, методы филогенетических исследований представляется разумным делить прежде всего на *общие* и *частные*.

Общие методы определяют основные принципы анализа данных и их филогенетической интерпретации. Фундаментальной проблемой является неоднократно подчёркивавшаяся ненаблюдаемость и невоспроизводимость объектов исследования — ни процесса филогенеза, ни филогенетических групп. В своём распоряжении филогенетик имеет лишь в том или ином виде представленные отдельные экземпляры или (гораздо чаще) их остатки. Он их описывает или подвергает некоторым экспериментам и затем сравнивает между собой результаты описания и экспериментирования, делая на основании сравнений заключения о возможных путях филогенеза.

Соответственно, филогенетика опирается на следующие общие методы:

• *описательный* метод обосновывает корректные условия анализа фактических данных, прежде всего выделения признаков;

• *экспериментальный* метод имеет в филогенетике свою специфику, связанную с невоспроизводимостью филогенеза. Поэтому для этой дисциплины актуален метод не прямого, а *косвенного* эксперимента по выявлению генетической совместимости организмов (см. 6.2);

• *сравнительно-исторический* метод, обосновывающий корректные условия филогенетической интерпретации результатов описания и экспериментирования, рассмотрен в разделе 7.3.

Посредством частных методов проводятся конкретные филогенетические исследования. По характеру применяемых алгоритмов они могут быть *качественными* или *количественными*. В современной филогенетике наиболее популярны вторые: развивается целая «индустрия» по производству количественных алгоритмов и реализующих их компьютерных программ.

По тому, на каком этапе филогенетической реконструкции применяются частные методы, их можно разделять на:

• методы *анализа исходных данных*, в первую очередь их первичная обработка. К их числу относятся, например, методы анатомического препарирования, секвенирования нуклеотидных последовательностей. Сюда же можно отнести только что упомянутые экспериментальные методы;

• методы *анализа признаков*, прежде всего их вычленение, филогенетическая интерпретация;

• методы *выявления групп организмов* на основании оценки их сходства/различия;

• методы *разработки филогенетических схем* на основе результатов сравнений и экспериментов, которые могут быть сведены к построению филогенетических деревьев. По сути это соответствует этапу выдвижения гипотезы о филогенезе;

• методы *тестирования* филогенетической гипотезы.

Методологические проблемы, рассматриваемые в каждой из этих групп методов, достаточно специфичны, коль скоро специфичны решаемые на каждом этапе задачи.

Так, для методов второй группы основные проблемы — обоснование критериев гомологии и определения полярности признаков.

При выявлении групп организмов решаются две ключевые проблемы — разработки филогенетически состоятельных алгоритмов оценки сходства и интерпретация последнего в терминах родства.

На следующем этапе ключевую методологическую проблему составляет обоснование филогенетически состоятельных алгоритмов построения деревьев.

Вместе с тем, все эти проблемы, относящиеся к разным группам методов, взаимозависимы, поскольку от конкретных результатов, полученных на каждом этапе, зависит корректность результатов следующего этапа. Так, неверная гомологизация признаков влечёт за собой неверную оценку родства между организмами на основании анализа их сходства. Следовательно, методологические проблемы филогенетических реконструкций должны решаться в общем контексте.

Например, обоснование методов (принципов, критериев) гомологизации должно быть согласовано с обоснованием методов (принципов) перехода от сходства к родству. Одной из возможных форм такого согласования является разработка, исходя из общих оснований (в таком качестве выступает базовая модель кладогенеза, см. 5.1), концепций генеалогического родства, гомогении и синапоморфии (о них см. 5.2.1, 5.3.1, 5.5.3).

## 7.3. СРАВНИТЕЛЬНО-ИСТОРИЧЕСКИЙ МЕТОД

Всякое исследование, предметной областью которого является некое разнообразие объектов, начинается со *сравнения* этих объектов между собой. На его основе создаётся представление о структуре их разнообразия, выявляются их общие и специфические свойства и разрабатывается классификация этих объектов. Ключевым элементом сравнения является установление отношений *гомологии* и *аналогии* между свойствами, по которым распознаются и выделяются группы сравниваемых объектов (см. 5.3.1).

Полученная тем или иным способом классификация становится своего рода *описательной моделью* изучаемого разнообразия, которая затем рассматривается в контексте тех или иных причинно-следственных отношений. Эти отношения складываются в *каузальную модель*, содержащую указание на причины возникновения данной структуры разнообразия.

Операция сравнения составляет содержание **сравнительного метода**, понимаемого в самом широком смысле — т.е. как методологии. С формальной точки зрения он имеет очевидный приоритет перед любыми другими методами исследования (разве что кроме описательного). Однако это не означает его независимости от начальных условий.

Действительно, всякое исследование осуществляется в рамках некоторой исследовательской программы, которая задаёт *аспект рассмотрения*. Он обязывает обращать внимание на свойства объектов, *существенные* с точки зрения темы исследования, и игнорировать прочие свойства. Таким образом, содержательно осмысленным результат операции сравнения (тем самым и саму эту операцию) делает аспект рассмотрения, который в данном случае тождествен *аспекту сравнения*.

В рамках эволюционной парадигмы названный аспект включает общие представления об исторических причинах, породивших исследуемое разнообразие. Это позволяет подчеркнуть фундаментальность для исторических дисциплин общего подхода, называемого **сравнительно-историческим методом**; в филогенетике он получил название *сравнительно-филогенетического* (Funk, Brooks, 1990). Его двойственность означает, что историческая аргументация «встроена» в сравнительную как способ формирования аспекта сравнения: ни одна из них не приоритетна, но обе равноценны, выполняя равнозначные функции в итеративной процедуре сравнительно-исторического анализа. Общий смысл исторической составляющей метода — в введении «стрелы времени», задающей некую преимущественную точку отсчёта в «прочтении» морфологического разнообразия. Её реализует, например, *филогенетический контекст*, в котором рассматривается исследуемая группа: с его помощью фиксируется начальное кладистическое событие для этой группы (см. 8.1). Указание на историю привносит специфический акцент в понимание и того, что такое гомология: она исходно получает филогенетическую интерпретацию (см. 5.3.1).

В ходе реконструкция филогенеза некоторой группы организмов ищутся ответы на следующие вопросы (по Мейену, 1984, с изменениями):

- «*что*?»: необходимо определить сам объект исследования и его «место» среди ему подобных. В филогенетике речь идёт о распознавании группы организмов, заданной определённым филогенетическим контекстом;
- «*какой*?»: необходимо определить свойства этой группы, которые подлежат исследованию. Таковы а) структура её разнообразия, интерпретированная как *филогенетический паттерн* (см. о нём 4.1.3),

и б) некоторая совокупность признаков, позволяющих выявить эту структуру;

- «*когда*?»: необходимо определить *временную последовательность* возникновения названных свойств объекта. В рассматриваемом случае такова филогенетическая история (= филогенез), раскладываемая на две составляющие — кладогенетическую и семогенетическую.

Сравнение рассматривается как операциональная основа для выработки суждений о разнообразии проявлений объекта исследования: это сравнительная часть общего сравнительно-исторического метода. В ходе сравнения ищутся ответы на вопросы «*что*?» и «*какой*?», в данном случае руководящим служит **принцип типологических экстраполяций** (Мейен, 1984).

Согласно этому принципу, в исследуемом разнообразии организмов выявляется некая структура: оно «классифицируется». При этом на основании единичных наблюдений над отдельными организмами выводятся суждения о свойствах их групп (отсюда — *экстраполяции*). Очевидно, эти суждения являются в той или иной мере приближёнными, особенно если касаются групп высокого ранга — цветковых растений, позвоночных животных и т.п. Они детализируются по мере накопления данных и низведения уровня исследований от высших к низшим: общие черты родов одного семейства выявляются более чётко, чем отрядов одного класса.

По смыслу с названным принципом перекликается *метод структурных типов* (Татаринов, 1976), согласно которому при анализе родственных отношений между группами организмов во внимание принимаются их «типические» (существенные, архетипические) свойства.

Одним из аспектов исследуемого порядка являются ряды преобразований морфоструктур — *рефрены* (см. 5.4.2). В чисто сравнительном аспекте они представляют собой логически *возможные* преобразования. С точки зрения филогенетики они должны быть филогенетически интерпретированы. Это значит, что рефрены рассматриваются как возможные пути исторического преобразования морфоструктур, среди которых должны быть выявлены действительно *реализованные*, т.е. *семогенезы* (см. 4.1.2.2).

Саму возможность такой интерпретации обеспечивает **принцип историзма**, реализующий исторический стиль мышления (см. 2.2) и составляющий историческую компоненту сравнительно-исторического метода. Он обязывает разнообразие организмов интерпретировать как следствие их истории, вводя результаты их сравнения в исторический контекст. Последний означает, что ряды преобразований морфоструктур (морфоклины) должны быть интерпретированы как *временные* ряды (хроноклины), элементы каждого из которых связаны причинно-следственными отношениями: предшествующий элемент является одной из причин последующего.

Историческая часть метода ответственна за поиски ответа на вопрос «*когда*?». Возможность ответа на него обеспечивает **принцип процессуальных реконструкций**, который служит связующим звеном между принципами экстраполяций и историзма. В его основе лежит осознание двух важных обстоятельств: а) историческая последовательность как таковая ненаблюдаема и б) вместо неё нам даны «временные срезы», которые мы соединяем в некий ряд и интерпретируем его как последовательность событий одного процесса — т.е. как временной ряд. При изучении индивидуального развития этот ряд — последовательность стадий онтогенеза; при изучении истории — последовательность стадий филогенеза. Французский мыслитель А. Бергсон такого рода реконструкцию уподобил склеиванию кинематографической ленты из отдельных кадров, что дало повод назвать данный принцип его именем — *принцип Бергсона* (Мейен, 1984). Он почти в «чистом виде» реализован в так называемом *стратофенетическом методе* филогенетических реконструкций; иногда его называют *хронографическим* (см. 6.1.2).

С точки зрения гипотетико-дедуктивной схемы аргументации (см. 2.1.3), акты сравнения оказываются содержательно осмысленными (и потому филогенетически состоятельными) в определённом историческом контексте. Так, в структуре разнообразия можно выделить кладогенетическую составляющую лишь в том случае, если априори определена концепция кладогенеза. В данном случае руководящим является *принцип филогенетического соответствия* (см. 4.3.1).

В рамках сравнительно-исторического метода, реализуемого в филогенетике, можно выделить три общих подхода, предполагающих разный характер осмысления данных и, соответственно, разные процедуры их анализа.

**Типологический анализ** направлен на выявление групп организмов, характеризуемых определёнными *существенными* (с той или иной точки зрения) признаками. В типологии эти признаки характеризуют *архетипы* выделяемых групп, прочие же составляют их *стили* (Любарский, 1996). Соответственно, сходство трактуется как *неаддивное*, коль скоро разные признаки дают в него разный вклад (см. 5.5.1). Отсылка исключительно к архетипу делает типологический анализ строго сравнительным. В классической филогенетике существенные признаки отражают некие *адаптивные сущности* этих групп: их поиск делает типологический анализ эволюционно интерпретированным. В известном смысле классическая филогенетика является «филогенетической типологией» (см. 3.3).

**Фенетический анализ** основан на идее *общего сходства*, вклад в который разных признаков *равноценен*: они не делятся на существенные и несущественные. Поэтому общее сходство, которым оперирует фенетика, является *аддитивным*. Последнее обстоятельство позволяет реализовать фенетический метод в форме количественных алгоритмов. Понимаемый в широком смысле, этот метод является одним из основных в молекулярной филогенетике, где результаты сравнения организмов интерпретируются на основе формулы «общее сходство = родство». Последнее, однако, не гарантирует корректного «встраивания» исторической составляющей в сравнительный метод: условия для этого разрабатываются в рамках кладистического анализа.

**Кладистический анализ** представляет собой достаточно формализованный подход, ключевая особенность которого — *специфическое взвешивание сходства* (принцип синапоморфии), совместимое и с типологической, и с фенетической интерпретациями признаков (см. 5.6.3). Как часть филогенетики, он изначально является исторически интерпретированным, поскольку разрабатываемые в его рамках принципы и методы явным образом выводятся из некоторой эволюционной модели (Wiley, 1981; Павлинов, 1990). Поэтому данный подход в полной мере можно считать сравнительно-историческим. Его ключевые методологические позиции используются в большинстве современных филогенетических реконструкций, они составляют основу «новой» филогенетики.

В общей схеме сравнительно-исторического анализа особое место занимает используемый в филогенетике метод *косвенного эксперимента* (о нём см. 6.2). В данном случае сравниваются между собой не организмы (или их остатки) как таковые, а результаты оценки их взаимной генетической совместимости.

Одна из важнейших особенностей как сравнительного, так и сравнительно-исторического анализа — его *итеративный характер*. Он реализован в **методе последовательных приближений**, означающем «расчленённость» процедуры исследования на последовательные *шаги итерации*. На каждом шаге устанавливаются характеристики лишь какого-то одного из свойств (аспектов) исследуемого многообразия, прочие же фиксируются как некая «данность», причём на каждом последующем шаге эти свойства (аспекты) меняются местами. Благодаря этому оказывается возможным со всё большей обоснованностью и строгостью распознавать искомые свойства в исследуемом разнообразии организмов, уточнять их характеристики.

Примером может служить историческое развитие общего понимания филогенеза и способов его представления. Первоначально он мыслился как линейный однонаправленный процесс (номогенез как интерпретация «лестницы совершенствования», см. 3.2). Накопление сравнительных данных и более детальный их анализ привели к дивергентной модели филогенетического развития. На её основе были уточнены представления о гомологии (введены понятия гомогении и гомоплазии), что позволило сделать более строгим понятие монофилии (разделены голо- и парафилия). В связи с этим была уточнена модель филогенеза как кладогенеза, что повлекло за собой перестройку представлений о структуре разнообразия. В настоящее время кладогенетика находится на том шаге итерации, когда общие представления о филогенезе и принципах его исследования считаются достаточно устоявшимися: они служат основой для выявления иерархии кладистических групп как ключевого элемента названного паттерна. Очевидно, на следующем шаге итерации сравнительно-исторического анализа многообразия живых организмов по мере выявления этой иерархии будет уточняться модель филогенеза.

Метод последовательных приближений имеет достаточно общее значение. Он позволяет считать несостоятельным нередкое противопоставление тех или иных альтернативных аспектов рассмотрения — сравнительного и исторического, структурного и функционального и т.п. На самом деле речь должна идти об умении правильно определять соотношение между ними, чтобы корректно выстраивать сравнительно-историческое исследование.

# ГЛАВА 8. ОБЩАЯ СХЕМА КЛАДОГЕНЕТИЧЕСКОГО ИССЛЕДОВАНИЯ

Формально говоря, филогенетическая реконструкция представляет собой некую поисковую процедуру, основная задача которой состоит в том, чтобы дать для неизвестного параметра — *филогенеза* — наилучшую (оптимальную, минимально смещённую) оценку — *филогенетическое дерево* — на основе ограниченной информации о нём, заложенную в *признаки*.

Общая схема филогенетической реконструкции предполагает, что в большинстве случаев суждения об истории выводятся из анализа родства, а суждения о родстве — из анализа сходства, каковое оценивается по результатам анализ признаков. Это позволяет представить общую схему следующим образом: *признаки > сходство > родство > история*.

Из неё видно, что чаще всего *основанием для разработки гипотезы о кладогенезе всегда служат гипотезы о семогенезах* (за исключением методов «экспериментальной» филогенетики, см. 6.2). Эти последние могут быть заданы в более или менее сильной форме, что и определяет разнообразие подходов в рамках указанной схемы.

В настоящей главе кратко охарактеризованы основные этапы реализации этой схемы: формирование выборки; представление признаков для количественного анализа; базовые схемы построения филогенетических деревьев (в том числе изложен метод *внешней группы*). Затронуты также проблемы тестирования гипотез о филогенезе.

## 8.1. НАЧАЛЬНЫЕ УСЛОВИЯ

Филогенетическая реконструкция осуществляется в рамках определённой *познавательной ситуации* (см. 2.1.1). Одним из её ключевых элементов является система исходных допущений о том, что подлежит реконструкции. Они задают *начальные условия* проводимой реконструкции, определяя её *содержательный контекст*. Последний включает несколько компонент.

*Эволюционный контекст* задаётся базовой эволюционной моделью (см. 4.1.1). Содержание последней определяется тем, каковы допущения онтологического и эпистемологического толка, принимаемые в явной или неявной форме исследователем. От этого зависит характер интерпретации признаков, выбор конкретной базовой схемы и реализующих её методов исследования.

Так, квази-детерминистическая модель делает осмысленными априорные допущения о характере эволюции хотя бы некоторых морфоструктур. Это позволяет представлять их в форме кладистических признаков с определённой полярностью и даёт возможность обращаться к *прямой схеме* кладистического анализа. В отличие от этого, стохастическая модель, не накладывающая никаких ограничений на эволюцию морфоструктур, не позволяет начинать реконструкцию с определения полярности признаков. Поэтому кладистический анализ в рамках этой модели проводится по *непрямой схеме.*

*Филогенетический контекст* задаётся определением объекта исследования — некоторой группы организмов, в отношении которой принимаются допущения (презумпции) о том, что:

а) вся *исследуемая группа* является *монофилетической* (в конструктивном смысле, см. 5.2.3, 8.2). Подразумевается, что для полифилетических групп разработка гипотезы о кладогенезе не представляет содержательного интереса (это ограничение не актуально в рамках анагенетики, см. 3.3);

б) *элементарные единицы* сравнения (терминальные группы), составляющие исследуемую группу, также являются *монофилетическими.* Так, бессмысленно реконструировать кладогенез для группы, в которой в качестве единиц сравнения фигурируют жизненные формы (это ограничение не актуально для семогенетических исследований, см. 11);

в) ближайшие *родственные связи* исследуемой группы определены *корректно*. В частности, это означает правильный выбор *внешней группы*, от чего во многом зависят результаты кладистического анализа, проводимого по *непрямой схеме* (см. 8.4).

Из этого видно, что в число начальных условий данного исследования входят результаты предшествующих реконструкций, в которых показан монофилетический статус всей исследуемой группы и терминальных групп в её составе. Они так или иначе влияют на формирование филогенетического контекста проводимой реконструкции, а тем самым отчасти и на её результаты.

*Мерономический контекст* определяется набором критериев, на основании которых выбираются морфоструктуры (в широком смысле), устанавливается их гомология, вычленяются признаки.

В число начальных условий входит также *выборка*, с которой реально имеет дело исследователь. С методологической точки зрения её можно рассматривать как *модель исследуемого фрагмента филогенетического паттерна*. Очевидно, от адекватности этой «модели» (репрезентативности выборки) во многом зависит точность разрабатываемой на её основе филогенетической реконструкции.

## 8.2. ФОРМИРОВАНИЕ ВЫБОРКИ

Всякое исследование в филогенетике базируется на анализе **выборки** — некоторой *совокупности элементарных единиц сравнения* (далее неделимых групп организмов) *и характеризующих их признаков*.

Как отмечено в предыдущем разделе, выборку можно трактовать как модель исследуемого фрагмента филогенетического паттерна. Адекватность выборки этому фрагменту обеспечивается её *полнотой*, имеющей два аспекта — таксономический и мерономический. Это значит, что выборка должна быть полна в отношении как групп организмов, так и характеризующих их признаков. Чем менее полна выборка, тем более смещённой может быть оценка филогенеза. Это обычно обозначается как *ошибка выборки*.

В кладогенетике условие полноты усиливается требованием, чтобы *исследуемая группа была монофилетической* (см. 8.1). При этом подразумевается, что для парафилетической группы кладистический анализ проводить не вполне корректно: можно полагать, что возрастает вероятность получения смещённой оценки кладогенеза.

В идеале, в выборке исследуемая монофилетическая группа должна быть представлена в полном объёме. Очевидно, данное требование в общем случае нереалистично: для подавляющего большинства надвидовых групп их полный состав неизвестен, так что *любая представляющая их выборка заведомо неполна*. Это делает всякую исследуемую группу заведомо парафилетической, а ошибку выборки — заведомо неизбежной.

В связи с этим понятия монофилии исследуемой группы и, соответственно, полноты представляющей её выборки уточняются с учётом условия конструктивности (см. 5.2.3). Группа может считаться монофилетической, а выборка полной, если в неё в качестве элементарных единиц сравнения включены *все известные* представители данной группы, приуроченные к данному временному интервалу.

Дополнительного уточнения, также отвечающего условию конструктивности, требует (используя терминологию систематики) *ранг терминальных групп*. В общем случае он никак не фиксирован и определяется исходя из ранга исследуемой группы в целом. Так, если реконструируется филогенез для класса, элементарными единицами могут быть отряды или семейства; в случае семейства это могут быть роды и т.д. Требование, чтобы при анализе какого-либо обширной группы — класс насекомых, отряд жёсткокрылых — все терминальные группы были непременно видами, в свете только рассмотренной проблемы полноты, заведомо невыполнимо и потому избыточно. Причина в том, что далеко не для всех видов удаётся составить характеристики, по которым можно реконструировать историю класса или отряда. Соответственно, выборку можно считать полной в таксономическом аспекте, если для класса она включает все известные в нём отряды, для отряда — все его семейства и т.д.

Проблема полноты выборки в отношении *признаков* — одна из наиболее серьёзных в филогенетике. Суть её в том, что число признаков, которыми может быть охарактеризован любой организм, бесконечно велико; чаще всего оперируют ничтожной долей этого числа. Поэтому само понятие полноты выборки признаков, очевидно, не вполне конструктивно: более строгим можно считать понятие её *достаточности*. В общем случае, *выборка признаков достаточна, если она даёт минимально смещённую оценку филогенеза*. Очевидно, разное понимание филогенеза и содержания филогенетической гипотезы даёт разную оценку достаточности выборки признаков в отношении как их числа, так и конкретного перечня.

Выборка характеризуется *составом*, *объёмом* и *структурой*. Состав выборки — это конкретный перечень терминальных групп и их признаков; объём — их общее число. Структура выборки задаётся «снизу» и «сверху». В первом случае имеется в виду соотношение рангов терминальных групп (они не обязательно должны быть одинаковыми), во втором — соотношение между исследуемой и внешней группами. Для первой реконструируется филогенез, вторая служит одним из средств этой реконструкции. Правила выделения внешней группы рассмотрены в разделе о базовых схемах кладистического анализа (см. 8.4).

В математической статистике адекватным представлением генеральной совокупности считается *случайная* выборка: именно это позволяет считать, что её анализ даёт несмещённую оценку исследуемых параметров генеральной совокупности. Для филогенетики данное условие едва ли корректно. Как таксоны, так и особенно признаки включаются в выборку на заведомо *неслучайной* основе, причём между выбором тех и других имеется определённая связь. Условия выбора задаются контекстом той исследовательской программы, в которой проводится исследование, и требованиями данной школы.

Так, палеонтолог больше внимания уделяет ископаемым группам, а неонтолог — современным. Для приверженца морфофункционального направления наиболее интересны организмы, в которых более всего воплощена «адаптивная сущность» группы, к которой они относятся. В генофилетике выбор объектов определяется их доступностью для взятия проб ДНК: чаще всего таковыми оказываются животные и растения, имеющие какое-либо значение для человека.

Включение тех или иных признаков в выборку зависит во многом от того, какая схема аргументации (см. 2.1.3) положена в основу филогенетической реконструкции.

*Индуктивная схема* требует включения в анализ как можно большего числа исходных данных, соединяемых в единой филогенетической гипотезе. На этом основании считается целесообразным включение в реконструкцию всей доступной на момент её проведения информации. Этим обосновывается увеличение числа признаков: чем их больше использовано, тем надёжнее считается реконструкция филогенеза. Эта в общем-то фенетическая идея особенно активно поддерживается большинством сторонников генофилетики; исключение делается, пожалуй, лишь для слишком лабильных последовательностей, которые не включаются в анализ.

*Гипотетико-дедуктивная схема* утверждает, что такой подход делает филогенетическую гипотезу слабо тестируемой. Для повышения тестируемости эта гипотеза должна быть «экономной», т.е. базироваться на минимальном числе исходных допущений. В отношении признаков это значит, что в филогенетическую реконструкцию следует включать такие признаки, которые не перегружены априорными допущениями о характере эволюции соответствующих морфоструктур.

В рамках только что названной схемы признаки, включаемые в выборку, должны быть взаимно независимы: в противном случае они считаются простыми «тавтологиями», а не разными свидетельствами о кладогенезе. Выполнение этого условия составляет серьёзную методологическую проблему: причина в том, что полная независимость признаков теоретически невозможна. С одной стороны, если признаки соотносятся с какими-либо морфоструктурами, они в той или иной степени зависимы в силу целостности организма (каковая, впрочем, иногда преувеличивается). С другой стороны, если признаки соотносятся с семогенезами, то они зависимы в той мере, в какой семогенезы взаимоподобны. При этом следует подчеркнуть, что именно взаимоподобие семогенезов даёт основание полагать, что филогенез реконструируем (см. 4.1.2.2): это допущение лежит в основании критерия совместимости признаков как одного из условий их выбора для филогенетической реконструкции (см. 5.6.2).

В классической филогенетике, особенно в исследованиях, тяготеющих к семогенетическому направлению, выбор признаков обычно определяется содержательными критериями взвешивания. При этом число признаков редко бывает большим: чем жёстче названные критерии, тем меньше признаков. При этом, однако, может возрастать ошибка выборки: чем меньше свидетельств о филогенезе используется, тем больше вероятность, что его оценка окажется ошибочной.

Количественные подходы позволяют использовать много признаков. Нижний предел их числа определяется количеством терминальных групп, исходя из требований принципа дихотомии (см. 4.3.5). Для бинарных признаков, используемых в методах совместимости и парсимонии, их минимальное число равно ($2n - 1$), где $n$ — число терминальных групп. Их меньшее число делает принципиально невозможным выявление хотя бы некоторых дихотомических узлов кладограммы (филогенетических событий). В методах, основанных на статистической оценке результатов, это число должно быть в 2–3 раза выше (Swofford et al., 1996).

Верхний предел числа признаков в нумерической филетике, вообще говоря, не ограничен ничем, кроме технических возможностей. Лежащей в её основе фенетический стиль мышления заставляет считать, что «чем больше признаков, тем лучше» (*принцип суммирования признаков*, см. 5.6.1). Эта идея реализуется во многих современных исследованиях, особенно молекулярно-генетических, где число *элементарных признаков* (сайтов нуклеотидных последовательностей) иногда достигает десятков тысяч.

При составлении выборки признаков для каждого из них приходится решать несколько задач. Сюда входит установление частной гомологии сопоставляемых структур, определение модальностей признака, разработка эволюционной модели (в простейшем случае — определение полярности признака), при необходимости также определение веса. Варьирование этих параметров, входя в начальные условия реконструкции, в той или иной мере влияет на её результаты (см. 9.4.7).

Очевидно, потенциальная множественность значений каждого из перечисленных параметров создаёт для каждого признака некоторую неопределённость решения. Суммирование неопределённостей по всем параметрам всех признаков приводит к тому, что чем сложнее организованы признаки и чем их больше, тем ниже вероятность нахождения единственной (вдобавок несмещённой) оценки филогенеза.

В количественных подходах эта проблема рассматривается с точки зрения проблемы *NP*-полноты (см. 2.1.1). В данном случае риск получения ошибочной гипотезы особенно возрастает, если применяемый метод построения дерева не отвечает формальному *критерию состоятельности* (см. 7.1): увеличение числа признаков и их параметров будет приводить к возрастанию нестабильности результатов. Всё это снижает надёжность оценки состоятельности самих результатов количественного анализа данных: филогенетические реконструкции становятся всё более «приблизительными».

При выборе признаков приходится принимать в расчёт и такие «низкие материи», как финансовые и временные затраты на получение соответствующих данных. Всё это актуально в первую очередь для молекулярно-генетических структур; но и получение сведений по палеонтологии и эмбриологии организмов также бывает весьма затруднительно и потому затратно.

Возможность включения в одну выборку признаков, относящихся к разным категориям данных, составляет отдельную проблему. Вообще говоря, это не запрещено, но методологически сама проблема исследована недостаточно (см. 6.3).

Современные компьютерные программы делают возможным манипулирование составом и объёмом выборки; некоторые методы включают манипулирование в качестве обязательного элемента (например, *бутстреп*, см. 9.4.6). Включая в анализ и исключая из него те или иные группы и признаки, можно исследовать устойчивость как филогенетического дерева в целом, так и отдельных его фрагментов. В нумерической филетике устойчивость интерпретируется как один из критериев надёжности, обоснованности филогенетической реконструкции.

Формальным представлением исследуемой выборки исходных данных, делающим её пригодной для количественного анализа, является **таксон-признаковая матрица**; она же — *матрица данных* (см. рис. 21, *а*; также 8.3). Строки в ней соответствуют терминальным группам, столбцы — признакам, ячейки — модальности данного признака для данной терминальной группы. В методах, использующих эволюционные модели признаков, эта матрица дополнена матрицей вероятностей, соответствующих постулируемым эволюционным трендам.

В *признаковых* методах нумерической филетики таксон-признаковая матрица используется непосредственно, в *дистантных* методах она переводится в *матрицу дистанций*, вычисляемых между терминальными группами по совокупности признаков (об этих методах см. 9.4). В подходах, использующих результаты «косвенных» экспериментов (см. 6.2), основу составляет матрица генетических дистанций, получаемых без анализа отдельных признаков.

## 8.3. АНАЛИЗ ПРИЗНАКОВ

Этот этап филогенетической реконструкции — один из наиболее ответственных: от него во многом зависит её конечный результат. Причина достаточно очевидна: коль скоро о родстве мы судим по сходству, а сходство оцениваем на основании анализа общности свойств, отображённых в признаках, то именно в последних заложена значительная часть той исходной информации, которая посредством тех или иных манипуляций «превращается» в филогенетическую гипотезу.

Анализ признаков предусматривает решение ряда ключевых вопросов, касающихся способа представления разнообразия той или иной морфоструктуры в признаке с его модальностями. При их решении принципиальное для кладогенетики значение имеет трактовка признака как *гипотезы о семогенезе*, несущей определённый *кладогенетический сигнал* — информацию о кладистической истории.

Способы решения такого рода вопросов в основном определяются базовой эпистемологией данной исследовательской программы. От этого зависит допустимый уровень редукции «целого до частей», степень наполненности исходной эволюционной модели априорными допущениями. Большое значение имеет то, будет исследование базироваться на качественных (не предполагающих вычислений) или количественных методах. Некоторые из этих вопросов специфичны для определённых категорий данных — морфологических и молекулярно-генетических.

Терминология, связанная с концепцией признака, представлена в разделе 5.4. Общие вопросы выбора и гомологизации морфоструктур, которые надлежит описать посредством тех или иных признаков, взвешивание признаков рассмотрены в соответствующих разделах (см. 5.3.2, 5.6.1). В настоящем разделе изложены более «технические» аспекты анализа признаков, актуальные главным образом для методов нумерической филетики.

Ключевым моментом является *формирование признакового дерева* (см. рис. 33). Сюда относятся следующие основные этапы.

*Определение модальностей* признаков даётся исходя как из характера самих данных, так и из методологии исследования. Так, при описании первичной структуры ДНК признак, соответствующий определённому сайту, может быть только бимодальным, соответствующим замещениям оснований А–Т и Г–Ц. В морфологии, если признак соответствует, например, конечности позвоночного, модальности соответствуют вариантам её строения, так что их число может быть достаточно большим.

Если за методологическую основу взят принцип парсимонии, то чем меньше число модальностей (от которого зависят другие параметры признакового дерева), тем решение предпочтительнее. С этой точки зрения оптимален бимодальный признак; он же предпочтителен и с «технической» точки зрения, поскольку значительно упрощает вычислительные операции. Поэтому в подходах, основанных на указанном принципе, рекомендуется сложные признаки переводить в бимодальную форму за счёт их разбиения на несколько более простых признаков. Подобной редукции могут подвергаться и частотные признаки — например, аллозимы: в них разным аллелям приписываются не частоты, а целочисленные значения (1 или 0), указывающие на их присутствие или отсутствие.

*Определение топологии* признакового дерева означает указание переходов между модальностями признака. При этом модальности связываются рёбрами, которые указывают «разрешённые» принятой эволюционной моделью переходы. В результате получается *ордированный* признак (см. рис. 33, *б*); в противоположном случае, если разрешения и запреты не указаны, признак остаётся *неордированным* (см. рис. 33, *а*).

*Определение полярности* означает указание направлений этих переходов на ордированном признаке, что делает его *поляризованным* (см. рис. 33, *в*). В результате этой операции модальности признака делятся на *плезиоморфные* (исходные) и *апоморфные* (производные). Такая *априорная* — до построения филогенетического дерева — полярность задаётся на основе критериев, рассмотренных в разделе 5.4.2. Она необходима для проведения кладистического анализа по *прямой* схеме; в *непрямой* схеме полярность признаков не определяется (об этих схемах см. в следующем разделе).

Если это допускает методология и методы исследования, в анализ признаков включается их *дифференциальное взвешивание*. Как и определение полярности, оно может быть как априорным, так и апостериорным, а также *последовательным* (итеративным). В первом случае признакам приписываются значения весовой функции до проведения реконструкции на основании критериев, изложенных в разделе 5.6.2. В иных случаях признаки взвешиваются в ходе реконструкции для повышения определённости результатов. Если у разных признаков выделено разное число модальностей, то во избежание «косвенного» взвешивания признаки можно *стандартизировать* (см. 5.6.2).

Построение признакового дерева завершается его переводом в цифровую или буквенную форму. После этого признаки вводятся в вышеупомянутую *таксон-признаковую матрицу* (см. 8.2).

Большинство компьютерных программ допускает наличие *пробелов* в этой матрице, каковые могут быть двоякого рода. Одни из них обозначают *отсутствие сведений о структуре* для данной терминальной группы, другие — *отсутствие самой структуры*. Например, у одного насекомого могут быть неизвестны детали жилкования крыла из-за того, что повреждён экземпляр; у другого насекомого просто не может быть жилкования крыла, потому что оно бескрылое. Формальное распознавание двух этих ситуаций пока составляет серьёзную проблему в исследованиях, ориентированных на макроморфологические данные. В генофилетике её аналогом является проблема выравнивания фрагментов нуклеотидных последовательностей с отсутствующими основаниями (делециями).

## 8.4. ПОСТРОЕНИЕ ФИЛОГЕНЕТИЧЕСКИХ ДЕРЕВЬЕВ

Стандартной формой репрезентации гипотезы о филогенезе служит *филогенетическое дерево*, которое отражает структуру родственных и отчасти сходственных отношений и последовательность филогенетических событий. Соответственно, процедуру филогенетической реконструкции можно представить как *построение филогенетического дерева*. Если филогенетическая реконструкция сводится к разработке гипотезы о кладогенезе, то её процедура сводится к построению *кладограммы*.

Операционально построение дерева начинается с *выделения групп разного уровня общности* на основании анализа *сходственных отношений* (дистантные методы) или *распределения состояний признаков* (признаковые методы) между элементарными единицами анализа — *терминальными группами* (о названных методах см. 9.4). Затем связи между этими группировками преобразуются в искомое дерево.

Его филогенетически осмысленная интерпретация может быть двоякой. В одних случаях за основу может быть взято *родство*, что соответствует трактовке групп как монофилетических. В других случаях сходственные отношения интерпретируются как выражение «*количества эволюции*» — числа разделяющих группы филогенетических событий. Соответственно, дерево рассматривается как отражение «суммы» филогенетических событий, включает как кладо-, так и семогенетическую компоненты.

В обоих случаях основным средством филогенетической реконструкции является достаточно формализованный кладистический анализ, реализующий сравнительно-исторический метод филогенетических реконструкций (см. 7.3). Следует отметить, что некоторые методы нумерической филетики, строго говоря, кладистическими не являются; иногда из их числа исключают методы наибольшего правдоподобия (см. 9.4).

Основанием для разработки кладистических гипотез в большинстве случаев служат гипотезы о семогенезах, формальным представлением которых являются признаки. Исключение составляют реконструкции, основанные на результатах «косвенных» экспериментов, где отдельные признаки не рассматриваются (см 6.2). В начале филогенетической реконструкции гипотеза о кладогенезе исследуемой группы всегда вводится в *слабой* форме и по ходу реконструкции переводится в *сильную* (об этих формах см. 5.7). В отличие от этого, гипотезы о семогенезах могут исходно рассматриваться как в слабой, так и в сильной формах.

В зависимости от того, в какой форме допускается вводить гипотезы о семогенезах, можно выделить три базовые схемы кладистического анализа — *прямую*, *непрямую* и *смешанную*. Первые две однозначно связаны с двумя формулировками принципа синапоморфии — *сильной* и *слабой*, соответственно (см. 4.3.3.2); третья схема — их «гибрид».

Разница между ними — в содержании эволюционного сценария, который служит основанием для разработки критериев *априорного* (до формулирования кладистической гипотезы) определения полярности и веса всех или хотя бы некоторых признаков. Использование этих критериев позволяет проводить реконструкцию по прямой и смешанной схемам; в противном случае используется непрямая схема.

**Прямая схема** анализа во многих отношениях подобна той, которая лежит в основе классической филогенетики, отличаясь большей формализованностью. Гипотезы о семогенезах вводятся в сильной форме: это неявно подразумевает, что о семогенезах нам известно больше, чем о реконструируемом кладогенезе. Для этого привлекается достаточно проработанный эволюционный сценарий, важной частью которого является представление о преимущественно направленном характере эволюции. Исходя из него и с привлечением частных критериев (см. 5.4.2) признакам приписываются полярности, определяются апоморфии и плезиоморфии. Это служит отправной точкой в анализе кладогенеза, позволяя вносить определённость в представления о нём и переводить кладистическую гипотезу из слабой формы в сильную.

Данная схема подразумевает следующие основные этапы филогенетической реконструкции (рис. 40). Признаковые деревья, на которых

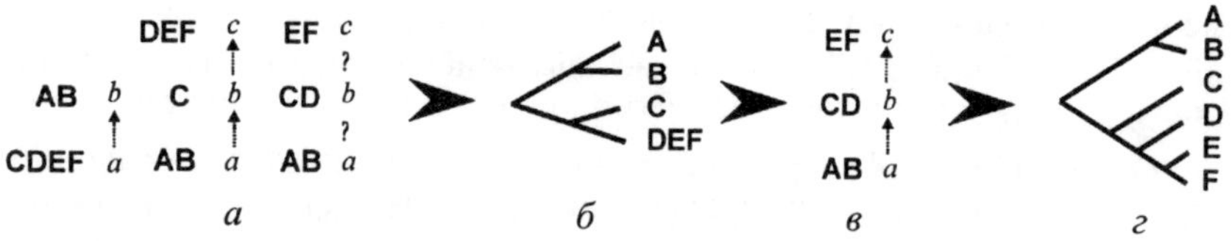


**Рис. 40.** Прямая схема кладистического анализа:
*а* — априорное определение полярности некоторых признаков, *б* — построение на их основе промежуточной кладограммы, *в* — определение полярности остальных признаков, *г* — построение итоговой кладограммы. Заглавными буквами обозначены терминальные группы, строчными — модальности признаков

задана полярность, переводятся в таксон-признаковые деревья, на каждом из которых однозначно заданы синапоморфные и симплезиоморфные группы. После этого совокупность таксон-признаковых деревьев переводится в общую кладограмму, основание которой однозначно задаётся теми группами, которые фигурируют в качестве симплезиоморфных на всех (или хотя бы большинстве) названных деревьях. Таким образом, основание филогенетического дерева, получаемого по прямой схеме, фактически *априорно задаётся исходными полярностями признаков*.

Очевидно, далеко не для всех признаков полярности могут быть надёжно определены на априорной основе. Поэтому рассматриваемая схема подразумевает также и априорное взвешивание признаков, их деление на филогенетически значимые и незначимые (см. 5.6.2). В реконструкцию вводятся (как значимые) только те признаки, для которых установлена полярность. В предельном случае филогенетическая гипотеза разрабатывается на основе небольшого числа эволюционно интерпретированных морфоструктур, что делает реконструкцию скорее семо-, чем кладогенетической.

В современных подходах кладогенетики эта схема реализована в методах совместимости и отчасти наибольшего правдоподобия.

**Непрямая схема** анализа базируется на более строгом прочтении принципа экономии (см. 2.2.3), согласно которому предыдущая схема перегружена исходными эволюционными допущениями. Отказ от них исключает возможность априорных суждений о полярности признаков: они вводятся в неордированной форме. Очевидно, по этой причине оказывается невозможным и априорное распознавание синапоморфных групп: оно оказывается не условием, а *результатом* кладистического анализа. Соответственно, невозможно априорно фиксировать основание филогенетического дерева ссылкой на полярность признаков.

В непрямой схеме, в отличие от предыдущей, сначала получается неориентированное дерево. В данном случае его основание определяется исходя из заранее принимаемого *филогенетический контекста* (см. 8.1). Этот контекст задаётся соотношением между исследуемой и *внешней* группами: положение последней служит средством «укоренения» неориентированного дерева (см. далее).

Как видно, в непрямой схеме гипотезы о семогенезах вводятся в *слабой* форме. В такой же форме представлена и исходная гипотеза о кладогенезе в исследуемой группе. Однако использование филогенетического контекста для определения иерархии итоговой кладограммы означает, что предварительная гипотеза о кладогенезе оказывается в целом несколько более сильной, чем о семогенезах: в ней уже определено — косвенно, со ссылкой на внешнюю группу — начальное кладистическое событие. Исходя из этого условия разрабатывается (переводится в более сильную форму) гипотеза о кладогенезе для исследуемой группы, в контексте которой при необходимости выводятся (также переводятся в сильную форму) гипотезы о частных семогенезах.

Данная схема особенно популярна в исследованиях, в которых априорное определение полярности признаков чаще всего исключено (например, молекулярно-генетические данные). Она реализована главным образом в методах парсимонии.

Невозможность выведения иерархии кладограммы из иерархии синапоморфий означает, что непрямая схема кладистического анализа фактически базируется на *фенетической интерпретации сходства*. В нём не делается различий между синапо- и симплезиоморфной компонентами общего сходства. Это не позволяет на априорной основе различать гомогении и гомоплазии, выявляемые посредством названных компонент.

Кладистически состоятельной непрямую схему делает корректное применение **метода внешней группы**, разработанного на основании *принципа синапоморфии* (о нём см. 4.3.3.2). В его основе лежат следующие допущения.

Во-первых, как только что указано, задаётся некий минимальный филогенетический контекст, в котором возникновение исследуемой и внешней групп считается *результатом одного кладистического события* (рис. 41). Это означает, что а) *их разделение предшествовало* кладогенезу самой исследуемой группы и б) исследуемая группа по определению *монофилетична относительно внешней.* Из этого ясно, что, например, при изучении кладогенеза класса рептилий представи-

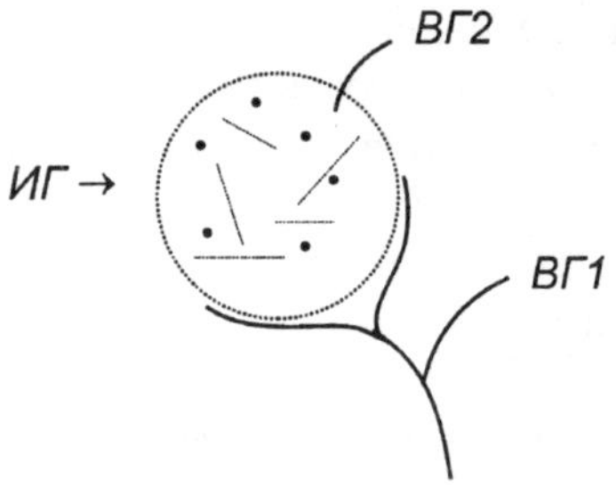


**Рис. 41.** Корректное (*ВГ1*) и некорректное (*ВГ2*) определение положения внешней группы относительно начального события в исследуемой группе (*ИГ*)

тели класса птиц не могут выступать в качестве внешней группы: базальная радиация рептилии предшествовала появлению птиц.

Ещё одно допущение вводится исходя из фундаментального свойства иерархии синапоморфий, согласно которому число синапоморфий минимально, а число симплезиоморфий максимально на её высшем уровне, соответствующем всей исследуемой группе в целом (см. 5.5.3). Этому уровню соответствует основание дерева для исследуемой группы, которое указывается внешней группой. На этом основании принимается **принцип** (или презумпция) **симплезиоморфии**, согласно которому *сходство внешней группы с членами исследуемой группы, относящимися к базальной радиации последней, должно считаться по преимуществу симплезиоморфным.*

Названный принцип позволяет использовать достаточно простой операциональный критерий определения иерархии синапоморфий ссылкой на внешнюю группу. Тем членам исследуемой группы, которые наиболее сходны с внешней, следует приписывать наибольшую долю симплезиоморфий и относить их к базальной радиации исследуемой, что определяет для неё высший уровень указанной иерархии.

Несмотря на своё название и содержание, этот принцип не противоречит базовому для кладистического анализа *принципу синапоморфии* (см. 4.3.3.2): напротив, он выводится непосредственно из постулируемой им иерархии синапоморфий. Тем не менее, он делает метод внешней группы достаточно парадоксальным с точки зрения канонов кладистики, обязывая обосновывать искомую иерархию синапоморфий фактически анализом симплезиоморфий.

Этот метод первоначально был предложен В. Геннигом для определения полярности признаков, его современную трактовку как средства укоренения филогенетического дерева дал Дж. Фэррис (см. Павлинов, 1990). В такой трактовке его допустимо считать общей альтернативой классическому методу тройного параллелизма, если последний сводить также к способу укоренения названного дерева.

Использование внешней группы вносит важное уточнение в понимание минимального объёма кладистической гипотезы (см. 5.7). В кладистике базовой обычно считаётся *трёхчленная гипотеза*, т.е. суждение о кладистических отношениях между тремя терминальными группами. Она уже предполагает знание иерархии кладограммы. Однако если эта иерархия неизвестна и мы имеем дело с неориентированным деревом с тремя группами, в отношении топологии оно тривиально: любые его перестройки не меняют соотношения между группами. Для перевода такого дерева нетривиальным образом в иерархическую форму нужна четвёртая — внешняя — группа, позволяющая фиксировать основание кладограммы. С этой точки зрения элементарной является *четырёхчленная гипотеза*, в которой рассматриваются отношения между 4 терминальными группами: три из них составляют исследуемую группу, четвёртая — внешняя.

Важность корректного определения внешней группы очевидна: входя в начальные условия кладистической реконструкции по непрямой схеме, она оказывает существенное влияние на конечный результат. Ошибочное введение внешней группы влечёт за собой неверную фиксацию начального события в истории исследуемой группы. Изменение внешней группы может поменять филогенетический контекст, если укажет иное начальное событие.

Имеет значение не только выбор самой внешней группы, но также то, является ли она *единичной* или *множественной*. Первая включает *одну* терминальную группу, вторая — *несколько* терминальных групп. Последний вариант предпочтительнее, поскольку позволяет более обоснованно судить о надёжности кладогенетической реконструкции.

Действительно, разные члены множественной внешней группы могут определять основание кладограммы сходно или по-разному. Если они однотипно указывают это основание, соответствующую реконструкцию можно считать надёжной (разумеется, в рамках кладистических приближений). Если они указывают разные основания (см. рис. 16), это понижает надёжность реконструкции: значит, исходный филогенетический контекст недостаточно строго определён.

Непрямая схема кладистического анализа предполагает следующие этапы (рис. 42). Признаки, как было отмечено, вводятся в неордированной форме (рис. 42, *а*). По результатам их анализа строится сначала неориентированное дерево (рис. 42, *б*), затем оно укореняется, для чего чаще всего используется метод внешней группы (рис. 42, *в*). В контексте полученного иерархического дерева определяется поляр-

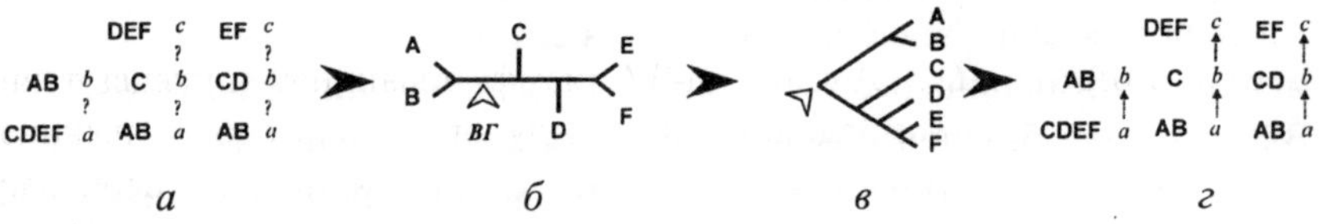


**Рис. 42.** Непрямая схема кладистического анализа:
*а* — введение признаков в неордированной форме, *б* — построение промежуточного неориентированного дерева, *в* — перевод его в ориентированную форму по положению внешней группы (*ВГ*), *г* — апостериорное определение полярности признаков. Обозначения как на рис. 40

ность признаков (рис. 42, *г*), после чего с учётом этой полярности топологию кладограммы при необходимости можно уточнить.

**Смешанная схема** позволяет избавиться от крайностей, присущих каждому из вышерассмотренных подходов, и объединить их достоинства. Её реализует *итеративный* алгоритм (метод «*взаимного освещения*», по В. Геннигу), предполагающий следующее. На первом шаге те признаки, для которых априорная полярность установлена с наибольшей надёжностью, вводятся в анализ в поляризованной форме. В контексте полученной предварительной схемы апостериорно определяется полярность каких-то других признаков, с помощью которых уточняется иерархия и состав кладистических групп. Это создаёт новый контекст для определения полярности других признаков: процедура повторяется до тех пор, пока все признаки не будут включены в анализ.

Эта третья схема реализована частью в методах совместимости признаков, частью — в итеративном алгоритме последовательного взвешивания признаков, который нередко используется в методах парсимонии.

Особую схему построения неориентированного дерева, по смыслу сходную со смешанной, разрабатывают *методы наибольшего правдоподобия*. В них анализ данных основан на априорной эволюционной модели, в которой определены вероятные (они могут быть и равно-, и разновероятными) направления изменения признаков. Таким образом, гипотезы о семогенезах могут вводиться в достаточно сильной форме, если названные модели *неравновесные* (см. 4.1.1). Но дерево при этом изначально строится как неориентированное, а его корень определяется апостериорно либо через внешнюю группу, либо так, чтобы итоговое дерево было оптимально с точки зрения заданной эволюционной модели (см. 9.4.4).

Эти базовые схемы используются также при реконструкции семогенезов, но там они имеют несколько иной смысл (см. 11.1).

Разработка гипотезы о кладогенезе завершается исторической интерпретацией кладограммы. Основанием для этого служит постулированное взаимоподобие между иерархией кладогенетического паттерна и последовательностью кладистических событий (см. 4.1.3). Это делает возможным «прочтение» кладограммы не как иерархии монофилетических групп, а как названной последовательности. Результатом этой интерпретации становится итоговая кладистическая гипотеза, подлежащая тестированию.

## 8.5. ТЕСТИРОВАНИЕ КЛАДИСТИЧЕСКОЙ ГИПОТЕЗЫ

Выше неоднократно подчёркивалось, что научный статус гипотезы определяется тем, насколько она может быть тестирована, т.е. проверена на предмет истинности или ложности (точнее, *правдоподобности*, см. 2.1.3). Общие проблемы эпистемологического характера, связанные с этим, рассмотрены выше (см. 2.1.3); здесь изложены некоторые более частные вопросы тестирования гипотез, разрабатываемых главным образом кладогенетикой.

Как отмечено в разделе 5.7, классическая филогенетическая гипотеза является «комплексной» в том смысле, что включает суждения об обеих основных компонента филогенеза — кладистической и семогенетической. Они взаимодополнительны и потому связаны *соотношением неопределённости* (см. 4.3.2). С точки зрения тестирования это значит, что филогенетическая гипотеза в целом мало тестируема. На каждом шаге можно проверять истинность суждений только о какой-то одной из этих составляющих, имеющей меньшую «размерность», чем гипотеза о филогенезе в целом.

Следовательно, более эффективна процедура не только выдвижения, но и тестирования гипотез о кладогенезе, рассматриваемых отдельно от семогенетических. Кроме более чёткого соответствия требованиям *конструктивности* (см. 2.2.2), при определённых условиях это позволяет включать семогенетические реконструкции в число тестов кладистической гипотезы (см. далее).

Содержанием итоговой кладистической гипотезы, как она определена выше (см. 5.7), является совокупность утверждений о кладистической истории — т.е. о *последовательности кладистических событий*. Соответственно, при тестировании так или иначе проверяется, отражает ли эта последовательность действительный ход исторического развития исследуемой группы. При вероятностной интерпретации кладистической гипотезы её тестирование означает оценку её правдоподобия как *вероятности соответствия между этой гипоте-*

*зой и кладистической историей*. Очевидно, эта задача не самая тривиальная, если принять во внимание, что кладистическая история ненаблюдаема.

Общим содержательным основанием для тестирования кладистических гипотез на уровне онтологии можно считать концепцию *коэволюции Земли и жизни на ней*. Она позволяет считать, что разные проявления исторического развития косной и живой материи в той или иной мере взаимосвязаны, а раз так, то в каких-то моментах должны неслучайным образом совпадать. Это позволяет обосновывать всю проблематику тестирования кладистических гипотез ссылкой на *принцип общей причины* (см. 2.2.5).

Двум основным схемам аргументации, применяемым в современной филогенетике, — индуктивной и гипотетико-дедуктивной (см. 2.1.3), соответствуют два общих подхода к тестированию гипотезы — верификация и фальсификация. В обоих случаях средством тестирования гипотезы служит проверка вытекающих из неё следствий в виде предсказаний (экстраполяций) о «поведении» исследуемого объекта — филогенеза. В первом случае они ждут своего подтверждения, во втором — опровержения.

Поскольку филогенетические реконструкции имеют отношение к прошлому, их предсказания имеют статус не предикций, а *ретродикций*. Они могут иметь форму *предписаний* или *запретов*, накладываемых на те или иные события в истории группы организмов, для которой разрабатывается кладистическая гипотеза. Например, можно предсказывать последовательность появления представителей группы в палеонтологической летописи. Или запрещать те или иные преобразования морфоструктур, исходя из распределения модальностей признаков среди выделенных монофилетических групп в составе исследуемой.

Содержание проверяемых следствий зависит от содержания исходных допущений о ходе филогенеза. В прямой схеме кладистического анализа проверяемые следствия относятся почти исключительно к последовательности кладистических событий и порождённой ею иерархии монофилетических групп. В непрямой схеме они, кроме того, могут относиться к частным семогенезам, гипотезы о которых выводятся из названной последовательности в качестве возможных следствий.

В общем случае целью тестирования является *выбор какой-то одной из нескольких конкурирующих гипотез*, даже если альтернативы просто подразумеваются, а не рассматриваются явным образом наравне с проверяемой гипотезой. Так, если тестируется элементарная кладистическая гипотеза в форме трёхчленного суждения ((***AB***)***C***), то в случае её опровержения верной должна быть признана какая-то одна из альтернативных иерархий — (***A***(***BC***)) или ((***AC***)***B***). Для более сложных конструктов альтернатив значительно больше и они не всегда столь очевидны.

Данное обстоятельство следует принимать во внимание, реконструируя кладистическую историю на основании количественных методов (см. 9.4). Результатом обычно оказывается некоторое множество филогенетических деревьев, каждое из которых служит формализованным представлением частной кладистической гипотезы. Если они одинаково оптимальны с точки зрения некоторого заданного критерия (см. 9.3), их тестирование подразумевает привлечение иных критериев, не сводимых к критерию оптимальности (см. далее настоящий раздел).

Принято считать, что тестом гипотезы служит некий ранее неизвестный факт, предсказанный проверяемой гипотезой. Однако, как было подчёркнуто выше, «голых фактов» в науке не существует: каждый из них является так или иначе интерпретированным результатом наблюдения или эксперимента, включённым в другую гипотезу. Из этого видно, что проверка результатов кладистической реконструкции — это *сопоставление двух гипотез*, одна из которых тестируется, а другая служит её тестом. При этом, очевидно, вторая из них должна считаться *более состоятельной в отношении проверяемых следствий*, чем первая (разумеется, согласно заданным критериям состоятельности).

Условия тестирования кладистической гипотезы, как и условия её выдвижения, определяются в рамках определённой интервальной ситуации (см. о ней 2.1.1). Эта последняя может быть задана двояким образом — как узкая или широкая.

*Узкая трактовка* интервальной ситуации, в которой проводится тестирование итоговой гипотезы, означает, что она должна быть *идентична* той, которая входит в начальные условия выдвижения гипотезы. Это значит, что тест должен быть столь же «экономным», как и тестируемая гипотеза: такова позиция экономной кладистики (Wiley, 1981; Farris, 1983). На этом основании, например, не считается возможным привлечение данных, касающихся функциональной или адаптивной значимости морфоструктур, использованных при выдвижении гипотезы о кладогенезе. Очевидно, это существенно ограничивает возможности проверки итоговой гипотезы.

В такой ситуации чуть ли не единственным проверяемым следствием является утверждение, что *синапоморфии, выявленные в итоговой гипотезе, являются истинными*. Проверкой служит любая другая кладистическая гипотеза, в которой рассматривается исследуемая группа: по своему объёму она может быть идентична тестируемой или шире неё. Если данная синапоморфия выявлена в обеих гипотезах, она считается истинной, а датируемое ею кладистическое событие — надёжно установленным. В противном случае эта синапоморфия ложная; правда, при этом остаётся неясным основной вопрос — в какой именно из двух сравниваемых гипотез.

Единственным ответом на последний вопрос в рамках «узкой» интервальной ситуации является проверка того, какая из двух сравниваемых гипотез *более экономна*. По определению, все синапоморфии должны считаться истинными в более экономной из сравниваемых гипотез, предполагающей меньшее количество гомоплазий (ложных синапоморфий). Таким образом, при строгом соблюдении принципа кладистической экономии (см. 2.2.3) общим проверяемым следствием по сути является предположение, что *полученная кладистическая гипотеза является наиболее экономной из возможных*. По определению, принятому в методах парсимонии (см. 9.3), таковой считается гипотеза, которой соответствует наиболее короткое дерево. Таким образом, в данном случае сопоставление гипотез равносильно проверке того, какое из соответствующих деревьев *короче*. Очевидно, содержательность и данного следствия, и основанного на нём теста весьма низки.

Такой чисто количественный тест предполагает сопоставимость численных выражений длин сравниваемых деревьев, что возможно лишь при анализе *однотипных данных*. Напротив, деревья, полученные на основании разных категорий данных — например, морфологических и молекулярно-генетических, с этой точки зрения строго несопоставимы. Это существенно ограничивает возможности данного способа тестирования кладистических гипотез. Однако если сравнивать не длины деревьев, а иерархии монофилетических групп, указанное ограничение снимается (см. далее о *множественном тестировании*).

*Широкая трактовка* интервальной ситуации для проведения теста означает, что она включает исходную ситуацию, в рамках которой выдвинута тестируемая гипотеза, в качестве своего «фрагмента». Такой принцип тестирования предпочтительнее исходя из общеметодологических соображений. Действительно, с точки зрения *теоремы о неполноте* (см. 2.2.1) состоятельность кладистической гипотезы не может быть корректно оценена на языке, на котором сформулированы утверждения самой этой гипотезы. Коль скоро последняя сводима к утверждению об иерархии голофилетических групп, для оценки его истинности или ложности необходим некий метаязык, в терминах которого содержательно интерпретировано данное утверждение — наряду с другими утверждениями, которые и служат средством тестирования.

Последнее означает возможность (и желательность) проверки состоятельности кладистической гипотезы «некладистическими» средствами. Это позволяет привлекать к тестированию больше данных, что, в свою очередь, позволяет выводить из гипотезы больше проверяемых следствий. В результате гипотеза оказывается потенциально более тестируемой и потому имеющей более высокий научный статус.

Применимость этого общего подхода зависит от того, какая из охарактеризованных выше схем — прямая или непрямая — использована в кладистическом анализе.

В первом случае важно суметь избежать замкнутого круга аргументации: одни и те же суждения содержательного толка не могут быть использованы и при выдвижении, и при тестировании кладистической гипотезы. Например, если при оценке полярности признаков одним из критериев служит их предполагаемая функциональная значимость, последнюю нельзя использовать при тестировании.

Основными тестами в прямой схеме кладистического анализа являются факты из геохронологии и палеогеографии. Оба теста предполагают обращение к данным палеонтологии. Это накладывает на возможности тестирования все те ограничения, которые связаны с неполнотой и неравномерностью заполнения палеонтологической летописи (см. 6.1.2).

При тестировании средствами палеонтологии проверяемыми следствиями являются предположения прежде всего о *временной последовательности появления первых представителей выделенных монофилетических групп*, которое определяется исходя из реконструированной последовательности кладистических событий. Это означает, очевидно, установление корреляции между собственным временем кладогенеза и абсолютной геохронологической шкалой: *более «ранние» кладистические события должны соответствовать более раннему появлению соответствующих групп в палеонтологической летописи.*

Формальные средства для установления такого рода соответствий разрабатываются *стратокладистикой* (см. 6.1.2). Они позволяют оценить, насколько установленная на кладограмме последовательность появления монофилетических групп соответствует последовательности появления их древнейших представителей в палеонтологической летописи. С этой точки зрения из всех возможных кладограмм (= кладистических гипотез) предпочтительна та, для которой показано наибольшее соответствие.

Палеогеографический тест предполагает известную (очевидно, в форме ещё одной гипотезы) картину истории расселения группы, с которой сопоставляется тестируемая гипотеза о кладистической истории. Эта картина, в свою очередь, зависит от многих лежащих в её основе допущений, в числе которых — та или иная модель глобальной тектоники плит, предположения (на основании принципа актуализма) о возможностях расселения древних представителей исследуемой группы и т.п.

В непрямой схеме, кроме рассмотренных тестов, большое значение имеет анализ семогенезов. В данном случае проверяется утверждение: *если данная кладистическая история имела место, имел место данный семогенез*. Гипотезе о нём соответствует кладистический признак с апостериорной полярностью. Её тестом может служить, например, некоторая морфофункциональная модель, в которой определены (в форме соответствующей гипотезы) наиболее вероятные пути эволюции данной морфоструктуры — предписания и запреты на те или иные её преобразования.

Как следует из изложенного, тестирование данной кладистической гипотезы представляет собой её сопоставление с другими гипотезами, имеющими отношение к истории исследуемой группы организмов. В итоге всё упирается в вопрос о том, какая из гипотез представляется более надёжной. В связи с этим можно отметить, что при определённых условиях именно кладистические гипотезы могут служить поставщиком тестов для гипотез о тех или иных проявлениях эволюции исследуемой группы. С их помощью могут выявляться пробелы в палеонтологической летописи (одна из задач вышеупомянутой стратокладистики), устанавливаться вероятные пути расселения групп организмов (в кладистической биогеографии, см. 13), проверяться состоятельность запретов на эволюционные преобразования морфоструктур.

Вероятностная интерпретация итоговой гипотезы позволяет ввести в процедуру тестирования элементы индуктивной схемы аргументации, сведя её к проверке степени определённости отдельных утверждений. В частности, в оценке состоятельности реконструкции кладогенеза речь должна идти об оценке определённости суждений о кладистических событиях. При этом предполагается (*принцип множественного тестирования*), что *чем большее количество независимых тестов указывает на это событие, тем более определённо суждение о нём*, т.е. тем более надёжно оно установлено.

Такой подход делает вполне осмысленной проверку кладистической гипотезы в рамках «узкой» трактовки интервальной ситуации. В данном случае предметом тестирования является не кладистическая история собственно, а иерархия кладогенетического паттерна, элементы которого — монофилетические группы. Задача состоит в том, чтобы проверить надёжность суждений об этих группах, основанием для чего служит тот или иной набор синапоморфий. Со ссылкой на *принцип суммирования признаков* (см. 5.6.1) принимается, что *чем больше синапоморфий выделяют некоторую группу, тем более определённым* (т.е. надёжным) *следует считать суждение о её монофилии и о соответствующем кладистическом событии*. Это допущение затем переносится на последовательность соответствующих кладистических событий, которая порождает названную иерархию.

Очевидно, такая проверка гипотезы не предполагает апелляции к кладистической парсимонии. Кроме того, она применима к любым категориям данных: поэтому, скажем, независимо проведённые морфологические и молекулярно-генетические реконструкции кладогенезов могут служить взаимными тестами друг друга. Их сопоставление позволяет выявить, какие из утверждений общей кладогенетической гипотезы являются более, а какие — менее определёнными (надёжными).

«Опровержение» того или иного узла кладограммы вовсе не означает отвержение всей тестируемой гипотезы, которую олицетворяет эта кладограмма. В той мере, в какой прочие узлы проходят тест, опровержение отдельного события просто *понижает общий уровень правдоподобия гипотезы в отношении данного события*.

Из всего изложенного видно, что существующие методы тестирования кладистических гипотез имеют довольно *слабое разрешение*. Они не позволяют с высокой надёжностью различать истинные и ложные высказывания этих гипотез. С точки зрения ортодоксального попперизма это означает, что в целом их научный статус не слишком высок.

# ГЛАВА 9. СОВРЕМЕННЫЕ МЕТОДЫ ПОСТРОЕНИЯ ФИЛОГЕНЕТИЧЕСКИХ ДЕРЕВЬЕВ

Метод (в узком понимании) — это нечто вроде технического инструмента, позволяющего на основе фактических данных разработать филогенетическую гипотезу, в которой для данного частного случая воплощена общая эволюционная модель. Формальным представлением названной гипотезы служит филогенетическое дерево. Таким образом, методы филогенетики — это методы построения названных деревьев.

В классической филогенетике детальной проработке «технологии» собственно филогенетических реконструкций не придаётся особого значения: больше внимания уделяется анализу признаков, нежели генеалогических деревьев. В отличие от этого, в современных подходах, особенно использующих количественные техники, методика построения деревьев служит предметом особого внимания: она оказывается весьма изощрённой и в большей или меньшей степени формализованной. Развивается особый раздел «новой» филогенетики — *нумерическая филетика* (см. 3.5.3), своего рода «индустрия» по производству количественных методов филогенетики и реализующих их компьютерных программ.

В предыдущей главе охарактеризованы базовые схемы построения филогенетических деревьев (см. 8.4). В настоящей главе представлен краткий обзор частных методов. Учитывая характер книги, здесь даны лишь самые общие сведения о них, без рассмотрения каких-либо технических деталей.

## 9.1. КАЧЕСТВЕННЫЕ И КОЛИЧЕСТВЕННЫЕ МЕТОДЫ

Вообще говоря, всякий сравнительный анализ в той или иной мере является «количественным», коль скоро предполагает группирование сравниваемых объектов по *степени* (= «количеству») сходства. Тем не менее, имеет смысл различать качественные и количественные методы филогенетических реконструкций, понимаемые в более строгом смысле.

*Качественные методы* не предполагают ни количественной (имеющей численное выражение) оценки сходства, ни использования количественных методов построения деревьев. Соответственно, они не поддаются чёткой формализации и алгоритмизации.

Одна из основных причин последнего — непременное присутствие интуиции исследователя в познавательной ситуации. Это означает, что реконструированный филогенез «нагружен» личностным знанием: путь постижения «филогенетической истины» остаётся уделом «мудрецов». С точки зрения сторонников интуитивизма, это является достоинством: именно талант исследователя является залогом качественного результата. С точки зрения сторонников формальных подходов, такой результат нельзя считать научным, поскольку он не воспроизводим согласно некоторым фиксированным правилам.

Такие методы составляют основу классической филогенетики, понимаемой в широком смысле. В частности, на них опираются сегодняшние исследователи, отвергающие кладистический и нумерический подходы к анализу филогенезов. Их состоятельность наиболее горячо отстаивают сторонники морфобиологической филогенетики, которая здесь отнесена к семогенетическому направлению (см. 3.3).

Достоинство качественных методов — внимательный *содержательный* анализ как исходных данных, так и всей процедуры филогенетической реконструкции. Это подразумевает (хотя бы в неявном виде) априорное качественное взвешивание признаков: наибольшее значение придаётся тем морфоструктурам, которые могут быть осмыслены в рамках той эволюционной модели, на которой основана реконструкция. Если названная модель адаптационистская, таких структур немного: корректная адаптивная интерпретация возможна далеко не всегда.

*Количественные методы* опираются на оценку сходства, имеющую численное выражение, и/или на строго алгоритмизированные методы построения деревьев, включающие количественную оценку оптимальности последних. Такие методы в современной филогенетике преобладают. Они высоко формализованы и потому воспроизводимы в форме чётко фиксированных алгоритмов; практически все реализованы в компьютерных программах. Некоторые из них заимствуются из фенетики (*дистантные* методы) или из статистики (*наибольшее правдоподобие*), другие разрабатываются в рамках самой нумерической филетики (*парсимония*).

Формализация и «нумеризация» процедуры филогенетики неизбежно связаны со значительным редукционизмом. Эволюция сводится к «минимальной» модели, организм сводится к сумме нескоррелированных признаков, филогенетическое единство — к суммарному сходству по этим признакам и т.п. А творчество исследователя подчас сводится к «ремеслу» — к сумме навыков манипулирования определёнными техническими устройствами и компьютерными программами.

Особенностью методологии количественных подходов является то, что большинство из них в качестве основного параметра филогенеза рассматривают не родство как таковое, а *«количество» филогенетических* (эволюционных) *изменений* (см. 5.2.1). Это вполне соответствует рациональному стилю мышления: коль скоро ни родство, ни число эволюционных изменений не наблюдаемы, но последние имеют чёткое понятийное и операциональное выражение, именно на них ориентированы методы нумерической филетики (особенно генофилетики).

Количественные методы филогенетических реконструкций не «отменяют» эволюционные модели вовсе, а лишь формализуют и упрощают их. Это порождает специфические проблемы, способы решения которых пока далеки от ясности. Так, адекватная оценка филогенетического единства на основе количественных мер сходства затруднительна из-за проблемы *неаддитивности* — отсутствия линейной связи между сходством и генеалогическим родством (см. 9.2). Разработка формализованных эволюционных моделей, приводя к их умножению, порождает неоднократно упоминавшуюся проблему *NP*-полноты (см. 2.1.1). В обоих случаях оказывается, что *точные* методы количественного анализа филогенезов приводят к *приблизительным* решениям задач филогенетики.

Последнее более всего справедливо в отношении больших массивов данных — в первую очередь молекулярно-генетических, оперирующих тысячами элементарных признаков. Для них востребованной становится разработка не точных, а эвристических методов, обеспечивающих нахождение (за разумное время) некоторого количества «достаточно хороших», но не гарантированно лучших деревьев.

Большинство количественных методов предусматривает возможность дифференциального количественного взвешивания признаков или их фрагментов (о терминах см. 5.6.1). Во втором случае это означает приписывание разных вероятностей разным переходам от одной модальности признака к другой. Возможно также итеративное *последовательное* взвешивание (см. 5.6.2, 9.4.3).

К числу несомненных достоинств количественных методов следует отнести возможности: чёткой формализации задач и способов их решения; анализа больших массивов данных и манипулирования характеристиками признаков; произвольного варьирования эволюционными сценариями и сравнения результатов, полученных на их основе.

Ещё одно их достоинство — обеспечение «*прозрачности*» процедуры филогенетических реконструкций. Она может быть прослежена и воспроизведена от момента выделения и описания признаков, определения параметров эволюционных моделей вплоть до получения итоговой кладо- или филограммы. Тем самым «прозрачным», доступным проверке оказывается и результат — кладистическая гипотеза. Разумеется, здесь есть свои ограничения. Например, из-за проблемы *NP*-полноты может быть затруднена проверка соответствия итоговой гипотезы строго заданному критерию оптимальности. С другой стороны, построение обобщающих деревьев также снижает «прозрачность» филогенетической реконструкции (см. 9.4.5).

Многие количественные техники построения филогенетических деревьев исходно разрабатываются на небольших массивах данных. Поэтому, строго говоря, остаётся неясным их «поведение» при анализе больших массивов: проблематично, насколько несмещённые оценки они могут давать, будучи применёнными не к 4–10, а к 40–100 терминальным группам. В этом — существенное отличие нумерической филетики от статистики: в ней теоретические модели разрабатываются для генеральных (больших по определению) совокупностей, а для небольших выборок вводятся поправочные коэффициенты, позволяющие минимизировать смещённый характер оценок.

Особый раздел нумерической филетики — компьютерное «моделирование» филогенетических процессов: оно позволяет исследовать некоторые свойства исторического развития организмов на основе симуляционных моделей.

Между качественными и количественными методами филогенетических реконструкций нет резкой границы. Существуют подходы, в которых в той или иной форме представлены обе «противоположности».

Так, «классический» (в версии В. Геннига) кладистический анализ, с которого началась современная филогенетика, не использует строгих количественных техник, но основан на исчислении сумм синапоморфий, датирующих монофилетические группы (чем он и привлёк к себе внимание).

С другой стороны, некоторые компьютерные программы по построению филогенетических древес могут работать в интерактивном режиме, допуская «вмешательство» интуиции исследователя в поиск оптимального решения.

## 9.2. КОЛИЧЕСТВЕННЫЕ МЕРЫ ФИЛОГЕНЕТИЧЕСКОЙ БЛИЗОСТИ

*Дистантные* методы нумерической филетики при построении филогенетических деревьев опираются на количественную оценку сходства/различия между группами организмов по некоторой совокупности признаков. Предпосылкой к этому служит возможность подсчёта числа признаков или их модальностей, по которым сходны сравниваемые группы.

Используя элементы статистической терминологии, можно считать, что в нумерической филетике оцениваемым параметром является *филогенетическая близость* (см. 5.2.1), а его оценкой — *количественная мера сходства*. Формальным представлением этой оценки является *коэффициент сходства*. Очевидно, они должны быть связаны положительной корреляцией: как утверждает презумпция *унаследованного сходства*, см. 4.3.3.2), *чем более родственны две группы организмов, тем более они должны быть сходны*.

Значительная часть понятийного аппарата, связанная с «измерением» сходства, заимствована из нумерической фенетики. В ней основополагающей является трактовка сходства в терминах *расстояния* между единицами сравнения, рассматриваемыми в качестве точек в *признаковом* (фенетическом) *гиперпространстве*, оси которого заданы используемыми признаками (см. 5.5.1).

В филогенетике более адекватной базовой формализацией для развития представлений о сходственных отношениях является не фенетическое, а *фазовое пространство* точек, соответствующих всем возможным состояниям эволюирующей системы (см. 4.2.4). Некоторую часть этого пространства заполняет *реализованный* филогенез исследуемой группы, состояния системы соответствуют терминальным группам, а переходы между ними соответствуют *истинному* филогенетическому дереву. Соответственно, построенная в результате анализа дендрограмма есть некая *оценка* последнего.

Принципиальное сходство эти двух формализаций — фенетического и фазового пространства — состоит в том, что в обоих случаях «заполняющие» пространство точки операционально интерпретируются как *возможные* комбинации модальностей признаков, а терминальные группы — как их *реализованные* комбинации. Существенная разница между ними в том, что в фенетическом пространстве расстояния определены по *кратчайшим линиям*, а в фазовом пространстве — *вдоль траекторий* (ветвей дерева).

Такое представление сходственных отношений делает более удобным использование вместо понятия *сходства* (similarity) понятие **дистанции**, или *расстояния* (distance). Оно чаще используется в нумерической фенетике и близкой к ней по духу нумерической филетике для обозначения так или иначе трактуемой *обособленности*. Это второе понятие принято и здесь.

Оценкой кратчайшего расстояния между точками в фенетическом гиперпространстве служит **фенетическая дистанция**. Соответственно, оценкой расстояния в фазовом пространстве служит **филогенетическая дистанция**, измеренного вдоль некоторой *некратчайшей* траектории. Эта вторая дистанция может быть определена как *совокупность филогенетических событий, разделяющих две группы*; при её количественной оценке — как *сумма всех изменений по всем морфоструктурам, вовлечённым в филогенез исследуемой группы* (приблизительно так определена *эволюционная дистанция* у Swofford et al., 1996).

В обоих случаях приближёнными оценками дистанций служат так или иначе измеренные различия между группами по исследуемой совокупности признаков. Однако их биологическое содержание различно, как видно из ниже следующих определений.

Оценкой различий по молекулярно-генетическим признакам служит **генетическая дистанция**; так же обычно обозначается оценка различий, получаемых в результате «косвенных» экспериментов по генетической совместимости (о последних см. 6.2). Частным случаем генетической является *дистанция между последовательностями* (sequence distance), которая вычисляется между нуклеотидными последовательностями. Генетические дистанции нередко противопоставляются фенетическим, если под последними понимаются оценки различий по макроморфологическим структурам. Но с методологической точки зрения генетические дистанции могут быть как фенетическими, так и филогенетическими: всё зависит от того, не по каким признакам, а по *каким траекториям* (в каких пространствах) они измеряются.

При анализе молекулярно-генетических данных широко используются вероятностные методы оценки генетической дистанции (Nei, Kumar, 2000). При их вычислении используются вероятностные модели эволюции молекулярных структур, на основе которых рассчитываются теоретические значения математического ожидания и варианcы для распределений признаков. Проблема здесь в том, что для одних и тех же данных разные модели дают разные оценки дистанций, а в конечном итоге — разные филогенетические деревья.

В любом случае названные дистанции либо *вычисляются* по совокупности признаков, либо *получаются непосредственно* в результате «косвенных» экспериментов. В дистантных методах построения деревьев (см. 9.4.1) они служат **исходными дистанциями** для всех последующих вычислительных операций.

Филогенетическая дистанция, измеренная на конкретном дереве, рассматриваемом в качестве оценки истинного филогенеза, обозначается как **патристическая дистанция**. Она вычисляется как *сумма различий по совокупности признаков между двумя* (любыми) *узлами дерева, измеренных вдоль соединяющих их рёбер*. Чем больше патристическая дистанция, тем длиннее соответствующее ребро, соединяющее эти узлы. Суммарная длина всех патристических дистанций даёт *общую длину* дерева (см. 4.2.1.1).

Если при рассмотрении деревьев учитывается только их *топология*, различия между ними характеризует **топологическая дистанция** — наименьшая совокупность перестроек дерева, достаточная для перевода его из одной топологии в другую.

При вычислении суммарных различий по совокупности признаков, в простейшем случае *дистанция* характеризует *долю признаков*, по которым *различаются* сравниваемые группы, *в общей совокупности* исследованных признаков. Эта доля является оценкой *минимального возможного числа филогенетических событий*, разделяющих группы; в генофилетике ей иногда даётся временна́я интерпретация (см. 6.1.4). Эти трактовки корректны при допущениях независимости эволюции соответствующих морфоструктур и минимального числа реверсий и параллелизмов (модель *минимальной эволюции*, см. 4.1.1). В некоторых случаях также принимается одинаковость скоростей их эволюции. В той мере, в какой эти допущения не верны, оценка филогенетической дистанции с помощью того или иного коэффициента является *смещённой*.

Последнее формулируется как **проблема неаддитивности** — *неполного соответствия* двух категорий *дистанций*: филогенетической и оценивающей её вычисленной по признакам. Реверсии и параллелизмы делают оценку *заниженной*, филетические координации — *завышенной*. Поскольку эти параметры эволюции могут комбинироваться в разных сочетаниях, «поведение» оценивающей функции, вообще говоря, мало предсказуемо. В терминах той же статистики это значит, что у неё достаточно большая варианса, дающая широкий доверительный интервал.

Следует иметь в виду, что абсолютные численные значения дистанций не имеют непосредственной филогенетической интерпретации: они зависят от количества признаков, способа их кодировки и т.п. Понимание этого необходимо для того, чтобы корректно сравнивать результаты количественного анализа и интерпретировать их в терминах времени и/или скорости эволюции.

Между исходными дистанциями и дистанциями на дереве должно соблюдаться определённое соответствие формальных свойств, обеспечивающее корректность представления матрицы исходных дистанций в форме дерева. Эти свойства задаются набором аксиом, которые определяют дистанцию как *метрику*, *ультраметрику*, *псевдометрику* и т.д. (Sneath, Sokal, 1973).

Принципиальное значение имеют аксиомы, задающие соотношения между длинами рёбер, связывающих на дереве группы ***A***, ***B***, ***C***, ***D***. В простейшем случае, когда рассматривается только топология дерева (кладограмма), топологическая дистанция является *ультраметрикой*, для неё эта аксиома имеет вид: $\mathbf{d}_{AC} \leq \max (\mathbf{d}_{AB}, \mathbf{d}_{BC})$. Патристическая дистанция является *метрикой*, задаётся аксиомой неравенства треугольников: $\mathbf{d}_{AC} \leq (\mathbf{d}_{AB} + \mathbf{d}_{BC})$; в случае строго аддитивного дерева (филограмма) она описывается иной аксиомой: $\mathbf{d}_{AB} + \mathbf{d}_{CD} \leq \max (\mathbf{d}_{AC} + \mathbf{d}_{BD}, \mathbf{d}_{AD} + \mathbf{d}_{BC})$.

Имеет значение также аксиома, утверждающая, что если $\boldsymbol{A} \neq \boldsymbol{B}$, то $\mathbf{d}_{AB} > 0$. Она отражает то очевидное обстоятельство, что рёбра филогенетического дерева не могут быть отрицательной длины.

Для того, чтобы сходственные отношения между группами, заданные совокупностью исходных дистанций, были адекватно «переведены» в дерево, они должны соответствовать этим аксиомам. Таковы, например, популярные евклидова и Манхэттен-дистанции, которые вычисляются как сумма различий по совокупности признаков. При переводе матрицы значений любой из этих дистанций в дерево последнее даёт несмещённую или минимально смещённую оценку структуры фенетического паттерна.

Этому требованию отвечают далеко не все оценки филогенетической дистанции, используемые в нумерической филетике (Пасеков, 1983; Swofford et al., 1996). Так, требованиям первой аксиомы не соответствуют дистанции, получаемые посредством вышеупомянутых «косвенных» экспериментов. Вторую из аксиом нарушает алгоритм, при котором длины ветвей дерева вычисляются по методу *наименьших квадратов*: часть ветвей получается отрицательной длины (впрочем, это проблема алгоритма, а не самих дистанций). Обеим аксиомам не соответствуют некоторые популярные генетические дистанции (например, *дистанция Неи*): они относятся к группе так называемых *угловых дистанций*, по статистическим свойствам аналогичных коэффициенту корреляции.

Дерево, получаемое при использовании такого рода «некорректных» дистанций, даёт смещённую оценку структуры родственных отношений, что, очевидно, влечёт за собой и искажённое представление о кладогенезе. Так, появление на дереве ветвей отрицательной длины (одной из причин является вышеупомянутая *неаддитивность*), с точки зрения филогенетики, — совершенная бессмыслица, не имеющая никакой биологической интерпретации. Поэтому такие оценки филогенетической дистанции лучше не использовать вовсе, заменяя их по возможности другими. Так, вместо дистанции Неи можно использовать основанную на ней *дистанцию Роджерса*, которая сходна с евклидовой и является метрикой.

Общим недостатком использования дистанций в филогенетических реконструкциях является то, что они не позволяют учитывать вклад каждого признака в структуру кладистических отношений и манипулировать признаками по ходу реконструкции. Кроме того, это затрудняет или делает невозможным включение в анализ организмов с неизвестным значением модальностей некоторых признаков.

## 9.3. КРИТЕРИИ ОПТИМАЛЬНОСТИ ДЕРЕВЬЕВ

Цель филогенетической реконструкции — получение такого дерева, которое служило бы наилучшей оценкой истинного филогенеза в контексте общей эволюционной модели и с учётом исходных данных. Эту оценку можно определить как **оптимальность** филогенетического дерева. Показателем, позволяющим *исследовать оптимальность дерева* (в только что указанном смысле), служит тот или иной **критерий оптимальности**.

В современных количественных методах такие критерии являются также по преимуществу количественными. Они зависят от «идеологической подоплёки» метода — т.е. от той базовой методологии данной исследовательской программы, в рамках которой данный метод функционирует.

Процедура количественной оптимизации дерева предполагает наличие некоего *оптимизируемого параметра* (или параметров), которому может быть приписано некоторое *численное значение*. Критерий оптимальности, соответственно, указывает, *при каком значении заданного параметра* дерево для данного набора терминальных групп и признаков считается *оптимальным*. Обычно имеется в виду некоторая *предельная функция*, которая требует минимизации (или максимизации) этого значения.

В простейшем случае критерием является *соответствие дерева исходными данным*: дерево оптимально, если соответствие максимально.

В классических подходах это соответствие достигается на основе метода тройного параллелизма (см. 3.3). С этой точки зрения филогенетическое дерево оптимально, если оно наиболее непротиворечиво обобщает данные сравнительной анатомии, эмбриологии и палеонтологии.

В современных количественных подходах, основанных на *дистантных методах*, в качестве оптимизируемого параметра вводится *степень совпадения матриц исходных и патристических дистанций*. Дерево оптимально, если *расхождение двух названных матриц минимально* (см. 9.4.1, 9.4.6).

В более продвинутых версиях нумерической филетики вводится ещё один критерий — *соответствие дерева априори принимаемой эволюционной модели*. Здесь разрабатываются два основных подхода, существенно конкурирующих между собой.

В одном из них со ссылкой на принцип экономии подразумевается модель, требующая минимизации *общего* (по всем признакам) числа событий в реконструируемом филогенезе (см. 2.2.3). Оптимизируемым параметром является *сумма всех изменений по всем признакам*: она должна быть минимальной, чему по определению соответствует *наиболее короткое дерево*. На этом основаны методы *парсимонии*.

В другом подходе эволюционная модель в явном виде прописывается для отдельных признаков, оптимизируемым параметром является *вероятность распределения состояний признаков на полученном дереве с учётом его топологии и заданной модели эволюции*. С содержательной точки зрения это означает соответствие между эволюционными преобразованиями, одни из которых предписываются моделью, а другие предполагаются по результатам реконструкции: дерево оптимально, если *указанное соответствие максимально*. Такое дерево считается *наиболее правдоподобным* с точки зрения заданной модели. Об этом соответствии судят по степени совпадения «количества эволюции» — числа филогенетических событий, предполагаемых моделью и полученных на дереве. При этом, в отличие от методов парсимонии, речь в основном идёт об оценке этого «количества» в каждом отдельном фрагменте дерева — длины отдельных ветвей, а не дерева в целом. Данный критерий оптимальности составляет основу методов *наибольшего правдоподобия*.

Как видно, решение задачи на оптимизацию может быть *глобальным* или *локальным*. В первом случае оптимизируемый параметр оценивается для дерева в целом: например, даётся оценка его соответствия матрице исходных дистанций (дистантные методы) или общей длине (методы парсимонии). Во втором случае значение параметра определяется для каждой ветви дерева: так работают методы наибольшего правдоподобия и некоторые другие вероятностные методы.

На основании *принципа дихотомии* (см. 4.3.5) оптимизируется топология дерева: оно оптимально, если *максимально* его *разрешение*, оцениваемое долей дихотомий. При оптимизации по принципу экономии два параметра, характеризующих форму дерева, — топология и длина — взаимосвязаны: *чем выше разрешение, тем* (при прочих равных) *короче дерево*. Однако они имеют несколько разные сферы приложения. Сравнение деревьев по их длине с точки зрения оптимальности возможно, только если они получены на основании одинакового набора однотипных данных (например, при одинаковом числе бинарных признаков). В отличие от этого, по разрешению можно сравнивать деревья, полученные для разных категорий данных.

Одна из серьёзных проблем, связанных с применением количественных критериев оптимальности на основе принципа экономии, — их интерпретация как *статистик*. Для этих критериев неизвестны законы распределения, что не позволяет определять для них доверительные интервалы. Поэтому, например, непонятно, действительно ли дерево длиной в 1000 шагов «лучше» (оптимальнее), чем длиной в 1002 шага, и только на этом основании должно быть принято, даже если альтернативное кажется более осмысленным с биологической точки зрения.

## 9.4. ОСНОВНЫЕ АЛГОРИТМЫ НУМЕРИЧЕСКОЙ ФИЛЕТИКИ

Как отмечено выше (см. 4.2.1.1), общую схему филогенетической реконструкции с технической точки зрения можно представить как построение филогенетического дерева. Одни методы сразу же дают ориентированное иерархическое дерево с фиксированным основанием (*прямая схема*). В других сначала строится неориентированное дерево, которое затем переводится в иерархическую форму (*непрямая* схема).

Зависимость методов от методологий, а тех — от принимаемых базовых допущений о природе эволюции означает, что за каждым алгоритмом кладистического анализа кроется та или иная эволюционная модель. В одних она лишь подразумевается, в других (например, в методах наибольшего правдоподобия, при вычислении некоторых генетических дистанций) присутствует в явной форме.

По используемым принципам построения дерева эти алгоритмы могут быть *точными* или *эвристическими*. Первые позволяют получить все возможные (для данного набора данных) деревья, вторые этого не гарантируют. Точные методы в силу технических ограничений могут работать только с небольшими массивами данных, область приложения эвристических методов — выборки, включающие несколько десятков и более терминальных групп и признаков.

Среди количественных методов различают *дистантные* (distance-based) и *признаковые* (character-based). Первые строят деревья на основе матрицы дистанций, вычисленных по совокупности признаков; вторые — непосредственно на основе таксон-признаковой матрицы.

Немногие алгоритмы являются «*процедурными*» (procedure-based): они работают на основе алгоритмов, которые оценивают каждый конкретный шаг построения дерева, а не конечный результат — итоговое дерево. Таковы многие дистантные методы. В отличие от этого, *оптимизационные* методы, которые ныне преобладают, ищут наилучшее дерево, «подгоняя» его под какой-либо из оптимизируемых параметров по некоторой совокупной характеристике (например, по общей длине).

Важной частью многих эвристических алгоритмов является **пробная перестройка** топологии дерева за счёт «вырезания» его отдельных фрагментов и вставления в другие его участки (*swapping*), с последующей оценкой длины дерева с изменённой топологией. Эта процедура существенно замедляет поиск оптимального дерева, особенно при работе с большими массивами данных, но повышает вероятность нахождения наиболее оптимального дерева.

Следствием приближённого характера решений, предлагаемых оптимизационными алгоритмами, обычно оказывается некоторое множество деревьев, которые одинаково оптимальны с точки зрения заданного критерия оптимальности, но различаются другими параметрами. Например, можно получить несколько деревьев одинаковой общей длины, но разной топологии.

В такой ситуации для принятия окончательного решения можно либо выбирать какое-то одно из полученных деревьев, руководствуясь дополнительными критериями (например, содержательными), либо строить *обобщённое дерево*, так или иначе объединяющее все полученные (см. 9.4.5).

Разные методы нередко дают разные результаты — деревья разной топологии. Как и в предыдущем случае, можно либо выбирать какое-то одно из них по тем или иным основаниям, либо строить обобщённое дерево. Условия выбора могут быть либо содержательными, либо формальными — например, на основе «степени доверия» методу.

Большинство существующих методов нумерической филетики — строго *количественные* в том смысле, что результаты их применения имеют *прямую* содержательную интерпретацию. Так, на аддитивном дереве длину ветвей обычно расценивают (с оглядкой на проблему неаддитивности, см. 9.2) как показатель «количества эволюции», времени или скорости дивергенции.

В *вероятностных* подходах содержательную интерпретацию того или иного параметра дерева предваряет его *статистическая оценка*. Например, прежде чем обсуждать иерархию монофилетических групп, желательно оценить, насколько «достоверно» выявлена каждая данная группа. Эти подходы пока ещё не получили широкого применения в силу сложности задачи (см. 9.4.6).

Многие методы позволяют реконструировать значения признаков в узлах дерева после его получения или как часть процедуры оптимизации. Очевидно, при желании это можно интерпретировать как *реконструкцию гипотетических предковых форм* (см. 10). Благодаря этому оказываются возможными семогенетические реконструкции по *непрямой схеме* (см. 11.1.2).

В настоящем разделе кратко охарактеризованы основные алгоритмы, разрабатываемые нумерической филетикой. Они изложены в порядке возрастания сложности алгоритма. Основой для компиляции послужили следующие источники: Swofford et al. (1996), Nei, Kumar (2000), Павлинов (1989), Forey, Humphries (1992).

### 9.4.1. Дистантные методы

**Дистантные методы** основаны на *анализе матриц дистанций*, а не самих признаков, за что и получили своё название. Эти дистанции могут быть как вычисленными, так и полученными в результате «косвенных» экспериментов (о последних см. 6.2).

Простейшим является алгоритм, который означает построение дерева фактически по прямой схеме, предполагающей априорное определение полярности признаков. Сначала определяется терминальная группа, соответствующая предковой или наиболее архаичной форме: она задаёт основание дерева. Затем выбирается следующая группа, наиболее сходная с предыдущей, — и так далее: дерево постепенно наращивается «снизу вверх». Этот алгоритм для небольших массивов данных допускает построение дерева «вручную», он был одним из первых в кладистике.

Более продвинутыми являются эвристические *дистантные вагнеровские* методы (distance Wagner analysis), в их наиболее поздних версиях реализована непрямая схема. В данном случае значения дистанции, вычисленные по неордированным признакам, служат оценкой минимальной эволюции. На основе матрицы этих дистанций сначала строится неориентированное дерево, затем оно укореняется по положению внешней группы. Как и в методах парсимонии, оптимальным является дерево наименьшей длины, предполагающее минимальное «количество эволюции» по всей совокупности признаков.

В группу дистантных методов входят фенетические алгоритмы кластеризации, из которых наиболее популярны процедурные (см. 9.4) методы *невзвешенного попарного сравнения* (UPGMA) и *ближайшего соседа* (neighbour joining, NI). Первый из них даёт единственное неаддитивное ориентированное дерево за один заход. Второй метод приводит к построению аддитивного неориентированного дерева, оптимизируемого с помощью метода наименьших квадратов (из чего видно, что он даёт приближённые решения). При таком способе оптимизации (он используется также в *методе Фича—Марголиаша*) патристические дистанции могут быть как несколько больше, так и несколько меньше исходных, что может давать нежелательный эффект отрицательной длины ветвей дерева.

Основной критерий оптимальности в рассматриваемой группе методов — *соответствие матриц исходных и патристических дистанций*. В методе ближайшего соседа средством оптимизации служит метод наименьших квадратов. В методе попарного сравнения (и других близких к нему) это соответствие оценивается с помощью подходящих статистических критериев сравнения названных матриц. В методе *минимальной эволюции* оба способа оптимизации применяются совместно.

Дистантные методы нередко используются для построения «молекулярных» деревьев: именно с них начиналась молекулярная филогенетика. Как подчёркнуто выше (см. 8.4), с методологических позиций иерархическое дерево, к которому приводит их применение, является *фенограммой*, а не кладограммой. Таковым его делает кладистически некорректный метод определения основания по уровню минимального сходства, а не минимального родства. Преобразование фенограммы в кладограмму (впрочем, не вполне строгое) возможно за счёт апостериорного переопределения основания дерева через положение внешней группы, если таковая включена в выборку.

Общей для всей этой группы методов является проблема *несоответствия формальных свойств используемых дистанций требованиям алгоритма построения дерева*, прежде всего из-за невыполнения аксиом метрики и ультраметрики (см. 9.2). Это более всего свойственно генетическим дистанциям, получаемым на основании «косвенных» экспериментов или вычисляемым по признакам. Как подчёркнуто в разделе 9.2, данное несоответствие ведёт к тому, что итоговое дерево оказывается смещённой оценкой филогенеза, а соответствующая филогенетическая гипотеза — мало правдоподобной.

Смещённой оценка филогенеза может получаться из-за *неаддитивности* дистанций (см. 9.2). Это сказывается на эффективности дистантных количественных методов: они не позволяют получать надёжные филогенетические реконструкции *на высших уровнях иерархии филогенетического паттерна*. По этой же причине проблематичной оказывается оценка их состоятельности: из-за расширения доверительного интервала результаты использования данного метода при работе с выборками разного объёма оказываются неразличимыми (в статистическом смысле).

До недавнего времени по чисто «техническим» причинам дистантные методы преобладали в нумерической филетике. В настоящее время из-за всякого рода методологических и методических проблем они считаются морально устаревшими и не столь популярны, как методы парсимонии и наибольшего правдоподобия. Они сохраняют свою актуальность лишь в тех случаях, когда исходные данные представлены результатами «косвенных» экспериментов по генетической совместимости или обработка очень большой таксон-признаковой матрицы другими методами занимает слишком много времени.

### 9.4.2. Методы совместимости

Согласно *принципу совместимости* (см. 5.6.1), современные алгоритмы филогенетического анализа направлены на поиски таких решений, которые поддерживаются большинством признаков. Последнее означает, что они должны давать взаимно непротиворечивую оценку филогенетической гипотезы, т.е. быть *взаимно совместимыми* как свидетельства в её пользу. В этом смысле анализ совместимости — одна из версий методов парсимонии.

В более узком смысле **методы совместимости** (*compatibility analysis*), в отличие от далее рассматриваемых алгоритмов, используют *априорную оценку совместимости признаков* в качестве отправного пункта реконструкции кладогенеза. Эта оценка принимается в качестве *весовой функции*: в реконструкцию включаются только *взаимно совместимые признаки*, которым присваивается максимальный вес.

За исходную позицию берётся следующее допущение, основанное на постулируемом взаимоподобии между кладо- и семогенезами (см. 4.1.2.2). Коль скоро разные семогенезы являются продуктом единого процесса филогенетического развития, они должны быть взаимоподобны друг другу и кладогенезу. Следовательно, соответствующие им признаковые деревья, если они *правильно определены*, должны быть *совместимы друг с другом и с итоговой кладограммой*. Из последнего следует, что признак, несовместимый с прочими, должен считаться «неправильным»: его топология и/или полярность определены ошибочно. На этом основании он должен быть исключён из филогенетической реконструкции, поскольку несёт не филогенетический сигнал, а «шум».

С точки зрения изложенных выше представлений о структуре филогенеза (см. 4.1.2) эта исходная посылка выглядит чересчур категоричной, поскольку не учитывает нестрогого характера взаимоподобия между кладо- и семогенезами. Тем не менее, она вполне приемлема как обоснование одного из способов априорного количественного взвешивания признаков (см. 5.6.2).

Вообще говоря, если этот метод сводить только к взвешиванию признаков, он вполне соответствует требованиям «классической» методологии. Примечательно, что многие ранние кладистические исследования были выполнены именно в таком ключе.

В нумерической филетике анализ совместимости воплощён во вполне формализованных алгоритмах. Он может проводиться для неордированных (*метод ЛеКесны*) и поляризованных (*метод Истебрука*) признаков. Первый соответствует *непрямой* схеме, второй — *прямой* или *смешанной* схемам кладистического анализа (см. 8.4).

Методы совместимости относятся к категории строгих, а не эвристических. Они довольно громоздки: определение совместимости признаков, особенно полимодальных поляризованных, требует многих вычислений и, соответственно, значительных затрат времени. Поэтому они наиболее пригодны для небольших массивов данных, что в настоящее время ведёт к утрате их популярности.

На первом шаге анализа определяется топология и (если предполагает метод) априорная полярность признаков. Затем признаки переводятся в *таксон-признаковые деревья* на основании *принципа подстановки* (см. 4.3.4): значения модальностей признаков замещаются обозначениями терминальных групп.

На следующем шаге оценивается попарная совместимость между всеми названными деревьями: они считаются совместимыми, если совместимы (взаимно непротиворечивы) соответствующие им единичные кладистические гипотезы.

По результатам анализа совместимости выделяются группы взаимно совместимых признаков — **клики** (отсюда одно из названий метода — «*метод клик*»). За основу кладистической реконструкции берётся *наибольшая* из выделенных клик, включающая наибольшее число признаков. Тем самым обеспечивается соблюдение принципа экономии: выбирается та гипотеза, которая согласуется с наибольшим числом исходных данных.

Признаки, вошедшие в наибольшую по объёму клику, называются *первичными*. По ним определяется иерархия синапоморфных групп с доступным для данного набора признаков разрешением. Получается *первичная кладограмма* (прокладограмма), которая чаще всего содержит политомии. Последние указывают на то, что с помощью первичных признаков кладистические отношения между некоторыми терминальными группами не могут быть выявлены.

Такая прокладограмма не оптимальна с точки зрения *принципа дихотомии* (см. 4.3.5) и требует дальнейшей детализации. Для этого в пределах каждой выделенной группы проводится повторный анализ совместимости признаков согласно указанной выше процедуре. На основе новых выбранных клик, содержащих *вторичные* признаки, проводится дополнительный анализ отношений между терминальными группами — и так до тех пор, пока не будет достигнут максимальный возможный уровень разрешения кладограммы.

Достоинством данного метода можно считать *контекстный* характер процедуры взвешивания признаков согласно их совместимости. Действительно, на каждом очередном шаге построения кладограммы признаки анализируются («взвешиваются») строго в рамках каждой из предположительно монофилетических групп, выделенных на предшествующих шагах. Это сходно с поиском «*локально экономных*» решений в методах парсимонии, что исключает «парадокс Рольфа» (см. 9.4.3).

Идеологи методов парсимонии порицают этот метод за то, что он а) в одной из версий основан на априорных суждениях о полярности признаков и б) не гарантирует включение всех доступных признаков в филогенетическую реконструкцию. Последнее обстоятельство делает итоговую кладистическую гипотезу «глобально неэкономной», поскольку она не оптимизирована относительно признаков, не вошедших ни в одну из клик.

### 9.4.3. Методы парсимонии

Методология современной филогенетики во многом определяется *принципом экономии* (парсимонии), относящимся к разряду фундаментальных (см. 2.2.3). Он включает требование минимизации: а) на «входе» реконструкции — объёма исходных допущений об общих свойствах эволюционного процесса (*методологическая парсимония*) и б) на её «выходе» — числа событий в реконструируемом филогенезе, приведших к исследуемому разнообразию организмов (*кладистическая парсимония*). Соответственно, целью кладистического анализа, с точки зрения названного принципа, является выдвижение *экономных гипотез*, которые отвечают обоим указанным требованиям.

Для достижения этой цели разрабатываются методы кладистического анализа, которые так и называются — **методы парсимонии** (*parsimony analysis*). Они направлены на *построение филогенетического дерева, на котором минимизировано число гомоплазий*: по определению, оно соответствует наиболее экономной гипотезе.

При поиске такого дерева оптимизируемым параметром служит его общая длина: *дерево оптимально, если его длина наименьшая* для данного набора терминальных групп и признаков с выделенными модальностями. Более строго, имеется в виду *сумма всех переходов между модальностями, вычисленная для всех признаков*; длина же как таковая служит формальной оценкой этой суммы.

В отличие от методов *наибольшего правдоподобия* (см. 9.4.4), методы парсимонии исходно направлены на поиск *топологии*, которая давала бы дерево с минимальным общим числом гомоплазий. Это значит, что минимизация общей длины дерева достигается изменением не длин ветвей, а его топологии. При этом оптимальным оказывается дерево с *максимальным разрешением*, т.е. такое, в котором число дихотомий наибольшее.

Количественную оценку соответствия дерева исходным данным можно получить на основе ряда показателей, оценивающих долю параллелизмов и реверсий в общей сумме изменений по всем признакам в контексте полученной кладограммы. К их числу относится, например, *индекс совместимости* (*consistency index*, *CI*). Чем эта доля ниже, тем выше значение индекса, тем «экономнее» полученное дерево описывает исследуемое разнообразие.

Минимизация числа гомоплазий может быть достигнута на основании эволюционных моделей разной степени «экономности». Так, можно запрещать реверсии (*Camin—Sokal parsimony*) или разрешать любые переходы между всеми модальностями признака (*Wagner parsimony*, *Fitch parsimony*); принимать, что утраты вероятнее неоднократных однотипных новообретений (*Dollo parsimony*); в более общем случае можно каждому переходу от одного состояния к другому приписывать специфическую вероятность (*generalized parsimony*).

Поиск оптимального дерева может основываться на *локальной* или *глобальной* парсимонии, понимаемой в чисто операциональном смысле. В первом случае длина дерева оценивается только для исследуемой группы или её части, во втором — совместно для неё и внешней группы. Если последняя вводится как *множественная* (см. 8.4), это порождает так называемый «*парадокс Рольфа*»: перестройка фрагмента дерева для внешней группы может приводить к перестройке фрагмента дерева для исследуемой группы. Например, при реконструкции филогенеза эвкариот содержание гипотезы, скажем, для вторичноротых организмов может меняться в зависимости от того, каким образом представляется филогенез прокариот, используемых в качестве внешней группы.

При определении структуры родственных связей отношение «предок — потомок» в методах парсимонии не рассматривается, основание дерева чаще всего определяется по положению внешней группы. Поэтому большинство методов парсимонии относится к *непрямой* схеме анализа (см. 8.4). Лишь немногие из методов, не столь «ортодоксальные», разрабатываются в рамках *прямой* схемы: к их числу, например, относится *метод Кэмина—Сокэла*.

Наиболее популярным алгоритмом в рассматриваемой группе методов является *признаковый вагнеровский метод*. Как и *дистантный* аналог (см. 9.4.1), он сводится к построению неаддитивного неориентированного дерева с наименьшей общей длиной (иногда его называют *вагнеровской цепью*).

Требование минимизации исходных допущений об эволюции делает желательным упрощенное представление данных, поэтому чаще используются бинарные неордированные признаки. Существенным достоинством рассматриваемой группы методов является возможность оперирования неполными наборами данных: в ходе построения дерева пробелы «восстанавливаются», что имеет особое значение при реконструкциях семогенезов (см. 11).

В отличие от методов *совместимости* (см. 9.4.2), методы парсимонии при построении дерева сразу учитывают все признаки, представленные в матрице данных. Поэтому при минимизации длины дерева они снижают суммарный уровень гомоплазий по всем морфоструктурам, не делая различий между ними. С содержательной точки зрения это может считаться недостатком: такой *ансамблевый* подход мало чем отличается от дистантных методов.

И всё же работа непосредственно с признаками делает эти методы значительно более гибкими по сравнению с дистантными. В ходе построения дерева можно менять априорную полярность и вес каждого признака, применять процедуру *последовательного взвешивания*, приписывать разные веса переходам (в том числе прямым и обратным) от одних модальностей признака к другим. Всё это означает варьирование эволюционного сценария и делает такого рода манипуляции филогенетически вполне осмысленными.

По результатам проведённой реконструкции можно оценивать вклад каждого признака в итоговую топологию дерева на основе индекса совместимости, вычисленного для каждого признака (см. выше настоящий раздел). Его можно использовать как весовую функцию и проводить на его основе только что упомянутое последовательное взвешивание признаков для уточнения топологии дерева.

Следует подчеркнуть, что методы парсимонии наиболее эффективны при допущении *равенства вероятностей* (скоростей) изменения признаков вдоль всех ветвей дерева. Если это условие не выполняется, они могут давать смещённые оценки филогенеза.

### 9.4.4. Методы наибольшего правдоподобия

В рамках гипотетико-дедуктивной схемы аргументации (см. 2.1.3) наиболее состоятельны подходы, которые предполагают явное введение априорных эволюционных моделей в начальные условия филогенетической реконструкции. Этому требованию отвечают статистические **методы наибольшего правдоподобия**.

Данные методы, относящиеся к группе признаковых эвристических, направлены на поиски такого дерева, на котором *изменения признаков наиболее правдоподобны* (отсюда название) *с точки зрения эволюционной модели*, параметры которой задаются на *априорной* основе. Это радикально отличает методы данной группы от методов парсимонии. В последних минимизируется количество априорных допущений об эволюции, с чем связано требование минимизации числа выявленных филогенетических событий (см. 2.2.3). В методах наибольшего правдоподобия минимизируется *расхождение между априорной эволюционной моделью и апостериорной оценкой событий в реконструированном филогенезе*. Это расхождение оценивается **функцией правдоподобия**, значения которой для оптимального дерева должны быть наибольшими.

В данном случае модель представляет собой совокупность вероятностных оценок, которые приписываются переходам каждой из эволюирующих морфоструктур из одного состояния в другое: операционально это *вероятности перехода от одной модальности признака к дру-*

*гой*. Если модель равновесная, все возможные изменения разных признаков и в разных фрагментах дерева считаются равновероятными и взаимно независимыми (концепция *минимальной эволюции)*. В более сложных моделях вероятности могут варьировать от признака к признаку, от одной части признакового дерева к другой, быть различными для прямых и обратных переходов. Число параметров модели также может варьировать; их значения могут строго фиксироваться заранее или уточняться в ходе реконструкции.

В продвинутой версии метода наибольшего правдоподобия, основанной на исчислении *байесовых* (Bayesian) *вероятностей*, принимаются во внимание не только априорные вероятности, заложенные в исходную модель, но также апостериорные, выводимые в контексте полученной филогенетической гипотезы. Это позволяет оценить не только правдоподобие дерева в контексте заданной модели, но и правдоподобие самой модели в контексте исходных данных, упорядоченных в виде дерева. В частности, можно исследовать, какие из параметров модели оказывают наибольшее влияние на форму дерева, а какие *избыточны* (redundant, nuisance).

В силу проблемы *NP*-полноты (см. 2.1.1), чем проще модель, тем эффективнее может быть решена задача поиска оптимальной формы дерева. Напротив, усложнение модели ведёт к увеличению общей вариансы, что усложняет задачу выбора как между моделями, так и между деревьями. Поэтому рассматриваемые методы чаще применяются при анализе данных с ограниченным числом преобразований. В частности, в молекулярной филогенетике они более пригодны для нуклеотидных последовательностей, чем для белков: в первом случае необходимо рассматривать переходные вероятности замещений для 2 пар оснований, во втором — для 20 аминокислотных остатков.

Оптимальная форма дерева выбирается таким образом, чтобы получить максимальное значение функции правдоподобия для *каждого данного признака в каждом фрагменте дерева, где регистрируется переход от одной его модальности к другой*. Таким образом, рассматриваемые методы оптимизируют дерево *локально*, а не глобально, что является их достоинством в сравнении с методами парсимонии. На завершающем этапе значения функции правдоподобия для разных признаков *суммируются по всему дереву*, давая общую его оценку с точки зрения заданной эволюционной модели.

В методе байесовых вероятностей, как было отмечено, в число оптимизируемых включаются параметры не только дерева, но и эволюционной модели. Получается итеративная процедура, при которой происходит постепенное «сближение» оптимальной формы дерева и параметров моделей, оптимальных для исходных данных. Этот подход эффективен пока ещё для небольших по объёму исходных данных из-за вычислительных сложностей.

Рассматриваемые методы более чувствительны к изменениям длины ветвей дерева, нежели к последовательности ветвления. Это значит, что они не гарантируют получение дерева с наилучшей топологией, поэтому их следует дополнять *бутстреп-анализом* (см. о нём 9.4.6).

Результатом применения методов наибольшего правдоподобия является филограмма, на которой указаны длины ветвей. Как и в случае методов парсимонии, дерево изначально реконструируется как неориентированное. Положение корня при использовании равновесных моделей значения не имеет: иерархия дерева входит в число «избыточных» параметров. При его укоренении, как и в методах парсимонии, может использоваться внешняя группа. При использовании равновесных моделей этот метод — единственно пригодный. Если модель неравновесная (одни изменения вероятнее других), дерево также может укореняться таким образом, чтобы максимизировать общее значение функции правдоподобия. Последнее обстоятельство иногда даёт повод утверждать, что методы наибольшего правдоподобия не относятся к сфере кладистического анализа.

Если в эволюционной модели вероятности всех изменений (приблизительно) одинаковы и скорости изменений невелики, оценки филогенеза получаются мало смещёнными, при этом результаты применения методов наибольшего правдоподобия и парсимонии совпадают. Если эти вероятности и скорости очень различны, методы, рассматриваемые в настоящем разделе, как и в предыдущем, дают смещённые оценки филогенеза, причём несовпадение результатов их применения может быть весьма значительным.

### 9.4.5. Обобщённые деревья

Кладогенез по определению (см. 4.1.2.2) единствен. Многообразие же вычислительных методов даёт некоторое разнообразие деревьев, причём по крайней мере некоторые из них могут быть одинаково «хорошими» с точки зрения заданного критерия оптимальности. Это ставит исследователя перед проблемой поиска какого-то окончательного единственного решения.

*Гипотетико-дедуктивной* схеме аргументации более всего соответствует процедура тестирования каждой из частных гипотез, формальным представлением которой служит данное дерево: она позволяет выбрать какое-то одно из деревьев и отбросить альтернативы (см. 8.5). В *индуктивной* схеме возможен ещё один вариант получения единственной итоговой гипотезы о филогенезе — объединение множества полученных исходных деревьев в виде **обобщённого** дерева, которое оптимальным (минимально противоречивым) образом объединяет все исходные.

Совокупность различных по форме деревьев содержит некоторую неопределённость, которая заключается во множественности оценок их топологии и длин ветвей. В кладогенетике актуален первый параметр и несущественен второй. Соответственно, при объединении исходных деревьев принимается во внимание только топология и не учитывается длина ветвей: обобщённое дерево получается *неаддитивным*. Каждое несовпадение топологий на исходных деревьях порождает политомию на обобщённом (рис. 43), что означает *меньшее разрешение* этого дерева в сравнении с исходными. Очевидно, чем более различны исходные деревья, тем меньше разрешение обобщённого дерева. Таким образом, единственное *обобщающее дерево* не может быть *более определённым, чем каждое из исходных*.

Традиционно обобщённое дерево трактуется как **согласованное** (*consensus*). Чаще всего оно строится в пределах данного исследования как обобщение деревьев, полученных при анализе одного массива данных. Его построение основано на точном алгоритме, гарантирующем нахождение единственного дерева. Однако разные методы могут давать несколько различающиеся решения.

В простейшем случае (*strict consensus*) на согласованном дереве сохраняются только те группы, которые представлены на *всех* исходных деревьях. Очевидно, такое решение очень сильно огрубляет по-

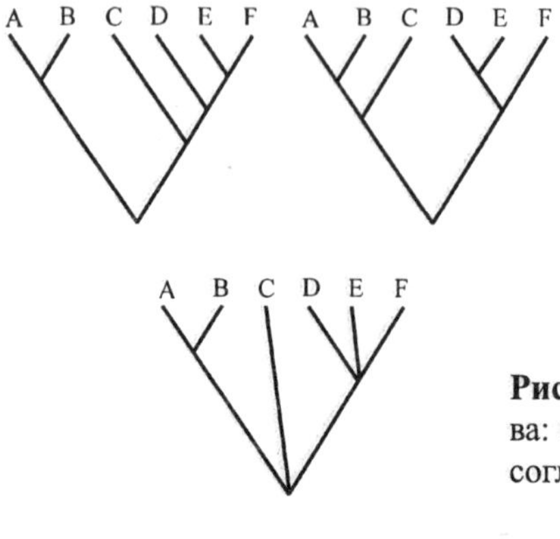


**Рис. 43.** Построение обобщённого дерева: вверху — исходные деревья, внизу — согласованное дерево или супердерево

лученные результаты. Более эффективен алгоритм, позволяющий сохранять на итоговом дереве группы, присутствующие *не менее чем* на 50% исходных деревьев из общего числа полученных (*majority rule consensus*). Его разрешение, очевидно, выше, чем в предыдущем случае, поскольку сохраняется больше исходных групп.

Ещё один вариант обобщённого дерева — так называемое **супердерево**. Оно строится на основании деревьев, полученных по результатам анализа разных массивов данных, зачастую относящихся к разным категориям, — например, морфологических и молекулярных (Bininda-Emonds et al., 2002). При этом признаки, по которым проводился предшествующий анализ, никоим образом не учитываются: сравниваются и обобщаются только топологии кладограмм. Это позволяет представлять в виде супер-деревьев результаты, изложенные в разных публикациях, единственным условием является совпадение или хотя бы существенное перекрывание списков терминальных групп.

Методологически осмысленным построение супер-деревьев делает утверждение о том, что каждая из исходных реконструкций, полученных по разным категориям данных, несёт в себе некоторый кладогенетический сигнал. Поэтому их следует рассматривать не как взаимоисключающие, а взаимодополнительные (см. 4.3.2). Их совмещение в одном супер-дереве позволяет оценить точки согласия и расхождения разных категорий данных в отношении оценки тех или иных событий в кладогенезе исследуемой группы.

Такой подход к обобщению разнородных свидетельств о кладогенезе предпочтительнее его реконструкции на основании анализа комбинированных данных (о последнем см. 6.3). Это также позволяет исключить эффект суммирования признаков (см. 5.6.1), из-за которого несколько тысяч нуклеотидных оснований «поглощают» несколько десятков макроморфологических структур.

Для небольшого числа сравниваемых групп существуют точные методы построения супер-деревьев, такие же, как при построении согласованных деревьев. Для больших массивов данных (более 50 терминальных групп) используются эвристические методы.

Если исходных деревьев не очень много (что чаще всего) и число групп невелико, супер-дерево может быть выведено на основе их *прямого* сопоставления. В противном случае используется *непрямой* метод: каждое исходное дерево переводится в матрицу *топологических дистанций*, на основании полученных матриц вычисляется обобщённая матрица, которая «обратным прочтением» переводится в итоговое супер-дерево.

Метод супер-дерева, возможно, в дальнейшем станет эффективным инструментом филогенетики. Причина в том, что со временем будет накапливаться всё больше разнородных данных, которые по тем или иным причинам нельзя будет включать в единый массив.

Однако развитие этого метода потребует его серьёзной методологической проработки. Один из вопросов, требующих специального исследования, — возможность построения такого рода деревьев на основе исходных деревьев, предполагающих существенно разные эволюционные модели. Здесь переплетаются две проблемы методологического характера. Одна из них — осмысленность самой процедуры объединения разных эволюционных сценариев, разрабатываемых для разных категорий данных. Вследствие этого возникает другая проблема — недостаточная «прозрачность» супер-дерева в отношении исходных допущений содержательного порядка.

Построение обобщённого дерева в любой его форме может служить простейшей оценкой надёжности выявленной иерархии в целом и каждой отдельной монофилетической группы в частности. В данном случае мерой надёжности служит частота появления каждой данной группы на всём множестве вычисленных деревьев. В соответствующих узлах дерева указываются «проценты присутствия», которые позволяют судить о том, насколько надёжно обосновано выделение монофилетических групп исследованными признаками. Это, разумеется, не вероятностная оценка в строгом смысле (о ней см. следующий раздел), но и она даёт какое-то представление о том, насколько «достоверна» выявленная иерархия филогенетического паттерна.

### 9.4.6. Вероятностные оценки деревьев

Вероятностная природа знания о филогенезе, «помноженная» на количественные методы филогенетических реконструкций, предполагает желательность введения каких-либо статистических критериев оценки их результатов. Это предполагает формулировку некоторой *нуль-гипотезы*, с которой сравниваются альтернативные *рабочие*, выводимые в результате реконструкции. Задача сводится к тому, чтобы проверить, есть ли статистически достаточные основания для того, чтобы отбросить нуль-гипотезу и принять какую-либо из рабочих.

В общем случае нуль-гипотеза означает *случайный* характер сходств и различий между сравниваемыми объектами, т.е. отсутствие кладогенетического сигнала в структуре сходственных отношений. Соответственно, альтернативная гипотеза предполагает неслучайный характер этих различий, что позволяет надеяться на присутствие названного сигнала в анализируемом разнообразии. Для того, чтобы выбор между гипотезами был статистически корректным, необходимо: а) знать *закон распределения* параметра, по которому проводится сравнение, и б) на этой основе уметь вычислять *доверительный интервал*, в пределах которого различия должны считаться случайными.

Проблема статистической оценки результатов кладистического анализа весьма нетривиальна. Для большинства категорий данных вероятностные модели эволюции, которые позволили бы исследовать теоретические распределения возможных конфигураций деревьев, оказываются слишком сложными для аналитических решений. Проблема усугубляется тем, что существующие статистические модели чаще всего являются равновесными, т.е. допускают одинаковую вероятность любых изменений признаков. Поэтому на их основе невозможно разработать критерии, состоятельные с точки зрения системной концепции эволюции. Наконец, все они предполагают независимость признаков, на основании которых проводятся реконструкции, что также является мало реалистичным допущением.

В настоящее время в принципе решаемыми и потому заслуживающими внимания можно считать следующие статистические задачи нумерической филетики: а) оценку соответствия каждого дерева исходным условиям (модели + данные), б) сравнение разных деревьев и в) анализ формы каждого дерева.

Вероятностная оценка деревьев с точки зрения их соответствия исходным данным и/или эволюционным моделям может быть дана на основе методов наибольшего правдоподобия. Статистическую оценку допускают некоторые генетические дистанции, основанные на вероятностных эволюционных моделях (см. 9.2). Всё это примеры из области анализа простейшим образом организованных данных, допускающих простые эволюционные модели и вычислительные операции.

В рамках решения этой задачи можно сравнивать матрицы исходных и патристических дистанций с помощью соответствующих статистик (см. 9.2). Проблема здесь в том, что элементы каждой из матриц дистанций не могут считаться независимыми, причём степень их независимости определяется характером межпризнаковых корреляций, каковые при исчислении таких статистик не учитываются. Это, очевидно, делает соответствующие вероятностные оценки достаточно смещёнными.

При попарном сравнении деревьев формулируется нуль-гипотеза о том, что *различия между ними случайны*. Это важно для обсуждения двоякого рода вопросов.

С содержательной точки зрения, случайный или неслучайный характер различий между деревьями, полученными для разных данных, позволяет рассматривать вопрос о том, насколько велико взаимоподобие разных семогенезов. Особого рода задачи заключаются в сравнении деревьев, полученных для разных стадий онтогенеза у видов с выраженным метаморфозом (см. 6.1.3), при анализе коэволюции хозяев и их паразитов (см. 14).

С методологической точки зрения, это позволяет исследовать эффективность (состоятельность) разных методов нумерической филетики: насколько сходные результаты они дают, будучи применёнными к одним и тем же данным.

Существующие статистические методы позволяют сравнивать аддитивные деревья различным образом. В простейшем случае оценивается нуль-гипотеза о том, что их *суммарные длины различаются случайным образом*. Для этого с помощью любого пригодного метода (например, пермутации) генерируются *случайные* (random) *деревья* на матрицах заданной размерности, что позволяет определить вариансу и доверительный интервал для параметра, определённого как «общая длина дерева». Очевидно, такого рода тесты позволяют сравнивать лишь деревья, полученные на основе матриц одинаковой размерности.

При сравнении (например, с помощью регрессионного анализа) различий длин отдельных ветвей на разных реальных деревьях с таковыми на полученном случайном распределении проверяется нуль-гипотеза о *случайном характере различий* в отдельных фрагментах реальных деревьев. Эта методика имеет отношение, например, к решению задач кладистической биогеографии, коэволюции (см. 13, 14).

В основу проверки топологии отдельного дерева положен *критерий суммирования признаков* (см. 5.6.2). Группа считается тем надёжнее обоснованной, чем больше признаков её характеризует. Число признаков определяет длину ветви, которая ведёт к узлу, лежащему в основании данной группы. Соответственно, проверяется нуль-гипотеза о том, что *длина данной ветви отличается от нулевой*, т.е. (в пределе) не поддержанной ни одним признаком. Если эта гипотеза не опровергнута (ветвь недостаточно длинная), соответствующая группа лишается монофилетического статуса и сводится к предыдущему узлу. В этом направлении развивается, например, метод наибольшего правдоподобия: он допускает оценку достоверности отличия дерева, в котором присутствует данная кладистическая группа, от другого дерево, в котором этой группы нет.

Более изощрённым является метод *случайного перераспределения данных* (random resampling), известный как *бутстреп* (bootstrap). В его основе лежит составление таких выборок на основании исследуемой, в которых значения одного или нескольких признаков распределены случайным образом. Такие частично рандомизированные выборки генерируются многократно для того, чтобы получить некоторое множество деревьев, на которых по крайней мере некоторые группы выделены случайным образом. В завершение анализа эти деревья обобщаются в форме единственного дерева (см. 9.4.5), на котором для каждой группы указывается так называемая *бутстреп-поддержка* — частота её появления на деревьях, построенных на основании сгенерированных выборок. Таким образом, бутстреп-анализ можно рассматривать как вариант построения *согласованного дерева* (см. 9.4.5), а бутстреп-поддержку — как квази-статистическую оценку *неслучайного характера его топологии*: чем эта оценка выше, тем надёжнее обоснована соответствующая гипотеза о кладогенезе.

Бутстреп-анализ, хоть и весьма времяёмкий, эффективно дополняет рассмотренные выше алгоритмы построения деревьев, особенно методы наибольшего правдоподобия, которые слабо чувствительны к различиям в топологии деревьев.

### 9.4.7. Компьютерное моделирование

Невозможность прямого наблюдения реальных филогенезов и экспериментирования с ними отчасти компенсируется их **компьютерным моделированием**, основанном на разработке *симуляционных моделей*. В данном случае имеется в виду работа компьютерных программ, которые порождают ветвящиеся цепочки событий, имитирующие процесс филогенеза. Результаты этого «процесса» — *виртуальные* деревья и структура разнообразия, которые по тем или иным параметрам можно сравнивать с *реальными*, т.е. с полученными на основании анализа конкретных данных.

Законы порождения этих цепочек образуют совокупность *параметров модели*. Их можно варьировать, исследуя зависимость результатов от тех или иных частных значений параметров. Так, можно «запускать» филогенез как марковский процесс или ставить каждое событие в более или менее сильную зависимость от предшествующих. При этом имитируемым событием может быть как порождение нового «вида», так и терминация цепочки («вымирание»). Можно задавать разную степень необратимости эволюции, скоррелированности признаков. Кроме того, можно задавать параметры, соответствующие внешней среде, моделируя отбор разной степени жёсткости, появление или исчезновение адаптивных зон и т.п.

С помощью такого рода моделей можно решать следующие задачи, имеющие отношение к предмету филогенетики.

Прежде всего, можно генерировать некоторое количество случайных деревьев и посредством анализа их формы определять нечто вроде доверительного интервала для вероятностной оценки длин ветвей реальных деревьев (см. 9.4.6).

Другой класс задач — анализ возможных механизмов, порождающих реальное разнообразие. Так, сравнение формы сгенерированных и реальных деревьев позволяет обсуждать, насколько случайным может быть реальный филогенез в данной группе организмов, соотношение случайных и неслучайных причин в дивергенциях и вымираниях её представителей. Один из существенных выводов, полученных к настоящему времени, состоит в том, что реальные филогенезы более упорядочены, нежели сгенерированные случайным образом (Марков, 1996).

Сравнение характеристик искусственно порождённого и реального разнообразия групп организмов позволяет обсуждать причины его колебаний во времени, в частности — *массовых вымираний*, составляющих одну из «мировых загадок» (Алексеев и др., 2001). В данном случае каких-либо определённых выводов пока не получено: «линии вымирания» реальных групп таковы, что одинаково хорошо аппроксимируются как равновесными, так и неравновесными моделями филогенеза.

Манипулирование параметрами и на этой основе конструирование разных «филогенезов» для одного и того же массива исходных данных позволяет решать ещё одну важную задачу — оценивать влияние способов представления этих данных на результаты реконструкции. Таким образом удалось показать, например, что способ гомологизации является более значимым фактором, чем определение полярности и взвешивание признаков (Павлинов и др., 1993).

Примечательно, что на проявление эффекта только что перечисленных параметров влияет специфика группы: на этом основании допустимо утверждать, что в одних группах соответствие между морфологией и генеалогией более жесткое, чем в других. Из этого можно сделать вывод, что простые алгоритмы, на которых базируются методы нумерической филетики, вряд ли одинаково эффективны во всех случаях независимо от названной специфики — т.е. их нельзя считать универсальными.

## 9.5. ОСНОВНЫЕ КОМПЬЮТЕРНЫЕ ПРОГРАММЫ

Количественные методы кладистического анализа (в широком смысле) реализованы в компьютерных программах, которых в настоящее время насчитывается более сотни. Одни из них — прежде всего PAUP, PHYLIP — широкого спектра действия, другие предназначены для решения узкого класса задач: таковы главным образом многочисленные программы для молекулярной филогенетики. Многие из этих программ находятся в свободном доступе в интернете. В настоящем разделе кратко охарактеризованы наиболее значительные и популярные программные продукты (перечислены в алфавитном порядке).

**C.A.F.C.A.** предназначена для анализа качественных морфологических признаков, реализует метод совместимости.

**COMPONENT** предназначена главным образом для сравнения деревьев, построенных в других программах. Позволяет проводить кладо-географический анализ, исследовать коэволюцию хозяев и паразитов (см. 14).

**Hennig86** — небольшая, довольно быстрая, предназначена для анализа качественных признаков, реализует метод парсимонии, позволяет взвешивать признаки, снабжена минимальными возможностями редактирования деревьев. На её основе сделана программа *Nona*, предназначенная главным образом для работы с большими массивами генетических данных.

**MacClade** предназначена главным образом для анализа деревьев, которые строятся в других программах: позволяет манипулировать ими, показывает на экране трансформации признаков при заданной топологии дерева.

**MEGA2** предназначена для построения деревьев на основании молекулярных данных, реализует методы парсимонии, а также дистантные.

**MOLPHY** предназначена для построения деревьев на основании молекулярных данных, реализует метод наибольшего правдоподобия.

**PAUP** — мощный программный пакет, предназначенный для анализа качественных морфологических и генетических признаков, реализует методы дистантные, парсимонии и наибольшего правдоподобия. Допускает варьирование исходных моделей (соотношение параллелизмов и реверсий), манипуляции с признаками (поляризация, взвешивание), проводит бутстреп-анализ. Выдаёт результаты анализа распределения признаков на вычисляемых деревьях.

**PHYLIP** представляет собой набор из почти 30 отдельных программ с широкими возможностями. Позволяет работать с качественными, генетическими и частотными признаками, реализует все охарактеризованные выше методы, включая бутстреп.

# ЧАСТЬ III. ПРИЛОЖЕНИЯ КЛАДОГЕНЕТИКИ

## ГЛАВА 10. ОТ КЛАДОГЕНЕЗА К ФИЛОГЕНЕЗУ

По исходно принимаемому условию, кладогенез есть такой аспект филогенеза, в котором рассматриваются только генеалогические связи между группами организмов. При полной реконструкции филогенетической истории в анализ, кроме кладогенеза *самих организмов*, включаются также семо- и анагенетическая компоненты, означающие эволюционное развитие *свойств* этих организмов (см. 4.1.2.2). Кроме того, принимается во внимание «внешняя канва» исторического развития — временная и пространственная составляющие того реального мира, в котором происходит биологическая эволюция.

Конечная цель кладистического анализа как основного инструмента кладогенетики — выработка максимально надёжной гипотезы о кладогенезе с минимальным привлечением априорных суждений об иных аспектах эволюции. С точки зрения системной концепции эволюции эта реконструкция может иметь двоякую трактовку.

С одной стороны, её можно считать своего рода *нуль-гипотезой*, коль скоро она более соответствует *стохастической* эволюционной модели. Её рассмотрение в рамках более широкой интервальной ситуации (см. 2.1.1) может служить средством проверки того, насколько состоятельна не только сама гипотеза о кладогенезе, но и лежащая в её основе названная модель.

В связи с этим следует ещё раз обратить внимание на возможности, предоставляемые компьютерными программами в манипулировании эволюционными сценариями (см. 9.4.7). Меняя определённые характеристики признаков (прежде всего ордированность), исследователь фактически моделирует более или менее упорядоченный характер эволюции соответствующих морфоструктур. Тестирование получаемых на этой основе разных кладистических гипотез может показать, какой из эволюционных сценариев более правдоподобен для исследуемой группы организмов.

С другой стороны, переход от кладо- к филогенезу можно рассматривать как реализацию общеметодологического принципа развития знания «*от простого к сложному*». Включение кладистической гипотезы в реконструкцию филогенеза можно представить на языке метафор (см. 4.2.1) как *переход от кладограммы к филограмме*. Образно говоря, кладограмма — это «скелет», на который наращивается «мясо» филогенетической реконструкции за счёт добавления всё большего по объёму эволюционного сценария.

Включение результатов кладистического анализа в более широкий филогенетический контекст может иметь разные формы в зависимости от того, какие задачи решаются.

Так, возможно разрабатывать некоторые элементы эволюционного сценария непосредственно на основании анализа топологии кладограммы (Kirkpatrik, Slatkin, 1993). Например, преобладание политомий над дихотомиями может свидетельствовать о преимущественно «взрывном» характере филогенетического развития. Резкая асимметрия кладограммы позволяет предполагать существенную разницу темпов формообразования у разных представителей исследуемой группы.

Переход от гипотезы о кладогенезе к более полной филогенетической реконструкции означает *объединение информации о кладо- и семогенезах в едином филогенетическом дереве*. С методологической точки зрения корректность этой операции обеспечивается допущением о взаимоподобии кладо- и семогенетической составляющих филогенеза (см. 4.1.3). Очевидно, оно означает возможность не только их раздельного анализа, но и синтеза — *объединения результатов исходного раздельного анализа в одну общую филогенетическую реконструкцию*.

Такого рода синтез может осуществляться с помощью достаточно простых средств, предоставляемых нумерической филетикой (Павлинов, 1989). Они заключаются в исследовании распределения признаков и патристических дистанций на полученном дереве. С его помощью могут решаться задачи разного содержания и уровня сложности.

Прежде всего, возможна апостериорная реконструкция отдельных семогенезов в контексте полученной кладистической гипотезы (см. 11.1.2). Это позволяет судить о частоте параллелизмов и реверсий в эволюции исследуемой группы, что в конечном итоге даёт основание к обсуждению соотношения необходимого и случайного в её филогенетическом развитии.

Достаточно широкие возможности предоставляются анализом не отдельных признаков, а суммарных различий по ним. Для этого длины ветвей преобразуются таким образом, чтобы они стали *прямо пропорциональными значениям патристической дистанции* (см. о ней в 9.2), разделяющим соседние узлы дерева (рис. 10.1). Если исходное дерево является *ультраметрическим*, этой процедуре предшествует вычисление названных дистанций; если оно строится как *метрическое*, то длины ветвей определяются в ходе построения дерева. В результате кладограмма преобразуется в *филограмму*, в анализе которой для разработки эволюционного сценария главным пунктом становится содержательная интерпретация длины ветвей.

В методах парсимонии она определяется через линейную комбинацию единичных различий по всем признакам. Очевидно, чем больше признаков использовано в исследовании, тем больше значения этой дистанции и, соответственно, длиннее ветви филограммы. Следовательно, в такой ситуации следует сравнивать группы *по одинаковому количеству однотипных признаков*. Для данных, представленных матрицами разной размерности, обсуждать следует не абсолютные, а *относительные* длины ветвей дерева, которые могут вычисляться после его получения.

В отличие от этого, в методах наибольшего правдоподобия длина ветви исходно оценивается через число событий, приходящихся на некий «усреднённый» признак. Таким образом, эта оценка является *средневзвешенной* и теоретически *от общего числа признаков не зависит*.

Длины ветвей и определяющие их патристические дистанции можно считать отражением анагенетической составляющей филогенеза. Для этого вводится **принцип накопления апоморфий**, согласно которому *специфика монофилетической группы и любой из её подгрупп может быть охарактеризована количеством и комбинацией свойственных ей апоморфий*. Здесь также можно решать задачи, разные по смыслу и степени сложности.

В простейшем случае на основе анализа длин ветвей можно также уточнять характер родственных отношений между исследуемыми группами: являются ли они сестринскими или связаны отношением «предок — потомок». Если терминальная группа соединена с предшествующим узлом ветвью нулевой длины, то данная группа и узел совмещаются. Если такой узел обозначает базальную радиацию клады, это означает, что совмещённая с ним группа характеризуется апоморфиями, свойственными всей кладе, к которой она относится, но не имеет собственных аутапоморфий. Такая группа может отождествляться с *предковой формой*, лежащей в основании соответствующей клады. Существенно, что некоторые количественные методы позволяют реконструировать характеристики гипотетических предковых форм как часть процедуры построения дерева, облегчая их распознавание среди ископаемых организмов (Bryant, Russell, 1992).

Если анализ частотного распределения длин ветвей показывает смещение в сторону бóльших значений, это может означать преобладание филетической эволюции над дивергентной в исследуемой группе организмов.

Разные длины ветвей могут указывать на разную *степень дивергенции* соответствующих членов исследуемой группы — потомков реконструированной или предполагаемой предковой формы.

Этот же показатель допустимо рассматривать как форму представления *уровня продвинутости* той или иной группы относительно предковых форм. Очевидно, чем больше длина ветви, тем больше этот уровень. Такая трактовка переводит кладистический анализ в *градистический.*

Если эту информацию дополнить анализом конкретных признаков, с которыми связаны переходы от одних узлов к другим, можно судить и о *характере специализации.* В данном случае, очевидно, *чем меньше число совпадающих признаков в двух группах, тем более выражена их специфика.*

В последнем случае особую проблему составляет интерпретация длинных ветвей, означающих, что соответствующая группа характеризуется большим числом апоморфий, относящихся к разным признакам. Основываясь на допущении взаимоподобия кладо- и семогенезов, каждую апоморфию можно считать индикатором отдельного кладистического события, а длинную ветвь филогенетического дерева — показателем длительной филетической эволюции. Однако такая трактовка не принимает во внимание нестрогий характер взаимоподобия: как отмечено в разделе 4.1.2.2, *кладистических событий может быть меньше, чем семогенетических.* В пределе всю эту сумму специфических свойств можно считать результатом единственного «макрособытия» — сальтации.

Таким образом, на основании анализа только формализованных филограмм нельзя достаточно обоснованно судить о «качественной» стороне эволюции исследуемой группы. Это, в первую очередь, верно в отношении того, в какой последовательности складывался «морфотип» группы, к основанию которой ведёт длинная ветвь филограммы. Точно так же невозможно строго оценивать временные характеристики её истории — продолжительности и/или скорости эволюционных изменений.

Последнее чаще всего становится предметом рассмотрения при анализе молекулярно-генетических данных: патристические дистанции обычно используются для оценки *временной составляющей* филогенеза. Она предполагает целый ряд допущений онтологического порядка, отражённых в концепции *молекулярных часов* (см. 6.1.4). Их состоятельность не всегда очевидна: здесь и равенство скоростей эволюции, и отождествление вероятности изменения со скоростью эволюции. Первое в настоящее время мало кем признаётся; второе хоть и признаётся, но едва ли верно во всех случаях: изменения могут происходить в колебательном режиме, не приводящем к эволюции.

Как бы там ни было, по длине ветвей с известными оговорками допустимо устанавливать некое «количество эволюции», разделяющее установленные филогенетические события, и интерпретировать его как собственное «эволюционное время». Такое «вычисленное» время можно связывать с геохронологической шкалой, что позволяет опосредованно определять *абсолютное время* и/или *скорость* эволюции групп организмов на основе анализа сравнительных данных.

При временных реконструкциях существенную проблему составляет *различение* этих двух временных параметров эволюционного процесса. В данном случае необходимо принимать во внимание *синхронный* или *аллохронный* характер сравнений, т.е. анализ одновременно или разновременно существующих групп, соответственно. В первом случае — например, когда исследуются только современные организмы, — разница патристических (филогенетических) дистанций может интерпретироваться только как разность скоростей эволюции. Во втором случае эта разница может означать и разное абсолютное время, и разную скорость эволюции. Каких-либо надёжных методов, позволяющих при аллохронных сравнениях различать время и скорость эволюции, пока не существует.

# ГЛАВА 11. КЛАДОГЕНЕТИКА И СЕМОГЕНЕТИКА

В филогенетике реконструкция семогенезов выделяется в относительно самостоятельный раздел, предметной областью которого (в терминологии А.Н. Северцова) являются *морфологические закономерности эволюции*. Выше (см. 1, 3.3) этот раздел был обозначен как *семогенетика*.

В современных подходах процедуры семогенетики базируются на постулированном взаимоподобии кладо- и семогенезов (см. 4.1.2.2). Формальным представлением каждого из них служит дерево, имеющее сходную интерпретацию: оно показывает последовательность соответствующих событий — кладо- или семогенетических. В кладистическом анализе терминальные группы операционально представимы как некие комбинации состояний признаков: согласно *принципу подстановки* (см. 4.3.4), в кладогенетике они интерпретируются как таксоны, в семогенетике — как *морфотипы*. С формальной точки зрения, принципиальной разницы между ними нет. Следовательно, к морфотипам можно применять те же базовые техники нумерической филетики, что и в собственно кладистических реконструкциях.

Оставаясь в рамках кладогенетики, задачи семогенетических реконструкций можно свести к двум основным пунктам. Один из них — *разработка гипотез об эволюционных преобразованиях* морфоструктур. Другая задача — *выявление филогенетического сигнала* в разнообразии их строения.

## 11.1. РЕКОНСТРУКЦИИ СЕМОГЕНЕЗОВ

Реконструкции семогенезов, как и кладогенетические, могут проводиться по двум рассмотренным выше схемам — *прямой* и *непрямой* (см. 8.4). Они различаются принципами организации исследуемой выборки, изначальной содержательной интерпретацией элементарных объектов анализа (терминальных групп), степенью зависимости конечного результата семогенетической реконструкции от предваряющей её гипотезы о кладогенезе.

### 11.1.1. Прямая схема

В семогенетике *прямая схема* подразумевает, что изначально объектом анализа является не конкретная монофилетическая группа организмов (таксон), а отдельная морфоструктура — *мерон*. Её эволюционные преобразования рассматриваются вне контекста какой-либо частной гипотезы о кладогенезе. Это, среди прочего, означает, что возможность параллельной эволюции данной структуры, о которой можно судить, только если известна кладистическая история, во внимание не принимается. Например, можно реконструировать преобразование примитивной пятипалой конечности в однопалую конечность копытных, игнорируя то обстоятельство, что однопалость развивалась в истории млекопитающих неоднократно. Как видно, это вполне соответствует общим принципам морфобиологической филогенетики.

Применение методов нумерической филетики предполагает формализованное описание морфоструктуры. Для применения количественных методов она «расчленяется» на отдельные элементы, им ставятся в соответствие признаки, модальности которых кодируются согласно «природе» объекта и требованиям применяемого метода.

Результатом исследования оказывается *признаковое дерево*: первоначально оно может иметь форму кладограммы, которая после соответствующих преобразований, связанных с оценкой длин рёбер (так же, как в случае построения филограммы, см. 10), преобразуется в *трансформационную серию* для исследуемой морфоструктуры.

Семогенетическая реконструкция по прямой схеме может проводиться при сильных и слабых допущениях о вероятных направлениях эволюции исследуемой морфоструктуры. В формализованных процедурах они определяют способ представления описывающих её признаков.

В первом случае для них с самого начала задаются полярности. Такая реконструкция во многом сходна с классической процедурой эволюционной морфологии, отличаясь лишь более формализованным характером.

Во втором случае признаки вводятся в неордированной форме, что, очевидно, предполагает некий дополнительный способ определения основания признакового дерева. Концепция внешней группы в её строгой кладистической (т.е. таксономической) трактовке здесь неприменима, поскольку она задаёт лишь *филогенетический контекст* для исследуемой монофилетической группы (см. 8.1). Очевидно, при изучении морфологической эволюции он мало актуален.

Вместо этого задаётся некий **эволюционно-морфологический контекст**, в котором определены общие характеристики *прототипа* исследуемой морфоструктуры. Этот прототип становится «исходной точкой» в развитии морфоструктуры и фиксирует основание признакового дерева. Такой прототип иногда называют *функциональной внешней* (или *нуль-*) *группой*: для его выявления допустимо использовать данные по гомологичным морфоструктурам в неродственных группах. Согласно *критерию аналогий* (см. 5.4.2), если для какой-то группы «исходная точка» в эволюции морфоструктуры показана достаточно надёжно, она принимается и для исследуемой.

Из этого видно, что в прямой схеме хотя бы некоторые, наиболее существенные признаки вводятся в поляризованной форме. Их состояния, свойственные прототипу, задают общий тренд эволюции исследуемой морфоструктуры, в контексте которого проводится весь последующий анализ и определяется полярность прочих признаков. В итоге получается более детальная картина морфологической эволюции.

Например, при изучении эволюции мастоидного отдела слухового барабана у специализированных пустынных грызунов — песчанок (Gerbillidae) полярность была задана только для степени его пневматизации — от меньшей к большей (согласно *критерию совершенства*, см. 5.4.2). В результате семогенетической реконструкции получена детальная эволюционно-морфологическая схема (рис. 44), которая предполагает по преимуществу нейтральную (относительно акустических характеристик) комбинаторику костных элементов мастоида (Павлинов и др., 1980).

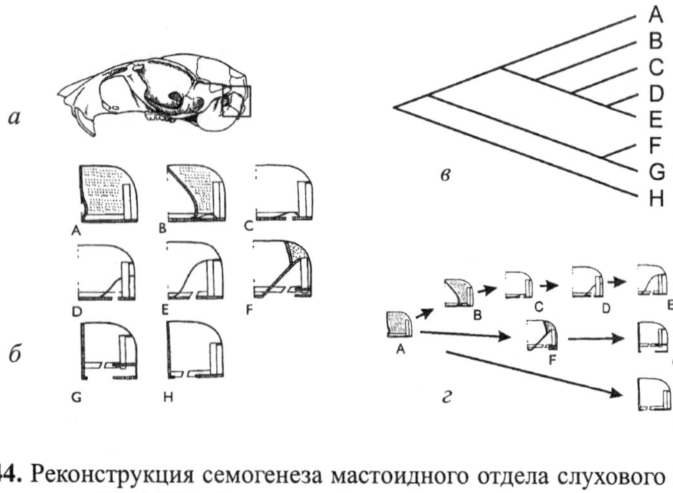


**Рис. 44.** Реконструкция семогенеза мастоидного отдела слухового барабана у песчанок (Gerbillidae) по прямой схеме.

*а* — череп песчанки (вид сбоку), выделен мастоидный отдел, *б* — морфотипы строения мастоидного отдела (А–Н, схематично), *в* — кладограмма и *г* — трансформационная серия для этих морфотипов

Если исключить из такого рода реконструкций филогенетическую терминологию, мы получаем вполне формализованный алгоритм становления разнообразия некоторой морфоструктуры, аналогичный тому, который разрабатывает *конструктивная морфология* (о ней см. 6.1.1).

### 11.1.2. Непрямая схема

В отличие от предыдущей, *непрямая схема* ставит результаты семогенетической реконструкции в прямую зависимость от содержания гипотезы о кладогенезе конкретной группы организмов. Очевидно, разное содержание этой гипотезы может повлечь за собой и разную трактовку семогенезов.

Данная схема позволяет проводить реконструкцию семогенезов двояким способом.

Во-первых, предметом исследования могут служить те же признаки, на основании которых разрабатывается гипотеза о кладогенезе. В данном случае применяется общий алгоритм кладистического анализа по непрямой схеме (см. 8.4). Признаки вводятся в реконструкцию кладогенеза в неордированной форме, их полярность определяется апостериорно после получения кладистической гипотезы (см. выше рис. 42). Кроме того, этот алгоритм, реализованный в методах парсимонии, позволяет по результатам реконструкции «восстанавливать» недостающие данные — например, модальности признаков, неизвестные для той или иной терминальной группы.

В основу большинства методов кладистического анализа положен методологически трактуемый *принцип экономии* (см. 2.2.3), предполагающий наименьшее количество изменений по всей совокупности признаков. Это значит, что *реконструкция для каждого отдельного признака ставится в зависимость от всех прочих признаков*, что соответствует «обратному прочтению» *принципа совместимости* (см. 5.6.2). Следовательно, *для каждого признака выбирается такая эволюционная гипотеза, которая делает его изменения наиболее совместимыми с изменениями других признаков*. Например, при использовании в реконструкции кладогенеза нескольких систем органов (что чаще всего бывает) во взаимную зависимость ставятся суждение об эволюции, скажем, пищеварительной и нервной систем. С точки зрения системной концепции эволюции, вся эта процедура неявным образом базируется на допущении о наличии *филетических координаций* между морфоструктурами, включёнными в анализ.

Другой вариант семогенетической реконструкции подразумевает, что кладограмма строится по одним признакам, а эволюционные ги-

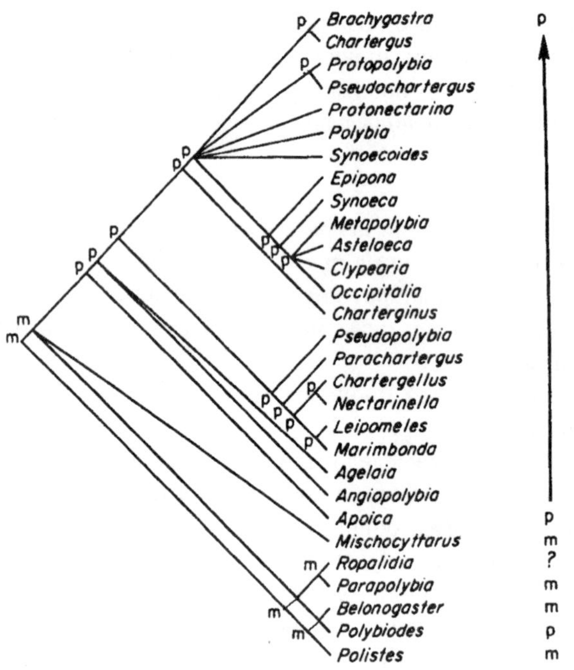


**Рис. 45.** Определение вероятного направления эволюции типа формирования колонии у примитивных общественных ос (Polistinae) в контексте кладистической гипотезы (из: Carpenter, 1989).

Обозначения: m — моногиния, p — полигиния

потезы рассматриваются для других, но строго в контексте данной кладограммы. Например, за основу можно брать кладистическую гипотезу, разработанную на основании морфологических данных, и на её основе реконструировать семогенезы для экологических характеристик (рис. 45). Это имеет отношение к выявлению *кладогенетического сигнала* в разнообразии структур, традиционно не участвующих в филогенетических реконструкциях (см. 11.2). Так, из схемы, приведённой на только что указанном рисунке, видно, что у примитивных общественных ос из двух способов формирования колонии краткосрочная моногиния — исходный, а полигиния — производный.

В обоих случаях для определения апостериорной полярности признаков по непрямой схеме используются стандартные критерии, рассмотренные в разделе о кладистическом признаке (см. 5.4.2). После того, как для отдельных признаков получены признаковые деревья, они группируются в морфоструктуры. Завершающим этапом реконструкции становится семогенетическая схема для каждой из этих целостных структур.

Очевидно, полученные тем или иным способом семогенетические реконструкции не являются окончательными: это гипотезы, подлежащие тестированию. Для морфологических структур тестом может служить, например, какая-либо хорошо обоснованная *морфофункциональная модель*, запрещающая те или иные изменения или переходы от одного состояния к другому.

В связи с этим особый интерес представляет сопоставление этих реконструкций, полученных по прямой и непрямой схемам: выявление степени их совпадения, правдоподобия.

С точки зрения адаптационистской парадигмы, своего рода проверкой на состоятельность может быть попытка реконструировать нечто вроде *псевдофилогенеза* (см. 4.1.2.2) на основе полученных отдельных семогенетических реконструкций. Эти последние объединяются в некую общую эволюционно-морфологическую модель, которая проверяется на предмет её «жизненности» — возможности функционирования как единого целого в определённых условиях среды.

Как было подчёркнуто выше (см. 8.5), сами семогенетические реконструкции по непрямой схеме, пройдя процедуру независимого тестирования, могут служить средством проверки правдоподобности гипотезы о кладогенезе. Если апостериорно полученное признаковое дерево оказывается по каким-либо причинам несостоятельным, это снижает «достоверность» исходной кладогенетической схемы.

## 11.2. ВЫЯВЛЕНИЕ КЛАДОГЕНЕТИЧЕСКОГО СИГНАЛА

*Кладогенетический сигнал* — это информация о кладистической истории исследуемой группы организмов, содержащаяся в структуре её разнообразия (см. 4.2.3). Он присутствует всегда (что, собственно, и позволяет реконструировать эту историю), но в разных признаках в разной степени. Выявление этого сигнала позволяет в некотором приближении оценить соотношение двух категорий причин — начальных и действующих (о них см. 2.2.5) — в формировании данной морфоструктуры. К числу первых относится историческая преемственность, делающая потомков похожими на предков; в число вторых входят приспособления к условиям функционирования, среди которых — экологические и т.п.

До недавнего времени в исследованиях эволюции как адаптациогенеза первой категории причин не придавалось особого значения. Между тем, согласно эволюционной модели, разрабатываемой на основе идей синергетики (см. 4.1.1), строение или образ жизни организмов могут быть обусловлены особенностями не только их среды обитания, но и особенностями их истории. Иными словами, некоторое специфическое свойство группы организмов может быть не результатом их собственных приспособлений, а унаследовано от общего для них (возможно, отдалённого) предка, который выработал его по каким-то «своим» причинам: т.е. это свойство — не *ад*-аптация, а *экс*-аптация.

Данное обстоятельство, очевидно, следует принимать во внимание при объяснении сходства или различия между теми или иными видами на основе разного рода адаптационистских и/или функциональных моделей. Адекватность последних будет зависеть от того, насколько удастся «исключить» кладогенетический сигнал из общей структуры сходственных отношений.

С этой целью разрабатывается подход, известный как *сравнительная филогенетика* (впрочем, название не вполне удачно, см. 1). Он постепенно набирает популярность в разделах биологии, непосредственно с филогенетикой не связанных. Так, его применяют в экологических и этологических исследованиях (Miles, Dunham, 1993). Его приложениямм можно считать филогенетическую биогеографию (см. 13), анализ коэволюции в системе «хозяин — паразит» (см. 14).

Простейшим методом является подстановка признаков, не участвовавших в кладогенетической реконструкции, в готовую кладо- или филограмму. Это можно делать в любой программе, позволяющей реконструировать предковые состояния признаков на основании распределения их значений в терминальных группах (см. предыдущий раздел). Значения индекса соответствия *CI* для каждого из этих признаков (см. 9.3) могут служить грубой прикидочной оценкой величины филогенетического сигнала.

Нередко для этого применяют стандартные статистические процедуры, такие как многофакторный дисперсионный анализ (MANOVA). Последовательное построение иерархической модели, в которой таксономическая принадлежность и какой-либо экологический параметр используются в качестве независимых переменных, позволяет выявить тот уровень в иерархии филогенетических связей, который даёт наибольший вклад в разнообразие исследуемых свойств организмов.

Однако названный метод в рассматриваемой ситуации, строго говоря, неприменим, будучи основанным на предположении, что исследуемая выборка представляет собой *статистический ансамбль*, т.е. совокупность взаимно независимых единиц. В филогенетике такими единицами являются виды. Очевидно, члены монофилетической группы не могут считаться независимыми, поскольку связаны той или иной степенью родства.

В настоящее время для решения указанной задачи разрабатывается несколько количественных техник сравнительной филогенетики, свободных от указанного ограничения (Pagel, 1999). К их числу относятся методы *филогенетической автокорреляции*, *филогенетической регрессии*, *филогенетически независимых контрастов* и некоторые другие. Они различаются некоторыми параметрами базовой модели эволюции — например, принимается её прерывистый или континуальный характер, равномерный или неравномерный ход. Метод автокорреляций считается наименее чувствительным к варьированию этих параметров.

В основании перечисленных методов лежит допущение, что различия между сестринскими группами статистически независимы. Очевидно, последнее допущение подразумевает случайный характер эволюции морфоструктур. С точки зрения системной концепции эволюции оно мало реалистично и означает своего рода нуль-модель.

Общий для количественных методов сравнительной филогенетики алгоритм включает две основные процедуры:

а) «картирование» распределений признаков на всём дереве (которое чаще всего берётся как метрическое) — т.е. их модальности анализируются не только на вершинах, но и на внутренних узлах дерева;

б) оценка неслучайного характера этих распределений для каждого признака либо относительно топологии дерева (последовательностей узлов), либо относительно любого другого признака, также картированного на этом дереве.

Метод **филогенетически независимых контрастов** относится к числу наиболее используемых. В данном случае *контрастом* называется различие между двумя вершинами дерева по модальностям отдельного признака. Численное значение контраста приписывается узлу, к которому эти вершины сходятся. Сходным образом на основе рекурсивного алгоритма контрасты последовательно вычисляются для всех узлов вплоть до основания дерева. Для $n$ терминальных групп (вершин полностью разрешённого дерева) получается $n$-1 контрастов. Для них выполняется условие статистической независимости, что позволяет применять к их совокупности стандартные статистические методы.

Нормализованные контрасты, вычисленные для двух признаков, сравниваются с помощью регрессионного анализа. Статистически *незначимая* регрессия означает отсутствие корреляции, *не связанной* с филогенетической историей, т.е. *наличие кладогенетического сигнала в исследуемом разнообразии.* Исключения названного сигнала достигается работой со значениями остатков (*residuals*), а не собственно переменных: это позволяет выявлять неисторические (действующие) причины сходства и различия между сравниваемыми организмами.

Общая проблема сравнительной филогенетики (как она здесь понимается) состоит в выборе эволюционной модели для разработки филогенетической гипотезы, в контексте которой выявляется кладогенетический сигнал. Очевидно, разные модели предполагают разную степень «доверия» к тем или иным категориям данных.

Для одних наиболее надёжными считаются реконструкции, полученные на основании изучения надлежащим образом подобранных морфологических данных. В их контексте можно обсуждать, например, частоту орто- и паралогий в эволюции биополимеров.

Другие, напротив, считают, что наиболее надёжны генофилетические реконструкции: они должны служить исходной позицией для выявления названного сигнала в морфологическом или, к примеру, экологическом разнообразии.

Очевидно, что ситуация вполне «симметрична» и не имеет единственного сколько-нибудь обоснованного решения. Впрочем, это никоим образом не влияет на саму технику выявления кладогенетического сигнала: в любом случае за основу берётся какая-то частная кладистическая гипотеза, в контексте которой оценивается этот сигнал.

# ГЛАВА 12. КЛАДОГЕНЕТИКА И СИСТЕМАТИКА

Задачей систематики как биологической дисциплины является изучение и описание свойств и закономерностей одного из аспектов биологического разнообразия — именно, таксономического разнообразия. Средством этого описания служит *таксономическая система* — совокупность таксонов, которые характеризуются: а) *положением* в системе (в том числе *рангом*), б) *объёмом* и *составом* и в) *признаками*.

Биологическая систематика, как и всякая научная дисциплина, достаточно разнородна: в ней существуют традиции, школы, классификационные подходы, по-разному формулирующие смысл, задачи и методы систематики. Это многообразие, с одной стороны, определяется разнообразием эпистемологических начал классификационной деятельности; с другой стороны — многоаспектностью таксономического разнообразия.

Один из ключевых параметров, по которому расходятся современные школы, — понимание того, каким должен быть содержательный базис таксономической системы. Здесь достаточно чётко обозначены два общих подхода.

Согласно одному из них, эта система должна быть «теоретически нейтральной», т.е. не зависящей от какой-либо содержательной теории, в том числе эволюционной. Основным доводом в пользу этой позиции указывается то, что эволюционные концепции возникают как объяснение классификационных построений, поэтому они не должны логически им предшествовать, чтобы не возникал замкнутый круг аргументации.

Вторая позиция утверждает прямо противоположное: коль скоро таксономическое разнообразие является продуктом эволюции, таксономическая теория должна быть эволюционно интерпретированной. Это значит, что в содержательный базис этой теории должна включаться некая эволюционная модель: исходя из неё определяются те существенные параметры разнообразия, которые надлежит отразить в системе таксонов. Такая позиция более соответствует гипотетико-дедуктивной схеме аргументации, утверждающей принципиальную невозможность «теоретически нейтрального» естественнонаучного знания (см. 2.1.3).

Как было подчёркнуто в главе 3, филогенетика и систематика всегда были тесно связаны, причём вполне определённым образом: обычно филогенетические идеи вырастали из решения классификационных задач. Действительно, в середине XIX в. классическая филогенетика

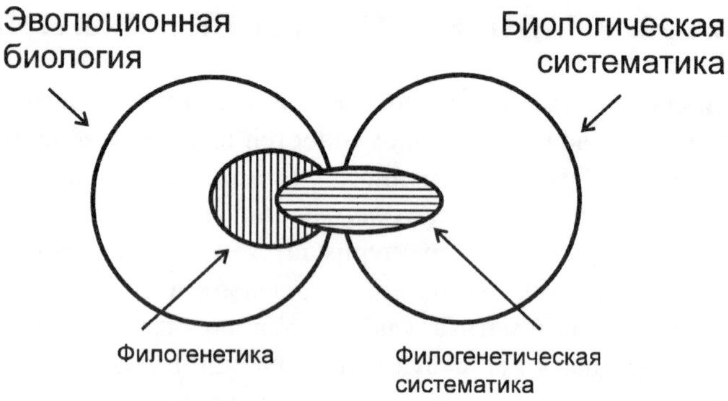


**Рис. 46.** Диаграмма Венна, иллюстрирующая соотношение между филогенетикой и систематикой

была предложена как иное (по отношению к эссенциализму и типологии) понимание причин Естественной системы. В середине XX в. кладистический подход также изначально формировался как способ решения проблем, присущих классической филогенетической систематике, — на этот раз связанных с неоднозначностью результатов последней.

На этом основании филогенетику и филогенетическую систематику нередко отождествляют: так, одно из современных руководств называется «Филогенетика: теория и практика филогенетической систематики» (Wiley, 1981). Однако это неверно, что видно из следующего.

Филогенетика — по сути раздел эволюционной биологии, тогда как систематика — самостоятельная биологическая дисциплина, к эволюционной идее, вообще говоря, не сводимая (рис. 46). В ней выделяется несколько направлений, лишь одно из которых — *филогенетическая систематика* в самом широком смысле — включает эволюционную доктрину в свой содержательный базис. Для других же направлений (типологическое, фенетическое) ссылка на эволюцию не является обязательным элементом базовой содержательной теории.

Филогенетика и филогенетическая систематика исследуют филогенетический паттерн, выявляя в нём иерархию филогенетических групп: в этом их единство. Однако они решают при этом разные задачи. Для филогенетики выявление названной иерархии служит *средством реконструкции процесса* филогенеза. Для систематики эта иерархия — по сути *конечная цель* познания самой *структуры* паттерна. Таким образом, две эти дисциплины представляют два взаимодополнительных подхода к изучению разных, также взаимодополнительных аспектов таксономического разнообразия — динамического и статического.

Взаимодополнительность филогенетики и филогенетической систематики означает, что они связаны *соотношением неопределённостей* (о нём см. 4.3.2). Это порождает весьма специфическую проблему: *чем детальнее изучен филогенез, тем менее адекватной оказывается классическая* (линнеевская) *иерархическая модель таксономической системы с небольшим числом фиксированных рангов*. Причина в том, что преобразование дерева, соответствующего детально изученному филогенезу, в систему монофилетических групп делает её иерархию очень дробной. Отсюда довольно парадоксальный вывод: *чем хуже изучен филогенез, тем лучше его результат может быть отображён средствами иерархической системы* (Скарлато, Старобогатов, 1974). Очевидно, обратное неверно: всякую сколь угодно дробную иерархическую систему можно преобразовать в дерево, посчитав его (при определённых допущениях) филогенетическим.

**Филогенетическая систематика** понимается как дисциплина, нацеленная на *отражение результатов филогенеза — структуры филогенетического паттерна — средствами таксономической системы*. Используя присущий филогенетике набор метафор (см. 4.2), её можно понимать как совокупность правил «перевода» филогенетического дерева (каковое может быть определено по-разному) в таксономическую систему.

Ключевым для этой классификационной доктрины во всех её проявлениях является *принцип филогенетического единства* (см. 4.3.3). В данном случае он интерпретируется следующим образом: *для того, чтобы система таксонов была филогенетически состоятельной, необходимо и достаточно, чтобы для этих таксонов было показано единство происхождения, общность свойств и общность тенденций исторического развития.*

С точки зрения метафоры филогенетического дерева (см. 4.2.1) система таксонов может быть представлена как результат его «нарезания» на фрагменты, соответствующие ветвям разного порядка. Отсюда — следующие общие правила построения филогенетической системы, обеспечивающие реализацию принципа филогенетического единства в его таксономической трактовке:

- **правило филогенетической близости**: чем ближе две ветви находятся на филогенетическом дереве, тем ближе расположены соответствующие им таксоны в системе;

• **правило ранжирования**: чем выше порядок ветви филогенетического дерева, тем выше ранг соответствующего ей таксона;

• **правило следования**: последовательность таксонов каждого ранга соответствует градиенту уровня продвинутости — начинается наименее и завершается наиболее продвинутыми.

Первые два правила позволяют отразить кладогенетическую компоненту филогенеза; третье правило позволяет отразить его анагенетическую компоненту.

Разное понимание филогенеза, методов его изучения и отображения в таксономической системе даёт разнообразие подходов в самой филогенетической систематике. Пользуясь «принципом качелей» (о нём см. 2.2), здесь можно указать две противоположные позиции, соответствующие основным направлениям развития самой филогенетики (см. 3.3).

В *кладогенетической* трактовке целей филогенетической систематики особое значение имеет единство происхождения, означающее монофилетический статус таксона. На основании *принципа монофилии* (см. 4.3.3.1) требование филогенетического единства формулируется следующим образом: *для того, чтобы система таксонов была филогенетически состоятельной, необходимо* (но не достаточно), *чтобы эти таксоны были монофилетическими*. Соответственно, таксономическая система рассматривается как *иерархия монофилетических групп*.

Другой крайностью является нацеленность классификационной деятельности на выявление групп, характеризуемых с точки зрения их адаптивной специфики, при этом принцип монофилии трактуется весьма расплывчато. Данное направление развития филогенетической систематики можно обозначить как *анагенетическое*.

В кладогенетическом направлении, ныне доминирующем, наиболее чётко охарактеризованы две школы — *эволюционная* и *кладистическая*. Они по-разному трактуют принцип монофилии и определяют состав монофилетических групп (рис. 47). Свой вклад в разнообразие современных школ привносит и так называемая *геносистематика*, которая обособляет себя по фактологии (молекулярно-генетические данные). Ниже каждый из этих трёх подходов кратко охарактеризован.

Основные положения **эволюционной систематики** разработаны американским палеонтологом-териологом Д. Симпсоном (Simpson, 1961). К ней по духу близка таксономическая концепция, разрабатываемая *филистикой* (см. 3.4), ключевой фигурой в которой является отечественный палеонтолог-энтомолог А.П. Расницын (2002). Оба на-

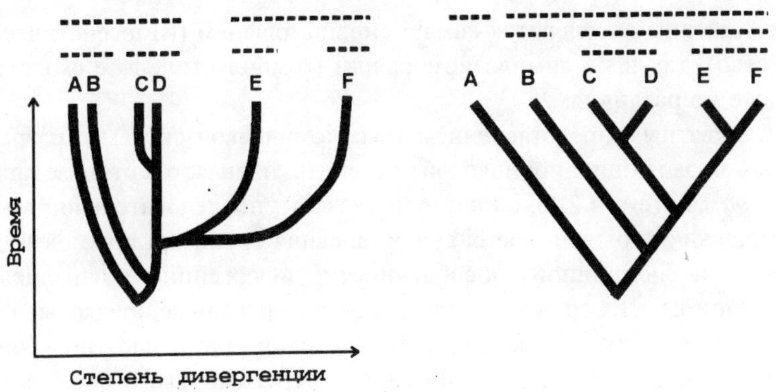


**Рис. 47.** Разбиение филогенетического дерева на таксоны в эволюционной систематике (слева) и кладистике (справа). Штриховыми линиями показаны корректные группировки согласно широкой и узкой трактовке монофилии

званных зоолога известны и как крупные теоретики-эволюционисты, сферой интересов которых является макроэволюция: это нашло своё отражение в их классификационных подходах, нацеленных главным образом на макроуровень.

Эволюционная систематика (в общем понимании Симпсона и Расницына) развивается в русле классической геккелевой филогенетики, базирующейся на представлении об эволюции как адаптациогенезе. Общей её идеей является утверждение, что таксономическая система понимается как *отражение родственных связей и эволюционной специфики монофилетических групп*. Система таксонов должна *соответствовать* филогенетическому древу, но не обязана воспроизводить его структуру однозначно. Исходя из этого:

а) в разработке системы принимается во внимание и кладо-, и семогенетическая составляющие филогенеза. При этом в число начальных условий разработки классификаций входят достаточно богатые содержанием эволюционные сценарии, посредством которых обосновываются характеристики признаков — их значимость (вес), полярность;

б) ранг, состав и границы таксонов обосновываются ссылкой на единство происхождения, эволюционных тенденций и уровня организации;

в) монофилия понимается как *широкая*, т.е. в системе допустимы как голо-, так и парафилетические (в том числе предковые) группы (о группах см. 5.2.3);

г) таксоны выделяются как по синапоморфиям (гомогенетическое сходство), так и по симплезиоморфиям (гомопластическое сходство), а также по различиям.

Адекватным представлением таксономической системы, разрабатываемой эволюционной школой систематики, является стилизованная *филограмма* (см. 4.2.1), на которой указаны: последовательность кладистических событий, время существования групп организмов и степень их эволюционной обособленности (дивергенции + параллелизмы). Одни из этих групп — мало специализированные предковые формы, другие — их потомки, причём последних разделяют по уровню продвинутости. «Разрешённый» способ перевода такого филогенетического дерева в систему таксонов показан на рис. 47 (левая часть).

Данный классификационный подход несомненно является кладогенетическим, коль скоро одним из ключевых в нём является принцип монофилии. Что касается требования общности эволюционных преобразований, оно вполне соответствует системной концепции эволюции (см. 4.1.1). При её детализации разные версии рассматриваемой школы делают акцент на несколько разных механизмах, обеспечивающих эволюционную общность.

У Симпсона ключевым является представление об *адаптивной зоне*: таким образом, его эволюционная модель является по преимуществу *эктогенетической*. Специфика группы в основном определяется спецификой адаптивной зоны, которую начали осваивать её первые представители. При присвоении группе того или иного таксономического ранга принимается во внимание характер и степень её специализации, указывающие на её эволюционную обособленность среди родственных групп. Это положение формализуется *принципом решающего разрыва* (см. 5.6.3): так, комплекс адаптивных особенностей птиц определяет решающий разрыв между ними и их ближайшими современными родственниками — крокодилами, которых по морфофизиологическим особенностям относят (как повелось с Аристотеля) к рептилиям.

В отличие от этого, эволюционная модель, положенная в основу филистики, по преимуществу *энтогенетическая*. В данном случае основной акцент делается на инерционный характер эволюционного развития, обусловленный устойчивостью эпигенетических программ. Эта эволюционная модель воплощена в уже упоминавшуюся концепцию *филокреода* — устойчивой траектории филогенетического развития группы организмов (см. 3.4).

Всё это делает классификации эволюционного толка весьма насыщенными эволюционным содержанием. Но оно же обуславливает их неустойчивость по той же, что и в типологии, причине: адаптивную специфику групп можно трактовать по-разному. Данное обстоятельство усугубляется отсутствием строго фиксированных правил выделения и ранжирования таксонов, что не позволяет дать однозначные решения для «перевода» филограммы в таксономическую систему.

К числу школ эволюционной систематики, понимаемой в самом широком смысле, относится так называемая «*новая систематика*», сформировавшаяся в первой половине XX в. на основе популяционного мышления (Майр, 1971). Она несомненно «эволюционная», если имеются в виду её отличия от типологии и фенетики. Но, в отличие от школы Симпсона—Расницына, основной сферой приложения этой школы систематики является видовой и подвидовой уровни таксономического разнообразия, а не макротаксоны.

В основание **кладистической систематики**, основные позиции которой разработал немецкий энтомолог В. Генниг (Hennig, 1966), положено требование максимально полного соответствия между структурой филогенетического дерева в его кладистической трактовке и таксономической системой. Согласно этому:

а) в разработке системы принимается во внимание только кладогенетическая составляющая филогенеза. Эволюционные сценарии, входящие в начальные условия классифицирования, в той или иной мере минимизированы, нередко до такой степени, когда характеристики признаков — их значимость, полярность — определить невозможно;

б) система таксонов обосновывается только ссылкой на единство происхождения;

в) монофилия понимается как *узкая*, т.е. в системе допустимы только голофилетические группы;

г) таксоны выделяются только по синапоморфиям; симплезиоморфии, а также характер и степень различий во внимание не принимаются.

Формальным представлением кладистически корректной системы является кладограмма. Для её «перевода» в систему таксонов используется руководящее **правило равенства рангов сестринских групп**, согласно которому *все группы, сходящиеся на кладограмме к одному узлу, в системе должны иметь один и тот же ранг*.

Требование соответствия структуры кладограммы и кладистической системы может быть *сильным* или *слабым*. В первом случае (исходная идея Геннига) в системе должны быть отражены *все* сестринские группы, выявленные на кладограмме. Во втором случае допускается возможным таксономическое обозначение *не всех* сестринских групп (рис. 47, *правая часть*).

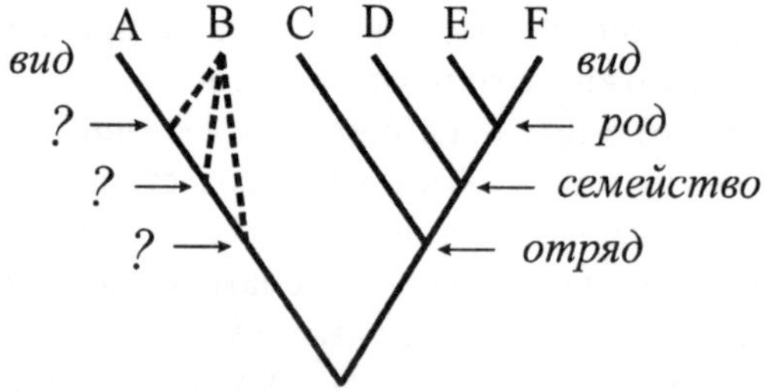


**Рис. 48.** Проблема эквивалентного ранжирования таксонов на асимметричной кладограмме

Сильная трактовка названного требования даёт таксономическую иерархию очень дробной, требующей использования значительного количества категорий. Так, для млекопитающих в эволюционной системе Симпсона между видом и классом использовано 14 рангов, в кладистической системе МакКенны — 24 ранга (см. Павлинов, 2003). Соответственно, введено несколько новых категорий, отсутствующих в традиционной иерархии.

Особую проблему составляет трактовка иерархии, соответствующей *асимметричной кладограмме* (см. 4.2.1.1). В такой ситуации ранги таксонов, выделяемых в разных разделах системы, оказываются *строго несоотносимыми* (рис. 48). Действительно, если принять за основу иерархию, показанную в правой части кладограммы (группа **C–F**), то ранг группы (**AB**) нельзя определить однозначно. Считывание иерархии кладограммы «сверху вниз» (от высших рангов к низшим) делает эту группу отрядом; считывание в противоположном направлении делает её родом.

Поэтому более осмысленным представляется слабое соответствие кладограммы и системы таксонов. Оно позволяет вводить в классификацию такие таксономические единицы, которые «запрещены» сильным соответствием. Так, для обозначения архаичных групп с неясной кладистической структурой используются такие категории как *плезион*, *амфитаксон*: это позволяет отличить их от хорошо установленных кладистических групп и избежать неоправданного усложнения классификации.

Такой подход оправдан в связи с тем, что в традиционных системах доля парафилетических таксонов слишком высока, чтобы просто отмахиваться от них. Такие таксоны, особенно относящиеся к базальной радиации, отражают то обстоятельство, что во многих случаях структура кладистических отношений не может быть выявлена достаточно строго.

Прямым следствием «размывания» линнеевской иерархии в кладистической систематике стало предложение «упразднить» традиционные обозначения таксономических категорий и строить иерархические *безранговые* (rankless) системы (Ereshefsky, 2001). Следует подчеркнуть, что в данном случае «безранговость» означает отмену не самой таксономической иерархии, а фиксированной шкалы рангов и их соответствующих терминологических обозначений. Новейшие предложения кладистической систематики в отношении таксономической номенклатуры суммирует так называемый «*Филокодекс*» (The PhyloCode), призванный заменить якобы «морально устаревшие» Кодексы зоологической и ботанической номенклатуры (Cantino, Queiroz, 2003).

**Геносистематика** — одно из последних ответвлений кладогенетического направления. В ней родственные отношения реконструируются по молекулярно-генетическим данным (белок, ДНК, РНК), которым априори приписывается больший вес, чем данным классической морфологии. Её заслугой является уникальное фактологическое обеспечение идеи разработки глобальной классификации мира живых организмов.

Этот подход базируется на теории *нейтральной эволюции*: разработанная ею концепция *молекулярных часов* (см. 6.1.4) позволяет выделять и ранжировать таксоны по количеству различающих их геномных перестроек, которые трактуются как мера времени их эволюционного расхождения. Как было отмечено в только что указанном разделе, в настоящее время эта концепция признана филогенетически мало состоятельной, поэтому с методологической точки зрения многие разработки геносистематики являются фенетическими.

Геносистематика, имея дело с тысячами аминокислот или пар нуклеотидных оснований, целиком опирается на количественные методы оценки сходства и построения молекулярно-генетических древес. В ней наиболее популярны методы парсимонии и наибольшего правдоподобия, а также некоторые дистантные (см. 9.4).

Три охарактеризованных подхода к разработке филогенетических классификаций, базируясь на разных принципах и фактологии, нередко дают существенно разные таксономические системы. Например, для млекопитающих в настоящее время предложено две основные версии макросистемы, в некоторых позициях несовместимые между собой (рис. 49). Очевидно, супер-дерево, обобщающее эти две кладограммы, будет иметь очень слабое разрешение. Иногда это даёт повод проти-

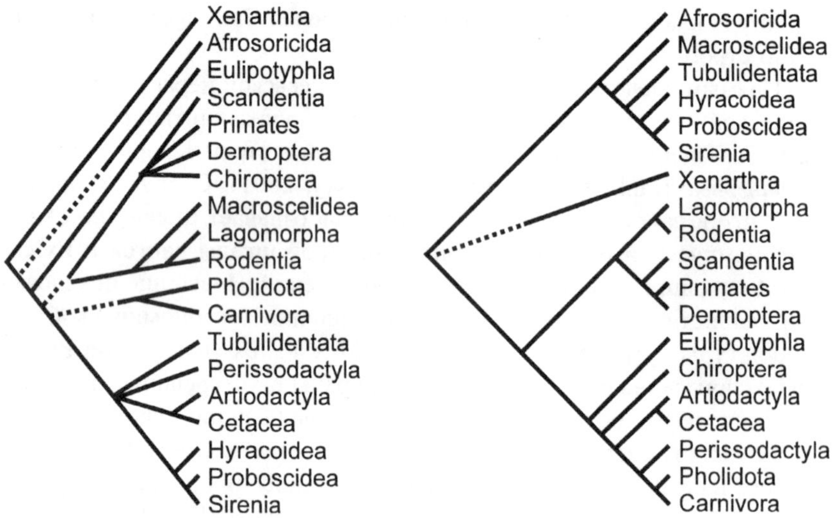


**Рис. 49.** Две кладограммы для плацентарных млекопитающих — по морфологическим данным (слева) и по молекулярно-генетическим данным (справа)

вопоставлять классификации, основанные на разных категориях данных: утверждается, что они имеют дело с разными «сущностями» — например, представляют собой классификации фенотипов и генотипов.

Однако правильнее считать, что они отражают разные аспекты единого филогенетического паттерна и потому являются не взаимоисключающими, а взаимодополнительными. С такой точки зрения, как уже подчёркивалось выше в разделе 9.4.5, наиболее значимы «точки согласия»: они означают надёжное обоснование филогенетического статуса соответствующих таксонов. Там, где разные подходы дают существенно разные классификации, необходимо специально изучать причины этих разногласий и пытаться находить осмысленное решение проблемы.

# ГЛАВА 13. КЛАДОГЕНЕТИКА И ИСТОРИЧЕСКАЯ БИОГЕОГРАФИЯ

Историческая биогеография — дисциплина, исследующая исторические причины а) формы и структуры ареалов отдельных групп организмов и б) различий в таксономическом составе региональных биот (Crisci et al., 2003). Соответственно этим двум классам задач в ней можно выделить два основных направления — *ареалогическое* и *биотическое*. При этом очевидно, что вторая включает в себя первую: анализ таксономического состава локальных биот предполагает в качестве одного из промежуточных этапов анализ ареалов входящих в эти биоты таксонов.

Общей идеей исторической биогеографии является представление о совместной эволюционной истории Земли и жизни на ней — отсюда термин *панбиогеография* (Л. Круаза).

В основе этой дисциплины лежит сравнительно-исторический метод, направленный на поиск регулярностей в распространении таксонов и составе биот. В некотором смысле её общий подход подобен тому, который разрабатывает кладогенетика: сверхзадачей является реконструкция генеалогии — в данном случае это «генеалогия» ограниченных определённым пространством фрагментов ареалов. Результатом реконструкции оказывается иерархическая классификация названных фрагментов, в которой уровни иерархии задаются последовательностью *биогеографических событий*.

Для современной исторической биогеографии одним из ключевых методологических принципов является заимствованный из кладогенетики *принцип монофилии* (о нём см. 4.3.3.1). В данном случае он означает, что *только голофилетические группы могут служить материалом для решения задач* прежде всего *класса (а)*, а тем самым *и класса (б)* (см. начало настоящего раздела). Это значит, что никакие другие аспекты филогенеза, кроме кладистической истории, в историко-биогеографических реконструкциях во внимание не принимаются: ни эволюционная специфика групп, ни их «адаптивная сущность» и т.п.

Поэтому историческую биогеографию можно рассматривать как специфическую область приложения кладогенетики, связанную с выявлением хорологической составляющей истории формирования голофилетических групп. Это даёт основание называть её *филогенетической* или, более строго, **кладистической биогеографией**. Решаемую ею задачу можно определить в общем случае как *выявление кладогенетического сигнала в распространении групп организмов*.

Взаимодействие понимаемой таким образом исторической биогеографии с кладогенетикой двоякого рода.

С одной стороны, историко-биогеографические реконструкции во многом зависят от того, насколько надёжны предшествующие им реконструкции кладогенезов. Очевидно, несостоятельность кладистических гипотез влечёт за собой несостоятельность и основанных на них историко-биогеографических заключений.

С другой стороны, в историко-биогеографических исследованиях принимается во внимание эволюция не только биоты, но и земной коры (вышеупомянутая основополагающая концепция панбиогеографии). Если для этой последней надёжно установлены собственные события — например, движения материков согласно одной из версий современной исторической геологии, то они сами могут служить основанием для реконструкции истории ареалов организмов. Как уже отмечалось выше (см. 8.5), последнее (особенно в сочетании с «хорошей» палеонтологией) может быть использовано в качестве одного из тестов для проверки степени правдоподобия кладистических гипотез.

## 13.1. ОСНОВНЫЕ МОДЕЛИ

В настоящее время в исторической биогеографии (в её кладогенетическом толковании) разрабатываются две основные теоретические модели, определяющие характер интерпретации данных и методы реконструкции. Одну из них принято называть *дисперсалистской* (от англ. *dispersal* — расселение), другую — *викариансной* (от англ. *vicariate* — замещать).

**Дисперсалистская модель** исторически первична. Она исходит из допущения, что в истории распространения групп организмов основную роль играет их активное расселение. Основной задачей историко-биогеографических исследований считается реконструкция *дисперсалистских событий* — отдельных актов расселения в том или ином регионе, приходящихся на тот или иной отрезок времени.

Ключевыми концепциями для этой модели являются представления о *центрах возникновения* и *путях расселения* организмов. Реконструкция начинается с анализа предполагаемых путей расселения представителей данной монофилетической группы из предполагаемого центра её возникновения. Затем результаты анализа по разным группам сопоставляются, выявляются общие тенденции расселения.

Классическим примером могут служить исследования по фаунистическому обмену в районе Панамского перешейка (Симпсон, 1983). В рамках дисперсалистской модели разрабатываются гипотезы вытесненных реликтов и фитоспрединга, согласно которым существуют некие центры формирования биот, продуцирующих всё новые группы организмов (Мейен, 1987). Эти автохтонные группы либо остаются на месте, вытесняя на периферию своих исторических предшественников, либо сами расселяются, осваивая новые территории.

**Викариансная модель** предложена сравнительно недавно в связи с активным освоением исторической биогеографией, с одной стороны, мобилистской концепции развития земной коры, с другой стороны, — методологии кладистического анализа. В данном случае исходным является допущение о том, что основные события в распространении организмов обусловлены фрагментацией сплошных ареалов вследствие возникновения тех или иных преград. В результате члены некогда территориально единой монофилетической группы оказываются изолированными и претерпевают дальнейшую эволюцию каждый в своём регионе.

Серия последовательных фрагментаций общего ареала биоты — т.е. *викариансных событий* — отражается в кладистической истории каждой из групп в её составе. На основании принципа общей причины (см. 2.2.5) следует предполагать, что по крайней мере некоторые события в кладистических историях таких групп должны совпадать. Как видно, это допущение вполне сопоставимо с теми, которые положены в выявление структуры филогенеза (см. 4.1.2.2). В данном случае имеется в виду *нестрогое взаимоподобие кладогенезов симпатрических групп*, порождаемое единой последовательностью викариансных событий. Исходя из этого, викариансная биогеография выявляет совпадающие фрагменты этих историй: их обнаружение даёт основание говорить о том, что по крайней мере некоторые регулярности в распространении организмов данной биоты (данного региона) обусловлены общей последовательностью названных событий.

Примерами приложения викариансной модели изобилует историко-биогеографический анализ биоты, ареал которой охватывает Австралию, Новую Зеландию, Антарктиду и Южную Америку — современные фрагменты некогда единого суперматерика Гондваны (Crisci et al., 2003).

В рамках викариансной модели несовпадение кладистических историй свидетельствует о том, что в эволюции данной биоты имели место и другие события, кроме викариансных. При этом чаще всего имеются в виду нескоррелированные между собой возможные эпизоды расселения в истории отдельных групп.

Очевидно, что две рассмотренные модели не являются альтернативными: они взаимодополнительны, поскольку исследуют разные аспекты одного и того же процесса. Вместе с тем, они предполагают несколько разные свойства самих организмов и разные геологические события, влияющие на историю биот. Так, викариансная модель более всего применима для организмов с ограниченными возможностями к расселению, в ней основной упор делается на возникновение преград. В отличие от этого, дисперсалистская модель подразумевает способность организмов к активному расселению, интенсивность которого возрастает при исчезновении физических преград.

Комплексный подход, в котором применяются обе модели, реализован в исследованиях ряда палеобиогеографов. В данном случае ключевым является палеонтологический материал, позволяющий согласовывать хронологические датировки времени и места первого появления представителей той или иной группы в палеонтологической летописи с временем и местом какого-либо геологического катаклизма — возникновения или исчезновения физической преграды (Каландадзе, Раутиан, 1983).

На микроэволюционном уровне идеи кладистической биогеографии воплощает **филогеография** (Avise, 2000). Данная дисциплина исследует *микрофилогенез* близких форм (подвидов, видов) с *аллопатрическими ареалами* на основе самоочевидного допущения, что их история протекала и в пространстве, и во времени. Для этого могут быть использованы любые признаки, однако в настоящее время выводы филогеографии основываются главным образом на анализе молекулярно-генетических данных.

## 13.2. ОСНОВНЫЕ МЕТОДЫ

В историко-биогеографических реконструкциях, основанных на результатах кладистического анализа современных организмов, можно выделить две основные группы методов. Одни из них предполагают работу по преимуществу с картой, другие — с кладограммами.

В первом случае реконструкция состоит в совмещении кладогенеза некоторой группы организмов со структурой её общего ареала. Этот подход активнее всего используется в *филогеографии* (см. предыдущий раздел). Полученная так или иначе филогенетическая схема либо «накладывается» на карту ареалов, либо переводится в *кладограмму ареалов* и интерпретируется в терминах дисперсалистской или викариансной моделей. Нечто подобное можно найти и в ранних филогенетических реконструкциях (см. 4.2.1.); современные исследования отличаются большей формализованностью.

Более формализован подход, основанный на сравнительном анализе кладограмм, полученных для отдельных монофилетических групп

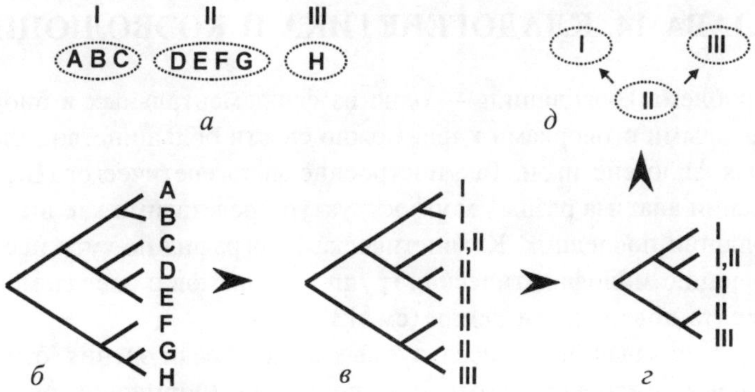


**Рис. 50.** Общий алгоритм кладистической биогеографии согласно викариансной модели:

*а* — выделение трёх фрагментов территории I–III с таксонами A–H, *б* — построение кладограммы для таксонов, *в* — переход от кладограммы таксонов к первичной кладограмме ареалов, *г* — построение редуцированной кладограммы ареалов, *д* — разработка гипотезы об истории фрагментации территории (биоты)

в составе данной региональной биоты (рис. 50). Сначала для каждой группы строится соответствующая индивидуальная кладограмма таксонов. Затем с помощью *принципа подстановки* (см. 4.3.4) переходят от неё к *кладограмме ареалов* — сначала полной, затем *редуцированной* (о терминах см. 4.2.1.1). Затем эти последние, полученные для разных монофилетических групп, совмещаются в форме общей *согласованной кладограммы ареалов*: в ней (по определению, см. 9.4.5) остаются только те события, которые представлены во всех исходных для неё кладограммах. Эти события и подлежат содержательной интерпретации как отражающие общую биогеографическую историю исследуемых групп.

Вышеупомянутый подход Каландадзе—Раутиана основан на сравнении таксономического состава монофилетических групп на разных территориях в разные геологические эпохи. Методологическое ядро подхода составляет вычленение «симплезиоморфной компоненты» в общем сходстве таксономического состава сравниваемых «фрагментов» этой группы, установленных для данного временного среза. Таковой считается наличие общих представителей группы на разных территориях, которое может быть объяснено *связью этих территорий на предшествующих этапах геологической истории данного региона*. Эти общие группы при выяснении биогеографических связей в рамках данного временного среза во внимание не принимаются.

# ГЛАВА 14. КЛАДОГЕНЕТИКА И КОЭВОЛЮЦИЯ

Проблема коэволюции — одна из фундаментальных в биологии: с некоторыми оговорками к ней можно свести большинство задач, решаемых филогенетикой. Так, построение филогенетического дерева на основании анализа разных морфоструктур представимо как выяснение коэволюции последних. Кладистическая география по сути исследует коэволюцию монофилетических групп организмов и населяемого ими фрагмента поверхности Земли (см. 13).

В число задач, часто исследуемых с этой точки зрения, относится *коэволюция в системе «хозяин — паразит»*. Формально она может быть сформулирована почти в тех же терминах, что и решаемая викариансной биогеографией (см. 13.1). Эволюирующая группа хозяев подобна географическому региону, её разделение на монофилетические подгруппы подобна фрагментации этого региона. Она вызывает соответствующую дифференциацию группы паразитов, специфичной для данной группы хозяев. Согласно этой модели, *кладогенезы хозяев и их паразитов должны быть взаимоподобны*: кладистические события в истории обеих компонент системы «хозяин — паразит» в теории должны совпадать.

Разумеется, эта модель недостаточно реалистична: в неё заложены те же идеальные допущения, что и в кладистической биогеографии. Во-первых, взаимоподобие (в данном случае — буквально совпадение) кладогенезов не обязательно должно быть строгим. Нельзя пренебрегать и вторичным увеличением разнообразия паразитов за счёт их «заимствования» от других хозяев — аналога «горизонтального переноса» генетического материала.

Адекватные количественные методы для её решения предоставляет нумерическая филетика. Сопряжённость кладогенезов хозяев и их паразитов выясняется путём сопоставления соответствующих кладограмм (рис. 51). Степень их совпадения указывает на степень согласованности коэволюции в системе «хозяин — паразит». Чтобы такое сопоставление было осмысленным, необходимо выполнение следующих условий для обеих групп: а) выборки таксонов должны быть достаточно полными и б) кладистические реконструкции должны быть в равной степени высоко надёжными.

Их невыполнение влечёт за собой очень большую *систематическую ошибку* при оценке степени совпадения кладограмм. Например, неполнота выборки может повлечь за собой неверное заключение о том, что несоответствие филогенетических схем — следствие более

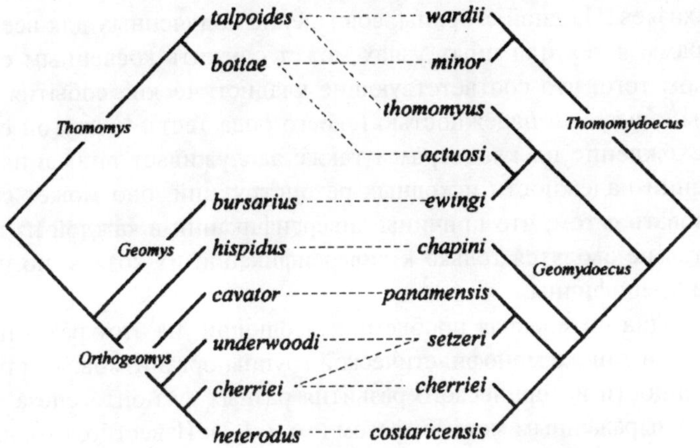


**Рис. 51.** Сопоставление кладограмм, полученных для гоферов (хозяева) и блох (их паразиты) (из: Page, 1994, с изменениями).
Штриховые линии указывают связи между конкретными видами хозяев и паразитов

быстрого вымирания паразитов в сравнении с хозяевами или наоборот. Ненадёжность кладистической реконструкции для любой из этих групп делает маловероятным надёжное заключение об их коэволюции (исходные «ненадёжности» суммируются).

Вопрос о достоверности кладистических реконструкций в данном случае приобретает специфический оттенок. По-видимому, наиболее эффективным сравнение может быть в том случае, если эти реконструкции основаны на однотипных данных (Page, 1994). Очевидно, для животных, относящихся к разным классам и тем более типам (например, Chordata и Arthropoda), такую возможность предоставляет изучение одних и тех же участков генома — например, митохондриальной ДНК.

Такого рода данные делают возможным привлечение к изучению этой проблемы концепцию *молекулярных часов* (см. 6.1.4). Это позволяет сравнивать скорости эволюции хозяев и их паразитов. Очевидным условием корректности такого рода сравнения является допущение (вообще говоря, неочевидное), что эволюция мДНК у хозяев и их паразитов описывается общей моделью.

В рамках этой общей проблемы интересную задачу составляет исследование коэволюции разных паразитарных систем — например, экто- и эндопаразитов, соотнесённой с кладистической историей их общих хозяев. С одной стороны, совпадение полученных для всех них кладограмм в тех или иных узлах может служить косвенным свидетельством того, что соответствующие кладистические события установлены с высокой надёжностью (своего рода тест). С другой стороны, расхождение их кладограмм также заслуживает внимания: при допущении надёжности исходных реконструкций, оно может свидетельствовать о том, что причины диверсификации в каждой из групп паразитов не сводятся только к диверсификации их хозяев, но и достаточно специфичны.

Ещё одна интересная проблема коэволюции, на этот раз в пределах одной и той же монофилетической группы организмов, — степень сопряжённости исторического развития разных фаз онтогенеза у животных с выраженным метаморфозом (см. 6.1.3). Известно, что, например, для насекомых с полным превращением классификации, построенные на признаках личинках и имаго, зачастую не очень совпадают. Серьёзных исследований, в которых этот вопрос был бы рассмотрен в филогенетическом аспекте, практически нет, хотя технические средства для этого имеются.

# ЗАКЛЮЧЕНИЕ

Филогенетика, занимавшая видное место в биологии второй половины XIX в., в первой половине XX в. под влиянием популяционного мышления временно была отодвинута на задний план. Новейшие тенденции развития эволюционной биологии ведут к возрождению филогенетического стиля мышления. Об этом, кроме растущего числа публикаций с конкретными реконструкциями, свидетельствует серьёзность обсуждаемых методологических проблем, расширение областей приложения филогенетики. «Вторая молодость» филогенетики многим обязана и умножению технических средств решения задач этой дисциплины — как новых методов построения филогенетических деревьев, так и новой фактологии.

Филогенетике, занимающейся историческими реконструкциями, в современной биологии принадлежит одно из ключевых мест. Её взаимоотношения с другими биологическими дисциплинами двоякие. С одной стороны, филогенетика по мере возможности использует данные этих дисциплин для своих реконструкций. С другой стороны, результаты филогенетических реконструкций принимаются во внимание в других дисциплинах (например, в экологии, молекулярной биологии) для исторического объяснения исследуемых ими аспектов разнообразия организмов.

Развитие филогенетики, согласно общим идеям эволюционной эпистемологии, может быть уподоблено биологической эволюции (см. 2.1.4). Полагая наиболее реалистичной *квазидетерминистическую модель* последней (см. 4.1.1), мы можем считать, что это развитие *нестрого детерминировано*. Следовательно, в нём наличествуют как кладогенетическая (дивергентная) составляющая, приводящая ко всё большему умножению и расхождению школ филогенетики, так и анагенетическая — наличие общего тренда, задающего некое преобладающее направление развития всей филогенетики.

Это преобладающее направление, очевидно, определяется основной целью данной дисциплины: разработкой глобальной филогенетической схемы для мира живых организмов — «Дерева жизни». Учитывая исторические пути развития филогенетики и уровень преемственности между разными этапами её предыстории и собственной истории, можно полагать, что указанный тренд во многом задаётся стремлением избавиться от «типологического наследия». Этим во многом объясняется пересмотр ключевых концепций и понятий, унаследованных филогенетикой от типологической систематики, который привёл её к сужению до кладогенетики.

Частные трактовки как самой указанной цели, так и путей её достижения во многом различны. Они определяются тем, каковы принимаемые за основу онтологические и эпистемологические допущения: они определяют общее понимание того, что такое филогенез и как надлежит его реконструировать.

Пользуясь *принципом качелей* (см. 2.2), можно полагать, что фундаментальное расхождение точек зрения на предмет, задачи и методы филогенетики укладывается в дихотомию «*холизм — редукционизм*». Их взаимоотношение так или иначе определяет «лицо» этой дисциплины на каждом этапе её развития. Во второй половине XIX в. преобладала первая компонента этой пары, тогда как практически весь XX в. прошёл под знаком редукционизма.

Современная филогенетика находится на распутье.

С одной стороны, редукционная в своей основе ныне доминирующая «новая» филогенетика всё более специализируется как высоко формализованная «вычислительная машина» для построения дендрограмм на основании молекулярно-генетических данных. В её основе лежат представления об историческом развитии как преимущественно случайном процессе. Их «квинтэссенцией» служит концепция минимальной эволюции. Это в какой-то мере лишает биологической осмысленности получаемые результаты: чем более формализован подход, тем меньше в нём содержания.

С другой стороны, общий характер развития современной эволюционной теории (Назаров, 1991) указывает на то, что «качели» филогенетики начинают двигаться в сторону большего холизма. Этот тренд сделает более актуальной не столь редукционную концепцию филогенеза и потребует разработки критериев состоятельности методов филогенетики, более соответствующих холистическому мировоззрению.

Частью следующего «хода качелей», надо полагать, станет возрастание интереса к семогенетическим реконструкциям с соответствующей их более глубокой методологической проработкой. Начало по сути уже положено признанием некорректности отождествления «деревьев видов» и «деревьев структур». Следующим шагом будет, очевидно, признание изучения последних как одного из важных направлений развития филогенетики.

Одной из ближайших методологических задач кладогенетики станет обоснование принципов обобщения кладистических гипотез, полученных при изучении разных категорий данных. В настоящее время она решается по преимуществу «технически» — например, с помощью метода обобщённых деревьев (см. 9.4.5). Однако попытки биологического осмысления этого метода рождают пессимизм: нередко высказывается предложение считать макроморфологические и молекулярно-генетические разработки *содержательно разными* и не объединять их (см. 6.3). Это фактически означает отказ от анализа единой кладогенетической составляющей филогенеза, сведение его к «сумме» разных семогенезов. Одно из возможных решений названной проблемы — рассматривать частные семогенетические реконструкции как разные единичные гипотезы о кладогенезе и искать «области согласия» между ними.

Остаются неясными перспективы достижения идеала классической филогенетики — построения всеобщего «Дерева жизни». Имеющиеся молекулярно-генетические данные, на которые поначалу возлагались большие надежды, похоже, всё-таки не позволяют решить данную задачу (см. 6.1.4). Вероятнее всего, этот (как и всякий другой) идеал недостижим в принципе. Однако сие прискорбное обстоятельство не означает бессмысленности поиска допустимых решений на основании иных категорий данных или иных интерпретаций уже существующих. Один из возможных путей к этому — переход от редукционистской молекулярной генетики к геномике и эпигенетике, более соответствующим холистическому мировоззрению.

Существование названных первоочередных и многих других проблем, способы решения которых в настоящее время далеко не очевидны, не означает несостоятельности филогенетики. Напротив, именно осознание такого рода проблем — первый необходимый шаг к их решению, который служит стимулом и определяет развитие филогенетики как научной дисциплины.

# СЛОВАРЬ ОСНОВНЫХ ТЕРМИНОВ

**Аддитивность сходства** (additivity of similarity) — оценка степени сходства (при прочих равных) прямо пропорциональна количеству признаков, по которому оно оценивается.

**Аксиома взаимоподобия** (mutual similitude axiom) — утверждает взаимоподобие кладогенеза и семогенеза (см. *отношение взаимоподобия*).

**Аксиома разложимости** (decomposition axiom) — утверждает разложимость *филогенеза* на три компоненты (аспекта): *кладогенез, семогенез* и *анагенез*.

**Анагенез** (anagenesis) — одна из компонент *филогенеза*: изменение уровня организации в процессе исторического развития.

**Анагенетика** (anagenetics) — раздел филогенетики, исследующий закономерности *анагенеза*.

**Анализ кладистический** (cladistic analysis) — общее обозначение группы методов, направленных на реконструкцию *кладогенеза* и *паттерна кладогенетического*.

**Аналогичная структура** (analogous structure) — **С**., не отвечающая критерию *гомологии*.

**Апоморфия** (apomorphy) — *модальность признака кладистического*, производная по отношению к *плезиоморфии*.

**Аристогенетика** (aristogenetics) — раздел филогенетики, в котором филогенез рассматривается как проявление общих тенденций исторического развития.

**Архетип** (archetype) — обобщённая характеристика некоторой совокупности объектов по общим для них существенным свойствам.

**Аутапоморфия** (autapomorphy) — наличие у *группы терминальной* уникальной *апоморфии*.

**Биогеография кладистическая**, филогенетическая (cladistic, phylogenetic biogeography) — раздел исторической биогеографии, изучающий историю формирования ареалов монофилетических групп организмов средствами кладистического анализа; выявляет *сигнал филогенетический* в распространении групп организмов.

**Близость филогенетическая** (phylogenetic closeness) — одно из выражений *родства*; количественный эквивалент *единства филогенетического*.

**Бутстреп-анализ** (bootstrap analysis) — один из методов *нумерической филетики*, предусматривающий многократное случайное перераспределение исследуемых данных (random resampling): в результате их анализа получается некоторое количество сгенерированных деревьев, на основе которых строится *дерево согласованное* с количественной оценкой (бутстреп-поддержкой) надёжности каждой выделенной группы.

**Вершина дерева** (tree vertex) — элемент *дерева*, при содержательной интерпретации может отождествляться с группой организмов, с состоянием *морфоструктуры*, с ареалом; может быть висячей или внутренней (= *узлом*).

**Вес** (weight) — филогенетическая значимость *признака* или *сходства единичного*.

**Весовая функция** (weight function) — оценка филогенетической значимости признака или единичного сходства.

**Ветвь дерева** (tree branch) — фрагмент *дерева*, включающий как минимум одно *ребро* и одну *вершину*.

**Взаимоподобие** (mutual similitude) — см. *отношение взаимоподобия*.

**Взвешивание** (weighting) — приписывание признаку или единичному сходству некоторого значения *весовой функции*.

**Взвешивание апостериорное** (a posteriori weighting) — оценка филогенетической значимости после проведения филогенетической реконструкции.

**Взвешивание априорное** (a priori weighting) — оценка филогенетической значимости до проведения филогенетической реконструкции.

**Взвешивание дифференциальное** (differential weighting) — приписывание признаку или единичному сходству разных значений *весовой функции*.

**Взвешивание качественное** (qualitative weighting) — оценка филогенетической значимости на основании различных соображений содержательного характера (например, по функциональному значению).

**Взвешивание количественное** (quantitative weighting) — оценка филогенетической значимости на основании количественных критериев (например, по совместимости с другими признаками).

**Взвешивание контекстное** (context weighting) — оценка значимости признаков в зависимости от содержания частной *гипотезы филогенетической*.

**Взвешивание косвенное**, неявное (indirect weighting) — **В.**, не связанное с какими-либо априори задаваемыми критериями: обусловлено главным образом тем, что одни данные более доступны для исследований и потому более значимы, чем другие.

**Взвешивание последовательное** (successive weighting) — итеративная процедура, при которой значение весовой функции уточняется в процессе филогенетической реконструкции.

**Взвешивание признаков** (character weighting) — приписывание признакам некоторого значения *весовой функции*.

**Взвешивание сходственных отношений** (= сходства) (similarity weighting) — приписывание *сходствам единичным* разных значений *весовой функции*.

**Взвешивание эквивалентное** (equivalent weighting) — приписывание признаку или *сходству единичному* одинакового значения *весовой функции*.

**Вид филогенетический** (phylogenetic species) — фрагмент *линии филетической* между двумя актами видообразования.

**Выборка** (sample) — совокупность элементарных единиц сравнения (групп организмов) и характеризующих их признаков.

**Выравнивание последовательности** (sequence alignment) — установление гомологии позиционной между сайтами двух или более нуклеотидных последовательностей.

**Генофилетика** (genophyletics) — раздел современной филогенетики, в котором филогенетические реконструкции проводятся на основании анализа ДНК и РНК.

**Гипотеза кладистическая** (cladistic hypothesis) — часть *гипотезы филогенетической*: суждение о событиях в кладогенезе и родственных отношениях.

**Гипотеза семогенетическая** (semogenetic hypothesis) — часть *гипотезы филогенетической*: суждение о событиях в семогенезе и о сходственных отношениях.

**Гипотеза филогенетическая** (phylogenetic hypothesis) — эмпирическое суждение о последовательностях филогенетических событий и структуре филогенетических отношений, выдвигаемое в рамках определённой *модели эволюционной* на основании анализа сходственных отношений между организмами по филогенетически интерпретированным признакам.

**Гипотеза экономная** (parsimonious hypothesis) — **Г.**, которая а) предполагает наименьшее число филогенетических событий для объяснения исследуемого разнообразия; б) разрабатывается при минимальных допущениях о характере эволюционного процесса.

**Голофилия** (holophyly) — то же, что *монофилия узкая*: для случая *группы голофилетической*.

**Гомогения** (homogeny) — гомология структур, унаследованных от ближайшего общего предка.

**Гомойология** (homoyology) — то же, что *гомоплазия*.

**Гомологи** (homologous) — свойства (структуры, процессы и т.п) организма, связанные отношением *гомологии*; в филогенетике — возникшие на основе единой предковой организации.

**Гомологизация** (procedure of homology) — процедура установления *гомологии*.

**Гомология** (homology) — общее понятие, обозначающее соответствие структур вследствие их единства по происхождению или по принадлежности к одному архетипу.

**Гомология биологическая**, *эпигенетическая* (biological, epigenetic homology) — соответствие между разными структурами одного или разных организмов, устанавливаемое на основании общности путей их развития в онтогенезе.

**Гомология биохимическая** (biochemical homology) — гомология биохимических реакций, протекающих внутри клетки.

**Гомология вторичная** (secondary homology) — **Г.**, установленная в контексте частной филогенетической гипотезы.

**Гомология историческая** (historical homology) — то же, что ***Г.*** *филогенетическая*.

**Гомология итеративная** (iterative homology) — то же, что ***Г.*** *сериальная*.

**Гомология композиционная** (compositional homology) — **Г.**, определяемая по *критерию специального качества*.

**Гомология латентная** (latent homology) — то же, что *гомоплазия*.

**Гомология общая** (general homology) — соответствие между структурами одного организма (например, между элементами нервной системы).

**Гомология первичная** (primary homology) — **Г.**, устанавливаемая как условие выдвижения филогенетической гипотезы.

**Гомология позиционная** (positional homology) — **Г.**, определяемая по *критерию положения*.

**Гомология сериальная**, *итеративная* (serial, iterative homology) — частный случай *гомотипии*: соответствие между отдельными метамерными структурами организма; между элементами модулярного организма.

**Гомология специальная** (special homology) — соответствие одной и той же структуры у представителей разных групп организмов (например, скелет плавника рыбы и крыла птицы).

**Гомология типологическая** (typological homology) — **Г.**, определяемая по принадлежности к одному архетипу без ссылки на филогенез.

**Гомология трансформационная** (transformational homology) — приблизительно то же, что ***Г.*** *филогенетическая.*

**Гомология филогенетическая**, *историческая*, *трансформационная* (phylogenetic, historical, transformational homology) — **Г.**, определяемая по происхождению (общности предковой формы).

**Гомология частичная** (partial homology) — а) соответствие отдельных гомотипических структур, между которыми невозможно однозначно установить *гомологию позиционную*; б) неполное соответствие структур из-за технической невозможности строгой гомологизации.

**Гомология эпигенетическая** (epigenetic homology) — то же, что ***Г.*** *биологическая.*

**Гомономия** (homonomy) — то же, что *гомотипия.*

**Гомоплазия**, *гомойология*, *гомология латентная* (homoplasy, homoyology, latent homology) — гомология структур, развившихся в результате параллельной эволюции на общей морфогенетической основе, которая унаследована от отдалённого предка.

**Гомотипия**, *гомономия* (homotypy, homonomy) — соответствие между симметричными структурами: например, между антимерами билатерально симметричного организма или между метамерами (см. *гомология сериальная*).

**Гомофилия** (homophyly) — то же, что *гомогения.*

**Града** (grade) — группа организмов, характеризующаяся определённым уровнем организации.

**Группа вершинная** (crown group) — **Г.**, занимающая вершинную часть *дерева филогенетического* или его отдельной ветви; обычно соответствует ***Г.*** *голофилетической.*

**Группа внешняя** (outgroup) — **Г.**, возникшая в результате одного кладистического события с ***Г.*** *исследуемой*, используется для определения основания её *дерева филогенетического*. Обычно определяется как таксономическая (через группы организмов), реже как функциональная (через *морфоструктуры*); во втором случае ссылка на кладистическое событие не обязательно. Используется для определения *основания дерева* по *схеме непрямой.*

**Группа голофилетическая**, *кладистическая* (holophyletic, cladistic group) — частный случай ***Г.*** *монофилетической* и ***Г.*** *кладистической*: включает всех потомков одной предковой группы и саму эту группу; или, все *группы сестринские.*

**Группа исследуемая** (study group) — **Г.**, для которой разрабатывается филогенетическая реконструкция.

**Группа кладистическая**, *клада* (cladistic group, clade) — общее понятие ***Г.*** *монофилетической* в рамках концепции *монофилии узкой*; включает понятия ***Г.*** *голофилетической* и ***Г.*** *сестринских*; **Г**., которая включает все ***Г.*** *сестринские*, порождённые данным и следующими за ним *событиями кладистическими*.

**Группа монофилетическая** (monophyletic group) — **Г**., включающая потомков одной предковой формы, ранг которой не выше ранга данной группы.

**Группа парафилетическая** (paraphyletic group) — частный случай ***Г.*** *монофилетической*: включает часть потомков одной предковой формы; или не все ***Г.*** *сестринские*.

**Группа полифилетическая** (polyphyletic group) — **Г**., включающая потомков разных предковых форм, которые относятся к группам, по рангу выше данной группы.

**Группа стволовая** (stem group) — **Г**., относящаяся к базальной радиации исследуемой группы или какой-либо из её подгрупп; приблизительно то же, что ***Г.*** *парафилетическая*.

**Группа терминальная** (terminal group) — элементарная единица филогенетической реконструкции; занимает терминальное положение на *дереве филогенетическом*.

**Группа филогенетическая** (phylogenetic group) — **Г**., соответствующая определённому фрагменту филогенеза (*дерева филогенетического*); обычно трактуется как ***Г.*** *монофилетическая*.

**Группы сестринские** (sister groups) — потомки одной ближайшей предковой формы; группы, возникшие в результате одного *события кладистического*. Понятие **Г.с.** обычно используется для фиксации родства в «относительной» форме без прямого указания предка: две группы являются сестринскими относительно третьей. Одна из частных трактовок ***Г.*** *кладистической*.

**Дерево** (= древо) (tree) — в общем случае, форма представления каких-либо отношений (родства и/или сходства) между группами организмов или состояниями *морфоструктуры*.

**Дерево аддитивное**, *метрическое* (additive tree) — ***Д.***, для которого указаны *топология* и *длина*.

**Дерево ареалов** (area tree) — ***Д.***, в котором узлам соответствуют ареалы групп организмов.

**Дерево вероятностное**, взвешенное (probabilistic, weighted tree) — ***Д.***, на котором указаны вероятности переходов от одного узла к другому, отличные от 0 и 1.

**Дерево видов** (species tree) — *Д*., отражающее кладогенез видов (вообще, групп).

**Дерево гена** (gene tree) — *Д*., отражающее семогенез отдельной нуклеотидной последовательности.

**Дерево иерархическое** (hierarchical tree) — то же, что *Д. ориентированное.*

**Дерево метрическое** (metric tree) — то же, что *Д. аддитивное.*

**Дерево молекулярное** (species tree) — *Д*., полученное на основании анализа молекулярно-генетических данных.

**Дерево направленное** (directed tree) — то же, что *Д. ориентированное.*

**Дерево неаддитивное**, неметрическое (nonadditive, nonmetric tree) — *Д*., для которого указана только топология.

**Дерево неориентированное**, неордированное (unordered, unrooted tree) — *Д*., на котором не указано *основание.*

**Дерево ориентированное**, *иерархическое*, ордированное, укоренённое (hierarchical, ordered, rooted tree) — *Д*., на котором указано *основание* и определены направления переходов между *вершинами.*

**Дерево обобщённое** (generalized tree) — *Д*., обобщающее некоторое множество исходных деревьев.

**Дерево признаковое** (character state tree) — *Д*., на котором узлам соответствуют *модальности* признаков.

**Дерево согласованное** (consensus tree) — частный случай *Д. обобщённого*: для деревьев, полученных на основании анализа одного массива данных.

**Дерево таксон-признаковое** (taxon-character tree) — *Д. аддитивное*, на котором узлам соответствуют группы организмов.

**Дерево филогенетическое** (phylogenetic tree) — форма представления *филогенеза* и структуры *отношений филогенетических.*

**Дистанция** (distance) — в общем случае, так или иначе трактуемая обособленность *единиц сравнения*; в *нумерической филетике* имеет количественное выражение как мера этой обособленности.

**Дистанция генетическая** (genetic distance) — *Д*., а) вычисленная по молекулярным признакам или б) полученная в результате *экспериментов «косвенных».*

**Дистанция исходная** (initial distance) — *Д*., вычисленная по признакам или полученная на основании *экспериментов «косвенных»* и использованная при построении дерева каким-либо из *методов дистантных.*

**Дистанция между последовательностями** (sequence distance) — частный случай *Д. генетической*, вычисляется между нуклеотидными последовательностями.

**Дистанция патристическая** (patristic distance) — расстояние на *дереве* между *узлами* дерева, измеренное вдоль соединяющих их *рёбер*.

**Дистанция топологическая** (topological distance) — наименьшая совокупность перестроек дерева, достаточная для перевода его из одной топологии в другую.

**Дистанция фенетическая** (phenetic distance) — кратчайшее расстояние между группами, рассматриваемыми как точки в фенетическом гиперпространстве.

**Дистанция филогенетическая** (phylogenetic distance) — *Д.*, определённая как совокупность филогенетических событий, разделяющих две группы; расстояние между ними, измеренное вдоль соединяющих их ветвей дерева.

**Дистанция эволюционная** (evolutionary distance) — приблизительно то же, что *Д. филогенетическая*: сумма всех изменений по всем морфоструктурам, используемым в реконструкции филогенеза.

**Дифилия** (biphyly) — происхождение одной группы от двух предковых того же ранга (чаще всего гибридогенез на видовом уровне).

**Длина дерева** (tree length) — одна из характеристик *дерева аддитивного*; суммарная *дистанция* между всеми его *узлами*, может иметь разную содержательную интерпретацию (совокупность различий по всем признакам, время дивергенции и т.п.); складывается из отдельных *длин ветвей*.

**Длина ветви** (= ребра) (branch length) — одна из характеристик *дерева аддитивного*; дистанция между двумя *узлами*, связанными одним *ребром*.

**Единица сравнения** (elementary comparison unit) — любой объект филогенетического исследования, сравниваемый с другими подобными объектами; **Е.с. элементарная** — то же, что *группа терминальная*.

**Единство филогенетическое** (phylogenetic unity) — единство происхождения, общность свойств и общность тенденций исторического развития членов *группы филогенетической*.

**Значение признака** (character state) — то же, что *модальность*, *состояние П*.

**Клада**, кладон (clade, cladon) — то же, что *группа кладистическая*.

**Кладистика** (cladistics) — один из разделов современной *филогенетики*, занимающийся реконструкцией *кладогенеза* и *отношений кладистических*.

**Кладистика структурная**, паттерн-кладистика (pattern cladistics) — одна из школ ***К.***, сводит её задачу к выявлению иерархии монофилетических групп без явной ссылки на филогенез.

**Кладистика эволюционная** (evolutionary cladistics) — одна из школ ***К.***, допускает априорные суждения об эволюции в начальных условиях филогенетической реконструкции.

**Кладистика экономная** (parsimony cladistics) — одна из школ ***К.***, минимизирует априорные суждения об эволюции в начальных условиях филогенетической реконструкции.

**Кладогенез**, кладистическая история (cladogenesis) — одна из компонент *филогенеза*: последовательность *событий кладистических*, процесс появления или изменения состава *групп кладистических* как таковых, рассматриваемых безотносительно их свойств.

**Кладогенетика** (cladogenetics) — раздел *филогенетики*, исследующий *кладогенез* и *паттерн кладогенетический*.

**Кладограмма** (cladogram) — одна из частных трактовок *дерева филогенетического*: форма представления а) *кладогенеза* и б) структуры *паттерна кладогенетического*.

**Клика** (clique) — группа взаимно совместимых признаков (в *методах совместимости*).

**Конвергенция** (convergence) — приобретение общих свойств на разной эпигенетической основе в неродственных группах в процессе их эволюции.

**Контекст филогенетический** (phylogenetic context) — одно из начальных условий филогенетического исследования; задан предварительно принимаемой *гипотезой филогенетической*, в которой определены отношения между группами *исследуемой* и *внешней*.

**Контекст эволюционно-морфологический** (evolutionary morphological context) — одно из начальных условий филогенетического исследования; задан характеристиками *архетипа* исследуемой морфоструктуры в семогенетической реконструкции.

**Контекст эволюционный** (evolutionary context) — одно из начальных условий филогенетического исследования; задан общей *моделью эволюционной*, входящей в число начальных условий филогенетической реконструкции.

**Концепция системная**, эпигенетическая (systemic, epigenetic concept) — общие представления об эволюции, согласно которым в сходных условиях среды сходные эпигенетические программы развития организмов производят сходные, но не идентичные фенотипы.

**Корень дерева** (tree root) — то же, что *основание дерева*.

**Критерий «близости к генотипу»** («close-to-genotype» criterion) — один из критериев дифференциального *взвешивания признаков*: филогенетическая значимость признака тем выше, чем он «ближе к генотипу».

**Критерий адаптивной значимости** (criterion of adaptive significance) — один из критериев дифференциального *взвешивания признаков*: значимость признака тем выше, чем с большей надёжностью его разнообразие может быть осмыслено как результат адаптациогенеза и интерпретировано функционально.

**Критерий аналогий** (analogy criterion) — один из критериев определения *полярности* признака: если полярность данного признака в некоторой группе установлена надёжно, то она принимается и в исследуемой группе.

**Критерий внешней группы** (outgroup criterion) — один из критериев определения *полярности* признака: если одна из *модальностей* присутствует во внешней и исследуемой группах, а другая — только у представителей исследуемой группы, то первая считается *плезиоморфией*, вторая — *апоморфией*.

**Критерий гомологизируемости** (homology criterion) — один из критериев дифференциального *взвешивания признаков*: значимость признака тем выше, чем надёжнее обоснована его *гомология*.

**Критерий конгруэнтности** (congruence criterion) — вспомогательный критерий *гомологии*: предпочтительнее та трактовка гомологии данной морфоструктуры, которая согласуется с наибольшим числом гомологий, надёжно установленных для других морфоструктур.

**Критерий консервативности** (conservatism criterion) — один из критериев дифференциального *взвешивания признаков*: значимость признака тем выше, чем ниже вероятность его изменений.

**Критерий нейтральности** (neutrality criterion) — один из критериев дифференциального *взвешивания признаков*: филогенетическая значимость признака тем выше, чем меньшему давлению отбора он подвержен.

**Критерий необратимости** (irreversibility criterion) — один из критериев дифференциального *взвешивания признаков*: значимость признака тем выше, чем ниже вероятность реверсий.

**Критерий непрерывности** (continuity criterion) — то же, что ***К.*** *переходных форм*.

**Критерий онтогенетический** (ontogenetic criterion) — один из критериев определения *полярности* признака, отражающей последовательность онтогенетических изменений *морфоструктуры*.

**Критерий оптимальности** (optimality criterion) — показатель, позволяющий судить о том, насколько адекватным (оптимальным) представлением филогенеза служит филогенетическое дерево в контексте общей эволюционной модели и исходных данных по исследуемой группе.

**Критерий палеонтологический** (palaeontological criterion) — а) один из критериев определения *полярности* признака, отражающей последовательность изменения *морфоструктуры* в ряду ископаемых форм; б) один из критериев дифференциального *взвешивания признаков*: признак тем более значим, чем более он доступен на палеонтологическом материале.

**Критерий параллелизмов** (parallelism criterion) — один из критериев дифференциального *взвешивания признаков*, означающий их дифференциальное взвешивание по вероятности параллелизмов: а) в классической филогенетике — высокая частота параллелизмов служит дополнительным критерием филогенетического единства группы; б) в «новой» филогенетике — значимость признака тем выше, чем меньше вероятность параллелизмов.

**Критерий переходных форм**, *непрерывности* (criterion of transitional forms, continuity) — один из критериев *гомологии*: структуры гомологичны, если они связаны полным рядом переходных форм.

**Критерий положения**, *связности* (positional, connectedness criterion) — один из основных критериев *гомологии*: структуры гомологичны, если они занимают одно и то же положение среди одинаковых структур.

**Критерий полярности** (polarity criterion) — один из критериев дифференциального *взвешивания признаков*: значимость признака тем выше, чем надёжнее суждение о его полярности.

**Критерий редукции** (reduction criterion) — один из критериев дифференциального *взвешивания признаков*: признак менее значим, если он соответствует редуцированной (вторично упрощенной) морфоструктуре.

**Критерий связности** (connectedness criterion) — то же, что ***К.*** *положения*.

**Критерий сложности** (complexity criterion) — а) один из критериев определения *полярности* признака, отражающей градиент усложнения *морфоструктуры*; б) один из критериев дифференциального *взвешивания* признаков: значимость признака тем выше, чем сложнее соответствующая морфоструктура.

**Критерий совершенства** (perfectness criterion) — один из критериев определения *полярности* признака, отражающей градиент совершенствования *морфоструктуры*.

**Критерий совместимости** (корреляционный) (compatibility, correlation criterion) — один из критериев определения *полярности* признака: если крайние *модальности* разных признаков обнаруживаются в одной *группе терминальной*, эти модальности наиболее вероятно *плезиоморфны*.

**Критерий специального качества** (special quality criterion) — один из критериев *гомологии*: структуры гомологичны, если они совпадают хотя бы по некоторым своим «внутренним» свойствам.

**Критерий уникальности** (uniqueness criterion) — один из критериев определения *полярности* признака: чем реже в выборке присутствует одна из *модальностей*, тем с большим основанием её можно считать *апоморфией*.

**Критерий филогенетической интерпретируемости** (criterion of phylogenetic interpretability) — то же, что *принцип филогенетической интерпретируемости*.

**Критерий функциональной значимости** (criterion of functional significance) — один из критериев дифференциального *взвешивания признаков*: значимость признака тем выше, чем с большей надёжностью его разнообразие может быть интерпретировано функционально.

**Линия филетическая** (phyletic line) — неветвящаяся цепочка *событий кладистических*; результат *эволюции филетической*.

**Матрица таксон-признаковая**, М. данных (taxon-character matrix, data matrix) — формальное представление исследуемой выборки исходных данных, пригодное для применения количественных методов. В **М.т.п.** строки соответствуют *группам терминальным*, столбцы — признакам, ячейки — *модальности* данного признака для данной *группы терминальной*.

**Мерон** (maeron) — всякий класс свойств (структур, частей) сравниваемых организмов, выделенный по тем или иным основаниям.

**Метод внешней группы** (outgroup method) — один из методов *анализа кладистического*: при укоренении *дерева филогенетического* по *схеме непрямой* его основание определяется по положению *группы внешней*.

**Метод клик** (clique method) — одна из версий группы *методов совместимости*.

**Метод стратофенетический**, *хронографический* (stratophenetic, chronographic method) — определение предков и потомков на основании стратиграфических последовательностей групп, выделенных по общему сходству.

**Метод структурных типов** (method of structural types) — один из методов классической филогенетики: при анализе родственных отношений между группами организмов во внимание принимаются их «типические» свойства.

**Метод филогенетически независимых контрастов** (phylogenetically independent contrasts method) — один из методов *филогенетики сравнительной*, позволяющий выявлять *сигнал филогенетический* в разнообразии таких свойств организмов, которые обычно не используются в *реконструкциях филогенетических*.

**Метод хронографический** (chronographic method) — приблизительно то же, что ***М.*** *стратофенетический*.

**Методы дистантные** (distance-based methods) — **М.**, основанные на анализе *дистанций* (фенетических, генетических), вычисленных по совокупности признаков.

**Методы наибольшего правдоподобия** (maximum likelihood analyses) — **М.** построения *деревьев филогенетических* по всей совокупности признаков; основаны на *критерии оптимальности*, согласно которому дерево оптимально, если изменения признаков наиболее правдоподобны с точки зрения заданной *модели эволюционной*.

**Методы парсимонии** (parsimony analyses) — **М.** построения *деревьев филогенетических* по всей совокупности признаков; основаны на *критерии оптимальности*, согласно которому дерево оптимально, если предполагает минимальное число *гомоплазий*.

**Методы оптимизационные** (optimization methods) — **М.** построения *деревьев филогенетических*, ищут наилучшее дерево, «подгоняя» его под какой-либо из оптимизируемых параметров по некоторой совокупной характеристике (например, по *длине*).

**Методы признаковые** (character-based methods) — **М.** построения *деревьев филогенетических*, основанные на анализе отдельных признаков.

**Методы процедурные** (procedure-based methods) — **М.** построения *деревьев филогенетических*, основаны на алгоритмах, которые оценивают каждый конкретный шаг построения дерева, а не конечный результат.

**Методы совместимости** (compatibility analyses) — методы построения *деревьев филогенетических*, основанные на априорной оценке *совместимости признаков*: в анализ вводятся только взаимно совместимые признаки (*клики*).

**Модальность** (*состояние*, *значение*) **признака** (character modality, state) — элемент *признака*, соответствующий определённому проявлению описываемого признаком свойства организма (*морфоструктуры*).

**Моделирование компьютерное** (computer modeling) — разработка компьютерными средствами симуляционных моделей филогенеза с варьирующими параметрами с целью исследования влияния этих параметров на свойства филогенеза и филогенетического паттерна.

**Модель** (model) — общая форма представления исследуемого объекта (явления), содержащая указание его существенных (в рамках заданного аспекта рассмотрения) свойств.

**Модель викариансная** (vicariance model) — одна из ***М***. *биогеографии кладистической*, основана на допущении, что основные события в распространении организмов обусловлены фрагментацией сплошных ареалов вследствие возникновения тех или иных преград.

**Модель детерминистическая** (deterministic model) — ***М***. *эволюционная*, предполагающая, что каждое данное *событие филогенетическое* однозначно определено предшествующим.

**Модель дисперсалистская** (dispersal model) — одна из ***М***. *биогеографии кладистической*, основана на допущении, что в истории распространения групп организмов основную роль играло их активное расселение.

**Модель квази-детерминистическая** (quasi-deterministic model) — ***М***. *эволюционная*, предполагающая, что в каждом данном *событии филогенетическом* вероятность выбора траектории развития а) меньше единицы и б) зависит от выбора в предшествующем событии; частный случай ***М***. *системной.*

**Модель (**гипотеза, принцип) **минимальной эволюции**, *экономная* (minimum evolution, parsimonious model, hypothesis, principle) — ***М***. *эволюционная*, предполагающая минимальное число филогенетических событий в истории группы; реализует идею *парсимонии эволюционной*.

**Модель неравновесная** (non-equilibrium model) — ***М***. *эволюционная*, предполагающая, что одни изменения *морфоструктур* вероятнее других.

**Модель равновесная** (equilibrium model) —***М***. *эволюционная*, предполагающая, что все изменения *морфоструктур* равновероятны.

**Модель системная** (systemic model) — см. *Концепция системная*.

**Модель стохастическая** (stochastic model) — ***М***. *эволюционная*, предполагающая случайный характер эволюции; одна из версий ***М***. *равновесной*.

**Модель филогенетическая** (phylogenetic model) — то же, что ***М***. *эволюционная*.

**Модель эволюционная**, *филогенетическая* (evolutionary, phylogenetic model) — а) совокупность утверждений о свойствах эволюции, существенных в рамках определённого аспекта рассмотрения; задаёт *контекст эволюционный* для *реконструкции филогенетической*; или б) совокупность параметров, значения которых описывают преобразования морфоструктуры в *методах наибольшего правдоподобия*.

**Модель экономная** (parsimonious model) — то же, что ***М.*** *минимальной эволюции*.

**Монофилия** (monophyly) — происхождение представителей *группы филогенетической* от одной предковой формы; формирование *группы монофилетической*.

**Монофилия узкая**, *строгая* (narrow, strict monophyly) — частный случай *монофилии*: для случая, когда группа включает всех потомков одной предковой формы.

**Монофилия широкая** (wide monophyly) — частный случай *монофилии*: для случая, когда группа включает потомков (не обязательно всех) одной предковой формы, ранг которой не выше ранга данной группы.

**Морфоклина** (morphocline) — приблизительно то же, что *серия трансформационная*.

**Морфоструктура** (morphostructure) — организм в целом и всякая его часть (особенность, свойство, аспект и т.п), которая может быть описана в терминах морфологии.

**Направленность** (ориентированность) **дерева** (directionality of tree) — характеризует последовательность ветвления дерева, см. также *Дерево направленное*.

**Нестрогость взаимоподобия** (mutual similitude inexactness) — отсутствие взаимно-однозначного соответствия между компонентами *филогенеза* и *паттерна филогенетического*.

**Нумерическая филетика** (numerical phyletics) — раздел филогенетики, разрабатывающий количественные методы построения *деревьев филогенетических*.

**Оптимальность дерева филогенетического** (optimality of phylogenetic tree) — оценка ***Д.ф.*** как формы представления конкретного филогенеза в контексте общей эволюционной модели и исходных данных по исследуемой группе; соответствие ***Д.ф.*** определённому *критерию оптимальности*.

**Оптимизация** (optimization) — построение *дерева филогенетического*, которое более всего соответствует заданному *критерию оптимальности*.

**Ортология** (orthology) — *гомология частная* в случае молекулярных структур, соответствует *гомогении* морфологических структур.

**Основание** (*корень*) **дерева** (tree base, root) — *узел* дерева, задающий направления переходов между прочими его узлами; соответствует начальному *событию филогенетическому* в истории группы.

**Отношение** (родство) **филогенетическое** (phylogenetic relationship, kinship) — трактовка *родства генеалогического*, при котором учитываются отношения между предками и потомками.

**Отношение взаимоподобия** (mutual similitude relation) — устанавливаемое *аксиомой взаимоподобия* отношение между *кладогенезом* и *семогенезом*: означает, что каждому событию в кладогенезе соответствует событие хотя бы в одном семогенезе, и наоборот. Аналогичное отношение устанавливается между паттернами *кладогенетическим* и *семогенетическим*, означает взаимоподобие их иерархий.

**Отношение кладистическое** (cladistic relation) — трактовка *родства генеалогического*, при котором учитываются отношения только между *группами сестринскими*.

**Отношение по происхождению** (relation by the origin) — одна из простейших трактовок *родства*.

**Параллелизм** (parallelism) — приобретение общих свойств на общей эпигенетической основе в близкородственных группах в процессе эволюции после их разделения.

**Паралогия** (paralogy) — а) в *филогенетике классической*: соответствие морфологических структур, в отношении которых невозможно однозначно судить, гомологичны они или аналогичны; б) в *генофилетике*: соответствие фрагментов молекулярных структур, возникших в результате дупликации после расхождения групп организмов.

**Парафилия** (paraphyly) — формирование *группы парафилетической*.

**Парсимония кладистическая** (cladistic parsimony) — одно из названий *парсимонии эволюционной*.

**Парсимония методологическая** (methodological parsimony) — одна из частных интерпретаций *принципа экономии*, требующая минимизации исходных допущений о свойствах эволюции («экономия мышления»).

**Парсимония эволюционная** (evolutionary parsimony) — одна из частных интерпретаций *принципа экономии*, приписывающая «экономный» характер самому эволюционному процессу (см. *модель минимальной эволюции*).

**Паттерн-кладистика** (pattern cladistics) — то же, что *кладистика структурная*.

**Паттерн кладогенетический** (cladistic pattern) — одна из компонент *паттерна филогенетического*, структура кладистических отношений.

**Паттерн семогенетический** (semogenetic pattern) — одна из компонент *паттерна филогенетического*, структура сходственных отношений.

**Паттерн фенетический** (basic phenetic pattern) — операциональный эквивалент *паттерна семогенетического*.

**Паттерн филогенетический** (phylogenetic pattern) — иерархия *групп филогенетических* и их свойств.

**Плезиоморфия** (plesiomorphy) — *модальность признака кладистического*, исходная по отношению к *апоморфии*.

**Полифилия** (polyphyly) — формирование *группы полифилетической*.

**Полярность признака** (character polarity) — указание направления переходов на рёбрах *дерева признакового*; разделение *модальностей* признака на *апоморфии* и *плезиоморфии*.

**Правило равенства рангов сестринских групп** (sister group equality rule) — одно из руководящих правил *систематики кладистической*: все группы, сходящиеся на кладограмме к одному узлу, в системе должны иметь один и тот же *ранг*.

**Правило ранжирования** (ranking rule) — одно из руководящих правил *систематики филогенетической*: чем выше порядок ветви филогенетического дерева, тем выше ранг соответствующего ей таксона.

**Правило следования** (sequencing rule) — одно из руководящих правил *систематики филогенетической*: последовательность таксонов каждого *ранга* соответствует градиенту уровня продвинутости — начинается наименее и завершается наиболее продвинутыми.

**Правило филогенетической близости** (phylogenetic closeness rule) — одно из руководящих правил *систематики филогенетической*: чем ближе две ветви находятся на филогенетическом дереве, тем ближе расположены соответствующие им таксоны в системе.

**Презумпция унаследованного сходства** (presumption of inherited similarity) — одно из базовых допущений филогенетики, связывающее сходство с родством и порождающей их филогенетической историей, имеет две формулировки: в отсутствие свидетельств противного, а) любое сходство членов *группы филогенетической* должно считаться унаследованным от их общего предка; б) чем более родственны организмы, тем более они сходны (см. также *Принцип унаследованного сходства*).

**Признак** (character) — описание некоторого свойства исследуемого объекта; нередко также отождествляется с самим этим свойством.

**Признак бимодальный** (bimodal character) — ***П***. с двумя *модальностями.*

**Признак вероятностный** (probabilistic character) — ***П***., для которого указаны вероятности переходов между *модальностями*.

**Признак гомологичный** (homological character) — описание гомологичной *морфоструктуры*.

**Признак детерминированный** (determinated character) — ***П***. *кладистический*, в котором вероятности переходов между модальностями принимают значения 0 или 1.

**Признак качественный** (qualitative character) — ***П***., разнообразие *модальностей* которого не может быть описано численно.

**Признак кладистический** (cladistic character) — соответствует гипотезе о *семогенезе*; формальным представлением служит *дерево признаковое*.

**Признак количественный** (quantitative character) — ***П***., разнообразие модальностей которого может быть описано численно.

**Признак мерный** (measurable character) — соответствует *морфоструктуре*, которая может быть так или иначе измерена; частный случай ***П***. *количественного*.

**Признак неордированный** (unordered character) — для которого не указаны переходы между *модальностями*; или все переходы равновероятны.

**Признак ордированный** (ordered character) — ***П***., для которого указаны переходы между *модальностями*, но не указаны их направления.

**Признак полимодальный** (polymodal character) — ***П***. с более чем двумя *модальностями*.

**Признак поляризованный** (polarized character) — ***П***., для которого указана *полярность*, т.е. направления переходов между *модальностями*.

**Признак счётный** (countable character) — ***П***., модальности которого могут быть осмысленно упорядочены в ряд, аналогичный ряду натуральных чисел; частный случай ***П***. *количественного*.

**Признак частотный** (frequency distribution character) — ***П***., модальностям которого могут быть приписаны определённые частоты, отличные от 0 и 1; один из вариантов ***П***. *количественного*.

**Принцип актуализма** (actuality principle) — один из общих эпистемологических принципов; в филогенетике утверждает, что для понимания морфологии ископаемых организмов они должны быть соотнесены с современными.

**Принцип дихотомии** (dichotomy principle) — один из частных принципов филогенетики: предпочтительна та филогенетическая гипотеза, утверждения которой имеют дихотомическую форму.

**Принцип историзма** (historicism principle) — один из общих эпистемологических принципов: для понимания сущего необходимо знать его прошлое.

**Принцип исторической неопределённости** (historical uncertainty principle) — один из частных принципов филогенетики: чем более отдалённые фрагменты филогенеза рассматриваются, тем менее надёжны гипотезы о них.

**Принцип кладистической неопределённости** (cladistic uncertainty principle) — один из частных принципов филогенетики: чем выше уровень кладогенетического паттерна, тем менее определённы суждения о его структуре.

**Принцип ключевого признака** (key character principle) — один из принципов *взвешивания*: гипотеза о филогенезе данной группы тем надёжнее, чем больше в признаке (наборе взаимосвязанных признаков) отражена её эволюционная специфика.

**Принцип моделирования** (modeling principle) — один из общих эпистемологических принципов: филогенез познаваем в той мере, в какой познаваема адекватная ему *модель эволюционная*, разработанная исследователем.

**Принцип монофилии** (monophyly principle) — один из частных принципов филогенетики, частная версия *принципа филогенетического единства*: для того, чтобы показать филогенетическое единство группы организмов, необходимо и достаточно показать, что она монофилетична.

**Принцип накопления апоморфий** (apomorphy accumulation principle) — один из частных принципов филогенетики: специфика *группы монофилетической* и любой из её подгрупп может быть охарактеризована количеством и комбинацией свойственных ей *апоморфий.*

**Принцип необратимого уменьшения родства** (principle of irreversible kinship decreasing) — один из частных принципов филогенетики: по мере исторического развития *группы филогенетической* невозможно увеличение или поддержание на одном уровне степени родства между её членами.

**Принцип общей причины** (principle of common cause) — один из общих эпистемологических принципов; в филогенетике означает, что всякое сходство организмов, в отсутствие доказательств обратного, есть результат действия какой-либо общей исторической причины (например, общности предка).

**Принцип парсимонии** (parsimony principle) — то же, что ***П.** экономии.*

**Принцип подстановки** (substitution principle) — один из частных принципов филогенетики: для перехода от гипотезы о *семогенезе* к гипотезе о *кладогенезе* на реконструируемом дереве *модальности* признаков замещаются *группами терминальными.*

**Принцип процессуальных реконструкций** (principle of processual reconstructions) — один из частных принципов филогенетики: для того, чтобы реконструировать временную последовательность событий, необходимо образовать последовательный ряд наблюдений, относящихся к разным «временным срезам» одного процесса.

**Принцип реконструкции предковых форм** (principle of ancestral reconstructions) — один из частных принципов классической филогенетики: исследуемые организмы могут быть «связаны» в единое *дерево филогенетическое* через реконструированные предковые формы.

**Принцип решающего разрыва** (principle of decided gap) — один из принципов *взвешивания сходства*: для выявления единства *группы филогенетической* необходимо показать, что характер и степень адаптаций её членов существенно отличают её от ближайших к ней групп.

**Принцип сестринских групп** (sister group principle) — один из частных принципов филогенетики, редуцированная версия *принципа монофилии*: 1) для того, чтобы показать филогенетическое единство группы, необходимо и достаточно показать, что она является сестринской относительно некоторой другой группы; 2) для разработки гипотезы о *кладогенезе* исследуемой группы организмов необходимым и достаточным условием является построение иерархии *групп сестринских*, выделяемых в её составе.

**Принцип симплезиоморфии** (simplesiomorphy principle) — один из принципов дифференциального *взвешивания сходства*: сходство *группы внешней* с членами *группы исследуемой*, относящимися к базальной радиации последней, должно считаться по преимуществу симплезиоморфным.

**Принцип синапоморфии** (synapomorphy principle) — один из принципов дифференциального *взвешивания сходства*: чтобы показать, что группы являются *сестринскими* и составляют одну *группу кладистическую*, необходимо и достаточно показать, что они являются *синапоморфными* хотя бы по одному признаку.

**Принцип совместимости** (compatibility principle) — один из принципов дифференциального *взвешивания признаков*: филогенетическая гипотеза тем предпочтительнее, чем более она согласует разные свидетельства о родстве групп (см. также ***П.*** *суммирования признаков*).

**Принцип соотношения неопределённостей** (uncertainty relation principle) — один из общих эпистемологических принципов; в филогенетике означает невозможность одновременного полного описания *кладогенеза* и *семогенезов*.

**Принцип суммирования признаков** (character summing principle) — один из принципов дифференциального *взвешивания признаков*, операциональная трактовка *принципа совместимости*: филогенетическая гипотеза тем надёжнее, чем большим количеством признаков она обоснована.

**Принцип типологических экстраполяций** (principle of typological extrapolations) — один из общих эпистемологических принципов, означающий возможность по части судить о целом; в филогенетике служит обоснованием возможности реконструкции недостающих признаков по уже известным.

**Принцип** (*критерий*) **филогенетической интерпретируемости** (principle, criterion of phylogenetic interpretability) — один из принципов *взвешивания дифференциального*: общим основанием для разработки принципов и критериев взвешивания является оценка значимости признаков и сходственных отношений по их вкладу в структуру филогенетического паттерна.

**Принцип унаследованного сходства** (principle of inherited similarity) — один из частных принципов филогенетики, частная версия *принципа филогенетического единства*: для того, чтобы показать филогенетическое единство группы организмов, необходимо и достаточно показать, что их сходство по гомологичным структурам является унаследованным (см. также *Презумпцию унаследованного сходства*).

**Принцип филогенетического единства** (principle of phylogenetic unity) — один из частных принципов филогенетики: основным средством (и целью) реконструкции филогенеза является выявление групп организмов, характеризуемых *филогенетическим единством*.

**Принцип экономии**, *парсимонии* (parsimony principle) — один из общих эпистемологических принципов, требует «экономии мышления» – минимизации допущений о причинах, порождающих исследуемый объект (см.: *парсимония*..).

**Проблема *NP*-полноты** (*NP*-completeness problem) — описывает ситуацию, когда не существует алгоритма нахождения единственного оптимального решения сложной задачи; при этом с ростом сложности время на решение растёт, а вероятность нахождения единственного точного решения или всех возможных решений, отвечающих заданному критерию оптимальности, уменьшается по экспоненте.

**Проблема неаддитивности** (non-additivity problem) — неполное соответствие между двумя категориями *дистанций — филогенетической* и вычисленной по признакам как её оценки.

**Пробная перестройка дерева** (swapping) — изменение топологии *Д*. в ходе его построения за счёт «вырезания» его отдельных фрагментов и вставления в другие его участки.

**Псевдофилогенез** (pseudophylogenesis) — такой *семогенез комплексный*, в котором каждая комбинация состояний нескольких эволюирующих сложных морфоструктур имеет определённый адаптивный смысл.

**Разнообразие биологическое** (biological diversity) — многоуровневая иерархия надорганизменных систем разной степени сложности и интегрированности.

**Разнообразие таксономическое** (taxonomic = taxic diversity) — один из аспектов ***Р**. биологического*; в филогенетике интерпретируется как *паттерн филогенетический*.

**Разрешение кладограммы** (cladogram resolution) — соотношение числа дихотомий и политомий на *кладограмме*: чем выше доля дихотомий, тем выше **Р**.

**Ранжирование** (ranking) — одна из форм дифференциального *взвешивания признаков*: разные признаки могут иметь разное значение на разных иерархических уровнях иерархии филогенетического паттерна.

**Ранг** (rank) — характеристика группы организмов (таксона), отражающая её положение в иерархии *разнообразия биологического* (таксономической системы).

**Ребро дерева** (tree edge) — элемент *дерева*, соединяющий две его ближайшие *вершины*.

**Реконструкция филогенетическая** (phylogenetic reconstruction) — общее обозначение а) процедуры исследования *филогенеза* и *паттерна филогенетического* и б) результата этого исследования.

**Рефрен** (refrain) — совокупность состояний *морфоструктуры* (модальностей признака), связанных общим правилом преобразования.

**Родство** (relationship, kinship relation) — одна из компонент *филогенетического единства*; в простейшем случае трактуется как *отношение происхождения*.

24 — 1285

**Родство генеалогическое** (genealogical relationship) — ***Р.***, определённое как единство происхождения.

**Родство генетическое** (genetic relationship) — ***Р.***, определённое формулой «*общее генетическое сходство = родство*».

**Родство филогенетическое** (phylogenetic relationship) — то же, что *отношение филогенетическое.*

**Родство эволюционное** (evolutionary relationship) — ***Р.***, заданное единством происхождения и эволюционной тенденции; почти то же, что *единство филогенетическое.*

**Семогенез**, семофилез (semogenesis, semophylesis) — одна из компонент *филогенеза*: последовательность *событий семогенетических*, процесс исторического развития свойств организмов (*морфоструктур*).

**Семогенез единичный** (unit semogenesis) — развитие отдельной морфоструктуры.

**Семогенез комплексный** (complex semogenesis) — совокупность нескольких ***С.*** *единичных.*

**Семогенетика** (semogenetics) — раздел филогенетики, занимающийся реконструкцией *семогенезов*; приблизительно соответствует *филогенетике морфобиологической.*

**Серия трансформационная**, *морфоклина* (transformation series, morphocline) — одна из форм представления *признака кладистического* с заданной *полярностью.*

**Сигнал кладогенетический** (cladogenetic signal) — информация о *кладогенезе*, содержащаяся в структуре *паттерна филогенетического.*

**Сигнал филогенетический** (phylogenetic signal) — информация о *филогенезе*, содержащаяся в структуре *паттерна филогенетического.*

**Симморфия** (symmorphy) — одна из интерпретаций *сходства*: наличие общих свойств у организмов.

**Симплезиоморфия** (symplesiomorphy) — сходство по *плезиоморфным* модальностям *признака кладистического.*

**Синапоморфия** (sinapomorphy) — сходство по *апоморфным* модальностям *признака кладистического.*

**Система таксономическая** (taxonomic system) — способ описания (представления) структуры *разнообразия таксономического.*

**Систематика** (systematics) — раздел биологии, занимающийся изучением свойств и закономерностей *разнообразия таксономического* как одного из аспектов *разнообразия биологического*; отражение этих свойств в *системе таксономической.*

**Систематика кладистическая** (cladistic systematics) — школа *систематики*, в которой таксономическая система понимается как отражение иерархии *групп голофилетических*.

**Систематика типологическая** (typological systematics) — школа *систематики*, в которой *система таксономическая* понимается как отражение иерархии *архетипов*.

**Систематика филогенетическая** (phylogenetic systematics) — школа *систематики*, в которой *система таксономическая* понимается как отражение результатов *филогенеза*.

**Систематика эволюционная** (evolutionary taxonomy) — школа *систематики*, в которой *система таксономическая* понимается как отражение родственных связей и эволюционной специфики *групп монофилетических*.

**Событие кладистическое** (cladistic event) — отдельное изменение структуры *паттерна кладогенетического*, связанное с появлением или изменением состава *группы кладистической*; **С.к. элементарное** (elementary C.e) — появление вида.

**Событие семогенетическое** (semogenetic event) — отдельное изменение структуры *паттерна семогенетического*, связанное с появлением, изменением или исчезновением элемента морфоструктуры как свойства *группы кладистической*; **С.с. элементарное** (elementary S.e) — формирование видового свойства.

**Событие филогенетическое** (эволюционное) (phylogenetic, evolutionary event) — отдельное изменение в структуре биоты, вызванное процессом филогенеза и связанное с появлением/исчезновение *группы филогенетической* с присущими ей свойствами; **С.ф. элементарное** (elementary P.e) — появление и/или исчезновение отдельного вида с его специфическим свойством.

**Совместимость признаков** (character compatibility) — способность давать взаимно непротиворечивую (согласованную) оценку *паттерна кладогенетического*.

**Состояние признака** (character state) — то же, что *модальность*, *значение П*.

**Спираль развития** (development spiral) — в филогенетике: метафора, представляющая филогенетическое развитие как цепочку онтогенезов.

**Стандартизация признаков** (character standardization) — один из методов *взвешивания* признаков исходя из числа их модальностей: чем больше модальностей у признака, тем меньший вес приписывается каждой из них.

**Стратокладистика** (stratocladistics) — подход к реконструкции *филогенеза*, включающий в процедуру кладистического анализа стратиграфические данные; совокупность количественных методов сопоставления иерархии *групп кладистических* с последовательностью их появления в палеонтологической летописи.

**Стратофенетика** (stratophenetics) — подход к реконструкции *филогенеза*, основанный на *методе стратофенетическом*.

**Супер-дерево** (super-tree) — частный случай *дерева обобщённого* для деревьев, полученных на основании анализа разных массивов данных.

**Схема непрямая** (indirect scheme) — одна из базовых схем построения *деревьев филогенетических*, не предполагающая априорного определения *полярности* признаков при построении самого дерева.

**Схема прямая** (direct scheme) — одна из базовых схем построения *деревьев филогенетических*, предполагает априорное определение *полярности* признаков, предшествующее построению самого дерева.

**Схема смешанная** (mixed scheme) — одна из базовых схем построения *деревьев филогенетических*, предполагает итеративную процедуру, совмещающую особенности *С. прямой* и *непрямой*.

**Сходство** (similarity) — оценка общности организмов по тем или иным свойствам (см. также: *симморфия*).

**Сходство аналогичное** (analogous similarity) — вариант *С. приобретённого*: общность свойств, возникшая на разной эпигенетической основе в неродственных группах; соответствует *конвергенции*.

**Сходство генотипическое**, генетическое (genotypic, genetic similarity) — *С.* по признакам, характеризующим генотип.

**Сходство гомогенетическое** (homogenetic similarity) — вариант *С. унаследованного*: общность свойств, унаследованных членами группы от их ближайшего общего предка.

**Сходство гомопластическое** (параллельное) (homoplastic, parallel similarity) — вариант *С. приобретённого*: общность свойств, возникшая на общей эпигенетической основе в близкородственных группах после их разделения; соответствует *параллелизму*.

**Сходство гомологичное** (homologous similarity) — в филогенетике: то же, что *С. унаследованное*.

**Сходство единичное** (unit similarity) — **С.** между двумя сравниваемыми объектами по одной модальности одного признака.

**Сходство общее** (overall similarity) — *С.*, получаемое при одинаковом вкладе *сходств единичных* или любых их совокупностей в *паттерн фенетический*; соответствует эквивалентному *взвешиванию сходства*.

**Сходство приобретённое** (acquired similarity) — общность свойств, приобретённых в качестве *параллелизма* или *конвергенции*; включает *С. аналогичное* и *С. гомопластическое*.

**Сходство симплезиоморфное** (symplesiomorphic similarity) — то же, что *симплезиоморфия*.

**Сходство синапоморфное** (synapomorphic similarity) — то же, что *синапоморфия*.

**Сходство системное** (systemic similarity) — общность свойств, отражающая упорядоченность разнообразия соответственно системным законам композиции.

**Сходство специальное** (special similarity) — **С.**, получаемое при разном вкладе *сходств единичных* или любых их совокупностей в *паттерн фенетический*; соответствует дифференциальному *взвешиванию сходства*.

**Сходство типологическое** (typological similarity) — вариант *С. общего*, установленного по дифференциально взвешенным признакам.

**Сходство унаследованное** (inherited similarity) — общность свойств, унаследованных членами группы от их общего предка: ближайшего или отдалённого.

**Сходство фенетическое** (phenetic similarity) — вариант *С. общего*, установленного по эквивалентно взвешенным признакам.

**Сходство фенотипическое** (phenotypic similarity) — **С.** по признакам, характеризующим фенотип.

**Сценарий эволюционный** (evolutionary scenario) — частная интерпретация *модели эволюционной* для конкретной группы организмов.

**Таксон** (taxon) — единица классификации; группа организмов, выделенная в данной *системе таксономической*.

**Таксономия** (taxonomy) — теоретический раздел *систематики* (иногда отождествляется с ней).

**Топология дерева** (tree topology) — отношения, устанавливаемые между вершинами и рёбрами дерева (без учёта длины рёбер).

**Узел дерева** (tree node) — принятое в филогенетике обозначение внутренней *вершины дерева*.

**Узел дихотомический**, бинарный (dichotomic, binary node) — **У.**, от которого расходятся два ребра.

**Узел политомический** (polytomic node) — **У.**, от которого расходятся более двух рёбер.

**Укоренение** (rooting) — определение *основания* (корня) *дерева филогенетического*.

**Уровни генеральности признака кладистического** (levels of generality of cladistic character) — иерархическая форма представления

***П.к.***: высший уровень иерархии соответствует основанию *дерева признакового*, низший уровень — его вершинам.

**Фенограмма** (phenogram) — одна из частных трактовок *дерева филогенетического*: форма представления структуры сходственных отношений, не интерпретированных филогенетически.

**Фила**, филон (phylum, phylon) — *группа филогенетическая*, для которой показана её монофилия в широком смысле.

**Филистика** (phylistics) — раздел современной *филогенетики*, во многом продолжающий классические традиции, отличается более высоким уровнем формализаций.

**Филогенез** (= филогения) (phylogenesis, phylogeny) — процесс появления новых и/или исчезновения существующих групп организмов с их свойствами.

**Филогенез молекулярный** (molecular phylogeny) — жаргонное обозначение для филогенетической реконструкции, полученной на основании анализа молекулярно-генетических данных.

**Филогенетика** (phylogenetics) — раздел эволюционной биологии, изучающий *филогенез* и *паттерн филогенетический*.

**Филогенетика каузальная** (causal phylogenetics) — *филогенетика* в расширенном толковании, согласно которому это наука «о путях, закономерностях и причинах исторического развития организмов».

**Филогенетика классическая** (classical phylogenetics) — этап развития и одновременно направление развития *филогенетики*, в котором филогенез понимается в широком смысле (см. ***Ф.*** *каузальная*).

**Филогенетика молекулярно-генетическая** (molecular phylogenetics) — раздел *филогенетики*, разрабатывающий *реконструкции филогенетические* при использовании молекулярно-генетических данных.

**Филогенетика морфобиологическая** (morpho-biological phylogenetics) — раздел *филогенетики*, занимающийся разработкой принципов *реконструкций филогенетических* на основе комплексного экоморфологического анализа морфологических структур; приблизительно то же, что *семогенетика*.

**Филогенетика «новая»** («new» phylogenetics) — раздел и одновременно направление развития *филогенетики*, в котором разрабатываются «экономные» филогенетические гипотезы на основе кладистической методологии средствами нумерической филетики при использовании главным образом молекулярно-генетических данных.

**Филогенетика общая** (general phylogenetics) — раздел *филогенетики*, разрабатывающий понятийный аппарат, принципы и методы *реконструкций филогенетических*.

**Филогенетика сравнительная** (comparative phylogenetics) — раздел *филогенетики*, исследующий в сравнительном аспекте закономерности филогенеза в разных группах организмов; также исследующий *сигнал кладогенетический* в структуре разнообразия организмов.

**Филогенетика частная** (particular phylogenetics) — раздел *филогенетики*, занимающийся *реконструкциями филогенетическими* для отдельных групп организмов.

**Филогенетика экспериментальная** (experimental phylogenetics) — раздел *филогенетики*, занимающийся а) реконструкциями филогенетическими на основе *экспериментов «косвенных»*, или б) *моделированием компьютерным* филогенезов.

**Филогенетический статус** группы (phylogenetic status of a group) — возможность поставить ей в соответствие определённый фрагмент *филогенеза* или *дерева филогенетического*.

**Филогеография** (phylogeography) — раздел *биогеографии кладистической*, изучающий историю расселения видовых популяций или близких видов путём наложения *дерева филогенетического* на их общий ареал.

**Филограмма** (phylogram) — одна из частных трактовок *дерева филогенетического*, совмещающая представление событий *кладогенеза* и *семогенеза* (соответственно, структуры *паттерна филогенетического*); указывает степень *родства эволюционного*.

**Филокреод** (phylocreod) — устойчивая траектория филогенетического развития группы организмов.

**Форма дерева** (tree shape) — общая характеристика дерева, включающая *топологию* и *длину Д*.

**Цепь** (chain) — в *нумерической филетике*: то же, что *дерево неориентированное*.

**Эволюционный конус** (evolutionary cone) — одна из метафор *филогенетики*: абстрактное фазовое пространство точек, соответствующих возможным состояниям эволюирующей системы, в котором происходит её последовательная (начиная с некоторого начального состояния) диверсификация.

**Эволюция филетическая** (phyletic evolution) — соответствует линейной (неветвящейся) цепочке *событий кладистических*; образует *линию филетическую*.

**Эквивалентность сестринских групп** (sister group equivalency) — в филогенетике: невозможность приписать **С.г.** какие-либо характеристики, которые отражали бы их качественную специфику; в систематике: равенство таксономических рангов **С.г.**

**Эксперимент «косвенный»** («indirect» experiment) — метод оценки *близости филогенетической* на основании анализа генетической совместимости средствами гибридологического и иммунодистантного анализов и ДНК-гибридизации.

# ЛИТЕРАТУРА


*Алексеев А.С., Дмитриев В.Ю., Пономаренко А.Г.* 2001. Эволюция таксономического разнообразия. М.: ГЕОС. 126 с.

*Антипенко Л.Г.* 1986. Проблема неполноты теории и её гносеологическое значение. М.: Наука. 224 с.

*Антонов А.С.* 2002. Геномика и геносистематика // Генетика. Т.38. №6. С.751–757.

*Банникова А.А.* 2004. Молекулярные маркеры и современная филогенетика млекопитающих // Журн. общ. биологии. Т.65. №3. С.278–305.

*Баранцев Р.Г.* 2003. Синергетика в современном естествознании. М.: УРСС. 144 с.

*Беклемишев В.Н.* 1964. Основы сравнительной анатомии беспозвоночных. Т.1, 2. 3-е изд. М.: Наука. 432 с., 446 с.

*Берг Л.С.* 1977. Труды по теории эволюции: 1922–1930. Л.: Наука. 387 с.

*Березина Л.Ю.* 1979. Графы и их применение. М.: Просвещение. 143 с.

*Боркин Л.Я.* 1983. Проблема моно- и полифилии в эволюционной теории // Развитие эволюционной теории в СССР. М.: Наука. С.405–421.

*Вартофский М.* 1988. Модели: репрезентация и научное понимание. М.: Мир. 783 с.

*Воробьева Э.И., Мейен С.В.* 1978. Морфологические исследования в палеонтологии // Современная палеонтология. Т.1. М.: Недра. С.90–123.

*Геккель Э.* 1908. Естественная история миротворения. Ч.1. Общее учение о развитии. СПб.: Мысль. 274 с.

*Гулд С.Д.* 1986. В защиту концепции прерывистого равновесия // Катастрофы и история Земли. Новый униформизм / Ред. У. Берггрен, Д. Ван Кауверинг. М.: Мир. С.13–41.

*Дарвин Ч.* 1991. Происхождение видов путем естественного отбора. СПб.: Наука. 540 с.

*Жерихин В.В.* 2003. Избранные труды по палеоэкологии и филоценогенетике. М.: КМК. 542 с.

*Ильин В.В.* 2003. Философия науки. М.: изд-во МГУ. 360 с.

*Иорданский Н.Н.* 2001. Эволюция жизни М.: Академия. 425 с.

*Каландадзе Н.Н., Раутиан А.С.* 1983. Место Центральной Азии в зоогеографической истории мезозоя // Тр. Совместной Сов.-Монг. экспед. Вып.24. С.6–44.

*Кураев В.И., Лазарев Ф.В.* 1988. Точность, истина и рост знания. М.: Наука. 236 с.

*Ламарк Ж.-Б.* 1955. Философия зоологии. Т.1, 2. М.-Л.: Биомедгиз. 330, 483 с.

*Левич А.П.* 1986. Тезисы о времени естественных систем // Темпоральные аспекты моделирования и прогнозирования в экологии. Рига. С.31–66.

*Лихнова О.П., Лебедев В.С.* 1995. Основные подходы к анализу аллозимных данных для филогенетических реконструкций // Журн. общей биол. Т.56. №6. С.700–722.

*Любарский Г.Ю.* 1996. Архетип, стиль и ранг в биологической систематике. М.: КМК. 436 с.

*Любарский Г.Ю.* 1998. Системы параллелизмов и формальная оценка скорости эволюционных изменений // Журн. общей биол. Т.59. №3. С.249–262.

*Любищев А.А.* 1982. Проблемы формы, системы и эволюции организмов. М.: Наука. 277 с.

*Майр Э.* 1971. Принципы зоологической систематики. М.: Мир. 454 с.

*Мамкаев Ю.В.* 2001. Гомология и аналогия как основополагающие понятия морфологии // Гомологии в ботанике: опыт и рефлексия / Ред. А.А. Оскольский и др. СПб.: Санкт-Петербургский союз учёных. С.39–49.

*Марков А.В.* 1996. Надвидовой таксон как система: модель эволюционного взаимодействия филумов // Современная систематика. Методологические аспекты / Ред. И.Я. Павлинов. М.: изд-во МГУ. С.213–238.

*Мейен С.В.* 1975. Проблема направленности эволюции // Итоги науки и техники. Зоология позвоночных. Т.7. М.: ВИНИТИ. С.66–117.

*Мейен С.В.* 1977. Мерономия и таксономия // Вопросы методологии в геологических науках. Киев: Наук. думка. С.25–33.

*Мейен С.В.* 1984. Принципы исторических реконструкций в биологии // Системность и эволюция. М.: Наука. С.7–32.

*Мейен С.В.* 1987. Общая палеоботаника (депонированное приложение к книге «Основы палеоботаники»). М.: ВИНИТИ. 200 с.

*Назаров В.И.* 1991. Учение о макроэволюции: на путях к новому синтезу. М.: Наука. 288 с.

*Павлинов И.Я.* 1989 Методы кладистики. М.: изд-во МГУ. 119 с.

*Павлинов И.Я.* 1990. Кладистический анализ (методологические проблемы). М.: изд-во МГУ. 160 с.

*Павлинов И.Я.* 1992. О формализованных моделях в филогенетике // Сб. трудов Зоол. муз. МГУ. Т.29. С.223–246.

*Павлинов И.Я.* 1998. К проблеме аксиоматического обоснования эволюционной кладистики // Журн. общ. биологии. Т.59. №6. С.586–605.

*Павлинов И.Я.* 2003. Систематика современных млекопитающих // Сб. трудов Зоол. муз. МГУ. Т.46. С.3–297.

*Павлинов И.Я.* 2004. Основания «новой» филогенетики // Журн. общ. биологии. Т.65. №4. С.334–366.

*Павлинов И.Я., Дубровский Ю.А., Россолимо О.Л., Потапова Е.Г.* 1980. Песчанки мировой фауны. М.: Наука. 368 с.

*Павлинов И.Я., Потапова Е.Г., Яхонтов Е.Л.* 1993. Количественный анализ влияния начальных условий на результаты филогенетических реконструкций // Журн. общ. биол. Т.54. №2. С.149–165.

*Парамонов А.А.* 1967. Пути и закономерности эволюционного процесса // Современные проблемы эволюционной теории / Ред. В.И. Полянский, Ю.И. Полянский. Л.: Наука. С.342–441.

*Пасеков В.П.* 1983. Генетические расстояния // Итоги науки и техники. Сер. Общая генетика. Теоретическая популяционная генетика. Т.8. М.: ВИНИТИ. С.4–75.

*Расницын А.П.* 2002. Процесс эволюции и методология систематики // Тр. Русск. энтомол. общ-ва. Т.73. С.1–108.

*Раутиан А.С.* 1988. Палеонтология как источник сведений о закономерностях и факторах эволюции // Современная палеонтология. Т.2. М.: Недра. С.76–118.

*Раутиан А.С.* 2003. Апология сравнительного метода // Любищев и проблемы формы, эволюции и систематики организмов. Тр. XXX Любищевских чтений / Ред. Б.И. Кудрин. М.: МОИП. С.85–91.

*Розова С.С.* 1986. Классификационная проблема в современной науке. М.: Наука. 222 с.

*Северцов А.Н.* 1939. Морфологические закономерности эволюции. М.: изд-во АН СССР. 610 с.

*Северцов А.Н.* 1967. Главные направления эволюционного процесса. Морфобиологическая теория эволюции. 3 изд. М.: изд-во МГУ. 202 с.

*Северцов А.С.* 1987. Основы теории эволюции. М.: изд-во МГУ. 320 с.

*Симпсон Дж.* 1983. Великолепная изоляция. М.: Мир. 256 с.

*Скарлато О.А., Старобогатов Я.И.* 1974. Филогенетика и принципы построения естественной системы // Теоретические вопросы систематики и филогении животных. Л.: Наука. С.30–46.

*Татаринов Л.П.* 1976. Морфологическая эволюция териодонтов и общие вопросы филогенетики. М.: Наука, 258 с.

*Татаринов Л.П.* 1984. Кладистический анализ и филогенетика // Палеонтол. журн. №3. С.3–16.

*Урманцев Ю.А.* 1988. Общая теория систем и проблемы биологической эволюции // Диалектика познания сложных систем. М.: Мысль. С.155–183.

*Хахлееґ К., Хукер К.* 1996. Эволюционная эпистемология и философия науки // Современная философия науки. М.: Логос. С.158–198.

*Чайковский Ю.В.* 1990. Элементы эволюционной диатропики. М.: Наука. 272 с.

*Шаталкин А.И.* 1990. Сходство и классификация // Журн. общ. биологии. Т.51. №5. С.610–618.

*Шаталкин А.И.* 1988. Биологическая систематика. М.: изд-во МГУ. 184 с.

*Шаталкин А.И.* 2003. Регуляторные гены в развитии и проблема морфотипа в систематике насекомых // Чтения памяти Н.А. Холодковского. Вып. 56(2). СПб. 109 с.

*Шишкин М.А.* 1988. Эволюция как эпигенетический процесс // Современная палеонтология. Т.1. М.: Недра. С.142–169.

*Шмальгаузен И.И.* 1969. Проблемы дарвинизма. Л.: Наука. 493 с.

*Юдин К.А.* 1976. О понятии «признак» и уровнях развития систематики животных // Тр. Зоол. ин-та АН СССР. Т.53. С.5–29.

*Andre H.M.* 1988. Age-dependent evolution: from theory to practice // Ontogeny and systematics / Ed. C.J. Humphries. N.Y.: Columbia Univ. Press. P.137–188.

*Avise J.C.* 2000. Phylogeography: the history and formation of species. Cambridge: Harvard Univ. Press. 447 p.

*Bininda-Emonds O.R.P., Gittleman J.L., Steel M.A.* 2002. The (super)tree of life: procedures, problems, and prospects // Annu. Rev. Ecol. Syst. V.33. P.265–289.

*Bock W.* 1981. Functional-adaptive analysis in evolutionary classification // Amer. Zool. V.21. P.5–20.

*Bock W.* 1986. The arboreal origin of avian flight // The origin of birds and the evolution of flight / Ed. K. Padian. San Francisco: Calif. Acad. Sci. P.57–72.

*Bookstein F.L.* 1994. Can biometrical shape be a homologous character? // Homology: the hierarchical basis of comparative biology / Ed. B.K. Hall. L.: Acad. Press. P.198–227.

*Bromham L., Penny D.* 2003. The modern molecular clock // Nature Rev. V.4. №3. P.216–224.

*Brooks D.R., Wiley E.O.* 1986. Evolution as entropy. Chicago: Univ. Chicago Press. 335 p.

*Bryant H.N., Russell A.P.* 1992. The role of phylogenetic analysis in the inference of upreserved attributes of extinct taxa // Phil. Soc. Roy. Soc. Lond. Ser.B. V.337. P.405-418.

*Cantino P.D., Queiroz K.* 2003. The PhyloCode: a phylogenetic code of biological nomenclature. URL: http://www.ohiou.edu/phylocode/

*Carpenter J.M.* 1989. Testing scenarios: wasp social behavior // Cladistics. V.5. №1. P.131–144.

*Churchill G.E., Von Haessler A., Navidi W.C.* 1992. Sample size for a phylogenetic inference // Mol. Biol. Evol. V.9. №6. P.753–769.

*Cope E.D.* 1896. The primary factors of organic evolution. Chicago: The Open Court Publ. 547 p.

*Cracraft J.* 1979. Phylogenetic analysis, evolutionary models, and paleontology // Phylogenetic analysis in paleontology / Eds J. Cracraft, N. Eldredge. N.Y.: Wiley & Sons. P.7–40.

*Crisci J.V., Katinas L., Posadas P.* 2003. Historical biogeography. An introduction. Harvard: Harvard Univ. Press. 264 p.

*Doyle J.J.* 1992. Gene trees and species trees: molecular systematics as one-character taxonomy // Syst. Bot. V.17. №1. P.144–163.

*Eldredge N., Cracraft J.* 1980. Phylogenetic patterns and the evolutionary process. N.Y.: Columbia Univ. Press. 349 p.

*Estabrook G.F.* 1984. Phylogenetic trees and character-state trees // Cladistics: perspectives on the reconstruction of evolutionary history / Eds T. Duncan, T.F. Stuessy. N.Y.: Columbia Univ. Press. P.135–151.

*Farris J.S.* 1983. The logical basis of phylogenetic analysis // Advances in cladistics. V.2. P.7–36.

*Felsenstein J.* 1982. Numerical methods for inferring evolutionary trees // Quart. Rev. Biol. V.57. №2. P.379–404.

*Felsenstein J.* 2003. Inferring phylogenies. Elswere: Sinauer Assc. 664 p.

*Forey P.L., Humphries C.J.* 1992. Cladistics. A practical course in systematics. Oxford: Clarendon Press. 191 p.

*Funk V.A., Brooks D.R.* 1990. Phylogenetic systematics as the basis of comparative biology. Washington: Smithson. Inst. Press. 45 p.

*Gaffney E.S.* 1979. An introduction to the logic of phylogenetic analysis // Phylogenetic analysis in paleontology / Eds J. Cracraft, N. Eldredge. N.Y.: Wiley & Sons. P.79–111.

*Gardiner B.G.* 1982. Tetrapod classification // Zool. J. Linn. Soc. V.20. №1. P.207–232.

*Gould S.J.* 1977. Ontogeny and phylogeny. Cambridge: Harvard Univ. Press. 491 p.

*Green H.W.* 1994. Homologies and behavioral repertoires // Homology: the hierarchical basis of comparative biology / Ed. B.K. Hall. L.: Acad. Press. P.369–391.

*Gutmann W.F.* 1976. Phylogenetic reconstruction: theory, methodology, and application to chordate evolution // Major patterns in vertebrate evolution / Eds M.K. Hecht, P.C. Goody, B.M. Hecht. N.Y.&L.: Plenum Press. P.645–670.

*Hall B.K.* (ed). 1994. Homology: the hierarchical basis of comparative biology. L.: Acad. Press. 483 p.

*Hall B.K.* 1998. Evolutionary developmental biology, 2d ed. Dordrecht: Kluwer Acad. Publ. 512 p.

*Hecht M.K.* 1976. Phylogenetic inference and methodology as applied to the vertebrate record // Evol. Biol. V.9. P.335–363.

*Hecht M.K., Edwards J.L.* 1977. The methodology of phylogenetic inference above the species level // Major patterns in vertebrate evolution / Eds M.K. Hecht, P.C. Goody, B.M. Hecht. N.Y.: Plenum Press. P.3–51.

*Hennig W.* 1966. Phylogenetic systematics. Urbana: Illinois Univ. Press. 263 p.

*Hill C.R., Crane P.R.* 1982. Evolutionary aspect of phylogenetic approaches to taxonomic classification // Problems in phylogenetic reconstructions / Eds Joysey K.A., Friday A.E. P.269–361.

*Hillis D.M.* 1987. Molecular versus morphological approaches to systematics // Annu. Rev. Ecol. Syst. V.18. P.23–42.

*Hillis D.M.* 1994. Homology in molecular biology // Homology, the hierarchical basis of comparative biology / Ed. B.K. Hall. L.: Acad. Press. P.339–368.

*Hillis D.M., Moritz C., Mable B.K.* (eds). 1996. Molecular systematics, 2d ed. Sunderland: Sinauer Assc. 655 p.

*Huelsenbeck J.P., Rannala B.* 2000. Using stratigraphic information in phylogenetics // Phylogenetic analysis of morphological data / Ed. J.J. Wiens. Washington: Smithson. Inst. Press. P.165–190.

*Kaplan D.R.* 1984. The concept of homology and its central role in the elucidation of plant systematic relationships // Cladistics: perspectives on the reconstruction of evolutionary history / Eds T. Duncan, T.F. Stuessy. N.Y.: Columbia Univ. Press. P.51–70.

*Kirkpatrik M., Slatkin M.* 1993. Searching for evolutionary patterns in the shape of a phylogenetic tree // Evoluiton. V.47. №4. P.1171–1181.

*Kluge A.G.* 1984. The relevance of parsimony to phylogenetic inferen-ce // Cladistics: perspectives on the reconstruction of evolutionary history / Eds T. Duncan, T.F. Stuessy. N.Y.: Columbia Univ. Press. P.24–38.

*Lauder G.V.* 1982. Historical biology and the problem of design // J. Theor. Biol. V.97. №1. P. 57-67.

*Levinton J.* 1988. Genetics, paleontology, and macroevolution. Cambridge: Cambridge Univ. Press. 637 p.

*Lovtrup S.* 1975. On phylogenetic classification // Acta zool. Cracow. V.20. №14. P.499–523.

*MacLeod N.* 2002. The role of phylogeny in quantitative paleobiological data // Paleobiol. V.27. №2. P.226–241.

*Miles D.B., Dunham A.E.* 1993. Historical perspectives in ecology and evolutionary biology: the use of phylogenetic comparative analysis // Annu. Rev. Ecol. Syst. V.24. P.587–619.

*Minelli A.* 1996. Some thoughts on homology 150 years after Owen's definitions // Biology as history / Eds G. Pinna, M. Ghiselin. Milano: Soc. Ital. Sci. Nat. P.71–80.

*Mishler B.D.* 1988. Relations between ontogeny and phylogeny with reference to bryophytes // Ontogeny and systematics / Ed. C.J. Humphries. N.Y.: Columbia Univ. Press. P.117–136.

*Nei M., Kumar S.* 2000. Molecular evolution and phylogenetics. Oxford: Oxford Univ. Press. 333 p.

*Nelson G.* 1994. Homology and systematics // Homology: the hierarchical basis of comparative biology / Ed. B.K. Hall. L.: Acad. Press. P.102–149.

*Niklas K.J.* 1997. The evolutionary biology of plants. Chicago: Univ. Chicago Press. 449 p.

*Page R.D.M.* 1994. Parallel phylogenies: reconstructing the history of host–parasite assemblages // Cladistics. V.10. №1. P.155–73.

*Pagel M.* 1999. Inferring the historical patterns of biological evolution // Nature. V.401. P.877–884.

*Panchen A.L.* 1994. Richard Owen and the concept of homology // Homology: the hierarchical basis of comparative biology / Ed. B.K. Hall. L.: Acad. Press. P.21–62.

*Pinna M.C.C. de.* 1991. Concepts and tests of homology in the cladistic paradigm // Cladistics. V.7. №3. P.367–394.

*Queiroz A. de, Donoghue M. J., Kim J.* 1995. Separate versus combined analysis of phylogenetic evidences // Annu. Rev. Ecol. Syst. V.26. P.657–681.

*Remane A.* 1956. Die Grundlagen des naturlichen Systems, der vergleichenden Anatomie und der Phylogenetik. 2. Aufl. Leipzig: Geest. u. Portig. 364 s.

*Rieppel O.* 1994. Homology, topology, and typology: the history of modern debates // Homology: the hierarchical basis of comparative biology / Ed. B.K. Hall. L.: Acad. Press. P.64–100.

*Simpson G.G.* 1961. Principles of animal taxonomy. N.Y.: Columbia Univ. Press. 247 p.

*Sneath P.H.A., Sokal R.R.* 1973. Numerical taxonomy: principles and practice of numerical classification. San Francisco: W.H. Freeman. 573 p.

*Sober E.* 1988. Reconstructing the past. Parsimony, evolution, and inference. Cambridge: MIT Press. 265 p.

*Stevens P.F.* 1980. Evolutionary polarity of character states // Annu. Rev. Ecol. Syst. V.11. P.333–358.

*Swofford D., Olsen G.J., Waddell P.J., Hillis D.M.* 1996. Phylogenetic inference // Molecular systematics, 2d ed. / Eds D.M. Hillis, C. Moritz, B.K. Mable. Sunderland: Sinauer Assc. P.407–514.

*Thompson d'Arcy W.* 1992. On growth and form. N.Y.: Dover Publ. 1116 p.

*Wagner G.P.* 1994. Homology and the mechanisms of development // Homology: the hierarchical basis of comparative biology / Ed. B.K. Hall. L.: Acad. Press. P.274–300.

*Wheeler W.* 2001. Homology and sequence data // The character concept in evolutionary biology / Ed. Wagner G.P. San Diego: Acad. Press. P.303–317.

*Wenzel J.W.* 1992. Behavioral homology and phylogeny // Annu. Rev. Ecol. Syst. V.23. P.361–381.

*Wiley E.O.* 1981. Phylogenetics: the theory and practice of phylogenetic systematics. N.Y.: John Wiley & Sons. 439 p.

*Woodger J.H.* 1937. The axiomatic method in biology. Cambr.: Univ. Press. 174 p.

*Научное издание*

**ПАВЛИНОВ Игорь Яковлевич**

**ВВЕДЕНИЕ В СОВРЕМЕННУЮ ФИЛОГЕНЕТИКУ**
**(кладогенетический аспект)**

Москва: Товарищество научных изданий КМК.
2005. 391 с.

*Редактор издательства: К.Г. Михайлов*
*Оригинал-макет: Т.А. Горлина*

*Для заявок:*
*123100 Москва а/я 16*
*или:*
*kmk2000@online.ru*

Отпечатано в ППП “Типография “Наука”
121099 Москва, Шубинский пер., 6.
Подписано в печать 06.07.2005. Заказ № 1285
Формат 60x90/16. Объём 24,5 печ.л. Бум. офсетная. Тираж 800 экз.